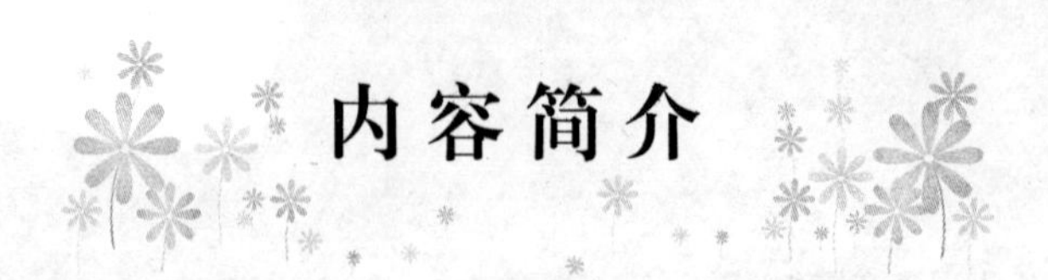

内容简介

本教材根据经济动物生产需要而编写，本着服务区域经济发展要求，根据各地养殖数量和规模，设计了24个学习情景和1个拓展情景，根据职业岗位需求确定教学项目，基于工作过程确定教学内容。通过本门课程的学习，使学生了解经济动物生物学特性，掌握经济动物繁育技术、饲养管理、产品初加工及产品质量鉴定技术。

本教材涉及动物种类较多，因此各院校可结合实际选择适合当地养殖的动物种类重点讲授，酌情调整教学内容和学时。本教材可作为特种动物、畜牧兽医专业的教材，亦可作为科研单位和生产一线专业技术人员的参考书。

塞北兔

喜马拉雅兔

新西兰白兔

加利福尼亚兔

比利时兔

公羊兔

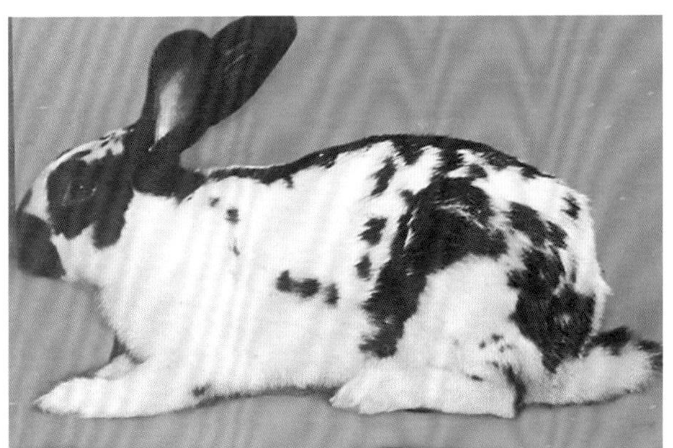

花巨兔

力克斯兔

安卡拉兔

日本大耳白兔

青紫蓝兔

草　兔

哈白兔

珍珠色水貂

蓝宝石色水貂

金州黑色水貂

乌苏里貉

银黑狐

北极狐

赤　狐

麝　鼠

竹　鼠

藏　獒

乌　鸡

雉　鸡

青铜火鸡

鸵　鸟

鹌　鹑

鸽　子

梅花鹿

马　鹿

高等职业教育农业部“十二五”规划教材
项目式教学教材

经济动物生产

张淑娟　高文玉　主编

中国农业出版社
北京

编审人员名单

主　编　张淑娟　高文玉

副主编　吉俊玲　杨万郊　陈　琼

编　者（以姓名笔画为序）

吉俊玲　杨万郊　张林媛

张淑娟　陈　琼　骆桂兰

高文玉　樊兆斌

审　稿　任文社　史兴山

前　言

经济动物生产作为一项新兴的特色农业产业，具有投资少、见效快、附加值高等特点，符合现代农业发展战略要求，在农业产业结构调整中占有重要地位。经济动物的各种名优特产品极大地丰富了农产品市场，在对外贸易中也占有一席之地。因此，经济动物生产对繁荣农村经济、促进农业生产、带动农民奔小康等都起到了积极的作用。

为了适应我国高职高专教育人才培养目标的需求，为社会培养更多面向经济动物生产、管理和服务的第一线需要的高级实用人才，本着知识、能力、素质协调发展的原则，我们编写了本教材。本教材针对服务区域经济发展要求，根据各地养殖经济动物数量和规模，设计了24个学习情景和1个拓展情景，根据职业岗位需求确定教学项目，基于工作过程确定教学内容。让学生了解各种经济动物生物学特性，掌握经济动物繁育技术、饲养管理技术、产品初加工及质量鉴定技术的有关知识和技能。以讲清理论知识、强化技能培养为重点；注重技能培养，以实际、实用为目的，提高学生的实践能力、创造能力、就业能力和创业能力。本教材涉及动物种类较多，各院校可结合实际选择适合当地养殖的动物种类重点讲授，酌情调整教学内容和学时。

本教材是集体智慧的结晶。其中绪论、貉生产技术、毛皮初加工和质量鉴定技术、蝎子、蜈蚣生产技术由张淑娟（黑龙江畜牧兽医职业学院）编写；家兔生产技术由高文玉（辽宁医学院畜牧兽医学院）编写；水貂、火鸡生产技术由杨万郊（山东畜牧兽医职业学院）编写；狐、麝鼠、中国林蛙、蛤蚧生产技术由樊兆斌（辽宁医学院畜牧兽医学院）编写；海狸鼠、中华竹鼠、乌鸡、雉鸡、大雁、黄粉虫生产技术由骆桂兰（江苏农林职业技术学院）编写；犬、鹌鹑、药用蛇生产技术由陈琼（湖南生物机电职业技术学院）编写；肉鸽、鸵鸟、绿头野鸭、蜜蜂生产技术由吉俊玲（江苏畜牧兽医职业技术学院）编写；茸鹿生产技术由张林媛（黑龙江畜牧兽医职业学院）编写。在编写过程中坚持内容的科学性、先进性、针对性、实用性、灵活性，力争反映国内外经济动物生产的最新科研成果和生产实践，突出能力培养和素质提高。可作为特种动物、畜牧兽医专业的教材，亦可作为科研和生产一线的专业技术员的参考书。

本教材得到保定职业技术学院畜牧兽医系任文社教授和黑龙江畜牧兽医职业学院史兴山教授的精心指导和审校，在此一并表示感谢！

由于书中涉及内容较广，错漏和不妥之处在所难免，恳请广大读者批评指正。

编　者

2010.10

目 录

绪 论

（一）经济动物生产的意义

经济动物指除了传统的家畜、家禽外，还包括那些正在驯化、半驯化和驯化时间不长的珍贵毛皮动物、药用动物、肉用动物、珍禽及观赏动物等。随着国民经济不断增长和科学技术水平的提高，养殖业结构发生了很大的变化，由传统的家畜、家禽发展为多种养殖业并存，而经济动物生产成为畜牧业领域的新兴产业，具有“投资少、周期短、效益高”等特点，从而成为一些地方经济发展的支柱产业。目前，我国已开展人工养殖的动物品种在120种以上，有一定规模的养殖企业已达2万多家，各类就业人员达3 500多万。因此，在推进我国农业产业结构的战略性调整、农村经济振兴和农民致富等方面，经济动物生产正在发挥着越来越重要的作用。

1. *提供大量产品，满足人们物质生活需要* 经济动物与人类关系密切，为人类提供美味食品，如兔肉、犬肉、雉鸡、火鸡、乌骨鸡等是我国传统的山珍野味和药膳食品；毛皮动物为人类提供大量优质毛皮，数量上和质量上都优于野生毛皮，如貂皮、狐皮、貉皮等；许多产品，如鹿茸、鹿心、林蛙油等是我国传统的中药。

2. *增加出口创汇* 毛皮动物如水貂、貉、狐等所产的毛皮，多为细毛皮，毛绒光泽、轻软，是制作各种高档服装的原料，也是我国传统出口商品。

3. *加强野生资源的保护* 由于过度捕杀及生存环境的破坏，许多珍稀野生动物种群资源下降乃至濒临灭绝。人工驯养可以保护野生资源和基因库，同时为畜牧业生产增添了新的内容。

（二）国内外发展状况

1. *毛皮动物生产状况* 毛皮动物生产起始于北美洲，据记载，早在1860年加拿大就开始饲养捕获的野生银黑狐，1883年人工繁殖成功，1894年创办了第一个养狐场。1912年加拿大实行企业化生产，1924年存栏数达34 000多只。此后日本、挪威、瑞典、前苏联等国，先后从美洲引种饲养。到1982年，芬兰出口狐皮160万张，挪威28万张，波兰43万张。我国养狐业受价格和国内市场价格的影响，养殖数量和规模发生了很大变化，1989年秋由于国际毛皮市场衰落及国内市场疲软，使养狐业出现了滑坡，1992年秋才出现转机。1995年以后狐皮价格持续坚挺，刺激了国内养狐业，1997年狐皮产量达40万张，创造了历史最高纪录，山东、黑龙江、辽宁、河南、江苏、河北、新疆、内蒙古等相继出现了一些大型养狐场。

水貂也产于北美洲。最初人们以捕鼠为目的进行人工饲养，1866年人工养殖获得成功。1867年美国威斯康星州首次建立饲养场，第一次世界大战后，德国、挪威、前苏联、瑞典、前南斯拉夫等国相继从北美洲引种饲养，并在欧洲各国得到了发展。我国1956从前苏联引入50只水貂，在黑龙江省横道河子野生饲养场饲养，由于缺乏技术，繁殖率较低。1957年又从前苏联引入第二批，投入在黑龙江省横道河子、泰康、密山，辽宁金州，山东烟台，吉林左家等地饲养。20世纪80年代随着对外改革开放、对内搞活政策的落实，养貂逐步转移为个体饲养。其中，专业户、个体户的生产量占全国总产量的67%。1987年全国拥有种貂150万只，生产貂皮400万张。1989年以后，全国养貂业出现大滑坡，后来经过几次波动，1993年以后水貂皮价格逐渐回升，水貂养殖数量也逐渐增加，2007年全国养殖国产水貂数量为前3年的4倍。

养兔业是一项新兴的产业，近年来，国外养兔业发展很快，根据联合国粮农组织统计，20世纪80年代初，世界兔肉总产量已超过100万t。20世纪60年代以后，人们的食物结构趋向于高蛋白、低脂肪的肉类。因此，兔肉便成为人们肉食的一个重要来源。中国獭兔养殖经过多年的发展也已经初具规模，开发形成了配套体系，毛领、服装、编织、内胆、鞋材、衣服贴皮等使用使獭兔皮品种开发齐全，獭兔皮价格也始终稳定在一个较高的价位，2007年全国獭兔皮约3 000万张。目前世界各国养兔业正向生产、加工、销售一体化的产业化经营方式发展，公司加农户的经营方式在养兔生产中得到了很好的体现。兔养殖逐渐向品种良种化和饲养标准化方向发展。

2. 药用动物生产发展状况　随着人类对动物资源的开发利用，药用动物生产逐渐发展起来，如茸鹿、中国林蛙、药用蛇类、蝎子、蜈蚣、蛤蚧等。其中养鹿业规模最大、范围最广。我国养鹿业伴着新中国的诞生而兴起，1950年在辽宁省西丰县建立了第一家国营鹿场，1952年又在吉林省的吉林市、东丰、双阳和辉南等地相继建立了十几处国营鹿场，开始了专业养鹿的时期。以后又在黑龙江、河北、山西、内蒙古、新疆等地相继建立专业鹿场，饲养梅花鹿、马鹿和白唇鹿。20世纪50年代末期我国养鹿已达10万只，形成了第一个养鹿高峰期；70年代初期，全国存栏各种鹿达20万只；80年代初，全国各地国有农场多达上百个，养鹿达30万头，出现了养鹿业的第二次高峰；90年代中期，全国鹿存栏达40万头，而且随着科技投入的增多，鹿的品质及其生产力逐渐提高。同时，在鹿的品种选育、繁殖、育种、鹿病防治、产品加工、饲料营养、环境控制、群体驯养等方面取得了明显进展，鹿场经营也由原来的单一国有养鹿场发展为大批由集体、个人、合资、合作经营组成的多种形式，整个养鹿业开始步入专业化、系统化、规模化、科学化生产的时期。而且在鹿茸成分与药理作用、鹿的生理、遗传、饲料、饲养与疾病防治等方面的研究都取得了喜人的成果，为中国养鹿业发展奠定了坚实的基础。

林蛙是我国一种重要的经济蛙类，也是我国长白山及小兴安岭地区宝贵的天然财富。由于林蛙及林蛙油具有较高的经济价值，人们一度大量捕杀导致天然林蛙种群数量急剧下降。在资源日益减少的情况下人工养殖林蛙逐渐发展起来。林蛙养殖主要集中在辽宁、吉林东部山区、黑龙江东部和内蒙古东北部地区，河北也有少量分布。2006年，我国林蛙养殖场约有3万个。

蜜蜂为人类提供大量蜂产品，如蜂蜜、蜂胶、蜂王浆等，前苏联和美国是世界上生产蜂蜜最多的国家，但单蜂群产量加拿大、澳大利亚最高，其次是日本、以色列、瑞典等国。目前，这些国家已培育出优良蜂种并总结出先进的管理经验，研制出现代化、自动化的蜂机具，提高了劳动生产力。

3. 特禽生产的发展状况　我国特禽类的天然资源十分丰富，野生物种很多。自20世纪80年代开始，我国先后从美国、法国、德国、日本、朝鲜、英国、南非、澳大利亚、印度等国引进鹌鹑、火鸡、王鸽、雉鸡、绿头野鸭、鸵鸟等进行饲养，选育推广，这些品种的引入对我国特禽生产的发展起了很大的推动作用。为满足市场需要，我国科技人员利用杂交、现代纯化、等量留种、继代繁殖、重组DNA等技术，培育成适应性广、生长快、产蛋率高、肉质鲜美的特禽新品种，包括黑丝毛乌骨鸡、大雁、地产山鸡、黑羽山鸡、白羽山鸡、白羽鹌鹑等。我国特禽养殖业历经多次波折后，养殖数量持续增加。2006年我国规模较大的特禽饲养场达4 000多家，小规模的个体养殖户难以计数。经过20多年的饲养实践，我国特禽养殖技术日趋成熟，现已在饲养管理、繁殖、疾病防治、育种等方面形成了一套较完善的养殖技术，尤其是特禽的产蛋率、孵化率和雏禽成活率已接近世界水平，并广泛应用现代养禽新技术，突破了特禽的反季节繁殖，使其一年四季都产蛋。

（三）经济动物生产应注意的问题

1. 注意因地制宜 不同经济动物对自然生态条件有不同的适应和要求，例如水貂、狐、貉等高纬度分布的动物，在低纬度地区饲养时，其繁殖机能将受到抑制，毛皮质量也会逐渐下降。养殖者应依据当地自然条件，发展适宜的经济动物。

2. 注意养殖技术 在饲养过程中，只有严格选种选育、科学配制日粮、科学饲养管理、才能提高产品质量和竞争能力。

3. 注意行业发展状况 从事经济动物生产时，必须是以市场为导向，选择一些市场销路好、风险低的养殖项目，慎重引种，量力而行，避免盲目发展。

4. 逐渐发展产供销一体化生产 以适应规模化生产的需求，提高产品深加工水平，加强产品在国际的竞争力。

学习情景1 家兔生产技术

家兔为草食性、节粮型动物，在生物学分类上属于哺乳纲、兔形目、兔科、穴兔属、穴兔种、家兔变种。家兔为人类提供优质兔肉、天然兔皮；活兔是医学科研良好的实验动物，兔胆、兔肝、兔血、兔脑为宝贵的制药原料；长毛兔提供优质兔毛作为制作手工艺品原料；家兔还可成为人类宠物，为人类带来欢乐。

一、生活习性

家兔起源于欧洲野生穴兔。我国早在先秦时代即已养兔，是驯养家兔较早的国家之一。现在的家兔不同程度地保留着原始祖先的某些习性和生物学特性。

1. 夜行性 野生穴兔体格弱小，御敌能力差，在野生条件下，被迫白天穴居于洞中，夜间外出活动与觅食，久而久之，形成了昼伏夜行的习性。至今家兔仍保留这一习性，白天表现安静，静卧休息，黄昏至清晨表现相当活跃。据测定，在自由采食的情况下，家兔在晚上的采食量和饮水量占全日量的50%左右。根据这一习性，饲养管理中应注意进行夜间补饲，白天各项饲养管理操作要轻，不打扰其休息，对临产期的妊娠母兔，要加强夜间检查和护理。

2. 嗜眠性 嗜眠性指家兔在某种条件下，易进入困睡状态，在此状态的家兔除听觉外，其他刺激不易引起兴奋，如视觉消失、痛觉迟钝或消失。在进行人工催眠的情况下可以对家兔完成一些小型手术和管理操作，如刺耳号、去势、投药、注射、创伤处理、强制哺乳、长毛兔剪毛等，不必使用麻醉剂，免除因麻醉药物而引起的副作用，既经济又安全。人工催眠的具体方法是：将兔腹部朝上，背部向下仰卧保定在V形架上，然后顺毛方向抚摸其胸、腹部，同时用食指和拇指按摩头部的太阳穴，家兔很快就进入睡眠状态。只要将进入困睡状态的家兔恢复正常站立姿势，兔即完全苏醒。

3. 啮齿行为 家兔大门齿是恒齿，出生时就有，且终生生长，为了保持适当齿长便于采食，家兔养成了经常啃咬物品的习惯。在制作兔笼时，要注意边框用材，木质材料容易被啃咬损坏。日常饲养管理中，可在兔笼中放一些树枝或木块等，以满足家兔啮齿行为需要。在生产中要经常检查兔的第一对门齿是否正常，以便及时发现问题并采取措施。

4. 喜干燥、怕湿热 家兔抗病力弱，在潮湿污秽的环境中易染疾病。家兔被毛浓密，比较耐寒，除鼻镜和鼠蹊处有极少的汗腺外，全身无汗腺，故散热能力差，气温高时，家兔心跳加快，急促呼吸散热。所以，在日常管理中，要保持兔舍的干燥、清洁和卫生，在夏季要做好兔舍的防暑降温工作。

5. 嗅觉、味觉发达 家兔的嗅觉相当发达，靠嗅觉识别仔兔和食物。因此，在生产中饲喂家兔要注意避免堆草堆料，在进行仔兔寄养时，要让仔兔带上继母的气味后方可放入母兔。家兔味觉也相当发达，喜食具有甜味、苦味和辣味的食物。

6. 跖行性 家兔后肢长，前肢短，后肢飞节以下形成脚垫，静止时呈蹲坐姿势，运动时重心在后肢，整个脚垫全着地，呈跳跃式运动，这种运动方式称为跖行性。由于家兔有跖行性习性，生产中要特别注意笼底间隙的大小，间隙大小不当容易造成家兔后肢的损伤，造成不必要的损失。

7. 合群性较差 家兔性格孤独，群居性较差，特别是成年公兔之间争斗相当激烈。由于家兔行动敏捷，咬斗后果严重，因此在管理上不可轻易重组兔群。生产中种兔要单笼饲养，成年公兔在运动场中运动时要单独运动，母兔可小群运动，性成熟前的幼兔很少咬斗，可以小群饲养。

8. 穴居性 家兔有打洞穴居的习性，在修建兔舍时要充分考虑到这一习性，如果考虑不周，家兔直接接触土质地面，容易打洞逃走或深藏不出，给管理造成十分被动的局面。

9. 听觉灵敏、胆小怕惊 家兔听觉灵敏，在健康情况下，常常竖起耳朵来听声响。家兔对声响和异物非常敏感，一有声响就变得十分紧张。为此，修建兔舍要远离闹市、交通要道、机场、工厂，在日常管理中动作要轻，不要大声喧哗，避免陌生人参观，严防犬、猫等动物进入兔舍。

二、生理特点

（一）食性与消化特点

1. 食性 家兔是草食动物，其肠道长度相当于体长的10倍以上。家兔有近于体长、在其肠道中最为粗大的盲肠，盲肠中有大量的微生物，对家兔消化纤维素起着重要作用。在家兔的小肠末端，入盲肠前，有一个中空壁厚的囊状器官——圆小囊，具有吸收、机械压榨和分泌碱性物质作用，分泌的碱性物质对调控家兔盲肠酸碱环境起着重要作用（图1-1）。

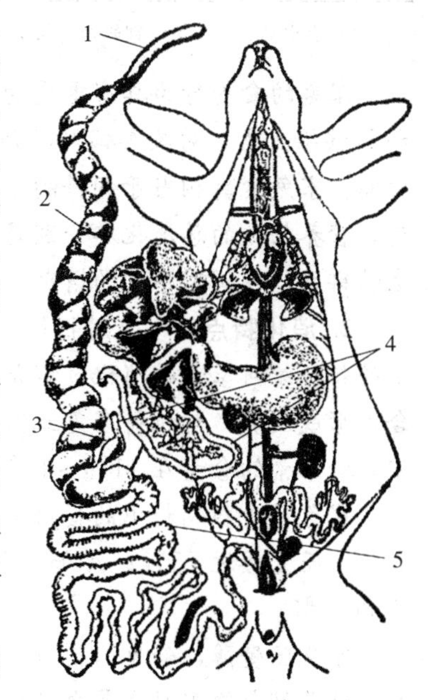

图1-1 家兔消化系统
1. 蚓突 2. 盲肠 3. 圆小囊 4. 小肠 5. 结肠
（高文玉．经济动物养殖．2009）

家兔喜欢吃植物性饲料而不喜欢吃动物性饲料，考虑营养需要并兼顾适口性，配合饲料中动物性饲料所占的比例不能太大，一般应小于10%，且脂肪含量应在5%～10%范围内。在饲草中，家兔喜欢吃豆科、十字花科、菊科等多叶性植物，不喜欢吃禾本科、直叶脉的植物如稻草之类。家兔喜欢吃植株的幼嫩部分。

家兔喜欢吃颗粒料而不喜欢吃粉料。颗粒饲料由于受到适温和高压的综合作用，使淀粉糊化变形，蛋白质组织化，酶活性增强，有利于兔肠胃的吸收。因此，家兔对颗粒饲料中的干物质、粗蛋白质、粗脂肪的消化率都比粉料高。

家兔具食软粪的特性。家兔的食粪特性发生在生后18～22d，从开始采食饲料起，就有食粪行为，这种习性终身保持。家兔排出两种粪便，一种是常见的硬粪，另一种是软团状粪，软粪排粪时间通常在夜间，这种软粪排至肛门即被家兔自己吃掉。家兔硬粪球和软团状粪部分成分的比较见表1-1。

表 1-1　家兔粪便营养成分含量

（高文玉．经济动物学．2008）

成分	水分（%）	粗蛋白质（%）	脂肪（%）	灰分（%）	微生物（亿个/g）	碳水化合物（%）
软粪团	75	37.4	3.5	13.1	95.6	11.3
硬粪球	50	18.7	4.3	13.2	27	4.9
维生素营养	维生素 B_1（μg/g）	维生素 B_2（μg/g）	维生素 B_3（μg/g）	维生素 B_6（μg/g）	维生素 B_{12}（μg/g）	烟酸（μg/g）
软粪团	40.84	30.2	51.6	84.02	2.9	139.1
硬粪球	2.29	9.4	8.4	11.67	0.9	39.7
矿物质营养	钙（%）		磷（%）	钠（%）	钾（%）	
软粪团	0.61		2.2	0.22	1.80	
硬粪球	1.01		1.3	0.11	0.57	

注：表中钙、磷、钠、钾的含量指软粪团和硬粪球干物质中的含量。

家兔的食粪行为具有重要的生理意义：家兔通过吞食软粪可得到大量全价的菌体蛋白质和B族维生素，对改善饲料品质具有重要意义。另外，家兔食粪可延长饲料通过消化道的时间。家兔食粪相当于饲料的多次消化，提高了饲料的消化率。据测定，家兔食粪与不食粪时，营养物质的总消化率分别是64.6%和59.5%。家兔的食粪还有助于维持消化道正常微生物群系；在饲喂不足的情况下，食粪还可以减少饥饿感。

2. 消化特点　家兔对粗纤维的消化率较高，对纤维素的消化能力与马和豚鼠相近。适量的粗纤维对家兔的消化过程是必不可少的，可保持消化物的稠度，有助于食物与消化液混合，形成硬粪，对维持家兔正常的消化机能、减少肠道疾病具有重要的意义。在家兔的饲料中，纤维素的含量在11%～13%比较适宜，不宜超过15%。

家兔对青粗饲料中的蛋白质有较高的消化率。以苜蓿为例，猪对其中蛋白质消化率不足50%，而兔接近75%；又如全株玉米颗粒料，对其中蛋白质的消化率，马为53%，而兔为80.2%。

家兔肠壁薄，幼兔消化道发生炎症时，肠壁渗透性增强，消化道内的有害物质容易被吸收，这是幼兔腹泻时容易自身中毒死亡的重要原因。因此，夏季应有效预防家兔消化道疾病的发生。

（二）体温调节特点

家兔是恒温动物，正常体温是38.5～39.5℃，但热调节机能较差，随环境温度变化体温有差别，夏季比冬季的体温高0.5～1℃。家兔主要靠呼吸散热，保持体温平衡是有一定限度的，所以高温对家兔十分有害。家兔生长繁殖的适宜温度是15～20℃，临界温度为5℃、30℃。仔兔初生时，调节体温的能力最弱，产箱内的温度应保持在30～32℃，随日龄增长，对体温的调节能力逐步增强，到10日龄仔兔初步具有调节体温的能力，30日龄时被毛已长齐，调节机能进一步加强。

(三) 生长特点

仔兔出生时全身裸露无毛，闭眼封耳。出生后 3～4 日龄开始长毛，6～8 日龄耳朵内长出小孔与外界相通，10～12 日龄睁眼，17～18 日龄开始吃料，30 日龄时全身被毛基本形成。仔兔初生时体重一般为 50～70g，但生后体重迅速增长，正常情况下 1 周龄体重增加 1 倍，4 周龄时增加 10 倍，8 周龄时可达成年兔体重的 40%。生长快的中型肉用品种兔，8 周龄时体重可达 2kg。

仔兔断奶前的生长速度除受品种因素的影响外，主要取决于母兔的泌乳力和同窝仔兔的数量。泌乳力越高，同窝仔兔越少，生长越快。家兔在 2～3 月龄时为生长高峰阶段，有研究表明，肉用兔 1 月龄平均日增重为 24g，2 月龄为 33.1g，3 月龄为 34.8g，4 月龄为 22.2g，5 月龄为 18.6g。

(四) 被毛生长与脱换

1. 季节性换毛 随着季节的变化，兔体感受到日照的变更，引起内分泌的变化，逐渐进行换毛，这是自然进化的结果。春天 3～4 月，日照逐渐延长，意味着夏季将要到来，家兔会逐渐脱掉冬毛，换上较稀疏的夏毛，便于散热。9～11 月，日照明显缩短，气温下降，意味着冬季的到来，家兔又脱掉夏毛，换上浓密的冬毛，便于保温。

2. 年龄性换毛 年龄换毛主要受遗传因素的影响。仔兔出生以后随着年龄的增长要进行两次换毛，第一次在 30～90 日龄，脱掉乳毛，准备进入性成熟，第二次在 150 日龄左右 (120～180 日龄)，准备进入体成熟，兔成年以后进行有规律的季节性换毛。

3. 病理性换毛 病理性换毛主要是由于患病、营养不良、新陈代谢紊乱、皮肤代谢失调等引起全身或局部性的脱毛，在全年任何时候都会出现，不受季节和年龄的影响。

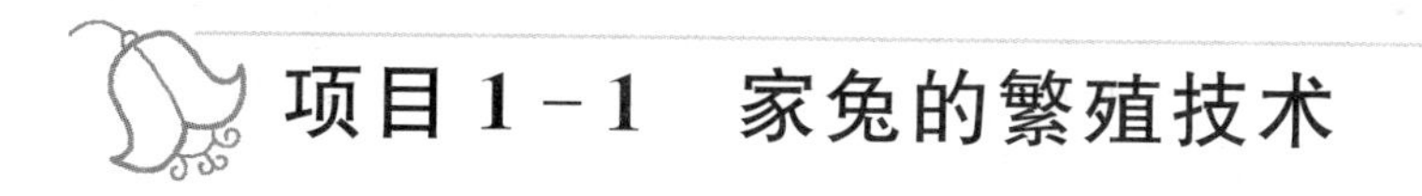

项目 1－1 家兔的繁殖技术

【知识准备】

(一) 性成熟与初配年龄

家兔性成熟因性别、品种、营养水平的不同稍有差异，母兔的性成熟较公兔早，小型品种较大型品种早，营养条件好的较营养水平差的早，一般为 4～5 月龄。

母兔在达到性成熟以后，虽每隔一定时间出现发情征候，但并不伴随着排卵，只有在公兔交配、相互爬跨或注射外源激素以后才发生排卵，这种现象称之为刺激性排卵或诱导排卵。家兔在诱导排卵上还表现出其特殊性，即使处于未发情状态，一旦接受诱导刺激，仍然可排卵并受胎。利用家兔这一特性，可对家兔采用人工辅助强制配种。有研究表明，母兔在交配等类似刺激后 10～12h 即可排卵。家兔的卵子是目前已知哺乳动物中较大的卵子，直径约为 160μm。同时，它也是发育最快、在卵裂阶段最容易在体外培养的哺乳动物的卵子，因此，家兔是很好的实验材料，被广泛用于生物学、遗传学、家畜繁殖学等学科的研究。

家兔性成熟后，其他组织器官尚未发育完全，身体并未完全成熟，不宜立即进行配种。过早初配，不但影响家兔本身的生长发育，而且配种后受胎率低，产仔数少，仔兔初生重小，母兔泌乳量低，连续几个世代过早配种还会造成品种退化；但过晚配种会缩短种兔利用年限，影响公、母兔终身繁殖力，因此，要确定家兔的初配年龄，做到适时配种。家兔的初配年龄主要根据年龄、性别、体重和兔场性质来确定。一般家兔的体重达到成年体重的70%，小型品种4～5月龄，中型品种5～6月龄，大型品种7～8月龄以上才能配种使用。不同品种兔性成熟和初配月龄见表1-2。

表1-2 不同品种兔性成熟和初配月龄

品种	性成熟月龄	初配月龄	品种	性成熟月龄	初配月龄
新西兰兔	4～6	5.5～6.5	加利福尼亚兔	4～5	6～7
德系长毛兔	5～8	6～10	日本大耳白兔	4～5	6～7
比利时兔	4～6	7～8	哈尔滨白兔	5～6	7～8
青紫蓝兔	4～6	7～8	塞北兔	5～6	7～8

（二）性周期与繁殖季节

母兔发情周期变化较大，一般为8～15d，母兔的发情持续期为3～4d，发情母兔有行为上和生理上的可视变化。

公兔一年四季均可配种，母兔均可发情，但由于气温不同，季节对家兔繁殖的影响是明显的，尤其是室外饲养的家兔。

春季气候温和，是家兔配种繁殖的最好季节。仔兔断奶后，青绿饲料较为丰富，幼兔生长快，生产效果好。

盛夏季节气候炎热，温度高，湿度大，家兔食欲减退，性机能不强，配种受胎率低，产仔数少。当外界温度高于30℃时，公兔性欲降低，射精量少，高于35℃时，配种效果很差，有夏季不孕现象，不宜进行繁殖活动。

秋季气候温和，饲料丰富，公、母兔体质得到恢复，性活动能力增强，尤其是晚秋，母兔发情旺盛，配种受胎率高，产仔数多，是母兔配种繁殖的又一个好季节。

冬季气温降低，特别是严寒季节，保温条件不好时，仔兔成活率低。

（三）妊娠与产仔

1. 妊娠 中型体重母兔的妊娠期平均为31～32d（28～35d），妊娠期的长短与品种、年龄、营养、胚胎数量等因素有关。大型兔比小型兔的妊娠期长，老年兔比青年兔的妊娠期长，经产兔比初产兔妊娠期长，胎儿数量少比数量多的妊娠期长，营养好比营养差的妊娠期长。交配后72～75h胚胎进入子宫，在两侧子宫角均可着床，7～7.5d胎膜与母体子宫黏膜相连，形成胎盘。

2. 产仔 母兔产仔前3～5d乳房开始肿胀，肷部凹陷，尾根和坐骨间韧带松弛，外阴部肿胀、充血，阴道黏膜潮红湿润，行动不安，食欲减退；产仔前1～2d开始衔草作窝，分娩前10～12h用嘴将胸部和乳房周围的毛拉下；产仔前2～4h频繁出入产箱。

拉毛是一种母性行为，一是可刺激乳腺泌乳，二是便于仔兔捕捉乳头，三是为仔兔准备良好的御寒物。凡是拉毛早、拉毛多、做巢大的母兔，泌乳量大，母性好。对于不拉毛的母兔，饲养管理人员可代为铺草、拉毛，以唤起母兔营巢做窝的本能。

产仔多在夜间或清晨进行。胎儿进入产道后，胎衣破裂，羊水流出，仔兔连同胎衣一起产出。每隔2～3min产仔1只，产完一窝仔兔需20～30min。母兔边产仔边将仔兔脐带咬断，吃掉胎衣，舔干仔兔身上的血迹和黏液。产仔结束后，母兔给仔兔哺乳1次，再拉一些毛盖在仔兔身上，而后跳出产箱喝水。

【岗位技能】

（一）发情鉴定

发情母兔表现为活跃不安，跑跳刨地，啃咬笼门，后肢顿足，频频排尿，食欲减退。常在食盘或其他用具上摩擦下颌，有的衔草做窝，散养兔有挖洞表现。主动爬跨公兔，甚至爬跨自己的仔兔或其他母兔。当公兔追逐爬跨时，抬升后躯以迎合公兔。

外阴部可视黏膜的生理变化可作为发情鉴定的主要依据。母兔在休情期，外阴部黏膜苍白、干涩，发情初期呈粉红色，发情盛期表现为潮红或大红、水肿湿润，发情后期黏膜为紫红色、皱缩。

（二）配种技术

1. 配种前的准备　配种前要查阅配种计划，准备配种记录；毛用兔在配种前要剪去外阴附近的长毛，以便于配种过程顺利完成，同时防止交配时将脏物带入母兔生殖道，引起炎症。

2. 配种方法　家兔的配种方法有自然交配、人工授精两种方法。自然交配又可分为自由交配和人工辅助交配。

（1）自由交配。自由交配指公、母兔按一定比例混养在一起，母兔发情时，与公兔自由交配。这种方法虽具有配种及时、能防止漏配等优点，但易造成早配和近亲繁殖，不利于兔群质量提高。所以，一般兔场不宜采用。

（2）人工辅助配种。采用人工辅助配种，平时将公、母兔分开饲养，当母兔发情时，根据配种计划，将其放入指定的公兔笼内，交配后将母兔捉回原笼。这种方法可避免自由交配的缺点，但要注意发情观察，给以及时交配。

对于不接受交配或未发情的母兔可采取人工辅助措施辅助公兔交配。操作者用左手抓住母兔两耳和后颈皮，将其头部朝向操作者胸部，右手伸到母兔后腹下，将后躯托起，调整高度和角度，迎合公兔的爬跨和交配。

家兔的交配时间很短，仅几秒钟，公兔很快射精，随即从母兔身上滑倒，并发出“咕咕”的叫声，爬起后频频顿足。交配完毕后，应立即在母兔的后臀拍击，使母兔身躯紧张，这样精液不易外流，随即将母兔捉回原笼。

采用复配或双重交配，可提高受胎率和产仔数。为确保配种成功，配种后5d左右可进行复配。如母兔拒绝交配，边逃边发出“咕咕”的叫声，可基本判定为妊娠。如母兔接受交配，则表明未孕，应将复配日期记入配种卡。

3. 注意事项　为了提高配种质量，家兔的人工控制配种应注意如下几方面问题：首先，要注意公、母兔比例，一只健壮的成年公兔，在繁殖季节控制在与8～10只母兔配种；第二，控制配种频率，一只体质强壮、性欲强的种公兔，在1d内控制配种1～2次；第三，在公兔笼中交配，若将公兔放在母兔笼中，公兔会因环境的改变而易影响性欲活动，甚至不爬跨母兔。

项目 1－2　家兔的选种选配

【知识准备】

一、家兔品种

全世界大约有 60 多个家兔品种和 200 多个家兔品系。目前我国所饲养的家兔品种有 20 多个，少量由我国自己培育，多数是引入品种。

按经济用途可将家兔分为肉用型品种、皮用型品种、毛用型品种、皮肉兼用型品种、实验用品种等。

按家兔被毛的生物学特性可将家兔分为长毛型品种、标准毛型品种、短毛型品种。长毛型品种其成熟毛毛纤维长度在 10cm 以上，如安卡拉兔；标准毛型品种成熟毛纤维长度在 3～3.5cm；短毛型品种成熟毛纤维长度在 1.3～2.2cm，如力克斯兔。

按体重大小可将家兔分为大型品种（成年体重在 4.5kg 以上）、中型品种（成年体重在 3.5～5kg）、小型品种（成年体重在 3.5kg 以下）。

（一）肉用型品种

1. 新西兰白兔　新西兰白兔原产于美国，系用弗朗德巨兔、美国白兔和安卡拉长毛兔杂交育成，是当代世界著名的专门化中型肉用品种。全身被毛纯白色，眼睛呈粉红色，头宽圆而粗短，耳朵较短小直立，后躯滚圆，腰肋肌肉丰满，四肢较短，健壮有力，全身结构匀称，发育良好，具有肉用品种的典型特征。

早期生长发育快，在良好的饲养管理条件下，8 周龄体重可达 1.8kg，10 周龄体重可达 2.3kg，成年体重 4.5～5.4kg。产肉力高，肉质鲜嫩，繁殖力较强，耐粗饲，饲料利用率高，适应性和抗病力较强。

2. 加利福尼亚兔　加利福尼亚兔育成于美国，用喜马拉雅兔、标准型青紫蓝兔和白色新西兰母兔杂交选育而成，是著名的中型肉用兔品种。加利福尼亚兔毛色似喜马拉雅兔，全身被毛以白色为基础，鼻端、两耳、四肢下部及尾背被毛为黑色，故又称八点黑兔。被毛丰厚平齐、光亮，毛绒厚密、柔软。眼睛呈红色，耳直立略短小，体长中等，肩部和后躯发育良好，胸围较大，肌肉丰满，体型短粗紧凑。

在良好的饲养管理条件下，成年公兔体重 3.6～4.5kg，母兔 3.9～4.8kg。生活力和适应性较强，肌肉丰满，早熟易肥，肉质肥嫩，屠宰率高，净肉率优于丹麦白兔、日本大耳白兔和比利时兔。生长速度略低于新西兰白兔，在生产中利用其作父本与新西兰白兔杂交生产商品肉兔效果较好。

3. 比利时兔　该兔是用比利时贝韦伦一带的野生穴兔改良而成的大型肉用兔品种。被毛为深褐或浅褐色，体躯下部毛色呈黄白色，与野兔毛色相近。耳朵宽大直立，稍倾向两侧。头型粗大，颊部突出，脑门宽圆，鼻梁隆起。骨骼较细，四肢较长，体躯离地面较高，故有家兔中竞走马之美喻，称其为马兔。

仔幼兔阶段生长快，6 周龄体重 1.2～1.3kg，3 月龄体重 2.8～3.2kg，成年体重公兔

5.5～6.0kg，母兔 6.0～6.5kg，最高的可达 7～9kg。肌肉丰满，体质健壮，适应性强，繁殖力较高，仔兔生长发育均匀。在生产中常用比利时兔与中国白兔、日本大耳白兔、公羊兔等杂交生产商品肉兔，可获得较好的杂交优势。

4. 公羊兔　原产于北非，也称垂耳兔，是一种大型肉用品种，有法系、德系、英系和荷系，我国引入的主要是法系和英系。公羊兔因其两耳长宽而下垂、头型似公羊而得名。两耳较大，耳尖的直线距离最大可达 60～70cm，宽 20cm。被毛颜色以黄褐色者最多，也有黑色、白色和棕色的。公羊兔颈短、背腰宽、胸围大、臀圆、骨骼粗壮，体质比较疏松肥大，动作迟缓。

公羊兔体型大，早期生长快，40 日龄断奶重可达 1.5kg，成年体重 6～8kg。公羊兔耐粗饲，抗病能力较强，易于饲养，性情温顺，不爱活动；繁殖性能较低，主要表现在受胎率低，哺育仔兔性能差，产仔数少。公羊兔和比利时兔杂交生产商品肉兔效果较好。

5. 花巨兔　花巨兔原产于德国，体型粗短，骨骼粗重。1910 年引入美国后，又培育出与原花巨兔有明显区别的黑色和蓝色两种。体躯较长、弓型、腹部较高，引入我国的主要是黑白花色。

花巨兔毛色为白底黑花，黑耳朵，黑嘴环，黑眼圈，背中线呈黑色。该兔成年体重 5～5.4kg，仔兔初生体重 65g，40d 可达 1.1～1.25kg，90d 体重 2.5～2.7kg。具有生长发育快、抗病力强等优点，但产仔数不稳定，哺乳能力不够好，母性不强。

（二）皮用品种

1. 力克斯兔　力克斯兔是著名皮用兔品种，原产于法国，是由普通家兔变异分化出来的短毛、多绒类型家兔，经过选育、杂交、扩群而成。由于被毛酷似水獭皮，我国普遍称其为獭兔。该兔最大特点是被毛短、密、毛纤维直立、被毛平齐，头小嘴尖，眼大而圆，耳长中等，肉髯明显，体形清秀。

最初育成的力克斯兔被毛为深咖啡色，引到各地后形成不同的品系，如美系、法系、德系等，培育出许多色型的獭兔，有白色、黑色、红色、蓝色、八点黑毛色、青紫蓝色、海狸色、巧克力色等。

（1）法系獭兔。原产于法国，是世界著名的良种獭兔。法系獭兔体型匀称，颌下有肉髯，耳较长且直立。如今的法系獭兔有海狸色、白色、红色、蓝色、黑色、青紫蓝色等多种颜色。

法系獭兔生长发育快，饲料报酬高。在良好的饲养条件下，仔兔 21d 窝重达 2.85kg，35d 断奶个体重达 800g，出生 100d 体重达到 2.5kg 左右，150d 平均达到 3.8kg 左右。商品獭兔出栏为 5～5.5 月龄，出栏体重达 3.8～4.2kg。每胎平均产活仔数 7～8.7 只。法系獭兔皮张面积 0.4m^2 以上，皮毛质量好，95%以上可达到一级皮标准。

（2）德系獭兔。德系獭兔是北京万山公司于 1997 年由德国引进，投放在河北省承德市滦平县境内饲养。该品系体型大，被毛丰厚、平整，弹性好，遗传性稳定。外貌特征为体大粗重，头方嘴圆，尤其是公兔更加明显，无明显肉髯。耳厚而大，四肢粗壮有力，全身结构匀称。

该品系生长速度快，饲料转化率高，商品獭兔出栏为 5～5.5 月龄，出栏体重 3.8～4.2kg。成年兔体重平均为 4.08kg，体长 41.67cm，胸围 38.91cm。体重和体尺高于同条件饲养的美系和法系獭兔。该品系产仔数较低，胎均产仔 6.8 只，初生重为 54.7g，平均妊娠期为 32d。由于该兔引入时间较短，适应性不如美系獭兔，繁殖率较低，但将其作为父本与美系杂交，后代表现良好。

(3) 美系獭兔。目前国内所饲养的獭兔绝大多数属于美系，占獭兔存栏数的85%以上。但由于引进的年代和地区不同，特别是国内不同兔场饲养管理和选育手段的不同，美系獭兔的个体差异较大。美系獭兔头小嘴尖，眼大而圆，耳长中等、直立；颈部稍长，肉髯明显；胸部较窄，腹腔发达，背腰略呈弓形，臀部发达，肌肉丰满。毛色类型较多，美国承认14种，我国引进的以白色为主。

美系獭兔繁殖性能比较好，年可繁殖4～6胎，初生体重45～55g，每胎平均产仔数为8.7只左右，断奶只数7.5只左右；母兔泌乳性能较强，母性好，30d断奶个体重达400～550g。但个体小，成年体重2.5～3.5kg，体长在39.5cm左右，胸围37cm左右。美系獭兔被毛品质好，粗毛率低，被毛密度大，1cm^2皮肤面积内为1.5万～3.5万根，毛纤维一般长1.2～2.2cm（以1.6cm最佳），绒毛细度为16～19μm，粗毛4%～7%，毛纤维与皮板附着良好，不易脱落，皮板比较坚韧结实。在良好饲养管理条件下，4月龄时体重可达2.5kg，据测定，5月龄商品兔，1cm^2被毛密度在1.3万根左右，最高可达1.8万根以上。

2. 哈瓦那兔 哈瓦那兔又名大眼兔、貂兔，原产于荷兰亨根地区，属于珍贵的皮用兔。该兔有巧克力色、蓝色两种。哈瓦那兔是1898年荷兰普通家兔变异分化出来的短毛型家兔，最初突变型毛色为巧克力色，因酷似哈瓦那雪茄烟而得名，以后又引进了喜马拉雅兔血统。1916年输入美国后培育出了蓝色哈瓦那兔。哈瓦那兔被毛浓密，带紫色光泽，毛长仅1.0～1.3cm。体躯短，腰宽阔，眼睛大而突出，耳短直立，两耳相距较近。哈瓦那兔成年体重2.5～3.5kg，体长43～47cm。

（三）毛用品种

安卡拉兔是世界上最古老和唯一的毛用品种。原产于小亚细亚，以土耳其首都安卡拉城（1930年前称安哥拉）为名。安卡拉兔育成后流传到各国，形成了不同品系。安卡拉兔的毛色有白色、黑色、棕红色和蓝色等12种之多，但以白色较普遍。

1. 法系安卡拉兔 法系安卡拉兔是为手工艺需要培育而成的，培育过程中重视毛纤维的长度和强度。法系安卡拉兔全身被毛白色，耳部、头部、四肢下部无长毛，是与英系安卡拉兔相区别的主要特征。头较大、稍长，耳朵大而直立，骨骼较粗壮。成年体重3.0～4.0kg。繁殖力强，母兔泌乳性能好，抗病力和适应性较强。该品系毛长可达10～13cm，粗毛含量8%～15%，年均产毛量800～900g，优秀母兔可产1 200～1 300g。

2. 英系安卡拉兔 在英国多用于观赏，逐渐向细毛型方向发展。全身被毛雪白，蓬松似棉球，被毛密度较差。耳端有缨穗状长绒毛，飘出耳外，甚为美观，俗称一撮毛。额毛、颊毛较多。头形圆小，耳朵较短、薄。毛长而细软，有丝光，针毛含量很少，不超过1.5%。体型较小，成年兔体重2.0～2.5kg，年产毛量平均300～500g。该品系繁殖力较强，但体质弱，抗病力不强。

3. 德系安卡拉兔 德系安卡拉兔体型较大，成年体重3.5～4.5kg。耳中长、直立，耳尖有耳缨，头部被毛覆盖，个体间不一致，四肢、脚毛和腹毛较浓密。属细毛型品系，细毛占90%以上，两型毛甚少，粗毛长度为8～13cm。被毛密度大，有毛丛结构，不易缠结，毛纤维有明显的波浪形弯曲。产毛量高，一般年产毛量960～1 400g，高产的可达1 600g。德系安卡拉兔引入我国后，产毛性能、繁殖性能和适应性等均有所提高，对改良中系安卡拉兔和培育我国新的长毛兔品系起了重要作用。

4. 中系安卡拉兔 是我国引进法、英两系后杂交，并掺入中国白兔的血液，经过多年选育而成的毛用兔品系，1959年通过鉴定。在各地又形成了不同类型，有耳毛长而浓密的全耳毛兔，有头毛较丰盛的狮子头兔，有趾间及脚底密生绒毛的老虎爪兔等。中系安卡拉兔全身被毛都普遍较稀，容易缠结，体型较小，成年体重2.5～3.0kg。年产毛量300～500g，高产个体可达750g。该品系繁殖力较强，哺乳性能好，仔兔成活率高，适应性和抗病力强，耐粗饲，但产毛量低，需要选育提高。

在上海，以本地安卡拉兔作母本，德系安卡拉兔作父本，经过级进杂交与横交固定，培育出唐行长毛兔，分为A型和B型两种，成年体重4.5kg，年产毛量950～1 050g。在安徽，以德系长毛兔与新西兰白兔杂交和横交选育成皖系长毛兔，成年体重4.2kg，年产毛量830g以上。在浙江，以本地长毛兔与德系长毛兔进行杂交，高强度择优选育成镇海巨高长毛兔，分A、B、C三型，主要特点是体型大，生长快，产毛量高，绒毛粗，密度大，不缠结。成年公兔体重5.5～5.8kg，母兔6.1～6.3kg，公兔年产毛量1 700～1 900g，母兔2 000～2 200g。

(四) 兼用品种

1. 中国本地兔 中国本地兔是我国劳动人民长期培育和饲养的一个古老的地方品种，我国各地均有饲养，但以四川等省区饲养较多。中国本地兔以白色者居多，兼有土黄、麻黑、黑色和灰色。中国本地兔历来主要供肉用，故又称中国菜兔。被毛短而密，毛长2.5cm左右，粗毛较多，皮板厚而结实。全身结构紧凑而匀称，头清秀，嘴较尖，耳短小而直立，被毛洁白而紧密，眼睛粉红色。

仔兔初生重40～45g，30日龄断奶体重300～450g，3月龄体重1.2～1.3kg，成年体重1.5～2.5kg。繁殖力强，产仔数高，对频密繁殖忍耐力强。母兔有乳头5～6对，性情温顺，哺乳性能强，仔兔成活率高。耐粗饲，抗寒、抗暑、抗病力强，适应性强。该兔体型小，生长速度慢，屠宰率低，皮张面积小。

2. 喜马拉雅兔 喜马拉雅兔原产于喜马拉雅山南北两麓。除我国饲养外，前苏联、美国、日本等均有饲养。喜马拉雅兔是小型皮肉兼用型品种。该兔体重1.2～2kg，眼睛呈淡红色，被毛毛长3.8cm左右，底毛为白色，身体的末端处（尾、足、耳、鼻）为黑色，俗称"五黑兔"；仔兔全身被毛为白色，1月龄后，鼻、尾等处逐步长出浅黑色毛。黑色被毛颜色的深浅受环境温度的影响，冬季颜色较深，夏季颜色较浅。黑色是由一个隐性基因决定的，其表现型还受温度影响，兔身体末端处的温度较躯干部位低，凡是体温低于33℃的身体部位则呈现黑色。用冰袋降低喜马拉雅兔的背部温度，则背部出现黑色；如恢复常温，则黑色褪去，这是由于毛色基因编码的酶只在33℃以下才具有活性。

喜马拉雅兔性成熟较早，繁殖力强，适应性好，抗病力强，耐粗饲。体型紧凑，体质健壮，是良好的育种材料。

3. 日本大耳白兔 日本大耳白兔原产于日本，是19世纪末20世纪初以中国白兔为基础选育而成的中型皮肉兼用型品种。该兔全身被毛白色，浓密而柔软，眼睛红色；体形匀称，头较长且额较宽，耳朵大、直立，耳根细，耳端尖，形似柳叶，母兔颈下有肉髯。

成年体重可达4.0～6.0kg，每胎产仔7～8只。具有耐粗饲、抗寒性强、成熟早、繁殖力强、母性好、泌乳力强等特点。

4. 青紫蓝兔 青紫蓝兔又名山羊青兔，原产于法国，利用野灰嘎伦兔、喜马拉雅兔和蓝色贝韦伦兔采用双杂交法育成的皮肉兼用品种，以后又引入了其他大型家兔的血液，形成了标准型、大型和巨型青紫蓝兔。该兔因其毛色很像产于南美洲的珍贵毛皮兽青紫蓝绒鼠而得名，其性情温顺，耐粗饲，体型健壮，抗病力强，生长发育快，产肉力强，肉质鲜嫩，繁殖力强，仔兔成活率较高。

青紫蓝兔被毛整体为蓝灰色，耳尖和尾面为黑色，眼圈、尾底、腹下和额后三角区的毛色较淡呈灰白色。单根毛纤维可分为5段不同的颜色，从毛纤维基部至毛梢依次为深灰色-乳白色-珠灰色-白色-黑色。毛被中间通常夹有全黑或全白色的毛。被毛颜色由于控制毛被特征基因不同有深有浅，研究表明，其特征基因有 c^{chd}、c^{chl}、c^{chm} 3种，与喜马拉雅兔特征基因 c^{h}、白化兔基因 c 为复等位基因，一般小型兔被毛颜色较深，美国型（大型）和巨型兔被毛颜色较淡。

(1) 标准青紫蓝兔。体型较小，体质结实紧凑，耳中长直立，面部较圆，母兔颌下无肉髯。成年公兔体重2.5～3.5kg，母兔2.3～3.6kg。

(2) 美国青紫蓝兔。由标准型青紫蓝兔与美国白兔杂交选育而成，体型中等，腰臀丰满，体质结实，耳大，单耳立。繁殖性能较好，生长发育快。成年公兔体重4.1～5.0kg，母兔4.5～5.4kg。

(3) 巨型青紫蓝兔。用大型青紫蓝兔与弗朗德巨兔杂交而成，体型大，肌肉丰满，耳朵较长而直立，母兔颌下有肉髯，属偏于肉用型的巨型兔种。成年母兔体重5.9～7.3kg，公兔5.4～6.8kg。

5. 塞北兔 塞北兔是我国近年培育的大型肉皮兼用新品种，用法系公羊兔和比利时兔采用二元轮回杂交的方式并经严格选育而成。该品种有3个品系，A系被毛黄褐色，尾边缘针毛上部为黑色，尾腹面、四肢内侧和腹部的毛为浅黄白色；B系被毛纯白色；C系被毛草黄色或橘黄色。塞北兔体型呈长方形，头大小适中，眼眶突出，眼大而微向内陷，下颌宽大，嘴方正。两耳宽大，一耳直立，一耳下垂，又称斜耳兔，这是该品种兔的重要特征。体质结实，颈部短粗，颈下有肉髯，肩宽胸深，背腰平直，后躯肌肉丰满，四肢健壮。

仔兔初生重60～70g，30日龄断奶重可达650～1 000g，90日龄体重2.5kg，成年体重平均5.0～6.5kg。塞北兔具有体型大、生长发育快、饲料报酬高、性情温顺、耐粗饲、抗病力和适应性强、繁殖力强等优点。

6. 哈尔滨白兔 哈尔滨白兔也称哈白兔，是中国农业科学院哈尔滨兽医研究所利用比利时兔、德国花巨兔、日本大耳白兔和当地白兔通过复杂杂交，经过10年时间培育而成，系大型皮肉兼用型品种。被毛纯白，毛纤维较粗长。体型大，头大小适中，两耳宽大而直立，眼大有神呈粉红色，体质结实，结构匀称，肌肉丰满，四肢健壮，适应性强，耐寒、耐粗饲，抗病性能强。

仔兔初生重60～70g，90日龄体重2.5kg，成年公兔体重5.5～6.0kg，母兔6.0～6.5kg。哈尔滨白兔皮毛质量好，遗传性能稳定，繁殖力强，早期生长发育快，屠宰率高。

(五) 野兔

我国有野兔9种，全是兔类，其中草兔分布于欧、亚、非三洲，中国除华南和青藏高原外广泛分布；云南兔分布于云贵高原；海南兔分布于海南岛；华南兔分布于我国长江以南和台湾；东北兔与东北黑兔分布于我国小兴安岭及长白山地区；高原兔分布于青藏、四川、新疆；雪兔分布于新疆、内蒙古和黑龙江北部；塔里木兔分布于新疆塔里木盆地。

野兔（兔属）与家兔（穴兔属）在遗传特性、繁殖、骨骼等很多方面有显著区别，其头骨后鼻孔较大；染色体数兔属野兔为24对，穴兔属22对；繁殖方面兔属每年仅繁殖1～3胎，妊娠期为40～50d；仔兔出生睁眼、具有丰满的被毛，短时间即会奔跑；兔属野兔不打洞，穴兔类有打洞习性。

二、选种时间

1. 初选 初选在仔兔断奶时进行，重点根据系谱资料，采用窝选法，选择优良公母兔的后代。

2. 复选 对于肉用兔，复选在3月龄进行，根据个体重和断奶至3月龄的增重速度进行选择。毛兔50～55日龄第一次剪毛，到5月龄时，进行第二次剪毛，可结合产毛性能，根据第二次剪毛时体重和剪毛量进行选择。

3. 精选 第三次选择在7～8月龄进行，此时兔的生长发育成熟，中型品种已参加繁殖，主要看其交配能力、受孕率、产仔率及仔兔成活率。对于毛用兔，此时还可用其第三次剪毛量乘以4，作为兔年产毛量，予以评定。第四次选择是在1周岁后，对各种用途的种兔，根据第二胎繁殖情况进行繁殖性能鉴定。第五次选择在种兔后代已有生产记录情况下进行，对后代的各方面性能进行评定，进一步鉴定各种兔家系的优劣性。

三、优良种兔应具备的基本条件

1. 生产性能好 饲养家兔的主要目的，就是要获得数量多、质量好的家兔产品，所以种兔本身就应该具有良好的生产性能。

2. 适应能力较强 优良种兔应该对周围环境有较强的适应能力，并对饲料营养有较高的利用、转化能力，这是高生产性能的基础。

3. 繁殖力强 要使兔群质量普遍提高，优良种兔必须能大量繁殖后代，以不断更新低产种兔群，并为生产群提供更多的兔苗来源。

4. 遗传性稳定 种兔本身生产性能好是远远不够的，还要能使本身的高产性能稳定地遗传给后代，这也是家兔高产的根本保证。

【岗位技能】

（一）选种

根据家兔的品种特征、生长发育、生产性能和健康状况选择优良的个体留作种用。家兔的选种方法有个体选择、家系选择、后裔鉴定、综合鉴定等方法。其中个体选择的外貌鉴定法是家兔选种最为简单实用的重要手段之一。不同用途、不同品种的家兔，有着不同的外形特点，对外形各部位要求也不一样。

眼睛：健康的家兔，眼睛明亮圆睁，无泪水和眼垢。眼球颜色要符合品种特征，白色安卡拉兔、中国白兔、日本大耳白兔等白化兔的眼球应为粉红色；深色兔眼球则为相应的深色，通常与毛被颜色相近。

耳：耳朵的大小、形状、厚薄和是否竖立，是家兔品种的重要特征之一。日本大耳兔、新西兰白兔都是白兔，但前者耳大而直立，形似柳叶，新西兰白兔耳长中等、直立、稍厚，公羊兔两耳长大而下垂。

体躯：健康和发育正常的家兔，胸部宽深，背部宽平；臀部是肉兔产肉部位，应当丰满、宽圆。腹部要求容量大，有弹性而不松弛。脊椎骨如算盘珠似的节节突出，是营养不良、体质较差的表现。

四肢：四肢要求强壮有力，肌肉发达，姿势端正。遇有“划水”姿势、后肢瘫痪、跛行等情况不能留种。

被毛：被毛颜色和长短应具有品种特征，无论何种用途的品种，都要求被毛浓密、柔软、有弹性和富有光泽、颜色纯正，尤其獭兔更应如此。白色长毛兔被毛还要求洁白、光亮、松软，被毛密度对产毛量影响很大，要特别注意选择。

体重与体尺：体重与体尺是衡量家兔生长发育情况的重要依据。选种时应选择同品种同龄兔中体重和体尺较大的留种。

乳房与外生殖器：乳头数多少与产仔数有一定的关系，种兔乳头数一般要求4对以上。公兔睾丸匀称，阴囊明显，无隐睾或单睾。生殖器无炎症，无传染病。

（二）选配

选配是选种工作的继续，应有目的、有计划地选择合适的公兔与母兔进行交配，以巩固优良性状或获得期望的新的遗传组合，提高后代群体生产水平。选配有等级选配、年龄选配、亲缘选配、品质选配等方法。

1. 品质选配 品质选配是根据公、母兔间品质的异同来进行选配，分为同质选配和异质选配两种。同质选配是选择性状相同，性能一致的优良公、母兔进行交配，以期优良的性状能稳定地遗传给后代，在后代能够得到保持和巩固，不断提高后代群体的品质。异质选配是选择性状不同的优良公、母兔交配，或选择性状相同但性能表现优良程度不同的公、母兔交配，故异质选配获得的效果是综合双亲优点，培养出具有双亲各自不同优点的后代，或以一方优良的性状来改良另一方性能较差的相同性状。因此，同质选配通常是在育种工作已经完成，为了能在生产中保持品种的优良性状的情况下采用；而异质选配通常是在育种初期，为了综合双亲优点，培育出新的品种时采用，或利用引进的优良品种进行本地品种改良时采用。

2. 亲缘选配 亲缘选配是考虑公、母兔双方有无亲缘关系进行交配，除特殊育种需要外，生产中要避免近交，以免造成品种退化。

通常交配双方到共同祖先的世代数在5代以内的被认为属于近交，近交虽然容易造成品种退化，但其遗传的基本效应是能使基因纯合，把优良性状固定下来，减少后代分离，提高性状真实遗传的概率，使后代群体整齐一致，因此在育种初期通常被采用。

3. 年龄选配与等级选配 年龄选配是指在进行选配时考虑交配双方的年龄，一般尽量避免老年兔与老年兔、老年兔与青年兔、青年兔与青年兔的交配，以壮年兔与壮年兔间进行选配效果最好，也可采取老年兔与壮年兔、青年兔与壮年兔进行选配。进行大群自由配种时考虑公、母兔等级的选配方法为等级选配，由于一只公兔的后代要远远多于母兔，因此要求进行等级选配时公兔等级要高于母兔，但由于家兔很少采用大群自由配种，此种方法在家兔生产中很少被采用。

4. 杂交 肉用兔养殖中采用杂交提高生产水平。不同的品系，不同的品种间进行简单的杂交也会产生优势，为了使优势更明显，对亲本的选择应该是父本生长速度快、饲料报酬高、肉质好、屠宰率高的，而母本要选择繁殖能力强、哺乳能力强、适应性强、抗病性强的。对于公兔的选择应严格一些，最好通过后裔测定，母兔群由于数量较多，可以适当放宽条件。生产中种兔使用2～3年，每年基本要淘汰40%～50%，因此建立了基础群以后，仍然要继续选种，选择亲本是一件长期的工作。

项目1-3　家兔的饲养管理

【知识准备】

一、家兔饲养标准

饲养标准是根据养兔生产实践中积累的经验，结合能量和其他物质代谢试验结果，科学地规定出不同种类、品种、生理阶段和生产水平的家兔每天每只所需营养物质的数量，或每千克日粮中各种营养物质含量，是制定饲料配方、组织生产的科学依据。

目前我国尚未制定出通行的家兔饲养标准，以美国国家研究委员会（NRC）和法国家兔营养学家（F. Lebas）公布的家兔营养需要为主要参考依据（表1-3、表1-4、表1-5）。

表1-3　我国建议的家兔营养供给量

（单永利．现代养兔新技术．2004）

营养指标	生长兔		妊娠兔	哺乳兔	成年产毛兔	生长肥育兔
	3～12周龄	12周龄之后				
消化能（MJ/kg）	12.2	11.29～10.45	10.45	10.87～11.29	10.03～10.87	12.12
粗蛋白（%）	18	16	15	18	14～16	16～18
粗纤维（%）	8～10	10～14	10～14	10～12	10～14	8～10
粗脂肪（%）	2～3	2～3	2～3	2～3	2～3	3～5
钙（%）	0.9～1.1	0.5～0.7	0.5～0.7	0.8～1.1	0.5～0.7	1.0
总磷（%）	0.5～0.7	0.3～0.5	0.3～0.5	0.5～0.8	0.3～0.5	0.5
赖氨酸（%）	0.9～1.0	0.7～0.9	0.7～0.8	0.8～1.0	0.5～0.7	1.0
胱氨酸+蛋氨酸（%）	0.7	0.6～0.7	0.6～0.7	0.6～0.7	0.6～0.7	0.4～0.6
精氨酸（%）	0.8～0.9	0.6～0.8	0.6～0.8	0.6～0.8	0.6	0.6
食盐（%）	0.5	0.5	0.5	0.5～0.7	0.5	0.5
铜（mg/kg）	15	15	10	10	10	20
铁（mg/kg）	100	50	50	100	50	10
锰（mg/kg）	15	10	10	10	10	15
锌（mg/kg）	70	40	40	40	40	40
镁（mg/kg）	300～400	300～400	300～400	300～400	300～400	300～400
碘（mg/kg）	0.2	0.2	0.2	0.2	0.2	0.2
维生素A（U）	6 000～10 000	6 000～10 000	6 000～10 000	8 000～10 000	6 000	8 000
维生素D（U）	1 000	1 000	1 000	1 000	1 000	1 000

表 1-4 自由采食家兔的营养需要量（NRC）

营养指标		生长	维持	怀孕	泌乳
消化能（MJ/kg）		10.45	8.78	10.45	10.45
粗蛋白（%）		16	12	15	17
粗脂肪（%）		2	2	2	2
粗纤维（%）		10～12	14	10～12	10～12
矿物质	钙（%）	0.4	—	0.45	0.75
	磷（%）	0.22	—	0.37	0.5
	镁（mg/kg）	300～400	300～400	300～400	300～400
	钾（%）	0.6	0.6	0.6	0.6
	钠（%）	0.2	0.2	0.2	0.2
	氯（%）	0.3	0.3	0.3	0.3
	铜（mg/kg）	3.0	3.0	3.0	3.0
	碘（mg/kg）	0.2	0.2	0.2	0.2
	锰（mg/kg）	8.5	2.5	2.5	2.5
维生素	维生素A（U/kg）	580	—	10 000	—
	胡萝卜素（mg/kg）	0.83	—	0.83	—
	维生素E（mg/kg）	40	—	40	40
	维生素K（mg/kg）	—	—	0.2	—
	吡多醇（mg/kg）	39	—	—	—
	胆碱（mg/kg）	1.2	—	—	—
	尼克酸（mg/kg）	180	—	—	—
氨基酸	蛋氨酸＋胱氨酸（%）	0.6	—	—	—
	赖氨酸（%）	0.65	—	—	—
	精氨酸（%）	0.6	—	—	—
	苏氨酸（%）	0.6	—	—	—
	色氨酸（%）	0.2	—	—	—
	组氨酸（%）	0.3	—	—	—
	异亮氨酸（%）	0.6	—	—	—
	缬氨酸（%）	0.7	—	—	—
	亮氨酸（%）	1.1	—	—	—
	苯丙＋酪氨酸（%）	1.1	—	—	—

表 1-5　法国 F. Lebas 推荐的家兔营养需要量

营养指标		生长（4～12 周龄）	哺乳	妊娠	维持	哺乳母兔和仔兔
粗蛋白（%）		15	18	18	13	17
消化能（MJ/kg）		10.45	11.29	10.45	9.20	10.45
粗脂肪（%）		3	5	3	3	3
粗纤维（%）		14	12	14	15～16	14
非消化纤维（%）		12	10	12	13	12
氨基酸	蛋氨酸+胱氨酸（%）	0.5	0.6	—	—	0.55
	赖氨酸（%）	0.6	0.75	—	—	0.7
	精氨酸（%）	0.9	0.8	—	—	0.9
	苏氨酸（%）	0.55	0.7	—	—	0.6
	色氨酸（%）	0.18	0.22	—	—	0.2
	组氨酸（%）	0.35	0.43	—	—	0.4
	异亮氨酸（%）	0.6	0.7	—	—	0.65
	缬氨酸（%）	0.7	0.35	—	—	0.8
	亮氨酸（%）	1.05	1.25	—	—	1.2
矿物质	钙（%）	0.5	1.1	0.8	0.6	1.1
	磷（%）	0.3	0.8	0.5	0.4	0.8
	钾（%）	0.8	0.9	0.9	—	0.9
	钠（%）	0.4	0.4	0.4	—	0.4
	氯（%）	0.4	0.4	0.4	—	0.4
	镁（%）	0.03	0.04	0.04	—	0.04
	硫（%）	0.04	—	—	—	0.04
	钴（mg/kg）	1.0	1.0	—	—	1.0
	铜（mg/kg）	5.0	5.0	—	—	5.0
	锌（mg/kg）	50	70	70	—	70
	锰（mg/kg）	8.5	2.5	2.5	2.5	8.5
	碘（mg/kg）	0.2	0.2	0.2	0.2	0.2
	铁（mg/kg）	50	50	50	50	50
维生素	维生素 A（U/kg）	6 000	12 000	12 000	—	10 000
	胡萝卜素（mg/kg）	0.83	0.83	0.83	—	0.83
	维生素 D（U/kg）	900	900	900	—	900
	维生素 E（mg/kg）	50	50	50	50	50
	维生素 K（mg/kg）	—	2	2	—	2
	硫胺素（mg/kg）	2	—	—	—	2
	核黄素（mg/kg）	6	—	—	—	4
	吡多醇（mg/kg）	40	—	—	—	2
	维生素 B_{12}（mg/kg）	0.01	—	—	—	—
	叶酸（mg/kg）	1.0	—	—	—	—
	泛酸（mg/kg）	20	—	—	—	—

二、家兔饲养管理一般原则

（一）饲养原则

1. 以青粗料为主，精料为辅 家兔为食草动物，应以青粗饲草为主，然后将营养不足部分以精料补充。

在养兔生产中要避免两种倾向：一种认为兔是草食动物，只喂给草，不喂精饲料也能养好，结果造成兔生长缓慢，生产性能下降，效益差；另一种认为要使兔快长、高产，必须喂给大量精料，青粗饲料少喂，甚至不喂，结果导致消化道疾病，甚至死亡，而且增高了饲养成本。

2. 饲料多样化合理搭配 家兔由于生长快、繁殖力高、体内代谢旺盛，需要从饲料中获得多种养分才能满足其需要。各种饲料所含养分的质和量都不相同，如果饲喂单一的饲料，不仅不能满足兔的营养需要，还会造成营养缺乏症，从而导致生长发育不良。多种饲料合理搭配，实现饲料多样化，可取长补短，以满足兔对各种营养物质的需要，获得全价营养。粪便太干时，应多喂多汁饲料，减少干料喂量；阴雨天要多喂干料，少喂青绿饲料，以免引起腹泻。

3. 注意饲料品质，合理调制饲料 注意饲料品质，是减少兔病和死亡的重要前提。在生产中要严格做到“五不喂”，即不喂雨水草和露水草、不喂发霉和变质的草料、不喂含水分过大的饲草、不喂带泥沙的饲草、不喂有异味的饲料和有毒的牧草。对各种饲料按不同的特点进行合理调制，可提高消化率和减少浪费。子实类、油饼类饲料和干草，喂前宜经过粉碎，粉料应加水拌湿喂给，有条件最好加工成颗粒饲料。块根、块茎类饲料应洗净、切碎，单独或拌和精料喂给，薯类饲料熟喂效果更好。

4. 定时定量 每天喂兔要定次数、定时间、定顺序和定数量，以养成家兔定时采食、休息和排泄的习惯，有规律地分泌消化液，促进饲料的消化吸收。相反，喂料多少不均，早迟不定，先后无序，不仅会打乱兔的进食规律，造成饲料浪费，还会诱发消化系统疾病，导致胃肠炎的发生。

一般要求日喂3～5次，精、青粗料可单独交叉喂给，也可同时拌和喂给。仔幼兔消化力弱，生长发育快，要多喂几次，做到少吃多餐。夏季中午炎热，兔的食欲降低，早晚相对凉爽，兔的食欲较好，给料时应掌握中餐精而少，晚餐吃得饱，早餐吃得早；冬季夜长日短，要掌握晚上精而饱，早餐喂得早。

5. 调换饲料要逐渐增减 夏、秋以青绿饲料为主，冬、春以干草和根茎类多汁饲料为主。家兔的日粮要保持相对稳定，严禁日粮的突然改变，否则会影响家兔采食和消化。饲料改变时，新换的饲料要逐渐增加，一般过渡期为1周左右，以便家兔适应。

6. 要注意饮水 日供水量可根据家兔的年龄、生理状态、季节和饲料特点而定。幼龄兔处于生长发育旺期，饮水量往往高于成年兔；妊娠母兔需水量增加，尤其是产后易感口渴，饮水不足易发生咬吃仔兔现象；高温季节需水量大，喂水不应间断；当喂给较多青饲料时，兔的饮水量可以减少，但绝不能不供水。集约化兔场使用颗粒料喂兔，最好采用自由饮水。

（二）管理原则

家兔品种多，生产特点各异，但都有共同的生物学特性，要根据兔的生物学特性，针对当地的自然生态条件，做好如下工作，尽量创造一个良好的饲养环境。

1. 保持清洁卫生　每天打扫兔笼舍，清除粪便，经常洗刷饲具，勤换垫草，定期消毒，以保持兔舍清洁、干燥，使病原微生物无法滋生繁殖。

2. 注意安静，防止骚扰　兔是胆小易惊、听觉灵敏的动物，稍有骚动则惊惶失措、乱蹿不安，尤其在分娩、哺乳和配种时影响更大，因此，应保持环境安静。同时，还要注意防御敌害，如犬、猫、鼠的侵袭。

3. 加强运动　运动可增强兔的体质，对于笼养的种母兔每周应放养1～2次，种公兔和幼兔最好每天运动1次，每次运动时间以1～2h为宜。放出运动时，应将公母兔分开，避免乱配混交；种公兔要单独运动，以免互相咬斗；幼兔可群体运动，这样可做到集中运动，合理利用运动场；母兔可小群运动。

4. 做好防暑、防寒、防潮工作　兔的最适温度为15～25℃。家兔怕热，舍温超过25℃即食欲下降，影响繁殖，如气温超过30℃（舍内）时，应加强兔舍通风降温。雨季应特别注意保持舍内干燥，垫草应勤换，兔舍地面应勤扫，在地面上撒石灰以吸湿气。冬季要做好防寒、保暖工作，尤其是仔兔。

5. 分群分笼饲养　家兔群居性较差，把成年兔放在一起易打架、咬伤。为了保障家兔的健康，便于管理，防止乱配、早配等，要按家兔的年龄、性别、用途等进行分群饲养管理。种公兔和繁殖母兔，必须实行单笼饲养。

6. 注意观察　要做到每天注意观察兔群的健康、食欲、粪便等情况，观察兔的精神状态，鼻孔周围有无分泌物，被毛是否有光泽，有无脱毛或脓肿等，发现病兔必须及时隔离观察、治疗，并采取必要的防疫措施。

7. 定期免疫　不同年龄家兔免疫程序参见表1－6、表1－7。

表1－6　幼兔免疫程序

日龄	疫苗种类	免疫剂量与方式
35～40	兔病毒性出血症、多杀性巴氏杆菌病二联苗	2mL，皮下注射
50～55	产气荚膜梭菌病灭活疫苗	2mL，皮下注射
60～65	兔病毒性出血症灭活疫苗	1mL，皮下注射
70	产气荚膜梭菌病灭活疫苗	2mL，皮下注射

注：产气荚膜梭菌病的免疫时间可根据兔场发病情况适当调整。

表1－7　非繁殖期、成年兔免疫程序

时间	疫苗种类	免疫剂量与方式
第1次	兔病毒性出血症、多杀性巴氏杆菌病二联苗	1mL，皮下注射
	产气荚膜梭菌病灭活疫苗	2mL，皮下注射
第2次（间隔6个月）	兔病毒性出血症、多杀性巴氏杆菌病二联苗	1mL，皮下注射
	产气荚膜梭菌病灭活疫苗	2mL，皮下注射

注：定期免疫时，各种疫苗注射间隔5～7d。

三、家兔经验饲料配方

家兔日粮配合要根据家兔饲养标准，并结合各自的实践经验和地区特点进行。现推荐以下几种家兔饲料配方，供参考。

1. 妊娠母兔配方 槐叶粉7%，玉米秸5%，大豆秸23%，玉米39.8%，豆粕12%，大豆5%，骨粉1.5%，鱼粉2%，贝壳粉0.5%，胡麻饼3%，食盐0.5%，兔乐0.5%，蛋氨酸0.1%，赖氨酸0.1%。

2. 泌乳母兔配方 槐叶粉9%，大豆秸25%，玉米36.5%，豆粕12%，炒大豆10%，骨粉1.5%，鱼粉2%，贝壳粉3%，食盐0.5%，兔乐0.5%。

3. 育肥兔饲料配方 槐叶粉6.5%，大豆秸23%，玉米38%，豆粕12.74%，麦麸5%，大豆7%，骨粉1.3%，鱼粉1.5%，贝壳粉0.16%，胡麻饼3%，食盐0.5%，兔乐和球净各0.5%，蛋氨酸0.15%，赖氨酸0.15%。

4. 仔兔补料配方 槐叶粉10%，大豆秸10%，玉米38%，豆粕17%，麦麸6.9%，大豆12%，骨粉1.2%，鱼粉3%，食盐0.5%，兔乐1%，蛋氨酸0.2%，赖氨酸0.2%。

5. 空怀母兔配方 槐叶粉8%，玉米秸5%，大豆秸23%，玉米33%，豆粕8%，麦麸11%，大豆5%，骨粉1%，胡麻饼2.5%，棉仁饼2.5%，食盐0.5%，兔乐0.5%。

【岗位技能】

一、种公兔的饲养管理

种公兔质量的好坏直接影响着整个兔群的质量，且与饲养管理有着密切的关系，所以，种公兔的饲养管理十分重要。

（一）种公兔的饲养

1. 注意营养的全面性 种公兔的配种能力取决于精液品质，精液的质量与饲料中蛋白质的数量和质量关系最大，饲粮中加入动物性蛋白可使精子活力增强，精子密度增加。维生素对精液品质也有显著影响，缺乏时精子数目减少，异常精子增多。小公兔饲粮中缺乏维生素时会引起生殖系统发育不全，睾丸组织退化，性成熟推迟，特别是维生素A，缺乏时引起睾丸曲细精管上皮细胞变性，精子生成过程受阻，精子密度下降，畸形精子增加。矿物质元素对精液品质也有明显的影响，其中钙缺乏，引起精子发育不全，活力降低，公兔四肢无力；锌对精子成熟具有重要作用，缺乏时精子活力下降，畸形精子增多；磷为核蛋白形成的要素，亦为产生精子所必需，饲粮中配有谷物和糠麸时磷不致缺乏，但应注意钙、磷比例。

2. 注意营养的长期性 家兔的繁殖周期短，繁殖准备期短，同时，由于饲料对精液品质的影响较为缓慢，研究表明，通过优质饲料来改善种公兔的精液品质时，需要提前20d才能见效，因此，饲养种公兔要特别注意营养的长期性。在配种期要提高饲料质量，适当增加动物性饲料的比例，如鸡蛋、鱼粉等。

（二）种公兔的管理

1. 严格选留种公兔 3月龄时进行一次选择，将发育良好，体质健壮，符合品种要求的个体留下，其余的公兔做商品兔处理。达到性成熟时，再进行一次严格选择，数量上要有15%左右的余量，以便补充。进入使用阶段，不断地淘汰不符合品种要求、体重过大或过小、交配能力差、精液量少且品质较差、有残疾的个体，用青壮年兔代替老年兔。使青年、壮年、老年兔的比例为3∶6∶1。

2. 合理使用 对种公兔的使用要有一定的计划性，严禁使用过度。一般青年公兔初配时每天配种1次，连续2d休息1d；壮年公兔每天可配种2次，连续2d休息1d，或每天配种1次，连续3～4d休息1d。如果种公兔出现消瘦现象，应停止配种，待其体力和精液品质恢复后再参加配种。换毛期内种公兔营养消耗较多，体质较差，影响配种受胎率，所以换毛期内应减少配种次数或停止配种，并加强饲养管理。患病的种公兔不应参加配种。另外，种公兔的配种时间要合理，在喂料前后0.5h之内不宜配种或采精。冬季最好在中午前后配种，春、秋季节上、下午配种均可，夏季高温季节应停止配种。

3. 加强运动 为保证种公兔体质健壮，有条件的兔场最好每天让公兔到运动场运动1～2h，最少也要每周让公兔到运动场运动两次。这样做一方面可使兔接受阳光照射，起到消毒杀菌的作用，另一方面可促进钙、磷吸收和血液循环，增强配种能力。

4. 单笼饲养，防止早配 公兔群居性差，群养时易争斗造成伤害，接近性成熟时应单笼饲养。3月龄以后的兔，逐渐进入性成熟，为了防止早配，应公、母兔分开饲养。

5. 维持舍温，精心管理 夏季要做好种公兔舍的防暑降温工作，冬季要做好防寒保温工作。种公兔的笼舍应宽大一些，以利于种公兔自由活动和配种采精活动。毛兔在配种期间要减少剪毛次数。

6. 做好记录，建立档案 要有详细配种记录，以便观察每只公兔所产后代的品质，以利于成绩评估，选种选配。

二、种母兔的饲养管理

根据母兔的生理状况，可分为空怀期、妊娠期和哺乳期，各阶段生理代谢特点不同，需要采取不同的饲养管理措施。

（一）空怀期的饲养管理

空怀母兔是指从仔兔断奶到再次配种妊娠前这一段时期的母兔。母兔空怀期的长短取决于繁殖制度，采用频密式和半频密式繁殖制度时，空怀期很短或几乎不存在，而采用分散式繁殖制度的母兔，有一定的空怀期。这期间饲养管理的关键是补饲催情，通过日粮调整，使母兔在上一繁殖周期下降的体况在短时间内迅速得以恢复，以促使母兔发情，正常进入下一繁殖周期。

空怀母兔养的不要过肥也不要过瘦，对体况较差的母兔，应适当增加精饲料，日加精料50～100g，同时供给充足的青绿饲料；体况较好的母兔，要以青粗饲料为主，减少精料，使其保持中等体况。要注意饲料营养要全面，维生素和微量元素的供给量要充足，配种前半个月进行短期优饲。在青饲料缺乏季节要增喂胡萝卜、大麦芽等富含维生素的饲料，可促进发情与提高受胎率。

（二）妊娠期的饲养管理

1. 加强营养 妊娠期母兔除了维持自身的生命活动所需营养外，还要供给胎儿生长发育及乳腺的发育所需的营养，因此，妊娠期母兔需要大量的营养物质。应给予母兔富含蛋白质、维生素和矿物质的饲料，提供充足和全价的营养以满足妊娠的需要。

在家兔妊娠的不同阶段要注意饲料的及时调整，妊娠前期日喂青草500～750g，精料50～100g，15d以后逐渐增加精料，20～28d可日喂青草500～750g，精料100～125g，28d以后喂给适口性好、易消化、营养价值高的青绿多汁的饲料，产前3d要适当减少精料。

2. 防流保胎 流产现象多在妊娠15～25d内发生。导致流产的原因很多，如不正确的频繁捕捉母兔，突然的惊吓使母兔乱跑乱撞，饲喂变质的饲料或感染疾病等。为防止流产，应精心管理，不能无故地捕捉母兔。妊娠母兔需单笼饲养，保持环境安静，避免其他兽害侵入，禁止大声喧哗。笼舍要保持干燥，要搞好卫生消毒，防止疾病发生。夏季饮用井水或自来水，有利于防暑降温，冬季严禁饮用冰渣水。严禁饲喂霉变饲料、喷洒农药的草。同一舍内有多种类型兔时，要先喂妊娠母兔，后喂其他兔。毛用兔妊娠期应停止梳毛和采毛。

3. 做好产前准备和产后护理工作 产前5d左右要放入产箱，以利于母兔熟悉适应产箱。使用前要对产箱进行洗净晒干，进行消毒处理。母兔在分娩前1～3d，有的在数小时之内叼草做窝，要放入一些洁净的干草，以备母兔做窝用。不必把干草直接放入产箱，应放在产箱外，母兔自己会叼草做窝，这样有利于培养母兔母性。在临产前数小时内拉毛，垫在草窝上，做好褥毛，产后再拉毛为仔兔作盖毛。母性强的兔拉毛很多，但有一些现代育成品种母兔，特别是初产母兔自己不会拉毛做窝或拉毛很少，应进行人工辅助拉毛，以刺激母兔泌乳和冬季仔兔保暖。

母兔分娩时一定要保持兔舍安静，突然惊吓会使母兔残食仔兔或延长产仔时间。产后要及时供给母兔温糖盐水或稀米汤，以便催乳和防止食仔。应及时整理产箱，清点仔兔，称量初生窝重，将污湿的草、毛、死胎、畸形胎和弱胎取走。

（三）哺乳期的饲养管理

哺乳期母兔泌乳量较高，相对体重来讲比牛还高，而且乳汁黏稠，干物质含量达24.6%（表1-8），约相当于牛、羊的两倍，仅次于鹿。此期的中心任务是保证哺乳母兔正常泌乳，提高母兔泌乳力和仔兔成活率。

表1-8 兔乳与牛羊乳干物质含量对比（%）

种 类	蛋白质	脂肪	乳糖	灰分
兔 乳	10.4	12.2	1.8	2.0
牛 乳	3.1	3.5	4.9	0.7
山羊乳	3.1	3.5	4.6	0.8

1. 科学饲喂，加强营养 哺乳母兔要分泌大量乳汁，加上自身维持需要，每天都要消耗大量的营养物质，而这些营养物质必须从饲料中获取。因此，哺乳母兔的饲粮必须营养全面，富含蛋白质、维生素和矿物质，在自由采食颗粒料的同时要适当补喂青绿多汁饲料。

2. 保证饮水 哺乳母兔由于需要分泌大量乳汁，所以对水的需求量比较大，要有充足且干净的饮用水，冬季应饮温水。

3. 严防乳房炎的发生 哺乳母兔要注意预防乳房炎的发生，以确保母兔健康和预防仔兔黄尿病发生，提高仔兔成活率，促进仔兔生长发育。应经常检查维修产仔箱、兔笼，减少乳房、乳头被擦伤和刮伤的机会，保持笼舍及其用具的清洁卫生，减少乳房或乳头被污染的机会。经常检查母兔的乳房、乳头，了解泌乳情况，如发现乳房有硬块、红肿，应及时进行治疗。在产前3d降低精饲料供给量，产仔3d以后再逐渐恢复精饲料供给量，以避免由于产仔初期泌乳过剩引发乳房炎。当乳汁过稠时，应增加青绿多汁饲料的喂量和饮水量；乳汁过多时，可适当增加哺乳仔兔的数量或使兔多运动，同时适当减少精料和多汁饲料的喂量，可多喂些优质青干草，必要时也可饮些凉的盐开水。

4. 加强管理　母兔哺乳时要保持安静，以防止产生吊乳和影响正常哺乳。实行母仔分养定时哺乳的管理方法，既可保证母兔和仔兔充分休息，对预防母兔乳房炎和仔兔肠炎亦十分有利。

三、仔、幼兔的饲养管理

（一）仔兔的饲养管理

从出生到断奶这段时期的小兔称仔兔。仔兔出生后生活环境发生了急剧变化，而仔兔的生理功能尚未发育完全，适应外界环境的能力很差，抵抗力低。此期的中心任务是进行细致周到的饲养管理，保证仔兔的正常生长发育，提高仔兔成活率。按照仔兔的生长发育特点，将仔兔期分为三个时期：睡眠期、开眼期和追乳期。每个时期仔兔的特点不同，饲养管理的侧重点不同。

1. 睡眠期的饲养管理（出生～12 日龄）　仔兔出生后 12d 左右睁开眼睛，这一阶段称为睡眠期。此阶段的管理重点是让仔兔早吃奶、吃足奶，防止兽害及其他意外伤亡，避免黄尿病、脓胞病的发生，避免冻死。

母兔分娩后 1～3d 内所分泌的乳汁称为初乳，营养成分含量明显高于常乳，是初生仔兔唯一营养来源。初乳中还含有一定量的免疫球蛋白，仔兔在产生主动免疫之前，免疫抗体主要通过胎盘来自于母体，虽然初乳中抗体含量不高，但对提高机体免疫力有不可替代的作用。生产中为保证仔兔尽早吃到初乳，在产后 6h 内要进行哺乳检查，通过观察仔兔在产仔箱内的状态了解母兔的哺乳情况。吃饱奶的仔兔，在毛窝中安睡不动，腹部圆胀，肤色红润，绒毛光亮，身上没有皱褶，用手触摸时会立即有反应，但不会大动，手一离开即安睡。未吃饱奶的仔兔，不能安静，在产箱内乱爬，腹部较小，皮肤干燥发暗，皱褶多，绒毛无光，用手触摸时上窜，吱吱乱叫。发现未吃饱奶时，若母兔有奶，可强制哺乳。

母兔一般有 4 对乳头，可带仔 7～8 只，若母兔产仔过多，产后患病不能哺乳，产后乳汁不足，或优良种兔需减少泌乳负担，可采用寄养办法。寄养的具体做法是：选择分娩时间相近的母兔，产期相差不超过 3d，将仔兔放入保姆兔的产箱内，和其他仔兔混在一起，经 1～2h后，一窝仔兔的气味基本相近，保姆兔一般不会拒绝。

如母兔患病、死亡或缺乳，而又找不到保姆兔，或建立无特种病原菌兔群时，可采用人工哺乳的办法。哺乳器可选用注射器、玻璃滴管、小眼药瓶等，嘴上接上一段细橡皮管（气门芯）即成。人工哺乳要掌握好乳汁的温度、浓度和给量。喂牛、羊奶时，最初加入 1～1.5 倍的水，1 周后加 1/3 的水，半个月后喂全乳，随着仔兔的生长，营养不足时，再加入 2%～5%奶粉。乳汁温度掌握在夏季 35～37℃，冬季 38～39℃。喂乳时，将仔兔仰面握在左手，右手平握哺乳器，将哺乳器嘴放入仔兔口中，使仔兔自由吮吸，不要人为强行灌喂。每次喂量以吃饱为限，每天喂 2 次。乳汁浓度可通过观察仔兔的粪、尿情况来判断，尿多，说明乳汁太稀，尿少，说明乳汁太稠，需做调整。

母兔的乳汁不足时，仔兔总是咬住乳头不放，或母兔在哺乳时受到惊吓，突然跳出产箱，会把仔兔带出产箱，这种现象称为吊乳。被吊出的仔兔在气温低时很容易被冻死、饿死。预防吊乳的办法是对乳汁少的母兔进行人工催奶或进行仔兔调整，另外，母兔哺乳时要避免惊扰。发现被吊出的仔兔要及时进行抢救，刚吊出的仔兔，四肢活动力较强时，可直接放回窝内；吊出时间较长已失去活动能力的仔兔，可以慢慢试着放入 40℃左右的温水中（露出头部），待皮肤恢复红润以后，擦干身体并进行人工辅助哺乳后放回窝箱。

刚出生的仔兔体温调节能力很差，产箱内的温度要保持在30℃以上，若早春、晚秋仍有繁殖活动，特别是冬季，需采取保温措施（表1-9）。产箱内要有充足的垫毛和盖毛，母兔拉毛少，要人工给以补加。仔兔撒尿多时会使垫草垫毛潮湿，对仔兔是极为不利的，应及时更换。

表1-9 不同日龄家兔适宜的舍内温度

日　龄	1	5	10	20～30	45	60以上	成年
温度（℃）	35	30	30～25	30～20	30～18	24～18	25～15

出生1周之内的仔兔很容易受到鼠害，兔舍封闭不严，老鼠自由出入时，死亡仔兔中有70%～80%是受到鼠害。半封闭式和开放式兔舍更要防鼠害，笼舍要做得严密，使老鼠不能出入。另外，1周以内的仔兔易感染黄尿病，这是仔兔吃了患乳房炎母兔的乳汁后引起的，乳汁中含有葡萄球菌，仔兔吃下后引起急性肠炎，排出黄色腥臭的稀粪，尿液也是黄色的。患病仔兔体质弱，皮肤灰色，死亡率高，耐受过的仔兔，体型较小，不健壮，发育迟缓。预防黄尿病的关键是预防母兔乳房炎的发生，搞好窝箱卫生。

长毛兔的毛细而长，当仔兔来回爬动时，长毛容易缠在仔兔的颈、腿部引起伤害，预防的办法是将长毛剪成短毛或将长毛拿掉换上短毛。

2. 睁眼期与追乳期仔兔的饲养管理　出生后10d左右，仔兔眼睛已能睁开一条缝，到12～14d，眼睛全部睁开为睁眼期。少数仔兔眼睛被一些分泌物黏住，需用脱脂棉蘸上温水或用2%～3%硼酸溶液轻轻擦敷，就可以睁开。

从睁开眼到断乳这一时期称为追乳期，仔兔睁开眼睛后，精神非常振奋，在产箱内蹦蹦跳跳，表现异常活跃，几天后便可跳到产箱外面，这种现象称为出巢。出巢时间的早晚和母乳多少有关，仔兔体重越来越大，母乳已不能满足其营养需要，每次哺乳仔兔都感到吃不饱，追着母兔要吃奶，逐渐就追到产箱外面，母乳仍不能满足其需要，仔兔就开始吃一些植物性饲料。

追乳期是仔兔从完全依靠母乳提供营养逐渐转变为以饲料为主要营养物来源的时期，此时仔兔消化道功能尚不健全，对饲料品质和饲养条件要求较高，稍有疏忽就会导致仔兔发生消化道疾病而死亡。为了提高哺乳期仔兔成活率，此期饲养管理的重点应放在仔兔补料和断奶上。

母兔的泌乳量在整个泌乳期呈抛物线状变化，产后3周内泌乳量逐渐增高，一般在21d左右达到高峰，以后逐渐降低，到42d泌乳量仅为高峰期的30%～40%。因此，及早开展补饲，不仅能促进仔兔的生长发育，提高仔兔的断奶体重和成活率，更重要的是有利于锻炼仔兔的肠胃消化功能，帮助仔兔过好断奶关，提高断奶幼兔的成活率。仔兔出巢以后，就尝试着吃饲料，一般肉兔、皮兔16日龄，毛兔18日龄开始吃饲料。刚开始补料时给一些易消化的营养高的青绿饲料，如苜蓿草、菜叶等，18～21日龄以后，增加一些配合饲料。仔兔的消化机能还比较弱，补料时要少喂多餐，逐渐增加数量，一般每天补料5～6次。开始时作为诱料，不要给得太多，通常18～20日龄，每天补料15g，20～27日龄20g，27～34日龄 30g，35～41 日龄 45g。

仔兔出巢以后，在尝试吃饲料时，会误食母兔的粪球或采食被粪便污染的饲料而感染球虫病。平时应注意及时清理粪便，消毒笼具，保持兔舍干燥卫生，在仔兔的饲料中按预防量加入抗球虫药物，如氯苯胍、磺胺类药物等。

断奶是仔兔饲养的又一关键，一般以 45 日龄断奶为宜，频密繁殖时，在 30 日龄左右进行早期断奶。仔兔消化机能尚未完全建立，对环境适应能力和抗逆能力比较弱，对母乳还有依赖，断奶越早，对仔兔的不利影响越大，死亡率越高。生产上一般采取一次性断奶的方法，将母仔一次分开饲养。较小的兔场断奶时应将仔兔留在原笼位饲养 1 周，将母兔移走，因此又称原窝断奶法，可防止因环境改变造成的仔兔精神不安、食欲不振等应激反应，能提高仔兔成活率和整齐度，也有利于增重。据测定，原窝断奶法可提高断奶幼兔成活率10%～15%。对于全窝仔兔生长发育不均匀、体质强壮不一的情况常采用分批断奶法，即先将体质强壮的仔兔断奶，体质弱的仔兔继续哺乳，几天后看情况再行断奶。断奶母兔在 2～3d 内只喂青粗饲料，停喂混合精料，以减少乳汁分泌，避免乳房炎。

（二）幼兔的饲养管理

从断奶到 90 日龄的兔为幼兔。幼兔阶段是死亡率最高、较难饲养的时期，这与幼兔的生理特点有关。幼兔刚刚断奶，脱离母兔开始独立生活，环境条件发生了很大变化，需要有一个适应过程。断奶以后的幼兔，会有几天过渡阶段，精神不好，静卧少动，食欲不好，胆小易受惊，对环境的变化极为敏感，抗病能力差。幼兔生长发育快，加之消化系统的功能还不完善，消化机能较弱，往往因贪吃引起腹泻，同时也是佝偻病的高发期。

为了减轻断奶应激，断奶后 15d 内应喂给与断奶前基本相同的饲料。幼兔适时断奶以后，表现得比较贪吃，饲喂上要注意定时定量，饲料种类和数量应逐渐增加。饲喂方法要少喂勤添，每天饲喂 5 次，3 次青绿饲料，2 次精饲料。

幼兔离乳后要按体重大小、体质强弱、品种、年龄、性别分笼饲养，并进行编号，建立档案。每笼可养 4～5 只，以使幼兔采食均匀，生长发育均衡。幼兔笼舍、运动场、食具要经常打扫，保持干净。幼兔活动量大，若有室外运动场，让幼兔多接触阳光和新鲜空气，对生长发育极为有利。要搞好卫生消毒，按照免疫程序做好免疫接种。在球虫病的高发时节进行药物预防，要定期驱虫，注意预防疥癣的发生与传播。

四、青年兔的饲养管理

青年兔是指从 3 月龄到初次配种这一时期的兔，又称育成兔。青年兔适应能力和抗逆能力大大增强，消化系统已发育完备，采食量增加，对粗纤维的消化利用率高，生长发育快，特别是肌肉和骨骼发育快。养好青年兔，不仅可提高其产肉性能和产毛量，还可以培育出优良的后备种兔。3 月龄后，公、母兔相继进入性成熟，后备公兔单笼饲养，母兔每笼 2～3 只，非种用公兔应去势作商品兔。

青年兔的日粮应以青粗饲料为主，适当搭配精料，粗纤维的含量提高到 14%～15%，能量、蛋白质水平相对降低，并注意矿物质、维生素的供给。一般在 4 月龄之内，自由采食，使之吃饱吃好，5 月龄以后，适当控制精料，防止过肥。留做种用的青年兔到 6 月龄时，要进行全面鉴定，符合种用标准的转入种兔群，准备参加繁殖，对不符合要求的做商品兔处理。青年兔应多运动，多晒太阳。

五、肉用兔的饲养管理

利用3月龄前生长快的特点，给予充足的营养，饲料以精饲料为主，饲喂足量的优质牧草，既降低成本，也可提高育肥速度。

育肥兔适宜室温为15～20℃，但只要不超过临界温度（5～30℃）不会有大的影响。舍内相对湿度应在50%～60%，湿度不宜过高，注意通风换气。家兔对光照时间长短不很敏感，对于育肥兔，光照时间不超过12h为宜，繁殖母兔可以延长到16h。

在一般饲养条件下，母兔产仔窝数和带仔数不要太多，过多时母兔不健壮，仔兔也不健壮，成活率低。比较合理的繁殖频率是抓住春、秋季节环境条件比较好时，繁殖4～5窝，每窝7～8只，使年产仔兔达到30只以上。

放养对育肥是不利的，应该进行小群笼养。另外，饲养肥育兔的兔笼要适当小些，环境光线要暗一些，以减少运动消耗，改善肥育效果。

六、毛用兔的饲养管理

（一）毛用兔的饲养

毛用兔营养代谢大量用于产毛，再有妊娠、泌乳、配种等负担，需要营养水平较高。营养状况良好时，兔毛生长快，产毛量也高。兔毛本身主要是角质蛋白，当饲料中蛋白质不足和含硫氨基酸缺乏时，毛的生长就缓慢，毛粗细不均，品质明显下降。因此，在饲喂时应注意加强蛋白质的供应尤其含硫氨基酸的供给。日粮中粗蛋白质的含量应在17%以上，含硫氨基酸不低于0.6%。

（二）毛用兔的管理

养殖长毛兔为获取被毛，长毛兔身上浓密的长毛，极易被粪尿、草水污染，很容易毡结成块，形成污染和毡结的毛，会降低甚至失去毛纺价值，及时采毛和梳理被毛可提高兔毛质量。一般毛兔2.5～3月龄就开始采毛。

1. 剪毛 剪毛时先沿背中线向左右分开，自臀部向前剪至耳根，然后将被毛分成左右两边，逆毛向一排排地剪取。剪完背部、体侧、臀部的毛后，再剪头面及耳毛。幼兔2.5～3月龄时剪掉乳毛，以后就每隔90d剪一次。成兔高温地区60d剪1次，低温地区90d剪1次，全年可剪4～5次。剪毛时要注意避免出现重剪毛，避免剪伤，剪毛时间也不要过长，以20min内剪完为好；冬季剪毛时，可将腹毛留下，以利爬卧时保暖，要采取防寒保温措施，剪毛后可在笼底铺垫草或放入产箱，以防受凉。这样即可保证毛的品质，也可防止成熟以后的毛自行脱落造成损失。

2. 拔毛 左手将兔固定，先用梳子将全身毛梳理一遍，然后用拇指、中指、食指夹住一小撮毛，轻轻拔起，使劲的程度以兔不感到疼痛为合适。拔毛要注意避免强拉硬拽，在换毛季节和冬季，通常30～40d拔一次。拔毛有独到的好处，可以避免皮肤的外伤，直接刺激毛根的生长，新毛着生整齐而不易毡结，优质毛含量高。

3. 梳毛 可以有效地防止毡结，使兔毛干净洁白，富有光泽，梳毛对皮肤是一个良好刺激，能促进皮肤的血液循环，促进毛囊细胞的活动，加速毛的生长，幼兔断奶以后就开始梳毛，每隔7～15d梳1次。换毛的季节应隔天梳1次，将梳下的兔毛收集起来，积少成多。梳毛时遇有毡结不要硬梳，要用手撕开以后，再继续梳，每次都要梳遍全身。正常情况下，至少每 7～15d 要梳毛 1 次。因此，毛用兔需要进行细致的管理，兔笼内要保持干净卫生。

毛兔的生长时期都比较长，只要不是留做种用的兔，均应去势饲养。去势以后的兔，贪吃肯长，体大毛长，优质毛也多。

【拓展知识】

一、饲养方式及设施

（一）饲养方式

1. 笼养　笼养是将家兔饲养在铁笼、木笼或竹笼内的一种饲养方式。可提高饲养密度，便于管理和控制环境，家兔较少接触粪便，疾病发病率低，可提高生产性能和饲料报酬，能合理组织配种，但一次性投入较多。

2. 栅养　商品肉兔、皮用兔和幼兔可采用栅养的饲养方式，以小群饲养，可在一定程度上减少笼具的投资。在室内或室外用栅栏（金属、竹竿等）围成小圈，也可室内外结合。栅养家兔运动量大，体质健壮，投资少。为减少球虫病发生，生产中可将栅栏离开地面，采用饲养床饲养。

3. 放养　将成群家兔在一定范围内放牧饲养，任其自由活动，自由交配，自由采食。要求场地干燥，周围有 2m 高围墙，墙有 1m 深地基。场内设置凉棚，以避风雨，设饲槽和水槽，用以补饲和饮水。场中堆砌土丘，供家兔打洞栖居，也可在土丘内砖砌洞穴，在场地内种植多年生牧草。放牧饲养是一种简单粗放的方式，省钱、省工，空气和草料新鲜，家兔运动充分，体质健壮，繁殖率高，可饲养肉兔和皮兔。但所需场地大，管理粗放，难以保持兔群质量。

（二）兔场建筑与设备

1. 兔舍类型　一般分为封闭式、半开放式和开放式三种。

封闭式：房屋结构，建筑形式较标准。受室外环境影响小，保温遮阳，人工控制舍内温度、湿度、通风、光照等因素，一定程度上克服了季节的影响，便于管理和机械化操作，可防兽害。有利于发挥优秀品种的优势，能做到按计划均衡生产，生产效率高。但成本较高，对饲养管理要求较高，对水、电及其他设备条件依赖程度高。粪尿沟在舍内，有害气体浓度高，呼吸道疾病较多，通风与保温的矛盾突出。

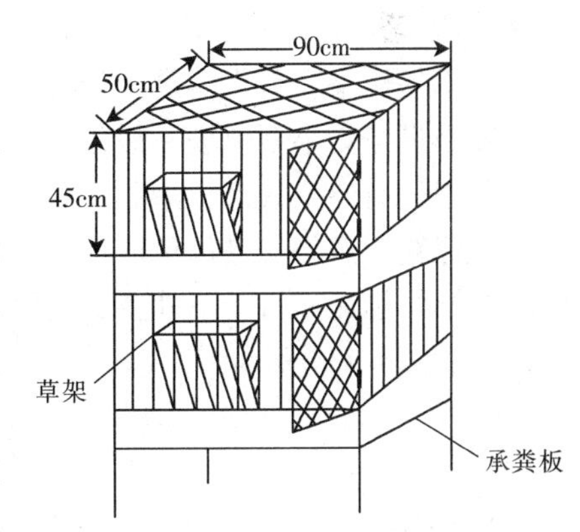

图 1－2　单联双层兔笼示意图

半开放式：兔舍具有房屋结构的特点，有正式屋顶，三面有墙与顶相接，前面设半截墙，为防兽害，半截墙上部可安铁丝网。这种形式的兔舍通风透光好，可防兽害，投资少，管理方便。适用于四季温差较小且较温暖的地区。

开放式：以笼舍合一形式为主，以砖、石等砌成，2 或 3 层，重叠式，正面设笼门，三面为墙。开放式兔舍通风透光，空气新鲜，管理方便，投资少，见效快，可用于饲养各类型家兔。受环境影响大，北方地区冬季不宜繁殖。笼舍合一形式的兔舍宜大不宜小，宜宽不宜深，底层笼底距地面不少于 40cm。

2. 兔笼 兔笼组合形式按上下层数的不同可分为单层兔笼、双层兔笼和多层兔笼。单层笼适合于饲养特别优良、贵重的种兔；多层笼有重叠式、阶梯式或半阶梯式，为了管理方便，多层笼一般不超过3层。按左右横向分隔的多少可分为单联、双联、多联兔笼。通常可移动兔笼做成单联双层或双联单层，而固定支架式兔笼往往做成多联双层或多层。

兔笼规格的设计应本着符合家兔的生物学特性、便于管理、成本较低的原则，兔笼过大，虽然有利于家兔的运动，但成本高，笼舍利用率低，管理也不方便。兔笼过小，密度过大，不利于家兔的活动，还会导致某些疾病的发生。一般而言，种兔笼适当大些，育肥笼宜小些；大型兔应大些，中小型兔应小些；毛兔宜大些，皮兔和肉兔可小些；炎热地区宜大，寒地带宜小。若以兔体长为标准，一般笼宽为体长的1.5～2倍，笼深为体长的1.1～1.3倍，笼高为体长的0.8～1.2倍。一般中型体重品种的家兔，种兔兔笼规格长、宽、高通常为90cm、50cm、45cm（产箱放于笼内）。成年种兔所需面积0.25m^2，母兔及其仔兔所需面积0.25～0.35m^2，育肥兔1m^{2}可养18～22只。

3. 其他设备

食槽：食槽种类很多，用材有竹、木、水泥、陶瓷和金属等。

草架：用粗铁丝焊制成V字形草架，固定于笼门上，内侧铁丝间距4～5cm，外侧2cm，草架可以活动，拉开加草，推上让兔吃草。草架是养兔必备的工具，国外大型工厂化养兔场，尽管饲喂全价颗粒饲料，仍设有草架投放粗饲料供兔自由采食，以预防消化道疾病。

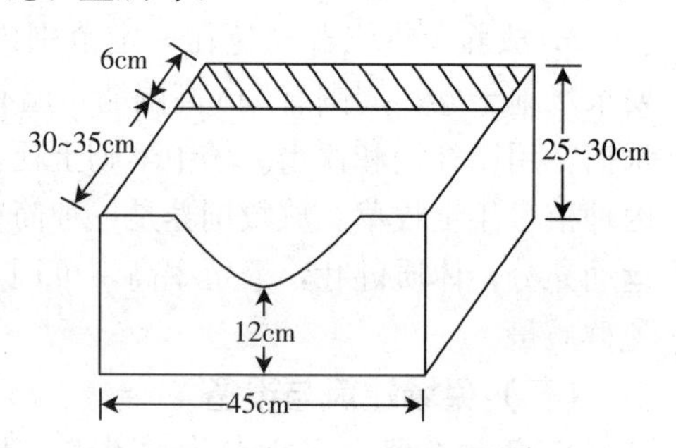

图1-3 家兔月牙口双面式产箱

饮水器：常用的饮水器有盆、碗、瓶等多种，材质也多种多样，但以乳头式自动饮水器最为科学，将饮水器连接于减压水箱，再接自来水系统，清洁卫生，不易污染，节水，是理想的饮水装置。

清粪设备：小型兔场一般采用人工清粪，大型兔场机械化程度较高，则采用自动清粪设备。常用的有导架式刮板清粪机和水冲式清粪设备。

产仔箱：产仔箱是母兔产仔和育仔的地方，多用1.5～2.0cm厚木板钉制，注意产箱内面底板不要刨光，钉子不外露，也可用无毒塑料制作。产仔箱规格一般为长45cm、宽30～35cm、高25～30cm（图1-3）。

二、兔毛与兔毛的分级保存

1. 兔毛 按其细度可分为细毛、粗毛和两型毛。细毛也称绒毛，是兔体上最柔软纤细的毛，一般呈波浪形弯曲，长度5～12cm，平均细度13～14μm，兔毛质量的好坏，很大程度上取决于细毛的多少和品质的好坏；第二类是粗毛或称枪毛，是兔体上最粗最长而富有光泽的毛，毛质粗硬而脆，不弯曲，长度可达17cm以上，细度为30～120μm，长毛兔体上粗毛含量较少，英系兔只有1%～2%，中系兔10%。粗毛耐摩擦，是毛丛中的骨干，具有保护绒毛、防止毡结的作用；第三类是两型毛，在单根纤维上具有粗毛和细毛两种纤维类型的特点。毛纤维的上部呈粗毛特点，下部呈细毛特点，粗的部分短，细的部分长，粗细相差很大，在交界处容易断裂，毛纺价值介于细粗毛之间。

2. 兔毛的分级保存　对采收的兔毛要根据毛纤维的长短、粗细、松软、色泽和含杂质的情况进行分级，通常分为五个等级。级内毛品质总的要求是无毡结、无虫蛀、无杂质。量毛的方法，以细毛的自然长度为准。

分级规格标准如下（纺织工业用标准）：

特级毛：长6.35cm以上，纯白全松毛，粗毛含量不超过10%。

一级毛：长5.08cm以上，纯白全松毛，粗毛含量不超过10%。

二级毛：长3.81cm以上，纯白全松毛，粗毛含量不超过20%。略带能撕开、不损品质的毡结毛。

三级毛：长2.54cm以上，纯白全松毛，粗毛含量不超过20%，可带能撕开、不损品质的毡结毛。

次毛：长2.54cm以下，全白松毛和有缠结、黏块、变色的毛。

兔毛的保存：保管兔毛应注意使用不褪色的包装材料，每放置一层，最好用纸隔开，包装好以后，不要重压，以防毡结，在包装中放入樟脑丸防止蛀虫，将毛放在通风干燥的地方，以防潮、防霉。大规模较长时间存放时，需放入低温、低湿、通风的专用库内。

三、家兔被毛遗传

家兔的被毛遗传主要包括毛色遗传和被毛形态遗传两部分内容，掌握家兔被毛遗传的规律，可以更好地进行商品生产和品种选育。

（一）毛色遗传

家兔的毛色基因约有10个位点，同一位点中等位基因间相互作用和非等位基因的相互作用，使得家兔表现出复杂的毛色遗传现象。

A位点基因：该位点有A、a、a^t三个复等位基因。A为野鼠色基因，该基因使一根毛纤维呈现出基部深色—中段浅色—尖部深色的颜色特征；a基因为非野鼠色基因，整根毛纤维呈现单一颜色；a^t基因决定黑色和黄褐色被毛的产生，背部黑色或褐色，眼圈和腹部白色，腹部两侧及尾下黄褐色。显隐性顺序为$A>a^t>a$。

B位点基因：该位点有B、b两个等位基因。B基因的作用是产生黑色毛，b基因的作用是产生褐色毛。如果B基因与A基因组合（A-B-），就会产生黑—浅黄—黑的毛色类型，具有这种基因型的兔表现为野灰色。如果b基因与A基因组合（A-bb），则产生褐—黄—褐的毛色类型，具有这种基因型的兔表现为黄褐色。

C位点基因：该位点有C、c^{chd}、c^{chm}、c^{chl}、c^{ch}、c 6个复等位基因，显隐性顺序为$C>c^{chd}>c^{chm}>c^{chl}>c^{ch}>c$。C基因的作用是使整体毛色一致（全色，一般为黑色），其他基因有不同程度减少色素沉着的作用。c^{chd}、c^{chm}、c^{chl}都属于产生青紫蓝类型毛色的基因，但在抑制黄色或黑色的能力上存在差异；其中c^{chd}基因产生深色青紫蓝毛色（胡麻色），该基因能消除毛纤维上的黄色部分，使之变为白色；c^{chm}基因产生浅青紫蓝毛色，该基因不仅有消除黄色的作用，而且还能使黑色变淡；c^{chl}基因不具有消除黄色的作用，但使黑色变淡的能力比c^{chm}基因强，故产生淡青紫蓝毛色。c^{ch}是喜马拉雅型白化基因，能把色素限制在身体末梢部位，产生具有8黑特征的被毛。c基因为白化基因，纯合时能住能阻碍一切色素的形成，致使全身被毛白色，眼睛为红色。由于c^{chl}基因对c^{ch}和c基因呈不完全显性，因此，淡色青紫蓝兔与喜马拉雅型白化兔或白化兔杂交的后代，被毛都比纯种淡色青紫蓝兔浅得多。

D位点基因：该位点有D和d两个等位基因，显隐性顺序为D>d。d基因有淡化色素的作用，使黑色淡化为蓝色，黄色淡化为奶油色，褐色淡化为淡紫色。例如：aa基因型表现为黑色，而aadd基因型表现为蓝色。

E位点基因：该位点有E^D、E^S、E、e^j、e 5个复等位基因，显隐性顺序为$E^D>E^S>E>e^j>e$。E^D基因有使黑色素扩散的作用，加深了野鼠色毛的中段毛色，使整个被毛呈铁灰色；E^S基因的作用与E^D相似，但作用较弱，产生浅铁灰色被毛；E基因的作用是产生野鼠色被毛；e^j基因产生黄色和黑色毛嵌合被毛，形成一条黑带、一条黄带的虎斑型毛色；e基因能抑制深色素形成，使被毛呈黄色。

En位点基因：该位点有En、en两个等位基因，显隐性顺序为En>en。En是白底黑斑基因，被毛底色为白色，耳、眼圈、嘴部为黑色，有锯齿状不连续的黑色背线，体侧散布黑斑；en基因作用是全身产生同一颜色。Enen基因型个体体背锯齿状黑带变宽。

Du位点基因：该位点有Du、du^d、du^w三个复等位基因，显隐性顺序为$Du>du^d$，$Du>du^w$，du^d和du^w为不完全显性。du基因作用是产生面、耳及后躯为黑色，口、鼻、额、前肢、胸、颈及后肢端部为白色的荷兰兔毛色特征。

V位点基因：该位点有V、v两个等位基因，显隐性顺序为V>v。v基因能抑制被毛出现任何颜色，使家兔产生白色被毛，同时还能限制虹膜前壁的色素，使具有vv基因型的个体表现为蓝眼白毛。这种基因型首次在维也纳发现，故称维也纳白兔。V基因不表现维也纳白兔特点，对v基因呈不完全显性关系，故基因型为Vv的杂合个体表现为白鼻或白脚的有色兔。

W位点基因：该位点有W、w两个等位基因，显隐性顺序为W>w。w基因能使野鼠色毛纤维中段的黄色区域宽度加倍，结果产生比正常野鼠色更浅的毛色。W基因作用是使野鼠色毛纤维中段的黄色区域宽度正常。

Si位点基因：该位点有Si、si两个等位基因，显隐性顺序为Si>si。si基因纯合时家兔表现为黑、白毛纤维间杂的银色毛被（银狐兔），Si基因不表现银色毛被。

（二）被毛形态遗传

普通家兔的被毛是由针毛和绒毛共同组成，针毛通常长约3cm，绒毛长约1.5cm，绒毛覆盖于粗毛之下。但有些家兔品种的被毛很短，有些家兔品种被毛却很长或有特殊弯曲和光泽，有些家兔品种被毛无针毛，有些家兔可能存在严重缺欠，这些被毛性状的遗传属于被毛形态遗传。

L位点基因：该位点有L、l两个等位基因，显隐性顺序为L>l。L基因作用是使家兔表现为普通家兔被毛；l基因纯合时使家兔产生明显长绒毛，安卡拉长毛兔即为该基因型。当用拥有普通被毛形态基因的家兔，如日本大耳白兔、青紫蓝兔等与安卡拉长毛杂交时子一代表现为普通的短毛（普通被毛）。

R系统基因：该系统有r_1、r_2、r_3 3个位点基因，显隐性顺序为$R_1>r_1$、$R_2>r_2$、$R_3>r_3$，其中r_1和r_2同在第Ⅲ染色体的不同座位上，呈连锁关系，r_3在另一条染色体上。基因型为R_1R_1、R_2R_2、R_3R_3的家兔被毛为普通常见的所谓正常被毛，而拥有r_1r_1、r_2r_2、r_3r_3基因型的家兔则被毛具有短、密度大、被毛平齐无针毛、毛纤维直立等特点，力克斯兔拥有该基因型。图1-4为不同基因型的力克斯兔交配后代遗传规律图。

Sa位点基因：该位点有Sa、sa两个等位基因，显隐性顺序为Sa>sa。sa基因纯合时家

$r_1r_1R_3R_3$ × $r_3r_3R_1R_1$

力克斯 ↓ 力克斯

$R_1r_1R_3r_3$ × $R_1r_1R_3r_3$（横交）

普通被毛 ↓ 普通被毛

$9R_{1\_}R_{3\_}$　$3R_{1\_}r_3r_3$　$3r_1r_1R_{3\_}$　$1r_1r_1r_3r_3$

普通被毛　力克斯　力克斯　力克斯

图1-4　力克斯兔杂交示意图

兔被毛具有丝绸般光泽，这种毛鳞片层平滑，毛髓中没有或少有气囊；Sa基因决定毛髓中有许多中空的气囊。

Wa位点基因：该位点有Wa、wa两个等位基因，显隐性顺序为Wa>wa。wa基因纯合型使家兔被毛产生波浪弯曲，由于目前仅在力克斯兔中发现有wa基因，该基因被称为阿斯特力克斯波纹基因。Wa基因是决定正常被毛的基因。

Wu位点基因：该位点有Wu、wu两个等位基因，显隐性顺序为Wu>wu。wu基因隐性纯合时家兔产生“痴毛”，毛纤维表层细胞排列不规则，结构不均匀，使局部破裂并向外翘起，所以手感粗糙，又由于皮肤的异常分泌物增生而产生发黏的感觉。显性基因Wu产生正常被毛。

N位点基因：该位点有N、n两个等位基因，显隐性顺序为N>n。n基因隐性纯合的家兔个体，体躯除肩胛后有一簇毛外，其余部分裸露无毛，头部仅口鼻部和耳尖有毛，四肢仅背面有毛。这种兔出生时与正常仔兔不容易区别，但半个月后，正常仔兔全身乳毛已经丰满，而裸兔仍是光秃秃的。N基因决定产生正常被毛。

缺毛基因：隐性基因f、ps-1和ps-2都能产生缺毛，其中最普遍是由f基因造成的。f基因可能还有致死作用，并能使精子缺乏活力。这种兔体躯只有枪毛，仅口鼻、四肢和尾部长有正常的被毛。

【思与练】

1. 家兔的跖行性、啮齿行为、嗜眠性的概念是什么？生产中应如何应用？
2. 夏季幼兔死亡率为什么较高？应如何预防？
3. 家兔繁殖特性有哪些？
4. 如何区别喜马拉雅兔与加利福尼亚兔？
5. 德系、法系、中系安哥拉兔主要有哪些特点？如何进行区别？
6. 解释一下獭兔间进行交配有时会产生正常被毛仔兔、青紫蓝兔与白化兔或喜马拉雅兔进行杂交后代毛色变浅、有时白色兔与白色兔交配产生有色兔的道理。
7. 养兔为什么要坚持以青粗料为主、精饲料为辅？
8. 如何养好睡眠期仔兔？怎样提高幼兔成活率？
9. 如何预防母兔乳房炎的发生？
10. 试述如何才能提高安卡拉兔的产毛量。

【技能培训】

家兔一般管理技术

【目的要求】 通过现场介绍，并补充幻灯、光盘或录像资料，使学生掌握不同家兔品种的外貌特征。通过实际操作训练，使学生掌握家兔的捕捉方法、家兔雌雄鉴别、家兔年龄鉴别、公兔去势、家兔打耳号技术。

【材料与用具】 不同品种、不同年龄阶段、不同性别的家兔若干，打耳号及去势手术用器材，捕捉钳，幻灯、光盘或录像资料。

【方法与步骤】 教师讲解掌握这几项操作技术的意义与要领，由教师或饲养员作示范表演，学生分组或逐个进行操作练习。

1. 品种识别 教师带领学生参观兔场或采用多媒体教学，直观观察与介绍不同家兔品种的外貌特征。学生指认不同品种，复述其外形特征及经济用途。

2. 捕捉方法 打开成年兔笼门，待兔安静下来后，用右手从头部顺毛抚摸几下，然后抓住两耳和耳下的颈皮，将兔轻轻提起，左手顺势托起臀部，使家兔的主要体重落在左手掌上，以降低对两耳和颈皮的拉力，将兔捉到笼外。这样操作既使兔体免受伤害，也避免抓伤人。只提两只耳朵、两条后腿或只抓起背皮等捉兔方法都是不正确的。

3. 家兔雌、雄鉴别 用正确的捉兔方法将兔捉到笼外，左手食指和中指夹住尾巴向后翻，拇指向上推，打开外生殖器。性成熟的公兔会显出阴茎，母兔会显出外阴部黏膜。性成熟之前的仔、幼兔，雌性生殖孔，远肛门端突起明显，而近肛门端突起不明显，呈V字形，距肛门的距离较近。雄性仔、幼兔生殖孔圆形，略小于肛门，距肛门较远，生殖孔呈O形。

4. 家兔妊娠检查

(1) 外部观察法。配种后8d起观察母兔表现，判断是否妊娠。妊娠后，食欲增强，采食量增加；十几天后，散养的母兔开始打洞，作产仔准备，腹部逐渐增大。

(2) 复配检查法。交配5～7d后进行一次复配试验，若母兔拒绝交配，沿笼逃窜，并发出“咕、咕”叫声，可判断为妊娠。

(3) 摸胎检查法。交配7～10d后可进行摸胎检查。将母兔捕捉到笼外置于地面或桌面上，头向操作者，操作者左手抓住两耳和颈皮，右手呈八字形伸到腹下，沿腹壁后部两旁轻轻摸索。如腹部柔软如棉，则没有妊娠，若摸到轻轻滑动的球状物，可判断为妊娠。球状物大小依妊娠天数而异，妊娠10d左右，如兔粪球大小，15d左右如普通玻璃球大小，20d左右生长到核桃大小，23～25d后胚胎已经分化发育有兔的形状，并有胎动表现。初学者容易把10d以内的胚胎与粪球相混淆，粪球多为扁圆形，指触时没有弹性，不光滑，分布面积较大，不规则。胚胎的位置比较固定，呈圆球形，指触时光滑而有弹性。摸胎检查准确率较高，但动作要轻，避免造成流产。

5. 家兔年龄鉴别 家兔的年龄鉴别主要通过爪、牙、毛、皮及外部形态与行为进行。

爪：通过检查对比家兔爪进行年龄鉴定时，要观察后爪。幼兔和青年兔的爪短尖平直，隐在脚毛之中不外露，1.5～2.5岁时，爪露在脚毛之外，仍显平直，2.5岁的兔爪露出一半，开始变得弯曲，老年兔爪明显长而弯曲，爪尖钝圆。白色被毛的家兔，爪的基部呈粉红色，尖部呈白色，界限分明，1岁时红白几乎相等，1岁以上的兔白色多于红色。

牙：青年兔的门齿短小、洁白、整齐，中年兔的门齿长，齿面微黄，老年兔的门齿厚而长，齿面污黄，间有破损。

毛：青年和中年兔，被毛光亮、完整，老年兔被毛粗糙无光，针毛中半截毛较多。

皮：用手抓一下被皮，青年兔被皮紧，弹性好，老年兔被皮厚而松弛，弹性差；用手捏压皮肤，感觉皮肤厚度时，青年兔皮肤比较薄，老年兔皮肤较厚。

外部形态与行为：青年兔外形紧凑，两眼有神，行动活跃敏捷；老年兔体形粗重，两眼无神，行动稳重、笨拙。

6. 公兔去势

(1) 阉割法。将兔腹部向上，用绳索把四肢固定在手术架上，剪去阴囊附近的绒毛，左手将睾丸从腹股沟挤入阴囊，捏紧，用酒精消毒术部，用手术刀沿体轴方向切开皮肤，长约1cm，挤出睾丸，切断精索，缝合伤口1～2针或不缝合，成年兔要缝合，涂以酒精或碘酒。术后应单笼饲养，防止伤口感染，一般经3～5d可康复。

(2) 结扎法。把兔固定后，将睾丸挤入阴囊，用尼龙线或橡皮筋在阴囊的基部扎紧，使血液不通，经10d左右睾丸枯萎、脱落。

7. 家兔打耳号 家兔编号以打耳号为主要方法，通常在断奶前3～5d进行。断奶后准备留做种用的幼兔，在耳朵中间位置打号，同时要注意避开大血管。打号的内容包括个体号、性别、品种、品系、家系以及出生日期等。

(1) 钳刺法。用特制的耳号钳在兔耳上打号。将编好的刺号装入耳号钳，将兔固定在保定箱内，或另一人配合保定，在耳内侧中部血管少的地方，消毒术部，待酒精挥发后，用耳号钳快而有力地钳刺，然后涂上醋墨。醋墨是用2∶8的食用醋和墨汁混合而成。

(2) 针刺法。将兔耳垫在硬板上，用沾水笔沾上醋墨，直接在耳内侧血管少的地方穿刺，间隔1mm刺一个孔，刺穿留下的醋墨多，字迹清楚。该方法工作效率低，现在已很少采用。

【考核】 实际操作辅以口答。

学习情景2　水貂生产技术

水貂属哺乳纲、食肉目、鼬科、鼬属，是短毛型珍贵毛皮动物。水貂皮毛绒丰厚致密，皮板柔韧轻便，毛色美观富有光泽。目前，水貂皮已成为世界流行的高档裘皮服装和服装镶边的高档原料，是裘皮市场三大支柱之一，有裘皮之王的美称。水貂油可做化妆品，貂心、貂鞭可做药材，貂粪是优质肥料。

（一）水貂的分类与分布

在自然界中，水貂有美洲水貂和欧洲水貂两种，目前人工饲养的水貂主要是美洲水貂的后裔。美洲水貂下颌有白斑，毛色黑褐，被毛美观；欧洲水貂上下颌均有白斑，被毛接近于黑色。野生状态下，水貂主要分布在北纬30°以北的地区。在我国东北、华北、山东等地饲养量较大。

（二）形态特征与生活习性

1. 形态特征　水貂体躯细长，头小而粗短，眼小而圆，耳壳小，四肢较短，前后肢均有五趾，趾端具有锐爪，趾间有微蹼，尾细长，尾毛长而蓬松。成年雄貂体重1.8～3.0kg，体长38～50cm；成年母貂体重0.9～1.5kg，体长34～37cm，尾长15～17cm。

野生水貂体毛呈黑褐色，习惯上将黑褐色作为水貂的标准色。下颌有白斑，毛密、厚。周身针毛光亮，绒毛细柔。

2. 生活习性　野生水貂栖息于河床、浅水湖岸或林中小溪边等近水地带，利用自然形成的岩洞作为巢穴，巢洞长约1.5m。洞口位于岸边或岸边的水下，巢内铺有鸟、兽的羽毛或柔软的干草，洞穴附近多有草丛或树丛做掩护。

水貂生性凶猛，听、嗅觉灵敏，行动敏捷。不群居，喜欢游泳和潜水，多在夜间活动。水貂不喜欢接近同种动物，只有交配季节雌、雄才生活在一起。交配后分开，雌貂找靠近河流的地方筑巢。

水貂是肉食性动物，野生条件下，以捕捉小型啮齿类、鸟类、两栖类、鱼类、鸟蛋和某些昆虫为食。食物随季节变化而变化。人工饲养条件下以动物性饲料为主。

有贮食习性，在巢穴中，曾发现贮藏有雉鸡蛋、鸟类、房鼠、花纹蛇等动物性食物。水貂的天敌有猫头鹰、山狸、水獭、狐等。

项目2－1　水貂繁育技术

【知识准备】

（一）生殖生理

水貂是季节性繁殖的动物，每年2月下旬至3月发情交配，4月下旬至5月产仔。育成貂9～10月龄性成熟。

1. 公貂生殖器官的季节性变化 春分以后，随着光照时数的增加，公貂睾丸逐渐萎缩，进入退化期。秋分以后，随着光照时数逐渐缩短，睾丸又开始发育，到2月时，睾丸重量可达2.0～2.5g，体积增大，形成精子，并分泌雄性激素，出现性欲。3月上、中旬是公貂性欲旺期，3月下旬，配种能力下降，以后又进入退化期。

2. 母貂生殖器官的季节性变化 秋分以后，卵巢中的卵泡开始发育，当卵泡直径达1.0mm时，母貂就出现发情和求偶现象。4月下旬至5月上旬，成年母貂卵巢重量逐渐减少。

3. 光周期与水貂性周期的关系 水貂生殖器官的季节性变化与光照密切相关。野生水貂长期生活在北纬30°以北地区，在系统发育进化过程中，高纬度地区光照时数的周期性变化，已成为水貂季节性繁殖的时钟和必要条件。一年中，水貂由非繁殖期到繁殖期，必须有短日照条件。在高纬度地区，从秋分到春分的180d里，昼短夜长，日照时间短少，故水貂生殖器官系统发育和交配是短日照反应。秋分是这一反应的起点。

在北回归线（北纬23.5°）以南地区，水貂不能正常繁殖的原因，是这些地区从秋分到冬至这段时间昼夜时差幅度小，光周期的变化超出了水貂已适应的短日照条件，从而导致大部分水貂性机能紊乱和性腺发育异常，结果使大批母貂失配和空怀。

4. 发情周期 水貂是季节性多次发情的动物，母貂在配种季节有2～4个发情周期，每个发情周期通常为7～10d，其中发情持续期为1～3d，此时母貂易于接受交配。

5. 排卵与受精 水貂是刺激性排卵的动物。通过交配或类似的刺激才能排卵。排卵是在交配后36～72h，排卵数是8.7±0.3（3～17）个。不论前一个性周期排出的卵是否受精，下一个性周期又有一批卵泡发育成熟，并在交配刺激下再次排卵。第二次排出的卵受精，第一次的受精卵多数排出体外或死亡。因此，水貂的预产期是由最后的配种日期算起。

母貂第一次排卵后，有5～6d的排卵不应期。

母貂的受精部位在输卵管的上段，受精时间是在交配后期48～60h，而卵细胞在排卵后12h左右失去受精能力。

6. 妊娠与产仔

（1）妊娠。母貂妊娠期为（47±2）d，变动范围为37～83d。在相同气候和饲养管理条件下，同一天交配的母貂，妊娠期也有19d（44～63d）的变动范围。母貂妊娠期应从最后一次交配日期至产仔日期计算。早期结束配种的母貂，其妊娠期比晚结束的长些。水貂妊娠时间不恒定的原因与光照有关。按大多数母貂的产仔日期推算，其胚泡着床的日期多为光照12h以上。水貂受配后，胚泡着床时间为1～46d，平均为17d，但胚泡着床后，发育相当迅速，经30d左右分娩。

（2）产仔。母貂的产仔期为4月下旬至5月下旬，旺期是4月25日到5月10日，占总产胎数的70%～80%。胎平均产仔数为6.5只，变动范围为1～19只，彩色水貂产仔数比标准貂稍低。胎产仔数与产仔日期有关，产仔期后延，产仔数相对减少，在5月10日前产仔的母貂，窝平均产仔数较高。

产前1周，母貂拔掉乳房周围的毛，露出乳头。临产前活动减少，常卧于窝箱之中，不时发出“咕咕”的叫声，叼草絮窝，多数母貂产前拒食1～2顿。

母貂一般在夜间或清晨产仔。产仔时，母貂呼吸加快，身体不时旋转，并发出低沉的呻吟。当胎儿露出阴门时，时常用牙齿轻轻牵拉协助胎儿娩出。产仔过程通常1～2h，个别有间隔一至几日分批产仔的。通常胎儿娩出后，母貂立即咬断脐带，舔食胎液、胎膜。

（二）水貂毛色遗传规律

控制水貂毛色的基因有21对，代表标准貂毛色基因的符号为：PP、IpIp、GG、AlAl、BB、BgBg、BiBi、BsBs、BaBa、BmBm、BpBp、CC、HH、OO、ff、ss、cmcm、ebeb、jj、fjfj、cscs。

彩色水貂是标准貂毛色基因突变及其组合而成，目前，水貂毛色基因发生突变的已有30多个，组合型已增加到百余种，有些彩貂具有较高的经济价值，如岩红色水貂（aa pp baba bmbm）皮单价比标准貂高10～15倍，玫瑰色水貂（Ff bb t^st^s kk）皮的单价高达标准貂皮的25～40倍。

目前，世界上通用的彩色水貂名称和基因符号，有美国和斯堪的纳维亚两个系统，后者主要用于丹麦、瑞典、挪威、荷兰和俄罗斯等国家，如表2-1所示。

表2-1　彩色水貂名称及基因符号

中文名		英文名	基因符号	
			美国系统	斯堪的纳维亚系统
灰蓝系	银蓝色（白金色）	Silverblu	pp	pp
	阿留申（枪钢色）	Aleution	alal	aa
	拟银蓝色（拟白金色）	Imperial Platinum	ipip	ii
	钴色	Coblt	gg	—
	钢蓝色	Steelblu	p^sp^s（p^sp）	p^sp^s（p^sp）
浅褐系	咖啡色	Pastel	bb	bb
	绿眼咖啡色	Green-eyeb Pastel	bgbg	gg
	拟咖啡色	Imprial Pastel	bibi	jj
	索克洛特咖啡色	Socklot Pastel	bsbs	t^st^s
	琥珀金咖啡色	Ambergold Pastel	baba	rr
	美国米黄色	American Palomino	bpbp	kk
	瑞典米黄色	Swedish palomino	bs^sbs^s	t^pt^p
	莫依而浅黄色	Moyle buff	bmbm	mm
	潘林浅黄色	Perrin buff	bp^bbp^b	—
	芬兰白色（金士米黄色）	Finn white (Jenz Palomion)	bs^mbs^m	t^wt^w
白色系	黑眼白色	Hedlund white	hh	hh
	白色	Albino	cc	c^hc^h
	北欧浅黄色（北欧白）	Nordic buff	bs^mbs^m	t^nt^n
	火绒草色（歌夫斯）	Edelweiss (goofus)	oo	oo

（续）

	中文名	英文名	基因符号	
			美国系统	斯堪的纳维亚系统
显性突变型	煤黑色	Jet black	JJ（Jj）	NN（Nn）
	银紫貂色（蓝霜色）	Silver sable (Blufrost)	Ff	Ff
	黑十字色	Black cross	SS（Ss）	SS（Ss）
	黑蓝色	Ebony	Ebeb	Ee
	科米拉	Colmira	Cmcm	—
	“显性白”	“Dominante white”	Ff Ss（SS）	Ff Ss（SS）
	王冠貂	Crown sable	Cscs	—
组合色型	蓝宝石色	Sapphire	alal pp	aa pp
	银蓝亚麻色	Platinum blond	bb pp	bb pp
	依立克	Eric	alal bb	aa bb
	芬兰黄宝石色	Finn topaz	bb bsbs	bb t^st^s
	珍珠色	Pearl	alal bpbp	pp kk
	浅紫色	Lavaender	alal bmbm	aa mm
	红眼白（帝王白）	Regal White	bb cc	bb c^hc^h
	米黄色十字貂	Palomimo cross	bpbp Ss	—
	银蓝色十字貂	Blucross	pp Ss	pp Ss
	青铜色十字貂	Aleutian cross	alal Ss	aa Ss
	白化十字貂	Cross white	cc Ss	c^hc^h Ss
	咖啡色十字貂	Pastel cross	bb Ss	—
	浅黄褐色	Ofawn	bb bmbm	bb mm
	春意咖啡色	BOS. Pastel	bbFf	bb Ff
	春意银蓝色	BOS. Platinum	pp Ff	pp Ff
	春意枪钢色	BOS. gunmetal	alal Ff	aa Ff
	蓝鸢尾草色	Blue iris	alal p^sp^s（p^sp）	aa p^sp^s（p^sp）
	芬兰珍珠色	Finn pearl (Blue beige)	pp bs^sbs^s	pp t^wt^w
	瑞典珍珠色	Swedish pearl	pp bs^sbs^s	pp t^pt^p
	瑞典白色	Swedish white	cc bs^mbs^m	$c^hc^ht^wt^w$
	索克洛特咖啡银色	Socklot pastel silver	bb pp bsbs	bb pp t^st^s
	“希望”	Hope	pp alal baba	pp aa rr
	冬蓝色	Winterblu	alal bb pp	aa bb pp
	紫罗兰色	Violet	alal bmbm pp	aa mm pp
	乳白色	Opaline	bb bmbm pp	bb mm pp
	粉红色	Pink	alal baba bmbm pp	aa rr mm pp
	玫瑰色	Rose	Ff bb bsbs bpbp	Ff bb t^st^s kk

根据引起彩色水貂毛色发生变化的基因型不同，可将彩色水貂划分为隐性突变型，如阿留申貂（aa）、银蓝色貂（pp）、白化貂（cc）、咖啡色貂（bb）等；显性突变型，如黑十字貂（SS Ss）、银紫色貂（Ff）等；组合型，如蓝宝石色貂（aa pp）、银蓝十字貂（pp Ss）、帝王白貂（bb cc）。根据对控制毛色特征起主要作用的基因数不同，通常将彩貂分为一对特征基因彩貂、二对特征基因彩貂、三对特征基因彩貂等。

【岗位技能】

一、繁殖技术

（一）确定配种时间

水貂配种时间受光周期制约，有地域差异，低纬度地区配种时间早些，高纬度地区稍晚。如北纬30°地区在2月底开始配种，40°地区在3月4～5日开始，50°地区在3月7日开始。开始配种日期不宜过早，北方应在3月5～6日至23日左右配种为宜，在3月12日以前初配结束，13～20日为复配期，20日以后为补配期，在25日前结束配种工作。控光养貂地区，配种期应在控光后的155～170d。经产母貂比初产母貂发情早，因此，配种初期应先配经产母貂。

（二）采用合适配种方式

1. 同期复配　在一个发情周期里，母貂连续2d（记为1＋1）或隔1d（记为1＋2）交配2次，称为同期复配，也称连续复配。一般在配种旺期采用。

2. 异期复配　在两个以上的发情周期里进行两次以上的交配，称为异期复配，也称为周期复配。又可分为：

（1）两个发情周期两次交配。即在前一个发情周期初配，间隔7～9d后再配一次，记为1＋7。

（2）两个发情周期三次交配。记为1＋7＋1或1＋7＋2。

实践证明，采用1＋7＋1、1＋7、1＋1的配种方式繁殖效果较好。每只母貂究竟采取哪种配种方式，主要根据母貂发情时间的早晚和初配的时间而定。在开始配种的前一周内（约3月12日以前）已初配的母貂，可采用1＋7或1＋7＋1的配种方式；而3月15日左右进行初配的母貂，则采用1＋1或1＋2的配种方式。

3月中旬，母貂卵泡发育和成熟的波峰比上旬和下旬都高，成熟卵泡数也较多，因此配种旺期结束复配，能提高窝产仔率和降低空怀率。

另外，母貂交配后出现排卵不应期，所以复配应在初配后的2d内或7～8d进行，不应在初配后的3～6d内复配。如果采取无规律的交配方式，容易使母貂空怀。

（三）发情鉴定

1. 外生殖器检查　未发情的母貂阴毛呈毛笔束状，见不到生殖器。根据发情母貂阴门变化，通常分为三期：

第一期：阴毛略分开，阴唇轻微肿胀，呈白色。

第二期：阴毛倒向四周，阴唇肿胀、突出或外翻，呈白色或粉白色，有较多黏液。此期是交配期。

第三期：阴唇仍肿胀外翻，但有皱纹且较干燥，呈黄白色。

2. 放对试情　母貂外阴部呈发情变化时，将母貂放进公貂笼内，无敌对行为，并能接受交配。未发情的母貂与公貂撕咬、尖叫或躲避公貂追逐爬跨，此时应将母貂抓回原笼。

3. 观察行为变化 发情母貂食欲下降，活动增加，呈现兴奋状态，时而嗅舔生殖器，排尿频繁，尿呈绿色，有的发出“咕、咕”叫声，捕捉时较温顺。

4. 阴道黏液涂片镜检 用钝头玻璃棒插入水貂阴道蘸取阴道黏液，涂于载玻片上，用普通显微镜放大400倍进行观察，大致分4个时期：

休情期：视野中可见大量小而透明的白细胞，无脱落的上皮细胞和角质化细胞。

发情前期：视野中白细胞减少，出现较多的多角形角质化细胞。

发情期：视野中无白细胞，有大量的多角形有核角质化细胞。

发情后期：视野中可见角质化细胞崩解成碎片和少量的白细胞。

水貂阴道黏膜上皮细胞大量脱落的后期即排卵。由此，可确定母貂交配的适宜时期，隐性发情的母貂也可由此判定是否发情。

（四）放对

1. 放对时间 初配阶段，每日放对一次，由于天气不热，可在早饲后1h进行（8～11时）。配种旺期即复配阶段，母貂发情的多，复配的也多，可每日放对2次，在早饲前1h和下午4～6时进行。

2. 放对方法 将发情母貂（连同貂牌号）抓至公貂笼门前，来回逗引，如果公貂发出“咕咕”叫声，打开笼门，将母貂头颈部送入笼内，待公貂叼住颈背部后，将母貂顺势放于公貂腹下，松手关好笼门，让其交配。如果公貂见母貂后有敌对表现，应立即将母貂拿出，另换一只公貂交配或停一天再放对。放对后母貂在笼内拒配或互相撕咬、尖叫，也应立即分开，防止咬伤。

配种行为：水貂交配时，公貂先叼住母貂的后颈部，以前肢紧抱母貂腰部，腹部紧贴母貂臀部，公貂后躯与笼底成直角。公貂射精时，尾及后躯抖动，两眼半闭，母貂则发出轻微叫声。交配时间一般为40～50min，有的长达2～3h。交配时间在10min以上的都有效。开对后，将母貂抓回原笼，以免互相咬伤。每次放对后，都应填写配种卡片。

表2-2 配种登记卡

母貂笼号	貂号		配种日期			备注
	公	母	一次	二次	三次	

假配表现：公貂腰荐部与笼底呈锐角，两眼注视四周，稍有惊动，公、母貂立即分开，从笼底能看到阴茎在母貂体外，检查母貂外生殖器无变化。

防止误配：误配是指公貂阴茎插入母貂肛门内的一种假配。误配时，母貂突然高声尖叫，拼命挣脱，这时要将公、母貂分开，再放对时，更换公貂，并用胶布封住肛门。

（五）种公貂的训练和利用

合理利用种公貂，提高公貂的配种率，是保证母貂全部受配的关键，在正常情况下，种公貂利用率应达到90%以上，如果低于60%，配种工作受到影响。

1. 种公貂训练 在配种前的7～10d内，对所有公貂进行异性刺激，是促使公貂早期参加配种，并提高公貂利用率的一项有效措施。方法是将发情好的母貂抓出，隔笼引诱公貂，或将母貂装入串笼放在公貂笼上。对于初配公貂，把发情好、性情温顺的经产母貂送给初配公貂，千方百计使其达成第一次交配，并在第二天继续使其另配一只。配种初期培训重点应放在初配公貂上。

2. 合理利用 在配种期，公貂可交配10～15次，多者达25次。初配阶段，每天每只公貂只配1次，连续配3～4d停放1d，复配期一天可配2次，两次间隔不少于4h，连续两天交配3～4次的公貂，停放1d。留来年作种用的公貂，配种次数不应超过20次。对配种能力强的成年公貂，配种初期应控制使用次数。体况较肥的公貂，一般发情晚，初期交配能力弱，但经耐心培训后，到后期交配能力强，可发挥其配种潜力。对有特殊配种技能的公貂，如会躺、侧、卧交配或择偶性不强的公貂，可重点使用。

（六）辅助交配

对难于交配的母貂，要进行辅助交配。母貂阴门距肛门太近，易发生误配，可将母貂肛门用胶布粘上后再配。母貂阴门距肛门较远的，用有特殊配种技能的公貂交配。对交配时不会抬尾的母貂，用细绳拴住尾尖，当公貂交配时，把尾拉向一侧。后肢不会支撑举臀的母貂，在公貂爬跨时，用木棍或手从笼底将母貂后腹部轻轻托起。阴门狭窄的母貂，可用较粗滴管沾甘油后插入阴门，使阴门扩大后再放对。被咬伤而拒配的母貂，待其伤愈后，选择性情温顺、交配能力强的公貂与之交配；配种后期被咬伤的，为了不错过配种时机，可采用局部麻醉药封闭后放对；外阴部有发情表现，但拒配或撕咬公貂者，可用胶布缠住嘴和前肢，选择善于控制母貂的强壮公貂与之交配。生殖机能失调的母貂，可在3月16日至25日肌内注射人绒毛膜促性腺激素（HCG）170U/只，注射后4～9d放对。

在配种的前、后期不要乱用各种激素催情，更不能无规律地延长或缩短光照时间，以免造成大批空怀。

二、水貂选种、选配

（一）选种

1. 初选 6～7月进行。根据配种期和产仔期种貂的表现，淘汰不良的种貂。

种公貂：选择配种开始早，性情好，交配能力强，精液品质好，配种受胎率高，产仔多的公貂。配种能力差，初配时间晚（3月15日以后），精液品质不良，性情暴躁的公貂要淘汰。

种母貂：选择发情正常，交配顺利，妊娠期短（55d以内），产仔早，母性强，乳量足，善护仔的母貂。

仔貂：选择出生早（公貂5月5日前，母貂5月10日前），发育正常，系谱清楚，采食早的仔貂。

在初选中，凡符合选种条件的成年公、母貂要全部留种；仔貂要比计划留种数多留30%～50%。

2. 复选 9～10月进行。

成年种貂：只淘汰老、弱、病、残。

育成貂：选留发育好，毛绒优，健壮、体大、换毛早的个体。有条件的场可进行一次血检，全面检查阿留申病，可采用血清碘凝集反应（IAI）或对流免疫电泳（CIEP）方法，阳性反应的公、母貂一律淘汰。经常患肠炎、食欲不振、有自咬症、发育不良、换毛晚的育成貂应全部淘汰。

3. 精选 在11月中、下旬进行。此次精选以毛绒品质选择为主。

（1）毛绒品质。要求必须具有本品种的毛色特征，全身一致，无杂色毛，颌下或腹下白斑不超过1cm^2。标准水貂按国际贸易的统一分色方法，可分为最最黑、最黑、黑、最最褐、最褐、褐、中褐、浅褐8个毛色等级。良种貂要达到最最褐以上，底绒呈深灰色，最好针毛达到漆黑色，绒毛达到漆青色。腹部绒毛呈褐色或红褐色的必须淘汰。彩貂应具备各自的毛色特点，个体之间色调均匀，颜色纯正，色泽美观，全身无杂毛。体表毛色近似黑色，背腹一致，光泽良好，毛绒厚密，灵活而平齐。针毛长20～23mm，分布均匀；绒毛长12～14mm，呈深灰色丝状。针绒的长度比差是1∶0.65，无白针，白斑仅限于唇部。各种水貂都要求毛绒光泽强。

（2）体型。体质呈细致疏松型，12月份成年公貂体重2kg以上，体长44～45cm；母貂体重1kg以上，体长36～37cm。

公、母种貂的选留比例为1∶3.5～4，2～3岁的种貂占60%左右，当年幼龄貂占30%左右。

（二）选配

选配是选种工作的继续，可继承巩固和提高双亲的优良品质，克服不足和缺陷。

1. 选配的基本原则

（1）毛绒品质选配。公貂毛绒品质应高于母貂，最低公貂与母貂同样好，以利提高毛皮质量。

（2）体型选配。公体型大与母体型大，以利培育提高体型高大的水貂。

（3）繁殖力选配。公貂繁殖力高于母貂，应该重视公貂的选择和使用。

（4）血缘选配。原则上用三代以内无血缘关系的优良公母交配，群小而血缘调配困难的，可适当进行亲缘选配。

（5）年龄选配。根据当前条件，多数以2～3岁种貂占50%，一年的种貂占50%为宜，编配时不要让年龄过大和过老的相配。

2. 选配方式 同质选配，即好的配好的，以利巩固提高优良性状。多用于纯种繁育和育种核心群的繁育。异质选配，即用具有不同优点的公母交配，以提高其后代的品质。适用于农村、乡镇、商业养貂场。

三、彩色水貂育种

（一）一对特征基因彩貂的育种

最基本方法是进行纯种繁育。但是，由于彩色水貂的数量往往有限，为避免近交衰退，应有计划的与标准貂进行杂交，再通过横交或回交方法，进行分离和提纯，达到换血和保种的目的。

显性突变型彩貂与标准貂杂交，其杂种一代的表现型均为基因型杂合的彩貂；隐性突变型彩貂与标准貂杂交，其后代均为基因型杂合暗褐色貂（标准貂）。下面以阿留申貂（aa）、黑十字貂（SS）为例，将一对特征基因彩貂的育种方法介绍如下：

1. 阿留申貂（图2-1）

aa × AA
阿留申貂 ↓ 暗褐色貂(标准貂)
Aa × Aa(横交)
暗褐色貂 ↓
1AA + 2Aa + 1aa(1/4)
暗褐色貂 暗褐色貂 阿留申貂

aa × AA
阿留申貂 ↓ 暗褐色貂(标准貂)
Aa × aa(回交)
暗褐色貂 ↓ 阿留申貂
1Aa + 1aa(1/2)
暗褐色貂 阿留申貂

图 2-1 阿留申貂育种示意图

2. 黑十字貂（图 2-2）

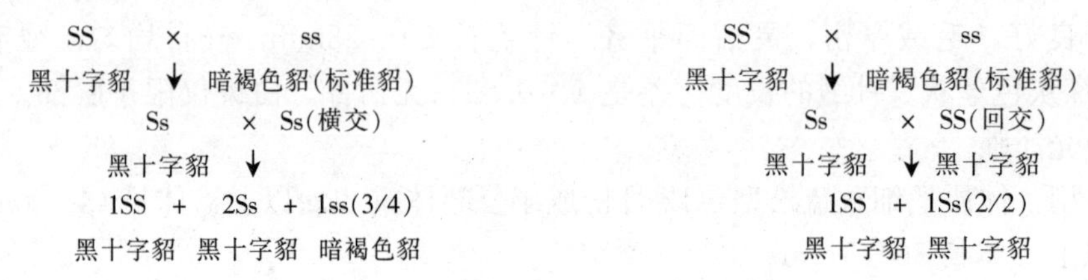

图 2-2 黑十字貂育种示意图

在显性突变中，有些基因只有在杂合时才形成特有的表现型，如黑十字貂（Ss）就是如此。在黑十字貂的杂合个体中，由于部分个体黑毛明显多于白色，难以辨认出黑十字特征。黑毛过多个体的出现率与选配组合有关（表 2-3）。

表 2-3 不同选配组合与黑毛过多个体出现率的关系

选配组合	子一代表现型（%）			黑毛过多个体的出现率（%）
	SS	Ss	ss	
SS×ss	—	100	—	7
Ss×Ss	25	50	25	5.8 ～6.1
Ss×ss	—	50	50	23～25

（二）二对特征基因彩貂的育种

包含已有彩貂的保种和利用现有一对相关特征基因的彩貂进行杂交组合两种方式。以蓝宝石貂（aapp）为例（图 2-3），它有 1 对阿留申貂基因（aa）和 1 对银蓝色貂基因（pp）。因此，将这两种彩貂进行杂交，就可以育成蓝宝石貂。

P aaPP × AApp
阿留申貂 ↓ 银蓝色貂
F1 AaPp × AaPp
暗褐色貂 ↓
F2 9A_P_ + 3A_pp + 3aaP_ + 1aaPP(1/16)
暗褐色貂 银蓝色貂 阿留申貂 蓝宝石貂

图 2-3 蓝宝石貂育成示意图

再以银蓝十字貂（SSpp）为例（图 2－4），它有 1 对黑十字貂基因（SS）和 1 对银蓝色貂基因（pp），因此将这两种彩貂进行杂交，就可以育成银蓝色十字貂。

P　SSPP　×　sspp
黑十字貂　↓　银蓝色貂
F1　SsPp　×　SsPp
黑十字貂　↓
F2　9S_P_　+ 3S_pp　+　3ssP_　+ 1ssPP(1/16)
黑十字貂　银蓝十字貂　暗褐色貂　银蓝色貂

图 2－4　银蓝色十字貂育成示意图

（三）多对特征基因彩貂的育种

培育具有多对特征基因的彩貂，要将具有 1 对、2 对和 3 对特征基因的彩貂进行杂交，将不同的相关特征基因组合在一个个体上。培育的彩貂拥有的特征基因越多，培育方案就越多，需要根据具体情况进行选择。下面以冬蓝貂（aappbb）为例介绍如下（图2－5）：

第一方案(用只拥有 1 对特征基因的彩貂培育)：
第 1 年　aaPP　×　AApp
阿留申貂　↓　银蓝色貂
第 2 年　AaPp　×　AaPp
暗褐色貂　↓
9A_P_　+　3A_pp　+　3aaP_　+ 1aapp(1/16)
暗褐色貂　银蓝色貂　阿留申貂　蓝宝石貂
第 3 年　aappBB　×　AAPPbb
蓝宝石貂　↓　咖啡貂
第 4 年　AaPpBb　×　AaPpBb
暗褐色貂　↓
27A_P_B_+9A_P_bb+9A_ppB_ + 9aaP_B_ +　3A_ppbb
暗褐色貂　咖啡貂　银蓝色貂　阿留申貂　银蓝亚麻貂
+3aaP_bb + 3aappB_　+ 1aappbb(1/64)
衣力克貂　蓝宝石貂　冬蓝貂

第二方案(采用拥有 1 对与 2 对特征基因的彩貂杂交)：
第 1 年　aappBB　×　AAPPbb
蓝宝石貂　↓　咖啡貂
第 2 年　AaPpBb　×　AaPpBb
暗褐色貂　↓
27A_P_B_+9A_P_bb　+　9A_ppB_+ 9aaP_B_ +　3A_ppbb
暗褐色貂　咖啡貂　银蓝色貂　阿留申貂　银蓝亚麻貂
+3aaP_bb +　3aappB_ + 1aappbb(1/64)
衣力克貂　蓝宝石貂　冬蓝貂

第三方案(采用拥有 2 对特征基因的彩貂杂交)：
第 1 年　aappBB　×　AAppbb
蓝宝石貂　↓　银蓝亚麻貂
第 2 年　AappBb　×　AappBb
银蓝色貂　↓
9A_ppB-　+　3A_ppbb　+　3aappB- + 1aappbb(1/16)
银蓝色貂　银蓝亚麻貂　蓝宝石貂　冬蓝貂

图 2－5　冬蓝貂育成示意图

对冬蓝貂培育的3个方案所需的时间不同，第一方案需要4年，最后培育出的冬蓝貂只有1/64；采用第二方案，仅需要2年，最后培育出的冬蓝貂也只有1/64；采用第三方案，需要2年，最后培育出的冬蓝貂有1/16。因此，如果条件具备，最好选用第三方案。

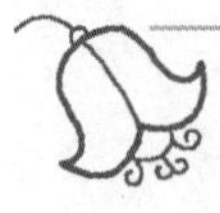

项目2-2 水貂饲养管理

【知识准备】

一、水貂饲料种类及营养成分

水貂的饲料主要有动物性饲料、植物性饲料和添加剂饲料。

（一）动物性饲料

1. 鱼类饲料 鱼类饲料是水貂动物性蛋白质的重要来源之一，资源广泛，价格低廉。鱼的种类较多，概括起来可分为海杂鱼类和淡水鱼类两种。这些鱼除了河豚有毒外，都可以作为水貂的饲料。

新鲜的海杂鱼可以生喂，适口性强，蛋白质消化率高。少数海杂鱼和大多数淡水鱼含有硫胺素酶，对维生素B_1（硫胺素）有破坏作用，生喂后常引维生素B_1缺乏症，所以应经过蒸煮后熟喂。水貂日粮中全部以鱼类为动物性饲料时，可占日粮重量的70%～75%，并且要多种鱼混合饲喂，同时注意维生素B_1和维生素E的供给，才能保证良好的生产效果。如果鱼、肉及副产品搭配时，鱼类可占动物性饲料的40%～50%。但需注意鱼类饲料中不饱和脂肪酸含量较高，极易氧化酸败，对水貂有毒害作用。

2. 肉类饲料 肉类饲料是全价蛋白质饲料的重要来源。它含有与水貂机体相似数量和比例的必需氨基酸，同时还含有脂肪、维生素和矿物质。肉类饲料种类多，适口性强，各种动物的肉，只要新鲜、无病、无毒均可被利用。肉类饲料在日粮中可占动物性饲料15%～20%，最多不超过动物性饲料的50%。利用肉类饲料时，需经卫生检疫，无病害者可生喂，可利用的病畜禽肉或污染的肉需经高温无害处理后方可食用，不可利用的应禁止食用。痘猪肉除需高温、高压处理外，要尽量去掉部分脂肪。同时增加维生素E的喂量，并搭配一定比例的低脂小杂鱼、兔头、兔骨架或鱼粉等。肉类营养价值较高，但价格也较高，因此，要合理搭配使用。在繁殖期和幼貂生长期，可以适当增加肉类饲料比例，以提高日粮中蛋白质的生物学价值。

3. 肉类副产品 肉类副产品包括畜禽的头、骨架内脏和血液等，在生产实践已被广泛应用。这些产品除肝脏、心脏、肾脏和血液外，蛋白质的消化率和生物学价值较低。因此，利用这些副产品喂貂数量要适当，并注意同其他饲料搭配。繁殖期注意不喂含激素的副产品。肉类副产品一般占动物性饲料的30%～40%。

4. 干动物性饲料 常用的干动物性饲料有鱼粉、干鱼、血粉和羽毛粉等。鱼粉含蛋白质40%～60%、盐2.5%～4%，用新鲜优质鱼粉喂貂，在幼貂生长期，可占日粮中动物性蛋白质的20%～25%，在非繁殖期，占动物性蛋白质的40%～45%。鱼粉含盐量高，使用前必须用清水彻底浸泡。浸泡期间换2～3次水。干鱼养貂关键在于干鱼的质量。优质干鱼可占日粮动物性饲料的70%～75%，但在水貂繁殖期，必须搭配25%～30%的全价蛋白质饲料（新鲜肉、蛋、奶和猪肝等）。幼貂育成期和冬毛生长期，必须要搭配新鲜的痘猪肉或添加植物油，以弥补干鱼脂肪的不足。

血粉含蛋白质80%以上，其中含赖氨酸、蛋氨酸、精氨酸、胱氨酸较多，对幼貂生长和毛绒生长有良好的作用。

肝渣粉可以喂貂，但不易消化，所以用量不宜太高，一般占日粮动物饲料10%。饲喂时应逐渐增加喂量，并经过蒸煮处理后与其他饲料搭配。

羽毛粉蛋白质中含有丰富的胱氨酸，对水貂冬毛的形成有良好影响。春、秋两季换毛前1个月，日粮中加喂2～3g羽毛粉，连续3个月，有缓解自咬症和食毛症之效。羽毛粉应与谷物饲料混合蒸熟食喂。

5. 乳类 乳类饲类是水貂全价蛋白质的来源之一，一般只在繁殖期和幼貂生长期利用，对母貂泌乳及幼貂生长发育有良好的促进作用。妊娠期一般每天可喂鲜奶30～40g，最多不能超过50～60g，其他时期可给15～20g。无鲜乳可用全脂奶粉代替。

6. 蛋类饲料 各种家禽的蛋都是生物学价值较高的饲料，在繁殖期利用效果较好。蛋类饲料应熟喂，否则由于抗生物素蛋白的存在，易使水貂发生皮肤炎、脱毛等症。在准备配种期间，公貂每只用量10～20g，可提高精液品质，妊娠和哺乳母貂日粮中给20～30g鲜蛋，不仅对胚胎发育和提高仔貂的生命力有利，还能促进乳汁的分泌。

（二）植物性饲料

植物饲料包括谷物、饼（粕）、果蔬类等，可为水貂提供丰富的碳水化合物和多种维生素。谷物饲料一般占水貂日粮重的10%～15%，主要由玉米、大豆、大麦及副产品组成。其中豆类一般占日粮谷物类的20%～30%，喂量过大易引起消化不良。实践中大豆粉与玉米粉、小麦粉的混合比为1∶2∶1。将大豆加工成豆浆代替乳类饲料效果也较好。谷物类应熟喂，发霉变质的谷物易引起水貂黄曲霉毒素中毒，严禁饲喂。

果蔬类饲料常见的蔬菜有白菜、甘蓝、油菜、胡萝卜、菠菜等。蔬菜含有丰富的维生素，是维生素E、维生素K、维生素C的主要来源。蔬菜一般占日粮总量的10%～15%。利用时最好两种或两种以上的蔬菜搭配，同时要注意其新鲜程度，腐烂的蔬菜含有亚硝酸盐，喂后可导致水貂亚硝酸盐中毒。喷撒了农药的蔬菜必须待药效消失后才能喂。瓜果类也可以代替部分蔬菜。

（三）添加剂饲料

维生素、矿物质添加剂可补充饲料中维生素A、维生素B、维生素C、维生素D、维生素E和钙、磷及微量元素的不足，对保证水貂的营养需要，促进正常生长和繁殖起着重要作用，应常年供给。繁殖期可依情况增加喂量。抗生素和抗氧化剂对抑制腹泻和防止饲料腐败具有重要作用，夏季和幼貂生长期利用，能预防胃肠炎，并促进幼貂的生长发育。

二、水貂饲养标准

我国饲料来源广泛，水貂日粮的饲料组成和类型多种多样，各地区的气候条件也有很大的差别，因此，还没有制定出全国统一的科学标准。现仅介绍一些经验性的标准供参考。

1. 以热量为基础的日粮标准 该标准依据水貂不同时期每天所需要的热量为基础，并规定日粮中所含可消化蛋白质的数量（表 2-4）。

表 2-4 以热量为基础的日粮标准

饲养时期	月份	代谢能（kJ）	可消化蛋白质（g）	占代谢能的百分比（%）			
				肉、鱼类	乳、蛋类	谷物	蔬菜
准备配种期	12～2	1 045～1 128.6	20～28	65～70	—	25～30	4～5
配种期	3	961.4～1 045	23～28	70～75	5	15～20	2～4
妊娠期	4～5	1 086.8～1 254	25～35	60～65	10～15	15～20	2～4
哺乳期	5～6	1 045①	25～35	60～65	10～15	15～20	3～5
幼貂育成期	6～9	752.4～1 463	20～35	65～70	5	20～25	4～5
维持期	4～8	1 045	20～28	65～70	—	25～30	4～5
冬毛生长期	9～11	1 045～1 254	30～35	60～65	5（血）	25～30	4～5

注：①在 1 045kJ 的基础上，根据胎仔数及其采食量的增加，逐日增加饲料。

2. 以重量为基础的日粮标准 该标准以水貂不同时期每天所需饲料的总重为基础，并规定日粮中所含可消化蛋白质的数量，以及各种饲料所占重量的百分比（表 2-5）。

表 2-5 以重量为基础的日粮标准

生理阶段	月份	日粮（g）		日粮组成（%）				
		总重量	其中可消化蛋白	鱼肉	乳蛋	谷物	蔬菜	豆汁
准备配种前期	9～11	350～300	30～25	50～60		15～20	12～14	15～20
准备配种后期	12～2	300～250	30～23	55～60		10～15	8～10	10～15
配种期	3	220～250	23～28	60～65		10～12	8～10	5～10
妊娠产仔期	4～5	260～350	25～35	60～65	5～10	10～12	10～12	10～15
产仔哺乳期	5～6	300 以上	25 以上	55～60	10～10	10～12	10～12	10～15
幼貂养育期	7～8	180～350	15～30	55～60		12～14	12～14	15～20
冬毛生长期	9～11	350～300	30～25	45～55		12～14	12～14	15～20

注：喂貂用的谷物组成是玉米 80%、豆粉 10%、麦麸 10%。

【岗位技能】

一、日粮配合

目前常以重量法为计算依据来制定日粮。

重量法是以重量为依据来计算的。现以制定 100 只妊娠后期母貂的饲料配方为例。

第一步：确定日粮重量标准及饲料品种比例。根据日粮重量标准表（表 2-6），每天每只应供给混合饲料 320g。确定海杂鱼为 50%，牛肉 10%，牛奶 5%，鸡蛋 3%，玉米粉 10%，大白菜 12%，水 10%。每天每只添加酵母 3g，骨粉 2g，维生素 A 1 000U，维生素 D 100U，维生素 B_1 2mg，维生素 B_2 0.5mg，维生素 C 20mg，维生素 E 4mg，食盐 0.5g。

第二步：计算每只水貂每天供给各种饲料的重量，如表 2-6 所示。

表 2-6　每只水貂每天供给各种饲料的重量

饲料种类	日粮重量标准（g）×饲料重量比	饲料重量（g）
海杂鱼	320×50%	160
牛肉	320×10%	32
鸡蛋	320×3%	9.6
牛乳	320×5%	16
玉米粉	320×10%	32
大白菜	320×12%	38.4
水	320×10%	32
合计	320×100%	320

第三步：验证日粮中可消化蛋白质的含量。查饲料营养成分表，以日粮中各种饲料的重量乘该种饲料蛋白质的含量（%），再累计相加，即得出日粮中蛋白质的数量，如表 2-7 所示。经计算日粮中的蛋白质含量可以满足母貂妊娠后期的需要。

表 2-7　日粮中蛋白质的数量

饲料种类	日粮中重量（g）×所含蛋白质量	蛋白质数量（g）
海杂鱼	160×13.8%	22.1
牛肉	32×20.6%	6.6
鸡蛋	9.6×14.8%	1.4
牛乳	16×2.9%	0.5
玉米粉	32×9.0%	2.9
大白菜	38.4×1.4%	0.5
合计		34

第四步：计算全群 100 只水貂每天所需的饲料量，并按 4∶6 分配早、晚用量，即制定出母貂妊娠后期饲料单，如表 2-8 所示。

表 2-8　母貂妊娠后期饲料单

饲料种类		g/只	kg/100 只	早饲 40%（kg）	晚饲 60%（kg）
基础饲料	海杂鱼	160	16	6.4	9.6
	牛肉	32	3.2	1.28	1.92
	鸡蛋	9.6	0.96	0.384	0.576
	牛奶	16	1.6	0.64	0.96
	玉米粉	32	3.2	1.28	1.92
	大白菜	38.4	3.84	1.536	2.304
	水	32	3.2	1.28	1.92
	合计	320	32	12.8	19.2

（续）

饲料种类		g/只	kg/100只	早饲40%（kg）	晚饲60%（kg）
添加饲料	酵母	3	0.3	0.12	0.18
	骨粉	2	0.2	0.08	0.12
	食盐	0.5	0.05	0.02	0.03
	维生素A（U）	1 000	100 000		100 000
	维生素D（U）	100	10 000		10 000
	维生素B_1（mg）	2	200		200
	维生素B_2（mg）	0.5	50		50
	维生素C（mg）	20	2 000		2 000
	维生素E（mg）	4	400		400

二、水貂饲料加工调制

（一）水貂饲料加工

1. 肉类和鱼类饲料的加工　将新鲜海杂鱼和经过检验合格的牛羊肉、碎兔肉、肝脏、胃、肾、心脏及鲜血等（冷冻的要彻底解冻），去掉大的脂肪块，洗去泥土和杂质后粉碎生喂。若品质虽然较差，但还可以生喂的肉、鱼饲料首先要用清水充分洗涤，然后用0.05%的高锰酸钾溶液浸泡消毒5～10min，再用清水洗涤一遍，方可粉碎加工生喂。

淡水鱼和轻度腐败变质、污染的肉类，需经熟制后方可饲喂。淡水鱼熟制时间不必太长，达到消毒和破坏硫胺素酶的目的即可。死亡的动物尸体、废弃的肉类等应用高温蒸煮法处理。

质量好的动物性干粉饲料（鱼粉、肉骨粉等），经过2～3次换水浸泡3～4h，去掉多余的盐分，即可与其他饲料混合调制生喂。自然晾晒的干鱼，一般都含有5%～30%的盐。饲喂前必须用清水充分浸泡。冬季浸泡2～3d，每日换水两次，夏季浸泡1d或稍长一点时间，换水3～4次。没有加盐的干鱼，浸泡12h即可达到软化的目的。浸泡后的干鱼经粉碎处理后与其他饲料混合调制生喂。对于难于消化的蚕蛹粉，可与谷物混合蒸煮后饲喂。品质差的干鱼、牛羊胃等饲料，除充分洗涤、浸泡或用高锰酸钾溶液消毒外，还需经蒸煮处理。高温干燥的猪肝渣和血粉等，除了浸泡加工之外，还要经蒸煮，以达到充分软化的目的，这样能提高消化率。

表面带有大量黏液的鱼，按2.5%的比例加盐搅拌，或者用热水浸烫，除去黏液；味苦的鱼，除去内脏后蒸煮熟喂。这样既可以提高适口性，也可预防水貂患胃肠炎。

咸鱼在使用前要切成小块，用海水浸泡24h，再用淡水浸泡12h左右，换水3～4次，待盐分浸出后方可使用。质量新鲜的可生喂，品质不良的要熟喂。

2. 奶类和蛋类饲料的加工　牛奶或羊奶，喂前需经消毒处理，一般用锅加热至70～80℃ 15min，冷却后待用。奶桶每天都要用热碱水刷洗干净，酸败的奶类（加热凝固成块）不能用来饲喂水貂。鲜乳按1∶3加水调制；奶粉按1∶7加水调制。然后加入混合饲料搅拌均匀后饲喂。

蛋类（鸡蛋、鸭蛋、毛蛋等），均需熟喂，这样除了能预防生物素被破坏外，还可以消除副伤寒菌类的传播。

3. 植物性饲料的加工　谷物饲料要粉碎成粉状，去掉粗糙的皮壳。使用时最好采用数种谷物粉搭配（目前多用玉米面、大豆面、小麦面按 2∶1∶1 的比例混合），熟制。

蔬菜要去掉泥土，削去根和腐败部分，洗净搅碎饲喂。番茄、西葫芦和叶菜搭配饲喂较好。严禁把大量叶菜堆积或长时间浸泡，否则易发生亚硝酸盐中毒。叶菜在水中浸泡时间不得超过 4h，洗净的叶菜不要和热饲料放在一起。冬季可用质量好的冻菜、窖贮的大头菜、白菜等，其腐败部分不能利用。春季马铃薯芽眼部分，含有较多的龙葵素，需熟喂，否则易引起中毒。

4. 富含维生素饲料的加工

（1）酵母。常用的有药用酵母、饲料酵母、面包酵母和啤酒酵母。药用酵母和饲料酵母是经过高温处理的，酵母菌已被杀死，可直接加入混合饲料中饲喂。面包酵母和啤酒酵母是活菌，喂前需加热杀死酵母菌，其方法是把酵母先放在冷水中搅匀，然后加热到 70～80℃ 15min 即可。少量的酵母也可采用沸水杀死的办法。如果不杀死酵母菌（或没有完全杀死），可引起饲料发酵，使水貂发生胃肠膨胀症。加热的温度不宜过高，时间不宜过长，以免破坏酵母中的维生素。酵母受潮后发霉变质，不能用来饲喂水貂。

（2）植物油。植物油含有大量的维生素 E，保存时应放在非金属容器中，否则保存时间长，易氧化酸败。夏季最好低温保存。已经酸败的植物油不能用来饲喂水貂，水貂饲养场常用棉子油补充日粮中维生素 E 的不足。但一定要用精制品，因粗制品中棉酚含量较高对水貂有害，能引起慢性中毒。饲喂前可用铁勺煎熬棉子油，维生素 E 在高温（170℃）下不被破坏，而棉酚易挥发，在加热过程中随气体跑掉。

（二）水貂饲料调制

将加工好的饲料准备齐全后，进行绞碎和混合调制。先绞肉、鱼类饲料，再绞谷物类饲料，后绞果蔬类饲料。将绞碎的各种饲料直接放在搅拌槽、罐内充分搅拌，调制均匀后分发饲喂。

三、水貂的饲养管理

（一）水貂一年生产周期的划分

为了便于进行生产管理，依据水貂生理特点，将其一年的生产周期划分如下：

准备配种期：自 9 月下旬至翌年 2 月下旬。配种期：3 月。妊娠期：自 3 月中旬至 5 月中旬。产仔哺乳期：自 4 月中旬至 6 月上旬。公貂恢复期：自 3 月下旬至 9 月中旬。母貂恢复期：自 6 月中旬至 9 月中旬。幼貂生长期：自 6 月中旬至 9 月中旬。冬毛生长期：成年貂、幼貂自 9 月中旬至 11 月中旬。取皮期：幼貂自 11 月中旬至 12 月中旬。

（二）准备配种期的饲养管理

1. 准备配种期各阶段的饲养　准备配种期分为三个阶段：准备配种前期、准备配种中期和准备配种后期。准备配种期的饲养任务是促进种貂生殖系统的正常发育，调整种貂体况，为下一次的繁殖打下良好的基础。

（1）准备配种前期（9～10 月）。此期主要是增加营养，提高膘情，为越冬做准备。由于日照时间变短和气温逐渐下降，水貂食欲旺盛，为使种貂安全越冬并为性器官发育提供营养物质，在此期间，应适当提高日粮标准，增加种貂的肥度。首先要提供充足的可消化蛋白质（每天每只貂供给30～35g）和富含蛋氨酸和胱氨酸的蛋白质饲料。其次，要给予适量的可消化脂肪（每天每只貂最低应达10g以上，但不要超过20g）。此期必须实行种貂复选，复选后种貂、皮貂分群饲养。

（2）准备配种中期（11～12月）。此期间东北地区进入隆冬，饲养要点是维持营养，保持肥度，促进生殖器官发育。因此，每天每只喂给不低于20g，一般为25g左右的可消化蛋白质饲料，并增加少量的脂肪。同时，要添加鱼肝油和维生素E等。

（3）准备配种后期（1～2月）。此期主要是增加种貂的运动量，调整体况。日粮标准要比前、中期稍低，适当减少日粮中的谷物和蔬菜，缩小饲料容积，使种貂减少饱腹感而增加运动。可消化蛋白质母貂为21～26g，公貂为26～32g，脂肪可适当地减少，防止种貂过肥，同时要添加各种维生素。补加鸡蛋、牛奶、肝脏、脑等，以及葱、蒜、松针粉，促进种貂发情。

准备配种期的日粮配方可参见表2-9。

表2-9　准备配种期日粮配方

饲　料		重量比（%）	饲料量（g/只）
基础饲料	海杂鱼	20	56
	牛头肉	12	33.6
	牛、羊内脏	10	28
	兔头、兔骨架	10	28
	鸡蛋	5	14
	猪脑	2	5.6
	窝头	14	39.2
	白菜	12	33.6
	酵母	1	2.8
	麦芽	4	11.2
	水	10	28
	合计	100	280
添加饲料	食盐	—	0.6
	维生素A（U）	—	800
	维生素B_1	—	0.002
	维生素B_2	—	0.000 5

2. 准备配种期的管理

（1）防寒保暖。为使种貂安全越冬，从10月份开始应在小室中添加柔软的垫草。气温越低，垫草越要充足。垫草要勤换，粪尿要经常清除，以防因垫草湿污而导致水貂感冒或患肺炎而死亡。

（2）充足饮水。每天要添加温热饮水1次。

（3）中后期加强种貂运动。运动能增强体质，消除体内过多的脂肪，并可适当增加光照。经常运动的公貂精液品质好，配种能力强，母貂则发情正常，配种顺利。

（4）调整体况。种貂的体况与繁殖力之间有着密切的关系，过肥或过瘦都会严重地影响繁殖。应对过肥、过瘦者做出标记，并分别采取减肥与追肥措施，使其达到中等体况。对于过肥体况的种貂，要设法使其加强运动，消耗体脂肪；减少或去掉小室箱内的垫草，增加寒战产热；调整日粮，减少热量标准；对明显过肥者，适当减少日粮量或每周断食1～2次。对过瘦体况的水貂，主要是增加日粮中优质动物性饲料的比例及总饲料量；也可单独补饲，使其吃饱，给足垫草，加强保温，减少能量消耗；对因病消瘦者，必须从治疗入手，结合追肥。

体况鉴定的方法主要有以下几种：

目测法：逗引水貂立起观察。中等体况的，腹部平展或略带有沟，躯体匀称，运动灵活自然，食欲正常；过瘦时，后腹部有明显的凹陷，躯体纤细，脊背隆起，肋骨明显，多作跳跃式运动，采食迅猛；过肥时，后腹部松圆，甚至脂肪堆积下垂，行动笨拙，反应迟钝，食欲不旺。应每周用此法鉴定一次。

称重法：1～2月份每月称重1次。一般体型的公貂中等体况时，体重应为1.8～2.2kg，母貂应为0.8～1kg。

体重指数测定法：即用单位体长（鼻端至尾跟的直线距离）的重量来测定体况。

计算公式为：体重指数＝体重（g）/体长（cm）

母貂临近配种之前的体重指数在24～26g/cm，其繁殖力最高。

（5）给予异性刺激。为了增强公貂（特别是青年公貂）的性欲，提高公貂的利用率，可在2月下旬进行异性刺激。方法是将公、母貂的笼箱穿插排列，或手抓母貂在公貂笼外来回逗引，每次10min左右，或把母貂装入串笼置入公貂笼上（或笼内）。

（6）做出选配方案制订配种计划，避免近亲交配。

（7）准备好配种工具，如棉手套、捕貂网、串笼、显微镜、载玻片、玻璃棒等。

（三）配种期的饲养管理

1. 配种期的饲养 配种期由于受性活动的影响，水貂食欲有所减退，特别是配种能力强的公貂。此期要加强公貂的饲养，要供给优质、营养丰富、适口性强和易于消化的日粮，以保证具有旺盛持久的配种能力和良好的精液品质（表2-10）。

表2-10 配种期日粮配方

饲　料	每418.7kJ代谢能的饲料量（g）	
	以海杂鱼（或江杂鱼）为主	以畜禽内脏为主
海杂鱼（或江杂鱼）	40～50	
牛（羊）头肉	—	20～23
牛（羊）胃	—	10～12
心脾	—	10
肺	—	2
肝	—	8～10
牛奶	15～18	10～12
谷物	12	8～10
蔬菜	8～10	12

（续）

饲　料	每418.7kJ代谢能的饲料量（g）	
	以海杂鱼（或江杂鱼）为主	以畜禽内脏为主
麦芽	7	5～6
干酵母	1.5	2.0
骨粉	1～1.2	1.0
食盐	0.3	0.3
合计饲料量	84.8～100	88～100
代谢能（kJ）	963～1 047	837～963

为弥补公貂配种的体质消耗，通常在中午用优质的饲料补饲一次，尽量补给新鲜鱼、肉、肝、奶、蛋及维生素等。补饲量不要过大，一般为100～150g，如果公貂中午不愿吃食，可将这些饲料加入晚饲中（表2-11）。

对配种能力强但食欲不佳的公貂，可喂食少量禽肉、鲜肝、鱼块，使其尽快恢复食欲。母貂日粮也要适宜，以防由于忙于配种而使母貂养得过肥或过瘦。

表2-11　种公貂的补饲配方

饲料	补饲量（g）	饲料	补饲量（g）	饲料	补饲量（g）
鱼或肉	20～25	兔头	10～15	麦芽	6～8
鸡　蛋	15～20	窝头	10～12	维生素A（U）	500
肝　脏	8～10	蔬菜	10～12	维生素E（mg）	2.5
牛　奶	20～30	酵母	1～2	维生素B_1（mg）	1.0

2. 配种期的管理

（1）科学安排配种进度。根据母貂发情的具体情况，选用适合的配种方式，提高复配率，并应使最后1次交配，在配种旺期结束。

（2）区别发情与发病。由于性冲动，使水貂的食欲减退，因此要注意观察，正确区别发情与发病。发情时，每天都要采食饲料，性行为正常，有强烈求偶表现；发病时往往完全拒食，精神萎靡，被毛蓬松，粪便不正常。如发现病貂，应及时治疗。

（3）添加垫草。要随时保证有充足的垫草，以防寒保温。特别是温差比较大时更应注意，以防水貂感冒或发生肺炎。

（4）加强饮水。要满足水貂对饮水的需要（尤其是公貂，每次交配后口渴，急需饮水），要给予充足的饮水。

（5）及时检修笼舍。防止跑貂和咬伤，要注意检查笼舍、箱盖等。

（四）妊娠期的饲养管理

1. 妊娠期的饲养　妊娠期是水貂生产的关键时期。此期母貂新陈代谢十分旺盛，对饲料和营养物质的需求比其他任何时期都严格。因为水貂除维持自身生命活动和换毛外，还要为胎儿生长发育提供营养，为产后泌乳贮备营养。

此期必须保证饲料品质新鲜，严禁喂给腐败变质或贮存时间过长的饲料。日粮中不许搭配死因不明的牲畜肉、难产死亡的母畜肉、经激素处理过的畜禽肉及其副产品，以及动物的胎盘、乳房、睾丸和带有甲状腺的气管等。饲料种类要多样化，增强适口性，通过多种饲料混合搭配，保证营养成分的全价。妊娠母貂对各种营养物质的需要，尤其是对全价蛋白质中的必需氨基酸、必需脂肪酸、维生素和无机盐的需要更为重要。妊娠母貂的日粮配方见表2-12。

长年以鱼类饲料为主的貂场，此期应添加少量的生肉（每天每只25～30g）。而以畜禽肉及其副产品为主的貂场，应注意脂肪含量不宜过高。日粮中动物性饲料占70%左右，较理想的鱼、肉搭配比例是：鱼类40%～50%，牲畜肉10%～20%或肉类副产品30%～40%，以颗粒饲料和干动物性饲料为主的貂场，必须添加鲜奶、鲜蛋、鲜肉等全价蛋白质饲料。干动物性饲料的比例最好不超过动物性饲料的50%。为解决必需脂肪酸的补给，可在日粮中补给少量的豆油（每天每只5g）。

要根据妊娠的进程逐步提高营养水平，以保持良好的食欲和中上等体况为主。母貂过肥，易出现难产、产后缺乳和胎儿发育不均匀；母貂过瘦，则由于营养不足，胎儿发育受阻，易使妊娠中断，产弱仔以及母貂缺乳，换毛推迟等。妊娠母貂对维生素、无机盐等微量添加剂饲料的需要量有所增加，应尽量从饲料中补给。

表2-12　妊娠母貂的日粮配方

饲料	重量比（%）	饲料量（g）	饲料	重量比（%）	饲料量（g）
海杂鱼	20	60	麦芽		15
牛（羊）内脏	12	30	酵母		5
兔头和骨架	10	30	维生素A（U）		1 000
牛肉	12	36	维生素 B_1（mg）		1
鸡蛋	3	9	维生素 B_2（mg）		0.5
牛奶	13	39	维生素C（mg）		20
窝头	10	30	维生素E（mg）		2.5
白菜	12	36	食盐		0.5
水	8	24			

2. 妊娠期的管理

（1）注意观察。主要观察母貂食欲、行为、体况、消化和换毛的变化。正常的妊娠母貂食欲旺盛，粪便呈条状，并常仰卧晒太阳。如果发现母貂食欲不振、粪便异常等，要立即查找病因，及时采取措施予以解决。

（2）保证供水。妊娠期母貂饮水量增多，必须保证水盆内经常有清洁的饮水。

（3）保持安静，防止惊吓。饲养员喂食或清除粪便时要小心谨慎。不要在场内乱窜、喧哗、谢绝参观。

（4）搞好卫生防疫。必须搞好笼舍、食具、饲养和环境的卫生，小室垫草应勤换，粪便要勤扫。食碗、水盆要定期消毒。尤其要预防肠道疾病发生。

（五）产仔哺乳期的饲养管理

1. 产仔哺乳期的饲养 日粮要维持妊娠期的水平，尽可能使动物性饲料的种类不要有太大的变化。为了促进母貂泌乳，应增加牛、羊奶和蛋类等全价蛋白质饲料，并适当增加脂肪的含量，如含脂率高的动物性饲料，或加入植物油、动物脂肪以及肉汤等。产仔哺乳期的日粮配方见表 2-13。

此期的饲料要加工得细一些，调制得稀一些，喂量要充足。特别是母貂产后 2～3d，食欲不佳，应减量饲喂，一般给混合饲料 200～300g 即可。随着母貂食欲的好转，饲料要逐渐增加至 280～380g，在不剩食的原则下，根据胎产仔数和仔貂的日龄区别对待。仔貂开始采食后（20 日龄），补给量除保证母貂的需要外，应包括仔貂的食量。

表 2-13 产仔哺乳期的日粮配方

单位：%

饲料	4月20日	5月5日	5月20日
海杂鱼	30	25	25
牛（羊）内脏	15	15	15
兔头和骨架	10	10	10
熟痘猪肉	5	5	5
窝头	10	10	10
白菜	10	12	10
牛（羊）奶	8	10	15
兔肝或鸡蛋	3	5	2
水	9	8	5
合计	100	100	100

2. 产后检查 第一次检查在母貂排出油黑色的胎便后进行，目的是看仔貂是否健康和吃上奶。将母貂引出窝箱后，检查者要用窝箱的草搓手，以免带进异味。检查时，动作要轻、快、准，不要破坏窝形。

健康仔貂，体重 8～11g，体长 6～8cm，全身干燥，同窝仔貂发育均匀，身体温暖，抱团卧在一起，拿在手中挣扎有力。不正常的仔貂，胎毛潮湿，身体发凉，在窝内分散乱爬，握在手中挣扎无力，同窝大小相差明显。吃过奶的仔貂鼻镜发亮，腹部饱满，浅色型的仔貂隔皮肤可看到胃、肠内充满黄色乳块。没吃上奶的仔貂，要查找原因。如果母貂乳头周围的毛绒没有自己拔掉，可以人工辅助拔毛；如果母貂确实无乳或少乳，可将全部或部分仔貂代养。初次检查正常者，以后每隔 2～5d 检查一次，发现问题及时处理。

3. 仔貂代养 母貂母乳不足应及时对仔貂进行代养，仔貂代养的要求是：出生 3d 内，母水貂产期接近，代养母貂母性强、泌乳充足、产仔数少。先将保姆貂引出小室，关闭小室，将被代养仔貂用垫草擦拭，然后放入窝内，或将仔貂放置在小室外，让保姆貂自行叼入。

4. 仔貂补饲 仔貂 20 日龄要进行人工补料，方法是将新鲜的肉鱼细细绞碎，加入维生素 A 300 U/只、维生素 B_1 10mg/只、维生素 C 5mg/只、蛋黄 1 个/120 只，用适量的乳汁调匀，摊在木板上，将母貂赶入貂笼里，把仔貂放在木板上，让其自由采食。当仔貂吃完后，将仔貂嘴上残食擦干净，放回小室内。进行几天后，就可将食物放在食盆内让其自行采食。补料每天上午、下午各一次，直到断乳为止。

5. 产仔哺乳期的管理 水貂产仔哺乳期要求有人昼夜值班，通过巡查及时发现母貂产仔，对落地、受冻、挨饿的仔貂和难产的及时护理；在春寒地区，要注意小室中垫草是否充足，以确保室内的温度；还应搞好小室、食具的卫生避免发生传染病；此外，要保持环境安静，以免母貂受惊后弃仔、咬仔甚至食仔。

（六）恢复期的饲养管理

公貂从配种任务结束，母貂从仔貂断奶分窝，一直到9月份为恢复期。因为在配种期及哺乳期的体质消耗很大，水貂一般都比较瘦弱，因而，该期的核心是逐渐恢复种貂的体况，保证种貂的健康，并为越冬及冬毛生长贮备营养，为下年繁殖打下基础。公貂在配种结束珀、母貂在断乳后20d内，分别给予配种期和产仔泌乳期的日粮，以后喂恢复期的日粮，日喂两次。

管理上注意根据天气及气温的变化，优化种貂的生存环境，加强环境卫生管理，适时消毒，并对种貂进行疫苗的注射，以防止传染病的发生。

（七）冬毛生长期的饲养管理

9～11月份为水貂冬毛生长期。每年夏至以后，日照时数逐渐缩短，到8月末至9月初，夏毛开始脱落，冬毛生长，11月下旬或12月初冬毛成熟（南方稍有推迟）。冬毛的生长与光照、营养水平、气候条件品种类型和个体差异有密切的关系。通过控光养貂或埋植褪黑激素可使冬毛提前成熟。

1. 保证日粮中可消化蛋白质的含量 为了生产优质毛皮，水貂日粮中动物性饲料不能低于50%～65%，多搭配含硫氨基酸（胱氨酸、蛋氨酸等）的蛋白质饲料，同时适当增加脂肪和无机盐的含量。为了降低饲养成本，可多利用廉价动物性饲料，为了不影响毛皮质量，可搭配质量好的痘猪肉，按重量计算，可占日粮中动物性饲料的30%～35%。

2. 搞好笼舍和窝箱的卫生 要及时清除箱内剩存的饲料和粪便，保持清洁干燥。从9月份开始，箱内铺垫切断的稻草或麦秸（长10～15cm），以起到梳毛的作用。喂食时勿将饲料黏到水貂身上，否则将引起毛绒毡结。遇有毛绒毡结时应及时将貂抓出，把毡结的部分梳开，如果到取皮后再梳，会使毡结部毛绒空疏，严重降低等级。

3. 避免日光直射 皮用水貂应养在貂棚的阴面，避免阳光直接照射，否则会使黑褐色水貂毛色变浅。种貂放在阳面，以促进生殖器官发育。

4. 限用灯光 场内不要乱用灯光，特别是9月下旬以后，貂场内严禁开灯，以免影响毛皮成熟和生殖器官的发育。

5. 褪黑激素（MT）促进水貂冬皮早熟 MT是松果体分泌的一种控制被毛生长的激素，水貂皮埋植后，能促进生长、换毛，使毛皮早熟、皮张面幅大、质量提高，增加经济效益明显。埋植时间：幼貂断奶分窝3周以后，凡不做种用的皮貂可进行MT的埋植。老龄貂一般6月份埋植。埋植方法：用褪黑激素埋植注射器，将褪黑激素药粒埋植于水貂背部略靠近耳根部皮下，埋植1粒。90～120d毛皮均能正常成熟。

（八）幼貂的养育

断奶以后进入育成期（称为幼貂），一般是从6月中下旬开始，到11月中下旬取皮结束。根据幼貂生长发育特点，在生产上又分为育成前期（6～8月）和后期（9月至取皮前）。育成前期是幼貂骨骼、内脏器官生长最快的时期，即体长增长的重要时期；育成后期主要是肌肉、脂肪生长、换冬毛、各部器官系统尤其是生殖系统完全成熟的最后阶段，此期，水貂机体的代谢机能非常旺盛，同化作用大于异化作用，体重的增长呈直线上升，尤其公貂比母貂更为明显。种用幼貂在育成后期就进入了准备配种期；皮貂则进入了冬毛生长发育期。

1. 育成前期饲养管理

（1）育成前期的饲养。分窝后的头两周仍喂哺乳期的饲料。2 月龄后，每天可消化蛋白质 18～23g，2～3 月龄时为 25～32g，日粮中动物性饲料占日粮的 75%左右，粮食饲料占 20%～23%，蔬菜 2%～5%，维生素和微量元素添加剂是每只 0.5～0.75g/d，骨粉 0.5～1g/d，食盐 0.5g/d。育成前期是生长的关键时期，因此不限量，随着日龄的增加，饲喂量也要增加。

（2）管理。加强卫生防疫，一般 6 月末到 7 月初注射犬五联苗，加工饲料的用具和食具每次用过后要洗净和消毒。不喂变质的饲料，每天打扫棚舍和小室，清除粪便和残食，同时要做好防暑降温工作，必要时可做遮阴棚，保证充足的饮水。

2. 育成后期的饲养管理

（1）冬毛生长期的饲养。此时期中应保证可消化蛋白质的含量 30～35g。加入含硫氨基酸多的蛋白质饲料。脂肪含量可适当增加，便于皮貂体内脂肪的沉积，使皮貂毛绒光泽好，张幅大。皮貂饲料中碳水化合物的比例要多一些，但不宜超过 20%，否则，会造成皮貂短粗胖，毛色发黄无光。饲料中要加适量的酵母、麦芽、维生素饲料，尤其在冬毛生长期要保证皮貂的各种营养物质的需要量，日粮中禁止大量采用兔头，兔头易造成针毛弯曲，严重降低毛皮质量。

（2）管理。与成貂冬毛生长期管理相同。

【拓展知识】

水貂场的建设

（一）场址的选择

场址应选择在地势较高、地面干燥、排水良好、背风向阳的地方。山区一般以东南坡或南坡为宜。

选择动物性饲料来源广泛、并易于获得的地方，如畜禽屠宰厂、肉联厂、冷藏厂、畜牧业发达区，或者沿海及内陆江、河、湖泊及水库附近等产鱼区。要求水源充足、水质清洁，并可供人、兽饮用。禁止使用死水、臭水或被病菌、农药和工业废水污染的水。

同时建场应尽量避免占用耕地，占地面积要适合饲养规模和将来发展的需要。

场址应距离居民区和其他畜牧场 500m 以上，曾经流行过畜禽传染病的疫区不宜建场。

兽场要建在交通条件便利、用电方便的地方。但应注意距离主要的公路干线和铁路 500m 以上。

（二）场内建筑和设备

建场应本着因地制宜、因陋就简、就地取材、勤俭办场的原则，无论何种生产设备，都应符合毛皮兽的生物学特性，并且经济耐用。

貂场的基本建设有：貂棚、貂笼、窝箱和饲料加工室、饲料储存设备、毛皮加工室等辅助设施。

1. 棚舍　貂棚的作用是用来遮挡雨雪，防止阳光直射。

（1）普通貂棚。普通貂棚结构简单，只设棚柱、棚梁和棚顶，不修四壁。根据当地情况，建筑材料可选用砖瓦、石头、木头、草、竹苇、钢筋、水泥等。

规格：通常长为25～50m，棚宽3.5～4m，棚间距3.5～4m。檐高1.1～1.2m。有的貂场适当增加了跨度，约8m左右，由每栋貂棚摆2行笼箱，增加到6行（两边养种貂，中间养皮貂），提高了棚舍的利用率，并在一定程度上提高了皮貂的毛绒品质 。

貂棚的布局和走向，可根据貂场的具体地理位置及当地的地形地势而定，南北及东西走向均可，以南北走向居多 。

（2）控光貂棚。改建或新建的控光貂棚，在遮光时应达到遮光严密、通风良好的要求，同时，还要操作方便。

为使控光效果更加理想，同时节省遮光材料，在新建控光貂棚时，其棚檐高度可适当降低。控光貂棚的两端用竹席、苇席、油毡纸或砖坯等遮光材料，分别修建一拐弯的通风道。一般通风道拐3～4个弯，可达到既通风又遮光的要求。通风道宽50～60cm，方便饲养人员通行。

在气温较高的地区，控光貂棚的顶盖上还需安装2～4个拐弯的通风口，有的用几个炉筒和拐脖安装在棚顶盖上，达到了通风遮光的效果。

控光貂棚的两侧，利用各种遮光材料制成控光门、控光帘或控光板等。目前，我国常用的控光貂棚有以下几种：

窗式控光貂棚：貂棚两侧用土坯或砖砌一道墙，每侧留4～5个窗户，为使遮光严密，需做两层窗户门，或者用砖在两侧各砌一道30～40cm高的矮墙，在棚檐下安装一方木，方木上用活页连接能关闭和撑开的遮光板。

帘式控光貂棚：用结实的帆布制成4～6m宽的遮光帘。帘内表面刷上黑色油漆，外表面刷白色或其他淡色油漆，以提高遮光效果和延长帆布帘的使用寿命。布帘用定滑轮固定在貂棚檐上，帘的下部固定一重物，以防遮光时被风刮开，影响控光效果。

门式控光貂棚：用白铁皮、油毡纸或其他遮光材料做成遮光门，安装在貂棚两侧，需要遮光时关闭遮光门即可。

暗道式控光貂棚：在小室下，用砖砌成地下暗道。暗道高60cm，暗道内有直通外边的饮水槽，并用双层铁丝网间隔成小间，底部用竹棍或塑料棍排列固定，粪尿可从棍的空隙间漏到粪尿池中。暗道顶部每隔一定的距离开一个直径12cm左右的圆孔与小室底部的开口相通，两个小孔间安装一活动的木板，需要遮光时，把水貂赶入暗道中，插上木板，就可控光。

2. 笼箱　包括貂笼和窝箱两部分。

貂笼是水貂活动、采食、饮水、排泄和交配的场所。近年来，多采用网眼为3.5～4cm^{2}的电焊网制成，笼底用10～12号铁丝，其余用14～16号铁丝，制作简单，美观耐用。也可利用带孔铁皮等工业废料制成。

窝箱，也称小室，是水貂休息、产仔和育仔的场所。多用1.5～2.0cm厚的木板制成，出入孔直径为10cm，设有后门，以便检查和清扫。

水貂笼箱的规格如表2-14所示。

表 2-14　貂笼和窝箱　规格参考表

单位：cm

<table>
<tr><th colspan="4" rowspan="2">规　格</th><th colspan="3">貂种类</th></tr>
<tr><th colspan="2">种貂</th><th>皮貂</th></tr>
<tr><td rowspan="5">貂笼</td><td colspan="3">长</td><td colspan="2">60～75</td><td>50～60</td></tr>
<tr><td colspan="3">宽</td><td colspan="2">45～55</td><td>30～45</td></tr>
<tr><td colspan="3">高</td><td colspan="2">40～45</td><td>30～45</td></tr>
<tr><td rowspan="2">笼门</td><td colspan="2">高</td><td colspan="2">30～40</td><td>20～35</td></tr>
<tr><td colspan="2">宽</td><td colspan="2">20～30</td><td>20～30</td></tr>
<tr><td rowspan="9">小室</td><td colspan="3">长</td><td colspan="2">38～55</td><td>25～35</td></tr>
<tr><td colspan="3">宽</td><td colspan="2">30～40</td><td>20～30</td></tr>
<tr><td colspan="3">高</td><td colspan="2">35～40</td><td>20～30</td></tr>
<tr><td rowspan="5">小室门</td><td rowspan="3">出入孔</td><td>圆孔直径</td><td colspan="2">12</td><td>12</td></tr>
<tr><td rowspan="2">方孔</td><td>高</td><td>14</td><td>14</td></tr>
<tr><td>宽</td><td>12</td><td>12</td></tr>
<tr><td rowspan="2">后门</td><td>高</td><td colspan="2">12</td><td rowspan="2">全开</td></tr>
<tr><td>宽</td><td colspan="2">20～22</td></tr>
<tr><td colspan="3">走廊宽</td><td colspan="2">12</td><td>—</td></tr>
</table>

水貂的笼箱有许多规格和样式，下面介绍几种供参考：

（1）新窄式长笼舍。此种笼舍是安装在新式棚舍中使用的。每 5～6 个小室连在一起，小室盖分别制作，以便单独开启，其笼子亦 5～6 个连在一起，笼间一网之隔，网眼不宜太大，防止互相咬斗。其规格是：单个笼子为 90cm×30cm×45cm，单个小室为 30cm×30cm×30cm。

（2）带有活动隔板的笼舍。笼的大小是 60cm×45cm×45cm，小室是 45cm×35cm×45cm。小室后面做两个门或盖，前面设两个出入孔，小室内安装一块可以装卸的隔板，小室外安装两个貂笼。母貂妊娠产仔期取出隔板，一室两笼，养一只母貂；非繁殖期，插入隔板，小室一分为二，共养两只水貂。所以，此种设计可相对提高笼舍的利用率。

笼舍一般要求距地面 40cm 以上，笼与笼的间距为 5～10cm，以免隔网咬斗。

3. 其他辅助设施

（1）饲料储存（冷藏）设备。用于动物性饲料和鲜湿饲料的贮存，这是饲养水貂的主要设备之一。大、中型水貂饲养场一般要求建有足以贮存半年左右的动物性饲料冷库，保证常年供应。小型貂场可用储存量较大的冰柜，也可利用冰窖或简易冷藏室来储存饲料。冷藏库温要求恒定，贮藏库温要求－15℃左右，急冻库温要求－25℃。贮存的饲料应常喷水挂冰衣，以防变质。进库饲料要按日期分别存放和取用，不能积压时间过长。

（2）饲料加工室。清洗、加工、调配饲料的场所。要求室内有水源、电源、下水道，地面和墙围用水泥抹光，便于清洗和消毒。室内应设有清洗池、饲料槽、绞肉机、搅拌机等。

为便于蒸煮饲料窝头等，应另设蒸煮车间。

（3）毛皮加工室。毛皮加工室是剥取貂皮和进行初步加工的场所。室内设有剥皮台、刮油机、洗皮转鼓转笼以及毛皮烘干机等，可根据不同的工序分成若干间。烘干间内温度控制在15～25℃。验质间内设验质案板，案板表面刷成浅蓝色，案板上部70cm高处，安装两只80W日光灯管，门和窗备有门帘和窗帘，用于验皮时遮挡自然光。

（4）综合技术室。大型养貂场应设有综合技术室，负责组织貂场生产。综合技术室分为兽医防疫室、分析化验室。

兽医防疫室主要负责貂场的卫生防疫和疾病的诊断治疗，主要有消毒室、医疗室和尸体处置室，备有显微镜、冰箱、高压消毒器、对流免疫电泳、离心机、无菌操作室及各种药品。

分析化验室负责水貂饲料的营养分析及毒物检查等，还有部分疾病的检测工作。化验室应具有配套的化学分析仪器。

（5）其他建筑和用具。主要有供水、供电、供暖设施，围墙及警卫室。另外，还有一些养貂用具，如串笼箱、捕兽网、喂食车、喂食桶、水盆、食碗、铁钳等。

【思与练】

1. 简述水貂的生物学特性及其在生产上的应用。
2. 水貂的配种日期是在每年的几月份？配种方式有哪几种？
3. 水貂发情鉴定的方法有哪些？掌握外生殖器官的变化规律。
4. 简述彩色水貂毛色育种方法。
5. 简述水貂日粮拟定的方法。
6. 简述水貂不同时期饲养管理要点。
7. 如何科学合理利用褪黑激素促进水貂冬皮早熟？

学习情景3　狐生产技术

（一）分类与分布

狐属于哺乳纲、食肉目、犬科，世界上人工饲养的狐约有40多种，分属于狐属和北极狐属。养殖数量较多的主要有狐属的银黑狐、赤狐和北极狐属的北极狐以及它们的毛色变种狐。狐皮毛绒柔细，皮板轻便，御寒性强，在国内外裘皮市场占有较高地位。狐肉也是美味佳肴。

1. 银黑狐　又名银狐，起源于北美洲的阿拉斯加和西伯利亚东部地区，是赤狐在野生环境下的一个毛色突变种，也是人工驯养最早的一种珍贵毛皮动物，遍及世界很多国家，野生银黑狐当前比较少见。

2. 赤狐　赤狐又称红狐、草狐，是狐属动物中分布最广、数量最多的一种。赤狐有5个亚种，即西藏亚种、华南亚种、东北亚种、华北亚种和内蒙古亚种，因地域不同，毛色和皮张质量有较大差别，其中东北和内蒙古所产的赤狐，毛长绒厚，色泽光润，针毛齐全，品质最佳。

3. 北极狐　北极狐产于亚、欧和北美北部近北冰洋地带，及北美南部沼泽地区和森林沼泽地区。

4. 彩色狐　彩狐是银黑狐、赤狐和蓝狐在野生状态下或人工饲养条件下的毛色变种。国外研究饲养彩狐已有50多年的历史，目前有30多种色型的彩狐。常见的有大理石狐、白金狐、琥珀色狐、巧克力色狐、珍珠狐、铂色狐、葡萄酒色狐等。

（二）形态特征

银黑狐体型外貌和犬相似，嘴尖、耳长、腰细，四肢细长，尾巴粗而长，善奔跑，反应敏捷，两眼大而亮。全身被毛基本为黑色，有银色毛均匀地分布全身，臀部银色重，颈部、头部逐渐变淡，黑色比较浓。针毛为三个色段，基部为黑色，毛尖为黑色，中间一段为白色，绒毛为灰褐色，针毛的银白色毛段比较粗而长，衬托在灰褐色绒毛和黑色的毛尖之间，形成了银雾状。银黑狐的吻部、双耳的背面、腹部和四肢末端毛色均为黑色，尾尖为白色。在嘴角、眼睛周围有银色毛，脸上有一圈银色毛构成银环，形成一种“面罩”。

赤狐体型细长，四肢较短，吻尖，耳直立，尾长而蓬松；足掌生有浓密短毛；具有尾腺，能释放奇特臭味，称狐臊；毛色因季节和地理分布而有较大变异，一般背面棕黄或棕红色，腹部白色或黄白色，尾尖白色，吻部为黄褐色，耳背面及四肢末端为黑色或黑褐色。成年公狐平均体重为5～6kg，体长60～90cm，尾长40～50cm，成年母狐平均体重4.5～5.5kg，体长60～80cm，尾长36～40cm。

北极狐体型较小，体态圆胖，四肢和嘴较短，耳小。野生北极狐有两种毛色，一种为白色北极狐，该色型的狐被毛呈明显的季节性变化，冬毛主色调为白色，针毛有黑毛梢，背部、头部黑毛梢较多，夏季毛色呈灰蓝色；另一种为淡蓝色北极狐，其毛色在冬季呈淡褐色，其他季节呈深褐色。两种色型的北极狐的绒毛均为灰色或褐色。由于淡蓝色北极狐的毛色主要为淡褐色，近于蓝色，白色北极狐夏季毛色呈灰蓝色，所以人们又将北极狐称为蓝狐。蓝狐绒毛细密、丰厚，针毛相对不发达。成年公狐体重 5～7kg，体长 56～68cm，尾长 25～30cm。成年母狐体重 4～6kg，体长 55～65cm，尾长 21～27cm。近年来，我国改良的北极狐体重 10～15kg，公狐体长达 80cm 以上，母狐体长达 65～70cm。

（三）生物学特性

狐的生活环境较为多样，栖息地包括森林、草原、沙漠、高山、丘陵、平原和河流、溪水、湖泊岸边等地，常以石缝、树洞、土穴或灌木丛为洞巢，栖居地的隐蔽程度好，不易被人发现。

狐生性多疑，昼伏夜出，反应机警，行动敏捷，善于奔跑，能沿峭壁爬行，会游泳，还能爬倾斜的树。听觉和嗅觉相当发达，记忆力强。汗腺不发达，以张口伸舌快速呼吸的方式调节体温，因此狐不耐炎热，抗寒力较强。繁殖期常小群集居，其他时期则单独生活，野生北极狐多群居，规模可达 20～30 只。

狐狸还具有贮食性，当捕捉到多余食物时，就将当时不太喜欢的食物贮存在松土、树叶或积雪下面以备将来食用，并习惯把贮藏食物的地点伪装起来，排上尿做标记。

成年狐每年换毛 1 次，从 3～4 月开始，先从头部、前肢开始换毛，顺次为颈、肩、后肢、前背、体侧、腹部、后背、最后是臀部和尾部。新绒毛长出的顺序与脱毛相同。7～8 月时，冬毛脱落基本完毕，11 月形成冬季长而稠密的被毛。

狐属于季节性繁殖动物，一年繁殖一次，公母狐共同抚育后代。银黑狐、北极狐和赤狐的寿命分别为 10～12 年、8～10 年和 8～12 年。生产繁殖的最佳年龄一般为 2～4 岁。

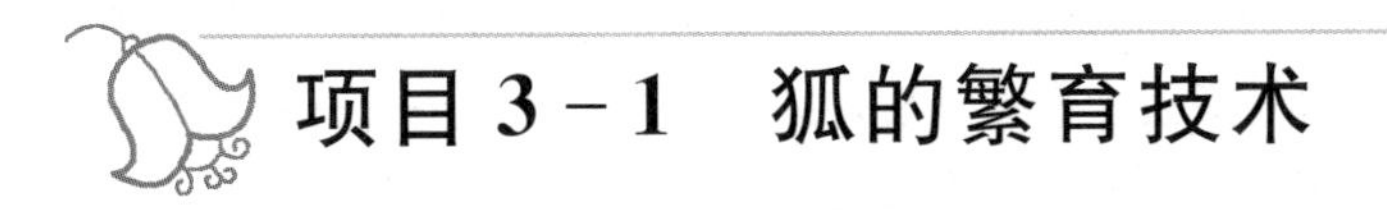

项目 3－1 狐的繁育技术

【知识准备】

（一）繁殖生理

1. 繁殖规律 狐属于季节性单次发情动物，一年只繁殖 1 次，多胎。夏季母狐卵巢和子宫处于萎缩状态，到 8 月末至 10 月中旬，母狐的卵巢逐渐发育，到 11 月份黄体退化消失，同时滤泡迅速增长，第二年 1 月份发情排卵（一般银黑狐在 1 月中旬开始发情，蓝狐 2 月中旬开始发情）。

公狐的生殖器官发育也具有明显的季节变化，夏季（5～8 月）成年公狐睾丸非常小，重量仅 1.2～2.0g，无精子生成。8 月末至 9 月初，睾丸开始发育，11 月份明显加快，重量和大小均明显增加，至 1 月份重量达到 3.5～4.5g（最大达 5g），触摸时具有一定的弹性，解剖后可见到成熟的精子，3 月底到 4 月上旬睾丸迅速萎缩，性欲也随之消失。

2. 性成熟和配种期 人工饲养条件下，狐的性成熟期为 9～11 月龄。但依营养状况、遗传因素、环境条件、出生时间等因素的不同，个体间也有差异。一般公狐比母狐稍早一些，营养状况和饲养条件好的比差的早，早出生的较晚出生的早（据报道，出生晚的幼狐有 20%到翌年繁殖季节不能发情）。野生狐、国外引入的狐，引进当年多半性成熟较晚，这主要是由于环境改变造成的应激影响。

狐的配种日期与饲养管理条件、幼狐出生时间、气候、光照等因素有关。在人工笼养条件下，银黑狐配种期一般在1月中旬至3月下旬，旺期在2月份，而北极狐一般在2月中旬至4月下旬，旺期在3月份。

（二）妊娠与分娩

1. 妊娠 狐的妊娠期平均为51～52d。银黑狐的妊娠期为50～60d，北极狐为50～58d。妊娠期的长短一般不受母狐年龄的影响，但初产母狐的妊娠期比经产母狐往往稍短一些。妊娠期由于胎儿的生长发育，母狐新陈代谢旺盛，食欲增强，体重增加明显，毛色日渐光亮。母狐表现出性情温顺，喜安静，活动减少，常卧于笼网晒太阳，对周围异物、异声等刺激反应敏感。母狐有4～6对乳头，分娩前乳头突出，色变深。

2. 分娩 银黑狐分娩产仔一般从3月中旬开始，多集中在3月下旬至4月上旬；北极狐则集中在4月下旬至5月上旬。根据预产期，母狐在分娩产前2～3d均有临产征兆，主要表现为大多数母狐拔掉乳房周围的毛和叼草做窝，产前一般突然停食1～2顿，分娩前母狐表现行动不安，用爪子不断挠产箱底，频繁出入产箱，频频排泄粪尿。母狐分娩产仔时间多集中在夜间和清晨，分娩持续期多数为2～3h，产仔间隔10～20min。胎儿出生后，母狐将胎衣吃掉，咬断仔狐脐带并舔干仔狐身上的黏液。银黑狐平均胎产仔4～5只，北极狐胎平均产仔6～8只。

刚出生的仔狐两眼紧闭，没有牙齿，听觉较差，身上被有黑褐色的稀疏胎毛，白色的尾尖。健康的仔狐身体圆胖，叫声洪亮，弱仔腹部干瘪，叫声嘶哑。仔狐初生重较小，银黑狐平均初生重为80～130g，北极狐60～80g。仔狐出生后即能寻找乳头吮乳，平均3～4h吃一次。

（三）狐属狐毛色基因

目前，世界上通用的彩狐基因符号和名称有美国系统和斯堪的纳维亚两个系统（表3-1）。两个系统不但在基因符号写法上有所不同，还对某些彩狐的毛色遗传问题上有不同看法。如美国系统认为，北极大理石狐、北极大理石白狐的毛色遗传由铂色狐的复等位基因控制，而斯堪的那维亚系统则认为，这两种狐分别由不同位点基因控制。所以基因符号写法有所不同，美国系统将北极大理石狐、北极大理石白狐基因符号分别写成$bbW^{m}w$、$bbW^{m}W^{m}$，斯堪的纳维亚系统则将北极大理石狐、北极大理石白狐基因符号分别写成bbMm、bbMM。

表3-1 野生型赤狐的基因符号

美国系统	AA	BB	CC	BrFBrF	BrCBrC	PEPE	PMPM	gg	ww	RR	—
斯堪的纳维亚系统	AA	BB	CC	GG	EE	PP	SS	—	ww	—	mm

（四）狐属狐的色型

根据彩狐毛色特征基因的显性、隐性，将狐的色型分为隐性突变型、显性突变型和组合型三大类。

1. 隐性突变型 根据毛色将隐性突变型彩狐分为黑色、褐色、灰蓝色、白色等几大类。阿拉斯加银狐（aa）、加拿大银黑狐（bb）被毛总体为黑色，有银色毛被特征，嘴、耳、尾为黑色，尾尖为白色；巧克力狐（bbbrFbrF）被毛为深棕色，眼睛为黄色；Colicott棕色狐（bbbrCbrC）被毛为棕蓝色，眼睛为蓝色；东部珍珠狐（bbpp）、西部珍珠狐（bbss）等珍珠狐是银黑狐的灰蓝色隐性突变种，毛色呈蓝色，尾尖为白色；白化狐（cc）被毛为白色，眼睛和鼻端为粉红色。

2. 显性突变型 铂色狐（bbW^Pw）是银黑狐的显性突变种，含有 ww 的杂合复等位基因。被毛呈现蓝色，颈部有色环，从鼻尖到前额有一条明显的白带，尾尖为白色。W^P 基因有半致死作用，因此，纯繁时由于胚胎在早期死亡而产仔数下降。

白脸狐（bbWw）属于深色类型狐，是银黑狐的白色显性突变型。有白色颈环，在鼻、前额、四肢、胸腹部均有或多或少的白斑，尾尖为白色。白脸狐的显性基因（W）纯合个体也存在胚胎早期死亡现象。

日辉色狐又称日光狐（W^mw），毛色与北极大理石狐相同，只是背部有红色的标志。杂合时毛色较暗。

3. 组合色型 组合型是2对以上突变的特征基因同时控制某个体的毛色性状，常见的组合色型彩狐基因型如表3-2所示。

表3-2 常见的组合色型彩狐名称和基因符号

（高文玉．经济动物学．2008）

中文名		基因符号	
		斯堪的纳维亚系统	美国系统
银狐与1对基因彩狐	阿拉斯加银狐	aa	aa
	加拿大银黑狐	bb	bb
	白化狐	cc	cc
	标准十字狐	Bb	Bb
	阿拉斯加十字狐	Aa	Aa
	白脸赤狐	Ww	Ww
	日光白狐	MM	W^mW^m
	日光狐	Mm	W^mw
2对基因组合型	双隐性银黑狐	aabb	aabb
	银十字	AaBb	AaBb
	东部珍珠狐	bbpp	bbpEpE
	西部珍珠狐	bbss	bbpMpM
	白脸狐	bbWw	bbWw
	铂色狐	bbW^pw	bbW^pw
	北极大理石狐	bbMm	bbW^mw
	北极大理石白狐	bbMM	bbW^mW^m
	Colicott 棕色狐	bbee	bbbrCbrC
	巧克力色狐	bbgg	bbbrFbrF
3对基因组合型	琥珀色狐	bbppgg	bb pEpE brFbrF
	浅棕色狐	bbppee	bb pEpE brCbrC
	蓝宝石狐	bbppss	bb pEpE pMpM
	珍珠珀色狐	$bbppW^pw$	bb pEpE W^pw

（续）

中文名		基因符号	
		斯堪的纳维亚系统	美国系统
4对基因组合型	蓝宝石浅棕色狐	bbppssee	bb pEpEp pMpM brCbrC
	琥珀铂色狐	bbppggW^{p}w	bb pEpEp brFbrF W^{p}w
	蓝宝石铂色狐	bbppss W^{p}w	bb pEpEp pMpM W^{p}w

（五）狐属狐的毛色育种

1. 赤狐、银黑狐的杂交 阿拉斯加银狐（aa）与赤狐杂交，产生的杂交后代（Aa）为阿拉斯加十字狐。阿拉斯加十字狐针毛出现金黄色，其狐皮商品名为金黄色十字狐。

东部银黑狐（bb）与赤狐杂交，产生的杂交后代（Bb）为标准十字狐。标准十字狐毛色近于赤狐，狐皮商品名为金色狐。

阿拉斯加银狐（aa）与东部银黑狐（bb）杂交，产生的杂交后代（AaBb）为银十字狐，又称红黑杂色狐或十字狐（图3－1）。银十字狐被毛带有黄色，在肩胛部的深色毛形成一个交叉十字，在颈部、腹部和颊部两侧的针毛带有黄色。

aaBB × AAbb
阿拉斯加银狐 ↓ 东部银黑狐
AaBb × AaBb
银十字狐 ↓ 银十字狐

9 A_B_ ［赤狐(AABB)1/9、金黄色十字狐(AaBB)2/9、标准十字狐(AABb)2/9、银十字狐(AaBb)4/9］
+3A_bb［1/3 东部银黑狐(AAbb)、2/3 阿拉斯加十字狐(Aabb)］
+3aaB__［1/3 阿拉斯加银狐(aaBB)、2/3 标准十字狐(aaBb)
+1aabb 双隐性银黑狐］

图3－1 阿拉斯加银狐与东部银黑狐杂交示意图

2. 彩狐杂交分离 以巧克力狐与其他彩狐杂交为例（图3－2）：

A.巧克力狐(bbggww)×铂色狐(bbGGW^{p}w)
↓
50%铂色狐(bbGgW^{p}w)+50%银黑狐(bbGgww)

B.巧克力狐(bbPPgg)×珍珠狐(bbppGG)
↓
100%银黑狐(bbPpGg)

C.巧克力狐(bbgg)×巧克力狐(bbgg)
↓
100%巧克力狐(bbgg)

D.巧克力狐(bbPPgg)×琥珀狐(bbppgg)
↓
100%巧克力狐(bbPpgg)

E.巧克力狐(bbwwgg)×北极大理石色狐(bbW^{m}wGG)
↓
50%北极大理石色狐(bbW^{m}wGg)+50%银黑狐(bbwwGg)

图3－2 巧克力狐与其他彩狐杂交示意图

（六）北极狐的毛色遗传

浅蓝色北极狐毛色基因是野生型北极狐基础毛色基因，其他色型是浅蓝色北极狐的基因突变种。研究表明，浅蓝色北极狐的毛色基因有7个位点，其基因符号用CC、DD、EE、FF、GG、ll、ss表示，见表3-3。

表3-3　北极狐的基因型

（高文玉．经济动物学．2008）

中文名	英文名	基因符号						
浅蓝色北极狐	Blue fox	CC	DD	EE	FF	GG	ll	ss
白化狐	Albino fox	cc	—	—	—	—	—	—
白色北极狐	Polar fox	—	d	—	—	—	—	—
北极珍珠狐	Arctic fox	—	—	ee	—	—	—	—
蓝宝石狐	Sapphire fox	—	—	—	ff	—	—	—
北极蓝狐	Arctic blue fox	—	—	—	—	gg	—	—
珍珠狐	Bothnia pearl fox	—	—	—	—	—	Ll	—
影　狐	Shadow fox	—	—	—	—	—	—	Ss

注：1. 丹麦基因分类系统。2. “—”表示与浅蓝色北极狐基因符号相同。

白化狐（cc）是蓝色北极狐的隐性突变型，毛色为白色，生活力较弱。白色北极狐（dd）是蓝色北极狐的隐性突变型，幼龄狐毛色呈灰蓝色，成年狐冬毛白色，有黑毛梢，底绒灰蓝色，夏毛呈现灰蓝色。北极珍珠狐是隐性突变型，被毛毛尖呈珍珠色，鼻镜为粉红色。蓝宝石狐（ff）毛色呈浅蓝色。影狐（Ss）是浅蓝色北极狐的显性突变型，基因有半致死作用，纯合型胚胎早期死亡。其被毛在背部、额部、肩部有斑纹，其他部位为白色。

【岗位技能】

一、狐的选种

（一）狐的选种时间

狐的选种是一项长期细致的工作，一般要进行3次，即初选、复选和精选。

1. 初选　在断奶时，对幼狐主要是按祖先的资料进行选种。对双亲生产性能优良，出生早（银狐4月20日前出生，蓝狐5月20日前出生），发育正常的幼狐留作种用。初选留种数应比计划留种数多留40%左右，成年公狐的选种在配种结束后进行，成年母狐选种要在仔狐断奶分窝后进行。对于配种能力差，精液品质不佳的公狐应淘汰。留种母狐的产仔数应高于全群平均数，母性好，泌乳量足，哺乳的幼狐发育正常。

2. 复选　应该在8～9月份进行，成年狐体质恢复较差的应淘汰。育成狐要选择生长发育正常，体质强健、换毛早而快的个体留种。复选时种狐的数量比留种计划多出20%～30%。

3. 精选　要根据本身生产性能，祖先记录和后裔的质量水平严格选留，淘汰不合格的个体。

（二）种狐的选择标准

1. 银黑狐选种标准

（1）体型标准。幼狐要选择生长发育快、体型大的个体。4月龄幼狐体重达4.0～

5.0kg，12月龄成年公狐体重达6.0kg以上，母狐体重达5.5kg以上。4月龄幼狐体长在60cm以上，12月龄成年公狐体长在65cm以上，成年母狐体长在60cm以上。

（2）年龄标准。幼狐要选择4月20日以前出生的个体，并且种用年龄不超过5年。

（3）被毛毛色标准。银黑狐体躯和尾部的毛色应呈乌黑色，银毛占70%以上，银环呈“雾”状，宽度不超过10～15cm。背部有“黑带”，绒毛稠密呈深灰色。背部被毛密集而富有弹性。针毛覆盖绒毛，尾呈圆柱形，尾端有8cm以上纯白色毛。

（4）遗传标准。幼狐应具有清楚完整的谱系，双亲具有较优良的遗传特性，遗传性能稳定。成年狐应具有优良的遗传性状，遗传力高，遗传性能稳定，经后裔测定其子代的生产性能和遗传性状优良。

（5）繁殖标准。成年公狐睾丸发育良好、交配早、性欲旺盛、性情温顺无恶癖、择偶性不强，与配母狐受胎、产仔率、产仔数高，生活力强；成年母狐应选择发情早、性情温顺、6胎平均产仔数5头以上、母性和生活力强、无恶癖、泌乳力强的个体。

2. 北极狐选种标准

（1）体型标准。4月龄幼狐体重4.0kg左右，12月龄成年公狐体重5.0kg以上，母狐体重4.5kg以上；4月龄幼狐体长60cm以上，12月龄成年公狐体长63cm以上，成年母狐体长61cm以上。

（2）年龄标准。幼狐选择5月20日前出生的个体，成年种狐种用年限在4～5年以内。

（3）毛色标准。蓝色北极狐要求全身呈浅蓝色，即浅化程度大、被毛无褐色或白色斑纹。白色北极狐要求被毛洁白，不带任何杂色，底绒呈灰色。除在背部、头部有褐色纹外，其他部位均呈白色。皮面要求针毛平齐、丰满，面有光泽，无弯曲，取皮时长度在40cm左右，针毛占总数量的2.9%以上。绒毛色正，长度在2.5cm左右，密度适中，毛皮外观呈灵活感。

（4）遗传标准。幼狐应具有清楚完整的谱系，双亲具有较优良的遗传特性，遗传性能稳定。成年狐应具有优良的遗传性状，遗传力高，遗传性能稳定，经后裔测定其子代的生产性能和遗传性状优良。

（5）繁殖标准。要求成年公狐配种能力强，精液品质好，择偶性不强，无恶癖和疾病；成年母狐胎平均产仔数8头以上，母性强，无吃仔恶癖。对环境不良刺激（声音、气候、颜色、气味等）过于敏感的不宜留作种用。

（三）选配

狐的选配应遵循以下几个原则：公狐毛绒品质，特别是毛色一定要优于母狐或接近于母狐才能选配，毛绒品质较差的公狐不能与毛绒品质好的母狐交配。大型公狐与大型母狐或中型母狐交配，大型公狐与小型母狐或小型公狐与大型母狐不宜交配。选繁殖力强的公、母狐配种。一般成年配成年，或成年配幼年的，不宜幼年公、母狐之间交配。

三代以内无血缘关系的公、母狐选配为好。以生产为目的的应尽量避免近亲选配。为了巩固某项遗传指标，可有目的地进行近亲交配。

二、配种技术

（一）发情鉴定

1. 公狐发情鉴定 进入发情期的公狐，活泼好动，采食量减少，常发出“咕咕”的求偶声，表现为烦躁不安，频频排尿等特点，尿中“狐香”味很浓。放入母狐时，公狐嗅闻母狐的外阴部并企图爬跨母狐。优秀种狐配种能力可持续60～90d。

2. 母狐发情鉴定 母狐在发情季节只有一个发情周期，其发情鉴定较公狐复杂，常用的鉴定方法有外部观察法、放对试情法、阴道分泌物涂片法和试情器法。

（1）外部观察法。根据母狐外阴部变化和行为表现将发情期分为发情前期、发情期、发情后期和休情期。

发情前期：阴门开始肿胀，明显突起，呈粉红色，阴蒂几乎呈圆形，整个外阴部触摸时硬而无弹性，阴毛分开，阴门露出，阴道流出具有特殊气味的分泌物。此时，母狐开始对公狐产生兴趣，放到一起时常与公狐追逐、玩要，但公狐企图交配时，母狐表现为防卫，甚至撕咬公狐，个别母狐在强悍的公狐追逐下能够配上，但这种交配不能受孕。此期一般持续2～3d，个别母狐可持续达1周以上。初次参加配种的母狐，外生殖器变化通常不十分明显，而且发情前期延续时间较长，一般要4～7d，个别出生晚的母狐只出现发情前期，阴门即开始萎缩。

发情期：此期阴门肿胀减轻，外翻，颜色较前期减轻，肿胀面有轻微的细小皱褶，用手触按有较软的感觉，有弹性。阴道流出较为黏稠的白色分泌物，此时母狐表现为极度兴奋，不断发出求偶声，食欲下降，甚至废绝，部分狐体重下降，当将其与公狐放到一起时，表现温顺，公狐爬跨时，尾巴自然摆向一侧接受交配。此期持续时间为2～3d，为最适交配期。

发情后期：排卵结束，阴门逐渐收缩，肿胀减退，颜色苍白，分泌物减少，逐渐恢复正常。此期母狐性欲急剧减退，放对时对公狐表现戒备状态，拒绝交配。

休情期：阴门隐藏在阴毛内，阴裂很小，母狐行为又恢复到发情前的状态。

（2）放对试情法。外部观察法简单实用，但要求检查人员具备一定的实践经验，但生产中个别母狐和部分初次参加配种母狐表现为隐性发情，对此我们可以采用放对试情法进行发情鉴定。采用这种方法要求试情公狐性欲旺盛，体质强健，配种经验丰富，且无咬母狐的恶癖。

发情前期母狐有趋向异性的表现，可与试情公狐玩耍嬉戏，但拒绝公狐爬跨交配。当公狐爬跨时，母狐将尾巴夹紧，回避或卧于笼舍，有时回头扑咬公狐，一般不能达成交配。发情旺期母狐性欲旺盛，当公狐爬跨时，其后肢站立，尾巴翘起静候甚至迎合公狐交配。遇到公狐性欲不强时，母狐甚至爬跨公狐或嗅闻公狐的阴部，以刺激公狐交配。此时母狐进入发情旺期可以进行配种。发情后期母狐性欲急剧减退，不理公狐或有敌意。

试情一般隔天进行一次，每次试情时间为20～30min，一般不超过1h。

（3）阴道分泌物涂片法。用消毒过的玻璃棒伸入母狐阴道内蘸取母狐的阴道内容物，制作显微镜涂片，在200～400倍镜下观察，根据阴道分泌物中白细胞、有核角化上皮细胞所占比例的变化，判断母狐是否发情。该方法的鉴定结果较为准确，但操作程序复杂，一般只在实施人工授精的养殖场使用，采用自然交配的养殖场很少采用。

休情期：涂片可见到白细胞，很少有角化上皮细胞。

发情前期：可看到有核角化上皮细胞逐渐增多，白细胞相对减少，最后视野中可看到大量的有核角化上皮细胞和无核角化上皮细胞分布。

发情期：可见到大量的无核角化上皮细胞和少量的有核角化上皮细胞。

发情后期：涂片又出现了白细胞和较多的有核角化上皮细胞。

（4）试情器法。利用测情器检测母狐排卵期，以确定最佳交配时间。目前养狐业较为发达的北美和北欧国家应用此种方法较多，特别是一些以人工授精为主的养狐场，试情器已成为母狐发情鉴定、确定最佳输精时间的重要手段。随着我国人工授精技术的推广和普及，国内有些养殖场也开始应用试情器。

具体方法是：将消毒的试情器探头插入母狐的阴道内，读取试情器表上的数据，每天在相同时间测定1次。根据每天测定的数值做成曲线图，当测定值上升到顶峰后开始下降时，为最佳交配或人工授精期。

（二）配种实施

1. 配种时间 一般银黑狐排卵发生在发情后的第1天下午或第2天早上，北极狐在发情后的第2或第3天，但不是所有的卵子同时成熟排出，有一定持续时间，银黑狐约为3d，北极狐约为6d。生产中我们应该根据母狐发情和排卵的规律灵活掌握。比如北极狐，我们可以采取初配后停配1d，再连续复配2d，即1＋0＋1＋1模式。

公狐的配种能力，个体间差异较大，一般在一个配种季节可交配10～25次，每日可配两次，两次间隔4～5h。对体质较弱的公狐一定要限制交配次数，适当增加休息时间。体质好的公狐可以适当提高使用次数。

2. 配种方法

（1）人工放对。即将进入发情期的母狐放到种公狐笼内进行配种，配后分开，如果母狐生性胆小，亦可将公狐放到母狐笼内进行交配。狐交配时对环境的要求较高，只有在环境安静、气温凉爽、空气清新的条件下，才能保证狐性欲旺盛，顺利完成交配。狐的放对时间，应选择在清晨饲喂前：一般在早上5时30分至7时30分放对。阴雨天下午15时至17时也可以。狐交配时，一般公狐比母狐主动，接近母狐时，通常先嗅闻母狐的外阴部，公母狐在一起玩耍一段时间后，发情的母狐表现温顺，站立不动，将尾巴摆向一侧，静候交配。狐的交配行为与犬相似，公狐是间断性多次射精动物，射精后立即从母狐身上转身滑下，背向母狐，出现“锁紧”现象，“锁紧”短者几分钟，长者达1～2h，通常为20～40min。“锁紧”时不允许将公母狐强行分开，因为此时射精仍在继续，强行分开不仅影响母狐的受胎率，还可能损伤公狐阴茎，影响以后公狐的正常配种，甚至失去配种能力。对首次参加配种的公狐，放对前还应进行精液品质的检查，以确保母狐的受胎率。

（2）人工授精。人工授精技术最早在芬兰、挪威、加拿大、瑞典和美国等养狐发达国家开展。我国于20世纪90年代随着引入芬兰北极狐后逐渐开展应用，目前专业养狐场及大型毛皮兽养殖场大部分应用此项技术，受胎率达85％以上。人工授精技术主要的优点有：提高优良种公狐的利用率，自然交配1头公狐仅能交配3～5头母狐，采用人工授精，1头公狐可交配30～50头母狐；节约部分公狐的饲料费，降低生产成本；可进行银狐和蓝狐的属间杂交，生产质优价高的蓝霜狐皮；此项技术是在严格无菌操作下进行，可减少疾病传播机会；可解决本交配种困难，如公大母小不好配、母狐拒配、母狐弓腰难配及母狐外生殖器畸形等，减小劳动强度。具体实施方法见技能培训：狐人工授精。

三、狐属与北极狐属间的杂交

由于狐属被毛针毛较多，长而粗硬，北极狐属被毛针毛细少，绒毛丰厚，不耐磨，因此，近年来，狐属与北极狐属之间的杂交越来越引起人们的重视。实践证明，杂交后代的被毛品质均优于其双亲，克服了银黑狐针毛长而粗硬，北极狐针毛短、细、绒毛易毡结等缺陷。

由于北极狐属与狐属之间，配种时间上有所差异，通常采用人工授精的方法进行。北极狐属产仔性能优于狐属，人工授精时多采用狐属作父本，北极狐属作母本。

值得注意的是，狐属与北极狐属间的杂交后代无繁殖能力，只能用作生产商品狐，不能留作种狐。

1. 赤狐与北极狐及其彩狐之间的杂交　赤狐与浅蓝色北极狐杂交，后代100%蓝霜狐；赤狐与影狐杂交，后代50%影狐，50%蓝霜狐；赤狐与白色北极狐杂交，后代100%金岛狐。

2. 银黑狐与北极狐属间的杂交　银黑狐与浅蓝色北极狐杂交，后代25%蓝霜狐，75%银黑狐；银黑狐与影狐杂交，后代50%银影狐，50%银蓝狐；银黑狐与白色北极狐杂交，后代100%金岛狐；阿拉斯加银黑狐与白色北极狐杂交，后代100%北方白狐。

3. 狐属彩狐与北极狐属彩狐杂交　白金狐（铂色狐）与浅蓝色北极狐杂交，后代50%白金蓝银狐，50%蓝银狐；白金狐与白色北极狐杂交，后代50%白金（铂色）北极狐，50%金岛狐或北方白狐；白金狐与影狐杂交，后代25%影铂色狐，25%铂色银狐，25%影银狐，25%蓝银狐；金黄十字狐与白色北极狐杂交，后代50%金岛狐，50%北方白狐。

项目3－2　狐的饲养管理

【知识准备】

（一）狐的营养需要

营养需要是指每只狐每天对能量、蛋白质、矿物质和维生素等养分的需要。它包括维持需要和生产需要两部分。具体数据参见表3－4、表3－5、表3－6、表3－7、表3－8和表3－9。

表3－4　成年银狐一年内各月份的平均体重及日代谢能摄入量

(Rimeslatten. 1978)

月份	体重（kg）		日代谢能摄入量（kJ）		月份	体重（kg）		日代谢能摄入量（kJ）	
	公	母	公	母		公	母	公	母
12	6.7	5.5	2 340	2 050	6	5.4	4.6	2 300	2 130
1	6.7	5.5	2 180	1 970	7	5.5	4.6	2 390	2 180
2	6.5	5.4	1 930	1 800	8	5.8	4.8	2 680	2 300
3	6.0	5.2	1 800	1 670	9	5.6	4.7	2 510	2 260
4	5.7	5.0	1 880	1 760	10	6.2	5.1	2 760	2 430
5	5.5	4.8	2 130	1 970	11	6.6	5.4	2 640	2 340

表 3-5　成年银黑狐每千克体重的基础代谢和维持能（每千克体重）

（高文玉．经济动物学．2008）

月　份	基础代谢能（kJ）	维持能（kJ）
6～8	255～280	355～389
9～10	209～243	291～338
11	176～218	245～303
12	172～197	239～274

表 3-6　育成狐每千克体重平均基础代谢能和维持能

（高文玉．经济动物学．2008）

月　龄	基础代谢能（kJ）	维持能（kJ）
2	439	611
3	343	477
4	262	364
5	247	343
6	237	330
7	211	293
8	188	261

表 3-7　哺乳期每只仔狐增加的代谢能

（高文玉．经济动物学．2008）

单位：MJ

狐　别	日　龄					
	1～10	11～12	21～30	31～40	41～50	51～60
银黑狐	0.29	0.52	0.75	1.17	1.26～1.46	—
北极狐	0.21	0.42	0.63	1.05	1.46	1.72

表 3-8　育成期北极狐钙的需要量

周数（w）	7	11	15	19	23	27	31	38
需要量（%）	0.22	0.82	0.98	1.01	0.92	0.82	0.76	0.71

表 3-9　成年狐维生素的需要量

	维生素 A（U）	维生素 D（U）	维生素 E（mg）	维生素 B_1（mg）	维生素 B_2（mg）
每千克体重	400	100	6.0	0.15	3.0～5.0
每 100kJ 热能	71.7	16.7	1.43	0.04	0.7～1.2
100g 干物质	1 000	250	22.0	0.5	10～17.5

（二）狐饲养标准

表 3-10 介绍了狐在不同时期的饲养标准。

表 3-10 狐的重量比饲养标准

（高文玉．经济动物学．2008）

饲料种类	饲养时期				
	准备配种期	配种期	妊娠期	哺乳期	恢复期
动物性饲料（%）	65	65	65	53	20
谷物饲料（%）	30	20	20	12	70
蔬菜（%）	3	5	5	12	10
乳品（%）	2	10	10	23	
食盐（g）	1.5	2	2	2	2.5
骨粉（g）	5	5	8	12	5
酵母（g）	7	6	8	10	7
维生素 A（U）	800～1 000	2 500	2 500	2 800	500～800
维生素 C（mg）	20	20～30	35	30	20
维生素 B_1（mg）	2～5	3～5	5～10	5～10	2～5
维生素 D（U）	200	300	400	400	200
维生素 E（mg）	15～25	25～30	30	30～35	15～25

【岗位技能】

（一）仔狐的饲养管理

3月下旬至4月中旬（银黑狐），4月中旬至6月中旬（北极狐）产仔，银黑狐每胎产4～5只，北极狐6～8只。银黑狐初生重80～100g，体长10～12cm，北极狐初生重60～80g。仔狐初生时闭眼、无牙齿、无听觉，身上披有稀疏黑褐色胎毛。生后14～16d睁眼，并长出门齿和犬齿。18～19d开始吃由母狐叼入的饲料。

产后12h内要及时检查登记，保证仔狐吃上初乳、吃足乳。吃上初乳的仔狐鼻尖黑、腹部增大、集中群卧、安静不嘶叫；未吃上初乳的仔狐分散，肚腹小，嘶叫乱爬。一般1只雌银狐可哺养6～8只仔狐，1只雌北极狐可哺养10～11只仔狐，而产仔多时，要及时调整或将弱小者淘汰。凡母性不强的母狐所产的仔狐，或同窝超过8只（北极狐13只）的以及母狐无乳等情况，都要找保姆狐代养或进行人工哺乳。人工哺乳的器具用10mL的注射器，套上气门芯胶管，喂给经巴氏消毒后保持在40～42℃的牛乳或羊乳，每日4～6次。人工哺乳的仔狐由于未吃上初乳，一般发育较为滞后。

据统计，仔狐在5日龄以前死亡率较高，占整个哺乳期死亡率的70%～80%。随着日龄的增加，其死亡率逐渐下降，仔狐死亡的原因主要有以下几种：

（1）营养不良。妊娠期和产仔哺乳期母狐的日粮中蛋白质不足，会导致泌乳量下降，乳内脂肪不足可使母狐体质急剧消瘦，从而影响产乳。仔狐在24h内吃不上初乳，或者泌乳期内吃不饱，生长发育缓慢，抵抗力下降，易感染各种疾病，甚至死亡。

（2）管理不当。产仔箱不保温，产仔箱的最佳温度在30～35℃。母狐在笼网上产仔或仔狐掉在地上，未及时发现被冻死。另外还有被压死或被咬伤，母狐搬弄仔狐等。

(3) 仔狐的红爪病。母狐在妊娠期维生素 C 供给不足，仔狐会发生红爪病，吮乳能力弱，造成死亡。

仔狐出生后，生长发育迅速。10 日龄前，平均绝对增长 10～20g/d；20 日龄前增重为 30～39g/d。20～25 日龄的仔狐，完全以母乳为营养，25 日龄以后雌狐泌乳量逐渐下降，而仔狐对营养的需要更多，母乳已不能满足其营养需要，此时，应补充一些优质饲料，同时提高雌狐的日粮标准。日粮可由肉馅、牛乳、肝脏等营养价值高而又易消化的品种组成，调制时适量多加水，这种饲料可供雌狐采食，仔狐也可采食一部分，以弥补乳汁的不足。30 日龄以后的仔狐，食量增大，必须另用食盘单独投喂适量补充饲料。

表 3-11　不同日龄仔狐的补饲量

仔狐日龄	补饲量（g/只）	
	银黑狐	北极狐
20	70～125	50～100
30	180	150
40	280	250
50	300	350

仔狐哺乳期排出的粪便全被雌狐吃掉，一旦仔狐开始吃饲料，雌狐便不再食仔狐粪便，因此，必须经常打扫窝箱，及时清除粪便、剩食等污物，保持窝箱的清洁卫生。

（二）育成狐的饲养管理

1. 育成狐的饲养　仔狐断乳分窝后到取皮前称为育成期。仔狐一般 45～50d 断乳，断乳分窝后，生产发育迅速、特别是断乳后头两个月，是狐生长发育最快的时期，也是决定狐体形大小的关键时期。因此一定要供给新鲜、优质的饲料，同时按标准供应维生素 A、维生素 D、维生素 B_1、维生素 B_2 和维生素 C 等，保证生长发育的需要。一般断乳后前 10d 仍按哺乳母狐的日粮标准供给，各种饲料的比例和种类均保持前期水平。10d 以后按育成期日粮标准，此时期要充分保证日粮中蛋白质、各种维生素及钙、磷等的需要量。蛋白质需要量占饲料干物质的 40%以上。如喂给质量低劣、不全价的日粮易引起胃肠病，阻碍幼狐的生长发育。

日粮随着日龄的增长而增加，一般不限量，以吃饱为原则。仔狐刚分窝，因消化机能不健全，经常出现消化不良现象，所以，在日粮中可适当添加酵母或乳酶生等助消化的药物。从 9 月初到取皮前在日粮中适当增加含硫氨基酸多的饲料，以利于冬毛的生长和体内脂肪的沉积。

2. 育成狐的管理　采用一次断乳或分批断乳法适时断乳分窝，开始分窝时，每只笼内可放 2～3 只，随着日龄的增长，独立生活能力的提高，逐步单笼饲养。断乳后 10～20d 接种犬瘟热、病毒性肠炎等疫苗；各种用具洗刷干净，定期消毒，小室内的粪便及时清除。秋季在小室内垫少量垫草，尤其在阴雨连绵的天气、小室里阴凉潮湿，幼狐易发病，造成死亡。保证饲料和饮水的清洁，减少疾病发生。做好防暑降温工作，将笼舍遮盖阳光，防止直射光，场内严禁随意开灯。

（三）成年狐的饲养管理

1. 准备配种期的饲养管理　准备配种期的主要任务是平衡营养，调整种狐的体况，促进生殖器官的正常发育。银黑狐自11月中旬开始，北极狐自12月中旬开始，饲料中的营养水平需进一步提高，通常银黑狐需代谢能1.97～2.30MJ，可消化蛋白质40～50g，脂肪16～22g，碳水化合物25～39g；北极狐分别为：2.0～2.64MJ、47～52g、16～22g、25～33g。日粮中要供给充足的维生素，维生素A 2 000～2 500U、维生素 B_1 10mg、维生素E 5～10mg、维生素C 30mg。如果以动物内脏为主配制的日粮，每只每日供骨粉3～5g。准备配种期每天喂食1～2次，保证充足的饮水。

随时调整狐的体况，注意提高过瘦种狐的营养，适当降低过肥种狐的营养，在11月前将所有种狐的体况调节到正常水平，在配种期到来前，种公狐达到中上等体况，种母狐要达到中等体况。个别营养不良或患有慢性疾病的种狐，在12月屠宰取皮期间一律淘汰。

准备配种后期，气候寒冷，要做好防寒保暖工作，在小室内铺垫清洁柔软的垫草，及时清除粪便，保持小室干燥、清洁。

银黑狐在1月中旬，北极狐在2月中旬以前，应做好配种前的准备工作，维修好笼舍，编制好配种计划和方案，准备好配种用具、捕兽网、手套、配种记录、药品等。

2. 配种期的饲养管理　配种期狐的性欲旺盛，食欲降低，由于体质消耗较大，大多数公狐体重下降10%～15%，为保证配种公狐有旺盛、持久的配种能力和良好的精液品质，母狐能够正常发情，此期日粮中，应适当提高动物性饲料比例，银黑狐供给代谢能1.67～1.88MJ，可消化蛋白质55～60g，脂肪25～35g，碳水化合物35～40g。饲料要新鲜、易消化、适口性强。对参加配种的公狐，中午可进行一次补饲，补给一些营养价值高的肉、肝、蛋黄等。此期严禁喂含激素类的食物，以免影响配种。保证充足的饮水。

在配种期随时检查笼舍，关严笼门，防止跑狐。配种期间，场内要避免任何干扰，谢绝外人的参观。饲养员抓狐时要细心而大胆操作，避免人或动物受伤。配种期要争取让每只雌狐受孕，同时认真做好配种记录。

3. 妊娠期的饲养管理　妊娠期母狐除供给自身代谢需要外，还要供给胎儿生长发育的需要，雌狐的日粮标准要酌情提高，尤其要保证蛋白质和钙、磷及多种维生素的需要。一般每日需要代谢能，银黑狐妊娠前期为2.09～2.51MJ，后期2.72～2.93MJ；北极狐妊娠前期为2.51～2.72MJ，后期为2.93～3.14MJ。可消化蛋白质，银黑狐妊娠前期为55.2～61.0g，后期62～67g；北极狐70～77g。脂肪，银黑狐妊娠前期为18.4～20.3g，后期为20.7～22.3g；北极狐为23.3～25.7g；碳水化合物，银黑狐前期为44.2～48.8g，后期49.6～53.6g；北极狐为56～61.6g。妊娠25～30d后，由于胎儿开始迅速发育，应提高日粮的供应量，临产前的一段时间由于胎儿基本成熟，加之腹腔容积被挤占，饲料量应较前期减少25%～30%，但要保证质量。北极狐由于胎产仔数多，日粮中的营养和数量应比银黑狐高一些。

妊娠期日粮必须保证新鲜、优质、易消化、尽量采用多种原料搭配，以保证营养的全价和平衡。如果饲料单一或突然改变种类，会引起狐群食欲下降，甚至拒食。实践证明鱼和肉混合的日粮，能获得良好的生产效果。长期以饲喂鱼类为主的养殖场或养殖户，此期可加入少量的生肉（40～50g）；而以畜禽肉及其下杂为主的场或户，则增加少量的鱼类。鲜肝、蛋、乳类、鲜血、酵母及维生素 B_1 可提高日粮的适口性，在妊娠期可适量的添加。严禁饲喂贮存时间过长、氧化变质的动物性饲料，以及发霉的谷物或粗制的土霉素、酵母等。饲料中不能加入不明死因的畜禽肉、难产死亡的母畜肉、带有甲状腺的气管、含有性激素的畜禽副产品（胎盘和公、母畜的生殖器官）等。妊娠期饲养管理的重点是保胎，因此一定要把好饲料关。

母狐妊娠期食欲旺盛，因此，妊娠前期应适当控制日粮量，以始终保持中上等体况为宜。产仔前后，多数母狐食欲下降，因此，日粮应减去总量的1/5，并将饲料调稀。此时饮水量增多，经常保持清洁的饮水。但若发生暴饮，则有可能食盐喂量过多。

妊娠正常的母狐基本不剩食，粪便呈条状，换毛正常，多数在妊娠30～35d后腹部逐渐增大。当母狐经常下痢或排出黄绿稀便，或食欲不振、拒食和换毛不明显时，应立即查明原因，并及时采取措施，否则会引起死胎、烂胎和大批空怀等后果。

在妊娠期间，应认真搞好卫生防疫工作，经常保持场内及笼舍的干燥、清洁，对饲具要严格消毒刷洗，同时妊娠期，提供安静环境，防止母狐流产。每日要观察和记录每只妊娠狐的食欲、活动表现及粪便情况，要及时发现病狐并分析病因，给予妥善治疗。

根据预产期，产前5d左右彻底清理母狐窝箱，并进行消毒。絮草时，将产箱内4个角落的垫草压紧，并按其窝形营巢。妊娠期不能置于室内或暗的仓棚内饲养，此期无规律地增加或减少光照，都会导致生产失败。

4. 产仔哺乳期的饲养管理 狐乳的营养成分含量高，特别是蛋白质和乳脂率高于牛乳、羊乳和水貂乳。产奶量与胎产仔数有关，仔狐越多，产乳量越大，产乳高峰期一般在产后11～20日，最高时每日可产525mL。产后最初几日母狐食欲不佳，但5日后及哺乳的中后期食量迅速增加，因此，要根据仔狐的数量、仔狐日龄及母狐的食欲情况及时调整并增加喂料量。饲料的质量要求全价、清洁、新鲜、易消化，以免引起胃肠疾病，影响产奶。产仔哺乳期母狐的饮水量大，加上天气渐热，渴感增强，必须全日供应饮水。哺乳期日粮，应维持妊娠期的水平，饲料种类上尽可能做到多样化，要适当增加蛋、乳类和肝脏等容易消化的全价饲料。日粮标准：银黑狐的代谢能2.51～2.72MJ，可消化蛋白质45～60g，脂肪15～20g，碳水化合物44～53g；北极狐分别为2.72～2.93MJ，50～64g，17～21g，40～48g。为了促进乳汁分泌，可用骨肉汤或猪蹄汤拌饲料。

仔狐一般在生出后20～28d开始吃母狐叼入产箱内的饲料，所以，此期母狐的饲料，加工要细碎，并保证新鲜和易于消化吸收。对哺乳期乳量不足的母狐，一是加强营养，二是以药物催乳。可喂给4～5片催乳片，连续喂3～4次，对催乳有一定作用。若经喂催乳片后，乳汁仍不足，应及时肌内注射促甲状腺释放激素（TRH），有较好的催乳效果。4～5周龄的仔狐可以从产箱内爬出吃食，这时母狐仍会不停地向小室叼饲料，并将饲料放在小室的不同角落，易引起饲料腐败，因此要经常打扫小室，保证产箱清洁。

5. 恢复期的饲养管理 公狐从配种任务结束，母狐从仔狐断奶分窝，一直到9月下旬为恢复期。因为在配种期及哺乳期的体质消耗很大，狐一般都比较瘦弱，因而，该期的核心是逐渐恢复种狐的体况，保证种狐的健康，并为越冬及冬毛生长贮备营养，为下年繁殖打下基础。公狐在配种结束后、母狐在断乳后20d内，分别给予配种期和产仔泌乳期的日粮，以后喂恢复期的日粮，每日喂两次。

管理上注意根据天气及气温的变化，优化种狐的生存环境，加强环境卫生管理，适时消毒，并对种狐进行疫苗的注射，以防止传染病的发生。

【思与练】

1. 狐的生物学特性有哪些，如何根据这些特性指导生产？
2. 简述狐人工授精技术要点。
3. 狐的毛色遗传基本规律有哪些，如何在生产中应用？
4. 简述妊娠母狐的饲养管理要点。
5. 狐的主要动物性饲料有哪些，如何合理使用？
6. 幼狐瘫软症是如何发生的？应如何预防与治疗？

【技能培训】

狐人工授精

【目的要求】　学会狐人工授精技术操作规程。

【材料与用具】　公狐1只、待配母狐若干只、阴道插管、5mL注射器、70%的酒精棉球、医用纱布、集精杯1～2个、公狐保定器、低倍显微镜1台、普通天平1台、500mL量筒2个、恒温设定水浴锅1台、恒温保温箱1台、水温计1支、200mL烧杯2个、新华滤纸1盒、输精器5个、玻璃搅拌棒2根、载片1盒、盖片1盒、染色缸、广口保温瓶1个、试管刷5把、0.1%高锰酸钾溶液、精液稀释液、洗衣粉、肥皂、面盆、毛巾、脱脂棉等。所有接触精液的器材均应高压消毒备用。

【方法与步骤】

1. 采精前的准备　养狐场应设立专用的人工授精室，面积以20m^{2}左右为宜，其中采精室和精液处理室要相邻，使用前进行严格的消毒；采精前事先准备好公狐保定器、集精杯、稀释液、消毒液、显微镜及采精和输精器械等，各种器材在使用前要进行严格的消毒；要求室内清洁卫生，空气清新，温度适宜（室温控制在20～25℃为宜）、环境安静。

2. 采精　狐精液的采集方法主要有按摩法、电刺激法和假阴道法三种。其中按摩法是目前生产中常用的采精方法，具体操作要点为：辅助人员将公狐保定后，使其呈站立姿势，然后用0.1%～0.2%高锰酸钾溶液将公狐包皮周围和腹部进行擦洗消毒。采精员用右手拇指、食指和中指快速（每秒4～5次）有规律地按摩狐的阴茎和睾丸部，使阴茎勃起，然后捋开包皮，将阴茎后转，用拇指和食指由上往下摩压球状海绵体，经20～30s后，公狐开始排精，左手持集精杯收集精液。最先射出的白色透明液体，可以弃之不要，接着射出的乳白色液体含有大量的精子，收集好备用。公狐射精结束后待阴茎回缩时将包皮向阴茎头部捋挤，使阴茎复原，将精液迅速送往精液处理室，放在37℃水浴锅内，并做好采精记录。该方法采精时，应预先训练2～3d，使之形成条件反射，操作人员的技术要求熟练，动作要有规律，宜轻勿重，快慢适宜，忌粗暴。此外，公狐对操作手法也有一定的适应性和依赖性。

3. 精液品质检查　检查内容有色泽、气味、pH、射精量、精子密度、精子活力、畸形率等指标。正常的精液颜色为乳白色或略带黄色，气味微腥或无味。精液pH为6.5，偏酸，如pH改变，说明精液中混有异物。狐每次射精量约0.5～2.5mL，精子数目为3亿～6亿个，精子活力要求大于0.7，畸形率在10%以下。

4. 精液的稀释及保存 采精前把精液稀释液移至试管内，置于盛有35～37℃水的广口保温瓶或水浴锅内保存备用。稀释时，首先将精液温度调至与稀释液一致，再将稀释液沿集精杯壁缓慢加入到精液中，轻轻摇匀，严禁稀释液快速冲入精液和剧烈震荡。若作高倍稀释，应先低倍后高倍，分次进行稀释，稀释后还要检查精子活力。稀释倍数取决于精子密度，每只母狐每次所输入的精子不应少于3 000万个。

稀释后的精液放在25～35℃恒温箱中保存，一般不超过2h，如下午用，要在15～20℃条件下保存；如果几天以后用，则用低温保存，即在0～5℃条件下保存；冷冻精液目前因受胎率较低，多不采用。

表技1-1 稀释液参照配方

配方1		配方2		配方3	
成分	剂量	成分	剂量	成分	剂量
氨基乙酸（g）	1.82	氨基乙酸（g）	2.1	葡萄糖（g）	6.8
柠檬酸钠（g）	0.72	蛋黄（mL）	30	甘油（mL）	2.5
蛋黄（mL）	5.00	蒸馏水（mL）	70	卵黄（mL）	0.5
蒸馏水（mL）	100.00	青霉素单位/mL	1 000	蒸馏水（mL）	97.0

5. 输精 输精前应做好输精器、阴道插管、注射器、70%的酒精棉球等准备工作。室内温度应保持在18～25℃，同时按常规进行室内外的消毒工作。所用输精器材如输精器、阴道插管等经事先严密消毒备用，使用时每狐1份，用后再统一消毒处理。所用5mL注射器最好为医用无菌一次性注射器。

输精时需要两人配合，一人保定母狐，一人输精。保定人员用保定钳保定母狐，一手握住母狐尾部使尾朝上，输精人员用70%的酒精棉球对母狐的外阴部消毒，将阴道插管缓慢地插入母狐的阴道，并抵达阴道底部。用左手的拇指、食指和中指隔着腹壁沿着阴道插管前端触摸且固定子宫颈，右手将输精器前端沿着阴道插管插入子宫颈口内2～3cm，由助手将吸有精液的注射器插接在输精器上，推动注射器把精液缓慢地注入子宫内。输精后慢慢取出输精器和阴道插管。每次输精0.5～1.5mL。母狐的输精次数和间隔时间应根据公狐精液的质量、精子的存活时间和母狐发情期的长短而定。精液品质较差、精子存活时间短的可1次/24h，连续输精3次。精液品质优良，精子存活时间长，可1次/48h，连续输精2次。

【实训报告】 叙述狐人工授精的关键环节。

学习情景4　貉生产技术

貉属于哺乳纲、食肉目、犬科、貉属。貉皮保温性能好，坚韧耐磨，轻柔美观。拔掉针毛为貉绒，是制高级画笔和胡刷的原料。貉肉味道鲜美，营养价值高，是上好的野味佳肴。貉肉又是药膳食品，脂肪质软易被人体吸收，是优良的化妆品原料。

（一）外貌特征

貉体型似狐，但较狐小而肥胖、短粗，尾短蓬松，四肢短粗，耳短小，嘴短尖，面颊横生淡色长毛。被毛长而稀疏；头部两侧眼周围生有八字形黑纹；背毛基部呈淡黄或带橘黄色，针毛尖端为黑色，底绒灰褐色；耳边缘及背中部有黑色纵纹；体侧色较淡，呈灰黄或棕黄色，腹部毛色最浅，呈灰白色或黄白色，绒毛细短；四肢毛色较深，呈黑色或咖啡色，也有黑褐色；尾背面为灰棕色，腹面毛色较淡。

我国现有白貉新色型从表型上看分为两种：一种是除眼圈、耳缘、鼻尖、爪和尾尖带有野生型貉的毛色外，身材其他部位的针毛、绒毛均为白色；另一种是身体所有部位的针毛、绒毛均为白色。两种毛色貉在体型与野生貉差异不大，但较驯顺。

（二）貉的生物学特性

野生貉生活在平原、丘陵及山地，常栖居于靠近河、湖、溪附近的丛林中和草原地带。貉喜欢穴居，常利用天然洞穴和其他动物废弃的洞穴为巢，居住地点需要干燥。

貉是昼伏夜出的动物，而家养的貉整天都可以活动。野生貉时常在洞口乱走动，使足迹不清，以保护自己。严冬季节因食物缺乏，貉不常出洞，进入非持续性的冬眠阶段，代谢水平降低，依靠秋季贮存的脂肪维持生命。家养状态下，由于人为的干扰和饲料和优越性，冬眠不十分明显，但大都食欲减退，行动减少。除冬季休眠外，貉不经常呆在洞穴内，而是躲在离洞穴不远的较隐蔽地方休息并看守洞穴，以防天敌侵袭，闻声便躲藏起来。

貉的汗腺极不发达，天气热时常以腹部着地，伸展躯体，张口伸舌，散失热量。环境寒冷时则四肢蜷缩于腹下，趴卧，以保持热量不散失。

貉属于杂食性动物，野生貉能游泳，还能攀登树木。常在溪边捕鱼或在鼠洞前捉鼠；也可食蛙、河蚌、蛇、兔、昆虫、鸟类，以及野兽和家畜、家禽的尸体、粪便等，及浆果，植物的根、茎、叶等。

貉对自然环境的适应能力很强，我国各地均适宜人工饲养。

貉具有群居的特性，野生貉通常是成对穴居，一公一母，也有一公多母或一母多公。双亲可以较长时间与其仔貉同穴而居，还可与临近其他洞穴貉同穴而居。

貉寿命为8～12年，繁殖年限为6～7年，2～5年繁殖力最强，一年换毛一次。

幼貉40d以后，黑色胎毛开始换成新的毛绒，呈浅黑色；3～4月龄长出冬毛，伸出大针，颜色变浅呈黄褐色；11月份毛绒与成貉一样。

生产中通常以长江为界，将貉分成南貉和北貉。北貉体型大，毛长色深、底绒厚密，毛皮质量优于南貉；南貉体型小、毛绒稀疏、毛皮保温性能较差，但南貉被毛较整齐、色泽艳丽。

项目 4-1 貉的繁育技术

【知识准备】

（一）貉的性成熟与性周期

1. 性成熟 幼貉 8～10 月龄性成熟，最佳繁殖年龄为 2～5 岁。

2. 性周期 貉的繁殖有严格的季节性，各种生殖激素的分泌和生殖器官的变化也呈周期性变化。

5～8 月份，生殖器官处于静止期，9 月下旬，生殖器官开始发育，但发育速度非常缓慢，12 月以后，发育速度加快。1 月至 4 月进入发情配种期。发情早晚与地域、类型、营养也有密切相关。东北地区一般为 2 月初至 4 月下旬，个别的在 1 月下旬。不同地区配种时间稍有不同，黑龙江省较吉林省略早些。笼养繁殖的经产貉配种早，初产貉次之，而笼养野貉最迟。

（二）妊娠与分娩

1. 妊娠 貉的妊娠期为 54～65d。预产期的推算方法是由初配日期开始，向后推 60d。

母貉妊娠初期时睡眠增加，表现安静、温顺，行动迟缓，食欲增加，代谢旺盛。妊娠 25～30d 时，从空腹母貉的腹部可以摸到胎儿，约有鸽卵大小。妊娠 40d，由于胎儿发育迅速，子宫体明显增大，母貉腹部膨大下垂，背腰凹陷，后腹部毛绒竖立，形成纵向裂纹，而且行动逐渐变得迟缓，不愿出入小室活动。

2. 分娩 4 月上旬至 6 月是貉的产仔期，集中在 4 月下旬至 5 旬上旬。其笼养貉中经产貉最早，初产貉次之，而笼养野貉最晚。

临产症状：母貉在分娩前半个月开始拔掉乳房周围的毛绒，使乳头全部暴露；绝食 1～4 顿。分娩前一天开始粪条由粗变细，最后便成稀便，并有泡沫；往返于小室与运动场，发出呻吟声，后躯抖动，回顾舐嗅阴门，用爪抓笼壁。母貉多在夜间或清晨分娩，多数在小室中产仔，也有个别在笼网上或运动场上产仔。分娩持续时间 4～8h，仔貉每隔 20min 产一只，分娩后母貉立即咬断脐带，吃掉胎衣，并舔仔貉的身体，直至产完才安心哺乳；个别的也有 2～3d 内分批分娩的。初生貉体重 100～120g，低于 85g 很难成活，仔貉生后 1～2h 即开始爬行寻找乳头，吸吮乳汁，每隔 6～8h 哺乳一次。9～12 日龄睁眼，20 日龄后随母貉出窝采食。

母貉一般产仔 8 只左右，也有最多产 19 只的。

【岗位技能】

一、发情鉴定

1. 公貉的发情鉴定 1 月末到 3 月末均有配种能力。公貉发情期睾丸膨大（鸽卵大）、下垂，质地松软有弹性，活泼好动，经常在笼中走动，有时翘起一后肢斜着向笼网上排尿，也有时向食盆或食架上排尿，经常发出“咕、咕”的求偶声。

2. 母貉的发情鉴定 母貉多数 2 月至 3 月上旬，个别有到 4 月末的。

外部观察：母貉开始发情时行动不安，徘徊运动，食欲减退，排尿频繁，经常用笼网摩擦或舔外生殖器。阴门开始显露和逐渐肿胀、外翻。发情盛期，精神极度不安，食欲减退甚至废绝，不断地发出急促求偶叫声。阴门高度肿胀、外翻，呈十字或Y字型，阴蒂暴露，分泌物黏稠。发情后期活动逐渐趋于正常，食欲恢复，精神安定，阴门收缩，肿胀减退，分泌物减少，黏膜干涩。发情盛期是交配的最佳时期。

放对试情：发情初期母貉有接近公貉的表现，但拒绝交配。发情盛期，母貉性欲旺盛，后肢站立，尾巴翘起等待或迎合公貉交配。发情后期，母貉性欲急剧减退，这时不能达成交配，需将二者分开。

这两种方法结合进行，以外观检查为主，以试情放对为准。

二、放对配种

1. 放对方法和时间　一般将发情的母貉放入公貉笼内，缩短配种时间，提高配种效率。但性情急躁的公貉或性情胆怯的母貉，也可将公貉放入母貉笼内。对已确认发情母貉，放对30～40min还未达成交配的，应立即更换公貉。貉的交配动作与狐不同，不发生锁紧现象。放对时间以早、晚，天气凉爽和环境安静为好。

2. 配种次数　初配结束的母貉，需每天复配1次，直至母貉拒绝交配为止。为了确保貉的复配，对那些择偶性强的母貉，可更换公貉进行双重交配或多重交配（用1只母貉与2只或2只以上公貉交配）。

3. 种公貉的训练和合理利用

（1）早期配种训练。训练年幼的公貉投入配种，必须选择发情好、性情温顺的母貉与其交配。训练过程中，要爱护小公貉，禁止粗暴地恐吓和扑打公貉，不要让公貉被咬伤。

（2）种公貉的合理利用。一般一只公貉一天可成功交配1～2次，放对2次，连续交配2～4d的居多。在配种期内，一只公貉一般可配3～4只母貉，如果公貉在整个配种期内一直性欲很强，最多可配14只母貉。若公貉连续达成交配（每天1次）5～7d，必须休息1～2d。配种后期挑选那些性欲旺盛没有恶癖的种公貉，完成晚期发情母貉的配种工作。

4. 配种期管理　貉在放对过程有时会出现“敌对”现象，若不及时护理会发生咬伤，如果将母貉咬伤，应停止放对，待恐惧消除后再换其他配种能力强、性情温顺的公貉进行配种。如果母貉发情期即将结束，必须带伤交配，可用普鲁卡因封闭伤口，再放对配种，配种结束后，对伤口做进一步的处理。

配种过程中有时个别发情母貉后肢不能站立，不抬尾，阴门位置或方向不正常而引起难配，这时需要进行辅助交配。辅助交配的公貉必须事先驯化好，放对时一只手将母貉的头部抓住，把臀部朝向公貉，待公貉爬跨并有抽动的插入动作时，再用另一只手托起腹部，调整母貉后臀部位置，只要顺应公貉的交配姿势，就能达成交配。若交配的母貉不抬尾，可用细绳扎住尾尖，人工抬起，可达成交配，次日复配时不拴尾也能交配。若母貉发情晚，则可采用促性腺激素进行催情，或将母貉养在公貉邻近，进行异性刺激。

三、貉的选种选配

（一）选种时间

1. 初选　5月～6月进行，成年公貉配种结束后，根据其配种能力、精液品质及体况恢复情况，进行一次初选。成年母貉在断乳后根据其繁殖、泌乳及母貉的母性行为进行一次初选。当年幼貉在断乳时，根据同窝仔貉数及生长发育情况进行一次初选。

2. 复选 9月～10月进行，根据貉的脱毛、换毛情况、幼貉的生长发育和成貉的体况恢复情况，在初选的基础上进行一次复选。这时选留的数量要多选留20%～25%。

3. 精选 在11月～12月进行。在复选的基础上淘汰不理想的个体，最后落实留种。

选定种貉时，公、母比例1∶3～4，但如果貉群过小，要多留些公貉，种貉的组成以成貉为主，不足由幼貉来补充，成幼貉比例以7∶3～1∶1为宜。

（二）选种

1. 个体品质鉴定 以毛色、光泽、密度等为重点，种公貉的毛绒质量最好为一级，三级以下的不应留种，母貉毛绒品质最低是二级。

2. 体型鉴定 多采用目测和称量相结合的方法。

3. 繁殖力鉴定 成年公貉要求睾丸发育好，交配早，性欲旺盛，交配能力强，性情温和，无恶癖，择偶性不强，每年交配母貉5只以上，配次10只以上，精液品质好，受配母貉产仔率高，生活力强，年龄2～5岁。

对成年母貉，选择发情早（不能迟于3月中旬），性行为好，性情温顺，胎平均产仔多，初产不低于5只，经产不低于6只，母性好，泌乳力强，仔貉成活率高，生长发育正常的留作种用。

当年幼貉应选择双亲繁殖力强，同窝仔数5只以上，生长发育正常，性情温顺，外生殖器官发育正常，5月10日前出生的。

4. 系谱鉴定 根据祖先品质、生产性能来鉴定后代的种用价值。对当年幼貉祖先的成绩进行登记，然后审查、比较，将优良个体的后代留作种用。

5. 后裔鉴定 根据后代的生产性能来评定种貉的品质、遗传性能、种用价值，有后代与亲代比较，不同后代之间比较、后代与全群平均生产性能指标比较。

种貉的各项鉴定资料及时填入种貉登记卡，以便作为选种选配的依据。

（三）貉的选配

1. 同质选配 相同优良性状的公、母貉之间进行选配，使这种优良性状在后代中得以巩固或提高。多用于纯种繁育和核心群的选配。

2. 异质选配 选择不同优良性状的公、母貉交配，使后代中获得同时具有双亲不同的优良特性或选择同一性状有所差异的公貉进行交配，以期待后代有所提高。这是改良貉群品质、提高生产性能、综合有益性状的有效选配。

貉的选配一般在1月底完成，并且要编制选配计划。

3. 选配的原则 公貉的毛绒品质，特别毛色，一定要优于母貉或接近于母貉才能选配。大型公貉或中型母貉交配为宜。公貉的繁殖力（其子女的繁殖力和本身配种能力）要优于母貉或接近母貉的繁殖力，才可选配。除育种需要外，公、母貉不许近亲交配。成年公貉配成年母貉或当年母貉，当年公貉配当年母貉。

（四）白貉及白貉利用

1. 白貉毛色遗传的特点 貉白色毛由显性基因（W）控制，其对应的野生型毛色由隐性基因（w）控制。但貉白色显性基因有纯合致死的作用，故所有白貉个体均为杂合体（Ww）。其遗传示意图见图4-1。

示例：(1)　白貉 × 白貉
(Ww) ↓ (Ww)
~~WW~~ + Ww + ww
致死白貉　白貉　野生型貉
1 : 2 : 1

(2)　白貉 × 野生貉
(Ww) ↓ (ww)
Ww + ww
白貉　野生型貉
1 : 1

图4－1　白貉遗传示意图

2. 白貉利用　白貉的选配宜采用白貉与野生型毛色貉杂交。白貉一般有针毛粗长的缺点，选配的野生型貉其针毛最好短而密，以纠正白貉的缺点。

项目4－2　貉的饲养管理

【知识准备】

（一）成年貉饲养时期的划分

成年貉饲养时期划分见表4－1。

表4－1　貉饲养时期划分

类别	月份											
	12	1	2	3	4	5	6	7	8	9	10	11
成年公貉	准备配种后期		配种期		恢复期					准备配种前期（或冬毛生长期）		
成年母貉	准备配种后期		配种期 妊娠期		产仔泌乳期			恢复期		准备配种前期（或冬毛生长期）		

（二）成年貉不同时期的营养需要量及饲养标准

1. 成年貉不同时期的营养需要量（表4－2）

表4－2　成年貉不同时期对可消化营养物质的需要量

标　准		月份						
		1	2	3	4	5	6	7～12
代谢能（kJ）		1 570	1 013	1 155	2 534	2 217	3 593	2 410
每418kJ含：	可消化蛋白质（g）	10.12	10.07	9.97	10.00	9.79	10.00	9.84
	可消化脂肪（g）	3.46	3.50	3.75	3.83	3.62	3.46	3.72
	可消化碳水化合物（g）	5.43	5.40	4.91	4.72	5.43	5.56	5.17

注：5月、6月是母貉和窝内仔貉的共同消耗量。

2. 饲养标准　目前国内现行的部分经验饲养标准见表4－3、表4－4、表4－5。

表 4-3 成年貉饲养标准（热量比）

饲养时期	总热能（kJ）	鱼肉类（%）	熟制谷物（%）	乳类（%）	蔬菜（%）	鱼肝油（%）
7～11 月	2 717	30～35	58～53	—	10	2
12～1 月	2 383	35～40	55～50	—	6	4
配种期	2 006	50～55	34～29	5	3	3
妊娠前期	2 508	45	37	10	5	3
妊娠后期	2 926	45	37	10	5	3
哺乳期	2 717	45	38	10	4	3

表 4-4 成年貉饲养标准（重量比）

时期	日粮（g/只）	日粮组成（%）				
		鱼肉类	内脏下杂	熟谷物	蔬菜	其他
9～10 月	487	20	—	60	20	—
11～12 月	375	30	—	60	10	—
1 月	375	30	10	60	—	—
2 月	375	20	12	60	5	3
3 月	412	20	12	60	5	3
4 月	487	20	12	60	5	3
5～6 月	487	30	12	50	5	3
7～8 月	475	20	12	60	5	3

表 4-5 幼貉的日粮标准

月龄（月份）	日粮（g/只）	热能（kJ）	饲料重量配比（%）				
			鱼肉类	熟制谷物	鱼肉副产品	蔬菜	骨粉及其他
3（7）月	262	1 881	40	40	12	5	3
4（8）月	375	2 508	40	40	12	5	3
5（9）月	487	2 717	35	40	12	10	3
6（10）月	525	2 842	35	40	12	10	3
7～8（11～12）月	487	2 717	30	60	10	—	—

【岗位技能】

一、成年貉各时期的饲养管理

（一）准备配种期的饲养管理

1. 准备配种期的饲养

（1）准备配种前期的饲养。准备配种前期貉的营养需要是多方面的，既要补充繁殖消耗的营养物质，供给冬毛生长所需要的营养物质，贮备越冬所需的营养物质，又要维持自身新陈代谢以及当年幼貉生长发育所需要的营养物质等。日粮以吃饱为原则。

（2）准备配种后期的饲养。此时冬毛生长发育已经结束，当年的幼貉已长成貉，所以饲养的主要任务是促进生殖器官的迅速发育。首先根据种貉的体况对日粮进行调整，全价动物性饲料适当增加，并需要补充一定数量的维生素（维生素 A、维生素 E）以及对种貉的生殖有益处的酵母、麦芽。从 1 月份开始每隔 2～3d 可少量补喂些刺激发情的饲料，如大葱、大蒜、松针粉和动物脑等。

准备配种后期天气寒冷，貉处于非持续冬眠状态，采食量减少，所以日粮质量要高，12月份可日喂1次，1月份开始要日喂2次，早饲喂日粮的40%，晚喂60%。

2. 准备配种期的管理

（1）防寒保温。从10月份开始应在小室中添加垫草。

（2）搞好卫生。要经常打扫笼舍和小室的卫生，使小室保持干燥清洁。

（3）加强饮水。准备配种期每天应饮水，冬季可喂给清洁的碎冰或散雪。

（4）加强驯化。准备配种后期要加强驯化，特别是多逗引貉在笼中运动。这样可增强貉的体质，有利于消除惊恐，提高繁殖力。

（5）调整体况。使种貉肥瘦程度达到理想的繁殖体况。

（二）配种期的饲养管理

1. 配种期的饲养　配种期要供给公貉质量好营养丰富、适口性好和易于消化的日粮，以保证其旺盛持久的配种能力和良好的精液品质。配种期严禁喂子宫、卵巢、胎儿、睾丸、甲状腺、肾上腺等以免干扰发情，影响配种。公、母貉的日粮要含有足够的全价蛋白质及维生素A、维生素D、维生素E、维生素B，动物性饲料比例可适当的加大。日喂2次。公貉中午还要补饲，主要以鱼、肉、乳、蛋为主。喂饲时间与放对时间配合好，喂食前后30min不能放对。

2. 配种期的管理

（1）防止跑貉，注意检查维修笼舍，防止逃跑而造成失配。

（2）添加垫草，搞好卫生，预防疾病，区别发情与发病。

（3）加强饮水，除日常饮水充足外，交配结束还要给予充足的饮水。

（4）保持貉场安静，控制放对时间，保证种貉充分休息。

（三）妊娠期的饲养管理

1. 妊娠期的饲养　此时任务是保证胎儿的正常生长发育，并顺利产仔。日粮必须易消化、多样化、适口性好、营养全价、品质新鲜，同时要保证饲料的相对稳定，不能突然改变，严禁喂腐败变质的饲料，及含激素类的食物以防止流产。此期每只每天蛋白质的饲喂量达到60～70g以上。妊娠初期（10d左右），日粮量可以保持配种期的水平。10d以后，日粮浓度要稍稀，到妊娠后期最好日喂3次，但饲料总量不要过多。饲喂时要区别对待。

2. 妊娠期的管理　保持肃静，防止惊恐。禁止外人参观，饲喂时动作要轻，不要在场内大声喧哗。为使母貉产仔期间不致惊恐，妊娠前、中期饲养员可多进貉场，以使母貉适应环境的干扰，而后期则少进貉场，以保持环境的安静，有利于产仔保活。

搞好卫生，加强饮水，做好小室的消毒及保温工作。

注意观察，主要是观察貉群的食欲、消化、活动及精神状态等，发现问题及时采取措施加以解决。发现阴门流血，有流产症状的应肌内注射孕酮15～20mg、维生素E 15mg连用2d，用以保胎。

（四）产仔哺乳期的饲养管理

1. 产仔哺乳期的饲养　日粮配合与饲喂方法与妊娠期相同，但为促进泌乳，可在日粮中补充适当数量的乳类，如无乳类饲料，可用豆汁。根据同窝仔貉的多少、日龄的大小区别分食，以不剩为准。当仔貉开始采食或母乳不足时，可进行人工补喂，其方法是将新鲜的动物性饲料细细的绞碎，加入谷物饲料、维生素C，用奶调均喂仔貉。

2. 产仔哺乳期的管理

（1）产仔前的准备工作。在临产前10d就应做好产箱的清理、消毒及垫草保温工作。小室消毒可用2%的热碱水洗刷，也可用火焰喷灯灭菌。

（2）做好难产的处置工作。母貉已出现临产症状，但迟迟不见仔貉娩出，母貉惊恐不安频繁出入小室，时常回视腹部并现痛苦状，已见羊水流出，长时间不见胎儿出来；胎儿卡在生殖道内长时间不出来，均有难产的可能。发现难产并确认子宫颈口已张开时，可以进行催产。肌内注射脑垂体后叶素0.2～0.5mL或肌内注射催产素2～3mL，经过2～3h仍不见胎儿出来，可进行人工助产。先用消毒药对外阴部进行消毒，之后用甘油润滑阴道，将胎儿拉出，经催产和助产均不见效可根据情况进行剖腹取胎，以挽救母体和胎儿。

（3）产后检查。听仔貉的叫声，看母貉的采食、粪便、乳头及活动情况。

第一次检查应在产仔后的12～24h进行，以后的检查根据情况而定。检就是打开小室直接检查仔貉情况。先将母貉诱出或赶出小室，关上小室门后检查。健康的仔貉在窝内抱成一团，发育均匀，浑身圆胖，肤色深黑，身体温暖，拿在手中挣扎有力。检查时饲养人员最好戴上手套，手上不要有异味，或用小室的垫草把手擦拭后再拿仔貉。

由于母貉的护仔性强，一般少检查为好，但发现母貉不护理仔貉、仔貉叫声不停，叫声很弱时，必须及时检查。遇到异常应立即处理。有些母貉由于检查而引起不安，会出现叼仔乱跑的现象。这时应将其哄入小室内，关闭小室门0.5～1h即可。

（4）产后护理。主要是通过母貉护理仔貉，确保仔貉成活。由于仔貉是依赖母乳生长，所以要确保仔貉吃上母乳，遇到母貉缺乳或没乳时应及时寻找代养母貉。代养母貉应具备有效乳头多、奶水充盈、母性好，产仔时期与被代养母貉相同或相近、仔貉大小也相近的条件。代养方法是将母貉关在小室内，把被代养的仔貉身上涂上代养母貉的粪尿，放在小室门口，然后拉开小室门，让代养母貉自己将被代养仔貉叼入室内，也可将代养仔貉直接放入代养母貉的窝内。代养后要观察一段时间，如果母貉不接受被代养仔貉，则需要重新寻找代养母貉。

（5）仔貉补饲和断乳。仔貉一般3周龄时开食，单独给仔貉补饲易消化的粥状饲料。如果仔貉不太会吃饲料，可将其嘴巴接触饲料或把饲料抹在嘴上，训练它学会吃食。

40～60日龄以后，大部分仔貉能独立采食和生活，应适时断乳。仔貉生长发育好，同窝仔貉大小均匀一致，可一次将母仔分开；而同窝仔貉数多，发育不均匀，要分批分期的分开，断乳强壮的先分出，弱的暂时留给母貉继续哺乳，待强壮后再分开。

（五）恢复期的饲养管理

公貉在配种结束后20d内、母貉在断乳后20d内，分别给予配种期和产仔泌乳期的标准日粮，以后喂恢复期的日粮。

日粮中动物性饲料比例（重量比）不要低于15%，谷物尽可能多样化，能加入20%～25%的豆面更好，以使配合的混合日粮适口性增强，使公、母貉尽可能多吃些饲料。此时处于炎热的夏季，注意笼舍遮阳和通风，保证充足的饮水，做好疾病防治工作。

二、幼貉的饲养管理

幼貉是指从断乳分窝到体成熟阶段的貉，一般为150～180日龄。

1. 饲养　刚分窝的幼貉，因消化系统不健全，最好在日粮中添加助消化的药物，如胃蛋白酶和酵母片等，饲料质量要好、加工要细。供给优质的全价的饲料。幼貉每天喂 2～3 次，此期不要限制饲料量，以不剩食为准。

2. 管理　幼貉的管理包括防暑、防疫、选种、清洁卫生及日常的饲喂、饮水环节。断乳半个月，进行犬瘟热和病毒肠炎预防注射及补硒等工作。要经常在喂前喂后抚摸幼貉，逗引驯教，直到驯服。

【思与练】

1. 简述貉的发情鉴定技术。
2. 简述貉的配种技术。
3. 简述白貉的选育技术。
4. 简述成貉各时期的饲养管理技术。
5. 简述幼貉的饲养管理技术。

学习情景5　麝鼠生产技术

（一）分类与分布

麝鼠又名青根貂，俗称水老鼠、水耗子，是一种小型珍贵毛皮兽。属于哺乳纲、啮齿目、仓鼠科、麝鼠属。其会阴部的腺体能产生类似麝香的分泌物而得名，麝鼠香可以作为香料工业的原料，提炼精制高级香水；目前已证明麝鼠香中含有与天然麝香作用相同的麝香酮、十七环烷酮的有效成分，还证明除了与天然麝香相同作用外，能延长血液凝固时间，对防治血栓病有很好的作用。

麝鼠原产于北美洲，后引种分布到世界各地。麝鼠在我国驯养成功，繁衍了大量后代，形成了我国现有的麝鼠野生资源，分布在23个省和自治区。

（二）形态特征

麝鼠体躯肥胖，成年体重1.0～1.5kg，个别的也有2.5kg者。体长35cm左右，尾长25cm左右。

麝鼠头部略扁平，眼球外突小而黑亮，耳朵较小，隐于毛被之中，耳前纵褶比较发达，可随时关闭外耳道，耳孔有长毛堵塞，适于水中活动。嘴端钝圆，嘴边有稀长的胡须。牙齿结构与田鼠相似，上、下颌各有1对门齿，长而锐利，呈浅黄或暗褐色，突露于唇外，门齿终生生长，无犬齿和前臼齿，上、下颌各有后臼齿3对。

麝鼠的颈很短，也不灵活。躯干胸部较大，腹部比胸部发达，腰部、背部和臀部都很丰满，宽而圆。前肢短而灵活，内侧生有硬毛，有四趾，趾爪锋利，趾间无蹼；后肢比前肢长而强壮，趾间有半蹼，趾边有硬毛。尾较长，根基部呈圆形，中部与梢部扁平，表面上覆盖着圆形鳞质片和稀疏的黑色短毛。成年公鼠尾根部趋于圆形，中部较宽厚；成年母鼠尾根部稍扁，中部宽而薄。

麝鼠针毛长而稀，光滑耐磨，富有弹性，绒毛细短而密，质地柔软。背部毛被呈棕褐色或黄褐色，腹部呈棕灰色。夏季被毛色泽较淡，冬季较深。

公鼠比母鼠大，公鼠尿生殖孔与肛门的距离3cm左右，阴毛长而密，龟头有时裸露，腹股沟两侧有棕黑色针毛形成的一条细带。母鼠稍小，尿生殖孔与肛门的距离2cm左右，尿道口下方隆起处有阴道口，阴毛稀疏，腹股沟无针毛，出现凹陷的细带。

（三）麝鼠的生物学特性

1. 栖息环境　麝鼠为半水栖生活，活动在水中，居住和繁殖在洞穴里。麝鼠喜欢栖息在水草茂盛的低洼地带，在沼泽地、湖泊、河流及池塘沿岸，以有挺水植物的浅水漂筏甸子最多，靠近水源的草丛、丛林间也有栖息。麝鼠善于挖洞和筑巢，洞穴分布于河流、湖泊和沼泽的岸边，有浅水的芦苇丛和香蒲丛中，也有在水筏甸子上筑巢的。

2. 食性特点　麝鼠是水陆两栖的草食动物，极其喜爱以水生植物为食。在其食物结构中，水生植物和其他植物约120种，占93.4%，动物性食物占6.6%。麝鼠喜欢采食植物的幼芽和水生植物的根、茎、叶，夏季多采食嫩茎和幼芽，冬季则大多吃草根、块根和一些水浸植物。野生状态下，一般不采食陆生植物或农作物，但在水生植物奇缺时，也上岸觅食陆生的野草、野菜、栽培作物、蔬菜及其果实。有时吃少量的动物性食物，如河蚌、田螺、蛙、小鱼等。

麝鼠有贮食性，野生麝鼠将食物贮藏于洞道中的专用贮仓内，尤其是冬季或哺乳期，储量可达数千克。母鼠产仔后的一段时间里，公鼠有往洞里叼草供食的行为，刚开始采食的仔鼠也采食洞里贮存的现成食物。

麝鼠的食量很小，成年麝鼠每日平均采食 695g，夏、秋季节一天少则采食 100g，多则可达 1 448g，冬季采食量较少，夏季食量增大，一般相当于体重的 30%～40%。家养情况下每日可消耗草类饲料 250～500g，谷物子实 25～50g。

3. 生活习性 麝鼠善于游泳和潜水，在水中活动自如，其游泳速度可达 30m/min，每次可游数百米；潜水每次可达 3～5min 不露出水面，潜水时间最长达 15min。

麝鼠全天活动和采食，但一般白天尤其是中午活动较少，而傍晚、黎明和夜间活动频繁。麝鼠活动范围较小，区域性很强。从季节上看，初春、秋末活动量大，冬季活动量小，多在中午活动。

麝鼠听觉、嗅觉灵敏，视觉较差。麝鼠靠嗅觉辨别仔鼠，识别有毒食物和接收同类发出的气味信号。灵敏的听觉有利于麝鼠及时发现异常响动，以便迅速潜水逃回洞穴和隐藏避敌。

麝鼠的门齿终生生长，除正常采食、挖洞穴等有一定磨损外，靠啃咬一些较硬的食物磨耗牙齿，以便于保持适当长度，便于采食。

麝鼠善于打洞，又能筑巢，每年入冬前，麝鼠都忙于修筑巢穴越冬。洞穴由洞道、盲洞、贮粮仓、巢室等部分组成，洞道分层很少，窝室内铺有 5～10cm 厚的垫物，用挺水植物的叶子絮巢。

麝鼠有家族群居的特性，每年春季公母配偶成对活动，另选新居繁育后代，秋后组成家族群居。麝鼠不与非家族同居，定居后有固定的活动领域，一旦发现外族入侵，就要发生咬斗。

4. 寿命与天敌 野生麝鼠的寿命不长，3 岁以上的成鼠数量不多，种群年龄结构季节性变化很大。人工饲养时，由于改善了生存条件，麝鼠的寿命有所延长，一般为 4～5 年，最长可达 10 年。繁殖适龄只有 2～3 年。

麝鼠是一种小型哺乳动物，自卫能力十分有限，天敌很多，常见的天敌有黄鼬、狗獾、豹猫、貉、狐、水貂、狼、犬等食肉哺乳类动物，还有鹰、雕等猛禽。

项目 5－1 麝鼠的繁育

【知识准备】

（一）生殖生理

1. 生殖系统特点 麝鼠的繁殖系统，从解剖上看结构和家兔、海狸鼠等其他哺乳动物差不多，只是公鼠有一对特殊的麝鼠香腺，位于阴茎两侧，即处于腹肌与被皮之间，开口于阴茎包皮内侧，重 1～9g。在配种季节，这对腺体分泌乳黄色油性黏液，具有浓郁的香味，而在非配种季节，香腺收缩变小，没有分泌物产生。麝香腺是麝鼠的主要副产品之一，其腺体外观呈椭圆形，横径 10～15mm，纵径 18～20mm，其大小随公鼠的体型特征及发育阶段不同而有所改变。整个腺体由香囊和香腺两部分组成：香囊为一层薄膜，布满毛细血管，囊体呈海绵状，囊内形成许多不规则的腺泡，内存油状黏液，即麝香原液。从3月份进入繁殖期，香腺开始发育，分泌麝鼠香，其功能主要是通过香味传递兴奋信息，引诱母鼠发情。

2. 性成熟 麝鼠是季节性繁殖动物，幼龄鼠4～6个月龄性成熟。性成熟受季节、营养、遗传等因素的影响，个体差异很大。比如我国东北各省由于受季节的影响，麝鼠的适宜繁殖期为4～9月份。

3. 性周期 麝鼠的性周期有一定规律，公鼠性周期呈年周期变化，其性器官的发育是从1～2月开始到3～4月发育基本成熟。从4月中旬到9月末，公鼠始终处于发情状态，经常保持有成熟的精子，可以随时配种。到10月份，睾丸逐渐萎缩，性欲减退，失去配种能力，进入静止期。

母鼠在繁殖季节里发情出现周期性变化，发情前期5～7d，发情持续期（旺期）2～4d，发情后期2d，间情期13～19d。发情周期个体差异很大，少则1个月1个周期，有的2～3个月才出现1个周期。1年可多次发情受孕，但也有1年只产1胎的。3月份以后母鼠具有发育成熟的卵泡，到10月初多数停止发情。一般生产之后2～3d内有排卵接受交配的现象，称为血配，若血配未受孕，再经过15d左右还可发情和交配。

4. 性行为 麝鼠进入配种期，会动用全身各感觉器官进行性引诱。公鼠求偶时会发出“哽哽”的叫声，表现为焦躁不安，异常兴奋，家养时发现其堵在小室入口，不让母鼠进入。公鼠还会通过释放香腺分泌物，吸引母鼠接受交配。母鼠的性行为表现虽不像公鼠那样明显，但在发情前期就开始对环境敏感并注意公鼠的行为，但不接受爬跨。临近发情期，越发关心公鼠，常常主动接近并嗅闻其性器官周围。进入发情期，母鼠表现不安，活动频繁，对公鼠表现为排尿、嗅舐外阴并发出“哽哽”的求偶声，在此期间，接受公鼠的爬跨。

（二）妊娠与产仔

1. 妊娠与妊娠期 母鼠的妊娠期28d（25～30d），在妊娠前期无明显的体态变化，仅食欲增加。妊娠后期即产前一周左右时身体肥胖，食欲大增，腹部明显增大，后躯粗圆，行动变得迟缓，活动减少，喜欢在窝中趴卧休息；尤其在临产前，母鼠叼草絮窝（多数母鼠自己拔掉乳房周围的被毛，用其绒毛絮窝），最后用草堵塞出入口，用草和粪便等的混合物将小室缝隙堵严，静候产仔。公鼠在母鼠产仔1～2d也参与母鼠的叼草和做窝，同时将走廊通向运动场的出入口堵上，并在走廊里自做一个简单小窝，与母鼠分开居住，此时公鼠相当兴奋和忙碌，这种现象意味着母鼠即将产仔。

2. 产仔 母鼠产仔大多在小室内，也有个别的在走廊产仔。母鼠产后5～7d除外出进行血配或排便外，一般不出窝，精心护卫仔鼠。新生仔鼠皮肤裸露呈粉红色，背部颜色较深，也有全身灰黑色的，两眼紧闭。仔鼠生长发育很快，初生重10～22g，体长为6.5～7.5cm，2日龄逐渐长出小绒毛，开始长门齿；10日龄时全身绒毛已较密，背面变灰黑或淡棕褐色，腹面灰黄，门齿已长达1mm；12日龄可见前胸及后腹分别有呈八字状排列的6个和4个黑色的斑块；13日龄开始睁眼，个别的从18日龄开始；20～30日龄被毛基本长全，毛厚且密，门齿可达4～5mm。母鼠一胎平均产仔6只左右（3～16只）。初生后1～2h仔鼠可爬行寻找乳头，吃饱后叼住乳头沉睡，20～25d断乳。母鼠有4～5对乳头，可哺育6～9只仔鼠，一般不需要代养。

母鼠母性很强，多数时间守护在仔鼠身边精心呵护，很少外出和采食，食物主要由公鼠负责叼运。另外，公鼠还承担给母、仔鼠守门放哨的任务，当遇到外界干扰时，它会用躯体堵住入口处，主动向来犯敌人发起进攻。

【岗位技能】

一、配种技术

（一）发情鉴定

1. 母鼠发情鉴定　一般人为的将母鼠生殖器官变化和行为表现分为三个阶段。

（1）发情前期。外阴开始充血、湿润，有轻度肿胀，呈粉红色。阴道涂片镜检，角质细胞开始增多，细胞边缘不整齐，白细胞减少。母鼠表现为行动不安，食欲降低，发出“哽哽”叫声，喜欢接近公鼠，但拒绝公鼠爬跨。

（2）发情旺期。此时母鼠阴门张开外翻，呈紫红色，黏液分泌增加，阴道角质细胞增大，白细胞很少。喜欢追逐、嬉戏公鼠，鸣叫频繁，接受公鼠爬跨和交配。

（3）发情后期。外阴肿胀消退，阴门缩成一条线状，阴道分泌物减少，角质细胞体积变小。母鼠停止鸣叫，食欲恢复正常，性情稳定，拒绝爬跨。

2. 公鼠发情鉴定　公鼠睾丸膨大、松软、有弹性，外观可见有时阴茎外露，在腹下可摸到肿大的香囊，且开始泌香味，活动量增加，见母鼠追逐不息。

（二）配种方法

公、母鼠的组合可在仔鼠断奶分窝、秋末冬初或春季配种时进行皆可。公、母鼠组合放对时，为避免咬斗，要将体型、年龄、体重相近的公、母鼠分别装在中间隔有铁丝网的笼网中，待双方彼此经数小时或1～2d气味熟悉后，即可将两鼠合放在一起。如果两鼠相遇，同时进出小室，水池，表现亲密，说明组合成功。公、母鼠应避免近交。常用的配种方法有以下几种：

1. 1公1母固定配种　一经确定配对的公、母鼠，将其常年放在同一圈舍内，春季自然交配。此种方法适用于公、母鼠数量相等的情况。

2. 1公1母轮换配种　到母鼠哺乳仔兽时，取出该圈舍的公鼠，与其他圈舍的母鼠配成新对。待留下的母鼠与仔鼠分窝后，再次发情时，另选1只公鼠与之配对，继续进行繁殖。

3. 1公1母临时放对配种　公、母鼠平时分开饲养，只在母鼠发情旺期才放入公鼠进行交配，放入一段时间完成交配后，即可取出公鼠放回原圈舍。

4. 1公多母配种　1只公鼠与2～5只母鼠长时间饲养于同一圈舍内，任其自由交配。采用此法要求圈舍面积要大。

（三）配种过程

麝鼠的交配多表现为公鼠主动进攻，交配前要有一段“婚戏”过程，即公、母鼠有追逐、嬉戏现象，一般1h左右。当公鼠发出大声“哽哽”叫声时，母鼠在运动场或水池中鸣叫，等待交配。此后公母鼠便开始在运动场、小室或者水池里相互追逐、爬跨、滚打。交配时，公鼠用前肢紧紧抱住母鼠腰部，臀部有节奏的抽动，如果在水池中，后肢和尾频频拍水，交配时间很短，一般20s～1min。交配以后，公、母鼠各自整理外生殖器，并回窝室内休息。次日再进行交配，持续1～4d，追逐、鸣叫和交配才停止。麝鼠的交配多在早晨4时左右和下午19～21时进行，有在水池中进行的，也有在运动场上进行的。

有时个别种鼠连续鸣叫6～8d，虽然有嬉戏行为，但却不能达成真正的交配，此刻应该换上配种能力强的公鼠，然后仔细观察几天，如果鸣叫声停止，就可能达成交配了。更换公鼠时，不能用刚产完仔的窝室中的公鼠，否则会影响本窝母、仔鼠的护理和下次发情配种。

二、育　种

（一）种鼠的选择

1. 个体选择

（1）成年麝鼠选择。成年种鼠要选择外貌端正，体型匀称，五官、四肢齐全，无外伤，尾巴完整，背腰平直，体况适中，体质健壮，无病，发育完全，被毛均匀整齐，毛绒致密，呈棕栗色，色泽明亮一致，底绒丰富，针毛灵活，食欲良好，神态活泼，体重在1.0kg以上，体长在35cm以上者。公鼠要求个体大，四肢健壮有力，母鼠乳头数目多，体型细长，四肢较高，胎产仔数要在5只以上，年产2～3胎。

（2）仔、幼鼠选择。仔鼠在分窝后进行选择。应选择毛绒致密，毛被呈深褐色，具有光泽、弹性，性情温顺，活泼健康，尾完整，体况适中的留种。同窝仔鼠在5只以上，母鼠发情正常，泌乳力强的后代作种用。

2. 系谱选择　根据祖先的成绩来确定当代种鼠是否选留的方法就是系谱选择，也称系谱鉴定。系谱选择多用于对幼鼠和公鼠的选择。

3. 后裔选择　后裔选择依据的是后代的表现，常用于公鼠的选择。

（二）选配

选配，就是按照生产目标，采用科学的方法，指定公、母鼠的交配，就是有意识地组合后代鼠的遗传基础，以达到培育和利用良种鼠的目的。

1. 同质选配　同质选配就是将性状相同或性能表现一致的优秀公、母鼠进行交配，以期把这些性状在后代中得以保持和巩固，使优秀个体数量不断增加，群体品质得到进一步提高。

2. 异质选配　异质选配就是具有不同优良性状或同一性状但优劣程度不一致的公、母鼠交配，以期获得兼备双亲不同优点的后代或以优改劣，提高后代的生产性能。

3. 年龄选配　在生产实践中，应尽量避免老年鼠配老年鼠，青年鼠配青年鼠和老年鼠与青年鼠间相互交配。应该壮年鼠间相互交配，或用壮年公鼠配老年母鼠和青年母鼠，青老年公鼠与壮年母鼠相配，年龄过大的鼠或未到初配年龄的鼠应严禁配种繁殖。

4. 亲缘选配　相互有亲缘关系的种鼠之间的选配称为亲缘选配。近交只限于品种或品系培育时使用，一般生产场和专业户，应尽可能避免（尤其是全同胞、亲子之间或半同胞交配），防止近交衰退。

项目5－2　麝鼠的饲养管理

【知识准备】

根据麝鼠的生物学特性及繁殖特点，麝鼠的饲养时期大致可分为繁殖期、非繁殖期，一般繁殖期是在4～9月，非繁殖期在10月～翌年3月。繁殖期间有交错有配种期、妊娠期、产仔哺乳期及仔、幼鼠培育期；非繁殖期又分为恢复期、越冬期及准备配种期。

麝鼠的主要饲料有青草饲料、蔬菜和植物的根茎、谷物饲料、矿物质饲料、干动物性饲料等。

营养需要和日粮标准

目前我国还没有对麝鼠的营养需要进行细致深入的研究，未制定出统一的营养需要和饲养标准，生产中我们应该根据麝鼠不同饲养阶段和当地的饲料资源情况合理配置出麝鼠的日粮，以满足其生产需要。各时期麝鼠的营养需要可参见表 5－1、表 5－2、表 5－3。

表 5－1　麝鼠各生物学时期营养需要

营养需要	4～9 月		5 月	6 月	7 月	8 月	9 月	10～11 月		12～3 月
	成　年		幼年（窝平均）					成年	幼年	成年和幼年
	公	母								
体重（kg）	1.0	1.2	2.4	4.0	6.7	8.9	7.8	1.0～1.2	0.7～0.9	1.0～1.25
总热能（kJ）	552	837	1 105	4 297	7 608	8 344	5 586	552	506	544～460
代谢能（kJ）	410	619	816	3 180	5 628	6 172	4 134	347	318	276～234
干物质（g）	36	54	66	257	454	498	234	38	31	30
粗蛋白（g）	7.2	10.8	13.2	51.4	90.8	99.6	66.8	4.6	3.7	3.6
粗纤维（g）	5.4	8.1	9.9	38.5	68.1	74.7	50.1	11.4	9.2	9.0
粗脂肪（g）	1.4	2.0	2.4	9.5	16.8	18.4	12.4	1.1	1.4	1.4
钙（g）	0.2	0.2	0.3	1.1	2.0	2.2	1.5	0.2	0.1	0.1
磷（g）	0.2	0.2	0.3	1.1	2.0	2.2	1.5	0.2	0.1	0.1

表 5－2　成麝鼠适用日粮标准

饲养时期		越冬期（10～12 月）	准备繁殖期（1～3 月）	繁殖期（4～9 月）	幼鼠育成期（5～12 月）
日粮总量（g）		295	360	450～605	145～660
粗饲料（g）	日给量	265	315	400～550	130～615
	青　草	—	—	300～350	50～300
	块　根	200	200	50～100	25～200
	蔬　菜	50	100	50～100	50～100
	干　草	15	15	—	5～15
精料及搭配比例（%）	日给量	30	45	50～55	15～45
	麦　麸	25	20	20	10
	豆　饼	10	15	15	11
	豆粉或大豆	4	4	6	4
	鱼　粉	5	6	7	8.5
	奶　粉	—	—	1	0.5
	玉米面	50	50	45	58
	酵　母	5	5	5	7
	骨　粉	0.5	—	0.5	0.5
	食　盐	0.5	—	0.5	0.5
蛋白质水平（%）		17.35	19.21	20.17	19.0
能量（kJ/每千克干物质）		16.82	16.95	16.86	16.95

表 5-3 幼麝鼠适用日粮标准

日龄	日粮总量(g)	精饲料给量(g)	粗饲料(g)					备注
			青草	块根	蔬菜	干草	日给量	
20	225	25	100	50	50		200	
30	230～280	30	100～150	50	50		200～250	
45	290～340	40	150～200	50	50		250～300	
60	295～350	45～50	150～200	50	50		250～300	
60 以上	360～415	50～55	200～250	50	50	10	310～360	

【岗位技能】

一、饲养前的准备工作

（一）场址的选择

场址要选在地势高、干燥和易于排水的地方，周围的环境要安静，并应有一定的遮阴物。有充足干净、无污染的水源，交通运输方便。麝鼠饲养场应离畜牧场、养禽场 500～1 000m 以外为宜，最好设在上风头或水源的上游。规划时，场地面积要留有余地，以利长远发展。

养殖规模较小的麝鼠专业户，可利用现有条件，如房前屋后的闲余土地。尽量避开喧闹的公路、铁路、机器房、牲畜圈舍等，以保持场地环境的寂静。

麝鼠是以青绿饲料为主的草食性动物，因此，必须将场地建在有广泛饲料来源的地方，或者是能就近解决或购买到各种饲料的地方。

（二）圈舍的建造

大型人工饲养场多采用标准圈舍，家庭饲养常用笼舍。麝鼠的圈舍一般由棚、窝室、运动场、水池和采食台几个部分组成。棚是用于遮挡雨雪、防烈日暴晒的简易建筑。可盖成人字形也可盖成一面坡形，上盖用石棉瓦、油毡纸等覆盖，高 1.2～1.5m，宽 2～4m，长度根据具体情况而定。窝室分为内室和外室两间，内室较大，外室可以小些。内室是产仔用的，外室是休息用的。饲养麝鼠要备浴水池，麝鼠多在水中活动、交配，不结冰季节麝鼠是离不开水的。麝鼠多是“坐”在一个固定的平面上进食，同时还需要一定的活动范围和运动量，应设有运动场和采食台。尽管养殖麝鼠的圈（笼）舍造型和构造不同，但由于麝鼠门齿终生生长，经常啃咬物体，时有磕洞逃跑，所以材料必须结实坚固。具体形式可以多种多样，大致分为平式和立体式两类。

1. 平式圈舍 平式圈舍是 3 个部分在一个平面高度上。平式圈舍的底面、四壁都要用砖石砌成，水泥勾缝。可以根据养殖场的规模确定几个或多个连接在一起，各部的尺寸，只要相对合理即可，并不十分严格。运动场朝水池的方向要稍有倾斜，在靠近窝室的前面修一小平台，供吃食、休息。运动场的顶上用铁丝网或石棉瓦覆盖，但要留投食口。水池用水泥抹平，要保证有足够的深度（0.2～0.3m），水池靠运动场的一侧要做成斜坡状，便于上下。水池需设排水孔，以便换水。此圈适合饲养育成麝鼠。

2. 立式圈舍 窝室和运动场在上层，水池在下层，上下通过梯子相连。这种圈舍便于冬季保温，夏季防暑，也能使休息和繁殖的环境保持干燥，对繁殖有利。

3. 幼鼠群养圈舍 仔鼠长成幼鼠后，应分开饲养，所以应建立专门的幼鼠圈舍（图 5-1）。0.5kg 左右的鼠可以集中饲养，其圈舍的窝室、运动场及水池均为共用。但超过 100d 的则不能再混养，容易咬架，造成皮伤甚至死亡。

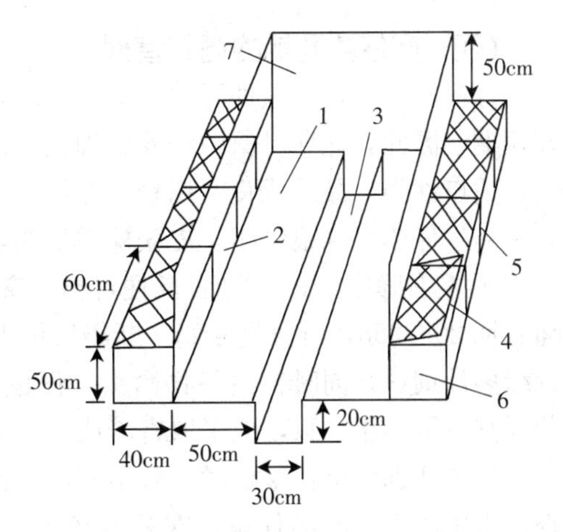

图 5-1 公用水池式群养幼鼠圈舍

1. 运动场 2. 进出口 3. 公用水池 4. 窝室上盖 5. 隔墙 6. 窝室 7. 四周围墙

二、不同饲养时期的饲养管理要点

（一）准备配种期的饲养管理

一般在 1～3 月，约 100d。这一时期的主要任务是促进生殖器官的迅速发育，以保证配种期有正常的性机能。

1. 科学配合日粮 在饲料供给上，尽量多样化，日粮中注意维生素 A、维生素 E 的供给，日粮中要补喂一些胡萝卜、麦芽等饲料。

2. 尽早恢复游泳条件 根据当地的气候条件，选择温暖天气，向水池中灌入适当的水。如果晚间温度过低，为防止结冰，可将水放出，待温度适宜时，昼夜供水。

3. 调整体况 此时要降低脂肪较高饲料的供给，加大运动量，增强体质，对过瘦和体况差的弱鼠要加强营养。公鼠体重控制在 1.0～1.2kg，母鼠体重控制在 0.8～1.0kg。

4. 分窝和配对 年龄在 5～10 月龄的育成鼠已基本达到性成熟，要进行分窝和配对。另外，由于越冬期死亡或外调而出现的单只成年鼠，也应该进行重新选择配偶。方法是将年龄、体型、体重相近的两个个体，分别装在中间隔有铁丝网的长方形笼内，使它们彼此隔网嗅闻，看得见咬不着，几小时或 1～2d 后，若气味相投了，就可以放在一起。

（二）配种期的饲养管理

1. 饲料供给 由于此期种鼠（特别是公鼠）体能消耗很大，食欲减退，因此必须加强营养供给。此时要喂给新鲜、适口性强的饲料，注意补充动物性饲料和维生素 A、维生素 E 等。

2. 提供适宜的环境 因麝鼠的交配大多数在水中完成，因此水池中应该贮存充足、清洁、卫生的水。另外还要保持周围环境安静，光线要暗，必要时用黑布将圈舍遮住，以免妨碍配种的正常进行。

（三）妊娠期的饲养管理

麝鼠妊娠期短，一胎多仔，胎儿生长发育特别迅速，因此对饲料质量要求较高。此期要供给品质好，新鲜多样，保证蛋白质、维生素、矿物质需要的日粮。若不注意营养，常会引起流产、死胎或弱仔。

妊娠期给母鼠提供一个温湿度适宜、安静的环境。

配种 10d 后，用左手抓住母鼠尾巴，抬起，令其前爪抓着笼壁，右手呈八字形，在母鼠腹壁上由腹股沟向胸部方向轻轻摸索，如摸到花生米大小的、滑动且不易捉到的便是胚胎。注意轻抓轻放，防止流产。

临产前打扫窝室，铺好垫草，加固圈舍，给母鼠提供安定的产仔环境，避免骚扰。若母鼠受到惊吓，会狂躁不安，甚至吃掉刚生下来的仔鼠或弃之不喂。

（四）产仔哺乳期的饲养管理

仔鼠出生后，母鼠即开始泌乳，体况好的还可在产后2～3d血配，一旦受孕，即可进入妊娠期，因此，此期母鼠的饲养管理在生产中起到关键作用。要保证精心饲养，饲料要多样化，适口性强，品质优良，切忌突然更换饲料。

初生仔麝鼠两眼紧闭，皮肤裸露呈粉红色。3～5日龄生出细毛，5日龄左右长出门齿，10日龄左右睁眼，15～20日龄便可出小室，采食青绿多汁饲料，随后由母鼠带领下水游泳。哺乳期20～25d，可分批断奶。断奶后可不分窝，不影响母鼠下一胎产仔，但必须有充足的青绿多汁饲料，同时补给谷物窝头。仔鼠10日龄前完全靠母乳喂养，因此加强母鼠喂养。若同窝仔鼠多于6只，应采取寄养或人工喂养，以提高仔鼠的成活率。

仔鼠性别鉴定：鉴定时要戴手套，母鼠偶尔出窝时进行，先用窝草揉搓双手后再进行检查。出生后1～3d的仔鼠，在粉红色的腹面上有紫红色乳头痕迹，但并无突出来的感觉；4～6d，乳头略突出于表面；6日龄时，腹毛已长出，乳头被覆盖，只见绒毛包裹的部位有一小圆点；10～13d，胸部绒毛掩盖了圆点，而腹部的仍可看到；14d后胸、腹部都见不到，此为雌性。若出生后腹面平平，没有乳头痕迹，偶尔只见不规则的突生黑点，则为雄性。用以上方法鉴别雌、雄，准确率可达97.6%。到了100日龄后，鉴别率可达100%。

（五）幼鼠育成期的饲养管理

断奶后的仔鼠称为幼鼠，生产中一般30d左右进行断奶，最迟不超过40d。断奶时为了防止对仔鼠和母鼠造成应激，可采取分批分期断奶的方法。断奶后的幼鼠仍处于快速生长发育阶段，此外，由于母源抗体的逐渐减弱，自身的消化和免疫能力又不十分健全，容易引发疾病，因此需要丰富的营养和精心的护理。饲养管理中要勤换水，勤打扫，勤补食，要注意检查，特别是帮助游泳上不了岸的幼鼠爬上岸，以免淹死。

分窝后可进行一公一母同居饲养，也可单个饲养和群养。群养时要提供充足的饲料和活动空间，否则会影响幼鼠的生长发育。

（六）越冬管理

从10月到翌年1月为越冬恢复期，这一时期主要是进行御寒、增热。确保圈舍坚实、不透风、保温，窝室内多铺些柔软干草，保持干燥。清理水池，防冻裂。每天除喂多汁饲料外，可加喂一些青干草，同时，每天每只喂40g精饲料。另外，麝鼠有贮食的特性，所以投喂草料时不必每日投入，最好每10d或15d投喂一次。麝鼠冬天活动量减少，容易产生疾病，应特别注意。麝鼠采食减少，最容易发生门齿过长影响采食，应经常检查，如过长应及时用钳子剪断。

三、麝鼠的取香技术

麝鼠取香技术可分为活体和死体取香。

1. 死体取香　在剥皮时，将香囊小心地剥下，麝香囊位于公鼠尿生殖孔前方的腹中线两侧，取囊时，先用镊子或止血钳将开口一端也就是尿道口掐住，然后另一只手小心剥离，就像剥猪胆那样，防止剥坏，褪去上面薄膜，然后边拉边剥，从根部取下，将香取出。

2. 活体取香　取香前为保定麝鼠需用铁丝网卷制成保定笼，笼呈圆锥形，长30cm，上部的开口5cm，下部开口15cm。将公鼠一手提尾，把头送入保定笼内，当其钻入到上开口时，迅速掐住鼠的颈部保定好。另一人用拇指和食指摸到香囊的准确位置，先轻轻的按摩一会，然后把排香管开口处捏挤几下，使排香口通畅，再从香腺囊的上部向下部逐段按摩和捏挤，香液就会从包皮口处流出来。另一手持试管或玻璃瓶接取香液。一侧采香后，再采另一侧。采香时用力要适度，免得造成麝鼠疼痛而抑制泌香。

【思与练】

1. 简述麝鼠不同时期饲养管理要点。
2. 简述麝鼠常用的配种方式。
3. 简述麝鼠的选种方法。
4. 如何进行麝鼠的活体取香？

学习情景6 海狸鼠生产技术

海狸鼠又名狸獭、泽狸等，是啮齿目，海狸鼠科，是草食性皮肉两用动物，原产于南美洲国家。海狸鼠的人工饲养在国外已有百余年的历史，我国从1956年开始引进饲养。现已选育出16个色型品系，有白色、金色、金黄色、黑色、褐色、奶油色、珍珠色、麻黄色等，其中以金色、金黄色最为珍贵，麻黄色最为常见。海狸鼠具有经济价值高、饲料来源丰富、圈舍构造简单、好饲养、易管理、无瘟疫等特点。其毛皮可制成皮革和裘皮；肉是优质的高蛋白野味佳品；内脏是生物药品的主要来源。在欧洲许多国家如波兰、俄罗斯，已大规模饲养。是国家大力普及饲养的节粮新畜种。

（一）形态特征

海狸鼠体形肥胖，头大，颈短而粗，身躯圆平，鼻孔小，在水中能关闭。耳小有瓣膜，耳孔处绒毛有防水作用。门齿大而长，呈橘红色，吻部有一圈白色，嘴侧生有粗硬的白色胡须。四脚黑色，前肢粗短，无蹼；后肢长，1、2趾间无蹼，其余趾间均有蹼。尾呈圆锥形，被有稀疏的毛和角质鳞片。背部具有针毛和绒毛，腹毛比背毛多而厚。背部黑色、体侧橙黄色，腹部土黄色。体长430～635mm，尾长225～425mm，体重5～10kg，大的重达17kg。

（二）生活习性

海狸鼠性情温顺，习于群居。栖息于湖泊、溪流的岸边及沼泽地区的洞穴或窝巢之内，洞穴通常在陡坡上，洞道深2～3m，洞口直径20～30cm，多为一半露出于水面一半浸入水中。活动时间多在黄昏和夜间，白昼基本上在巢中。

海狸鼠适应于水陆两栖的生活环境，夜行性，善于游泳和潜水，潜水能力很强，在水下时间可达5～6min；在游泳和潜水时可采食；在陆地上行动较水中笨拙；奔跑时为跳跃式前进。海狸鼠的嗅觉和视觉很差，但听觉十分灵敏，稍有声响，便立即潜入水中或隐蔽起来。

海狸鼠是草食毛皮兽，以植物性食物为主，喜食水生植物或岸边生长植物的幼芽、枝叶和柔嫩的根等，蔬菜类如土豆、萝卜、白菜、菠菜都是它喜吃食物。有时也采食河蚌或其他软体动物。吃食方式经常是用两前肢捧着食物进食，咀嚼细致，故进食时间较长。有时也常将食物拖入水中进食。

海狸鼠寿命可长达8～9年。每年换毛一次，除夏毛被略稀而欠光泽，冬毛被丰厚而光亮外，基本无大区别。

项目6-1 海狸鼠的繁育

【知识准备】

（一）繁殖特点

海狸鼠是双角子宫，繁殖力比较高，是多胎繁殖动物，性早熟，生长发育到3～5月龄、体重达到2kg，就出现性成熟，终年繁殖。一般母鼠7～8月龄、公鼠8～9月龄达到体成熟，体重3.5～4kg可参加配种。种公鼠全年可与发情的母鼠交配，而母鼠一年内多次发情，海狸鼠一生中适繁期较短，超过3～4年，繁殖水平明显下降。海狸鼠为诱导性排卵，即不直接排卵，需经交配刺激后才能排出。

（二）妊娠与产仔

1. 妊娠 海狸鼠的妊娠期为131～134d，平均为133d，个别有120d和140d的。其是否妊娠，可用触摸来判断。方法是左手抓住尾部，右手顺着腹部两侧抚摩，1.5个月，胚胎发育至葡萄粒大小。触摸要轻，切忌用力过猛以防流产。妊娠3个月后，外形变化较大，明显发胖，腹部变圆，并时常到运动场上晒太阳，或者在窝内休息，比较安静，行走稳重。

2. 产仔 海狸鼠临近产仔时，阴道黏膜充血，阴门肿胀，乳头增大，进食减少，精神不安，并衔草做窝。人工饲养条件下应按预产期在临产前10d做好分娩准备，如把窝舍打扫干净，垫上新软垫草，以利防潮保暖。产仔过程一般为2～4h，大多在夜间进行，每隔5～10min产1只，产仔后母海狸鼠很快咬断脐带，并吃掉胎盘。每窝仔数7只或8只，最高可产到13只或14只。初生仔鼠体重为150～250g，新生仔鼠即睁眼，牙齿俱全，身上有被毛和触毛，出生后2min即发出尖叫声，20min后开始吃奶，4h后就能出窝活动，也能下水游泳，并能尝食母鼠的食物。

【岗位技能】

一、性别鉴定

首先从阴门至肛门间的距离加以识别，3月龄公鼠阴门与肛门间距离约为3cm，肛门处只有1个开口；母鼠阴门与肛门间距离较近，可见到4个孔。

其次，公鼠阴门与肛门处有阴茎包皮约0.5cm，扒压可见阴茎；母鼠可见到阴蒂，用食指和拇指扒压阴门处可见到粉红色的阴道。

再次，公鼠在腿内侧腹股沟可以摸到约蚕豆大小有弹性的睾丸，但应注意，幼龄鼠和成年鼠受冷后睾丸在腹腔壁不易摸到。

另外，同月龄鼠，公鼠比母鼠体型大，比母鼠活泼，有雄性表现。

二、繁殖技术

（一）发情鉴定

雌鼠发情的表现：阴门肿胀，呈紫红色，润湿，排尿频繁，尿味较臭，情绪异常，经常乱窜。

（二）配种

1. 配种时间 1～3岁母鼠和分娩后第二、第三发情期交配的受胎率最高，在一年四季中，11月至翌年2月受胎率最高，3～5月则较低。放对配种时间春冬季1～3d内发情，可血配。在配种时，应选择凉爽天气，夏天应在早晚，冬天在中午。

2. 配种方法

（1）1公1母交配。放对时，一般将母鼠从公鼠的圈舍一角轻轻放入，并先让公鼠看到母鼠进舍，否则会使公鼠受惊吓而咬架。此方法可提高母鼠受胎率，后裔血缘关系清楚，便于推算预产期。但此法费工，小型饲养场和种鼠场适合采用。

（2）1公多母交配。即1只公的与4～6只母的组成一个“家族”，长期饲养在一个圈里，自由交配，每月对母鼠进行2次触诊，确认受孕的母鼠应立即取出单独饲养。待仔鼠断奶后，再将母鼠送回原来的“家族”圈里去。采用此法可省去1/4～1/3的圈舍面积，管理起来也较为省力省时。无论小型还是大型饲养场，均可采用。

（3）多公多母交配。10～20只公的与100～200只母的养在大的栏舍内，自由交配。这种方法虽省力，但后裔系谱不清，且经常咬架，造成流产和毛皮品质低劣，一般不宜采用。

三、种鼠选择

一般在6～7月龄到3岁成年鼠中选择。选种时间在11月末至1月中旬进行，以体型大小、体重、体况、毛绒品质、色泽、繁殖力、后裔品质为依据。

优良种鼠绒毛均匀、光亮，背、腹部绒毛密度和长度（20mm以上）应相近。毛色以褐色和深灰色为佳。腹围宽阔，体质健壮，四肢粗壮，适应性强，食欲旺盛，年龄不超过4岁，健康无病者。

母鼠应具有高的受胎率，胎产仔数6～8只，泌乳力强，母性好，乳头4对以上，年产仔2胎以上，性欲强，体重4～4.5kg以上，系谱清楚。公鼠性欲强，性情温顺，头宽平，背腰平直，四肢强壮，所配母鼠繁殖力高，体重4.5～5kg以上。幼鼠6～7月龄进行选种，小母鼠体重不低于3.5kg，小公鼠体重不低于4kg，毛被稠密有光泽，长度不低于10mm。

项目6-2 海狸鼠的饲养管理

【知识准备】

（一）营养需要

目前还没有统一的海狸鼠营养需要和饲养标准，将海狸鼠不同时期、不同季节的营养需要和经验标准介绍如下（表6-1、表6-2、表6-3）。

表6-1 海狸鼠热能和蛋白质需要

月龄	体重（kg）	总热能（kJ）	粗蛋白（g）	每MJ中含蛋白质（g）
2～3	1.6	1 841	15.5	8.4
3～4	2.1	2 176	17.7	8.1
4～5	2.6	2 908	20.4	8.1
5～6	3.2	2 804	22.8	8.1
6～7	3.7	3 097	25.2	8.1
7～8	4～4.6	3 264	26.5	8.1

注：以家畜的饲养标准为基础推算，仅供参考。

表 6-2　海狸鼠的营养需要

项　目	蛋白质	脂肪	无氮浸出物	粗纤纤	维生素 A (U)	食盐	钙	磷
日粮需要量 (g)	13～16	6～9	18～19	4～6				
占日粮干物质 (%)	13～14	3～4	76～81	6～9				
g/418kJ 代谢能	3.2～3.6	0.6～1.0	18～19	2～3	200～250	0.15～0.2	0.15～0.18	0.1～0.12

表 6-3　海狸鼠的饲养标准

鼠别与时期	可消化蛋白质 (g)
公鼠和未孕母鼠	1.5～2
妊娠前半期	3.5
妊娠后半期	4.0
2月龄以后的幼鼠	2.5

（二）饲料配方

仔鼠开食早，应及时补饲，断乳至7月龄以前为幼鼠阶段，7～8月龄以后为成年鼠。不同时期、不同年龄及不同季节的日粮配方参见表6-4、表6-5、表6-6和表6-7。

表 6-4　哺乳仔鼠日粮

单位：g

日龄	精饲料	块根	骨粉	食盐
5～30	10～30	—	—	—
30～50	30～50	40～80	0.2	0.1

表 6-5　幼鼠日粮

单位：g

饲料	月　龄						
	2	3	4	5	6	7	8
干草 (冬季)	30	50	100	140	170	200	200
青草 (夏季)	140～160	160～190	190～240	240～270	270～300	300～370	370～400
块根类	30	50	100	140	170	200	200
精　料	30	50	60	70	80	90	100
树　枝	—	—	100	100	200	300	500
鱼　粉	2	4	5	6	7	8	9
骨　粉	1	1.5	1.5	1.5	1.5	1.5	1.5
食　盐	0.2	0.2	0.3	0.4	0.5	0.5	0.5

表6-6 不同时期成年海狸鼠日粮

单位：g

时期	月龄	草（夏季）甜菜（冬季）	精料			食盐	干草（冬季）
			禾本科配合饲料	豆饼、饲用酵母	动物性干饲料		
非繁殖期	12～48	300～400	120～170	—	—	1.4	80～120
准备配种期	7～8	250～350	90～150	4～8	3～7	1.2	50～80
	12～48	330～430	120～170	4～8	3～7	1.5	80～120
妊娠前期	8～11	270～370	110～160	5～10	4～8	1.4	80～120
	16～48	330～450	130～180	5～10	4～8	1.6	80～120
妊娠后期	11～13	330～450	125～175	8～15	7～13	1.7	100～120
	18～48	370～470	135～185	7～13	6～11	1.7	100～120
泌乳期	12～15	300～400	105～150	8～14	7～12	1.5	80～120
	20～48	300～400	115～160	7～12	6～11	1.5	80～120

表6-7 不同季节成年海狸鼠的日粮

单位：g

饲料	公鼠		母鼠	
	夏季	冬季	夏季	冬季
青草	600	—	600	—
干草	—	175	—	175
块根类	—	200	—	200
精料	100	120	150	175
树枝	250	500	250	500
食盐	0.5～1	0.5	0.5	0.5

注：妊娠期和哺乳期，在精料中加2～5g骨粉和5～7g鱼粉。

【岗位技能】

（一）海狸鼠的日常管理

1. 定时喂食 喂料必须定时定量，每次仅能喂到7～8分饱，这对海狸鼠的消化系统保持正常功能非常重要。上午投放精饲料，中午投放青草、蔬菜类饲料，夜间多喂些树枝、树皮类饲料。在日粮中，精饲料占的比例不能太高，切不可多喂精饲料。含粗纤维多的饲料，能促进肠道蠕动，提高消化率，增进食欲，促进生长发育。谷物类饲料要求新鲜。勿喂发霉的饲料、烂菜、被农药或其他化学物质污染的饲料，以防中毒。

2. 逐步驯化 从其他养殖场购进的仔鼠，或刚分窝的仔鼠有些胆怯，对新的环境一时不适应；或者生活环境的突然改变，也会影响海狸鼠的食欲。为此，要对不适应新环境的海狸鼠进行驯化。方法为：先用木棍或竹竿逗引海狸鼠，为它搓毛，并轻轻地用手抚摸它。稍后，便可将海狸鼠抱入怀中，使它不怕人、不伤人，能主动接近人，并要求供食，达到逐步驯化的目的。驯化对产仔、提高经济效益和玩赏性都很有价值。

3. 防止咬伤 海狸鼠与本家族成员同居一处会和睦相处，如果异族合群饲养，往往出现斗咬现象。这时，应立即把它们分开饲养。在配对繁殖时，也应该注意观察公鼠、母鼠之间有无斗咬现象；若有斗咬现象，也应分开它们，重新配对，以防互相咬伤。

4. 防止逃跑 圈养的海狸鼠有跳圈逃逸的习性，特别是在海狸鼠发情时更容易发生此类现象。为此，应经常检查圈养场地是否牢固；若有缺口、漏洞，应及时妥善修补，以防止海狸鼠逃逸。

5. 注意观察 饲养人员平时要经常从多方面观察海狸鼠的体况、吃食、活动等情况。可以采取下列两项措施观察海狸鼠的体况：一是听，即每天在夜深人静时，饲养人员在舍内静听海狸鼠的呼吸声音。倾听有无杂音，呼吸是否急促，是否打喷嚏等。若有异常情况，应及时采取措施改变这种不正常状况；二是看，即每天查看海狸鼠的粪便形状。正常鼠粪呈椭圆形，外表光亮，一头大一头小或成串，腹泻属不正常。查看眼睛，若海狸鼠眼屎多，眼圈红肿，表明不健康。查看鼻孔，如流鼻涕，说明体况不佳。查看被毛，毛色光滑，有光泽，说明它生长正常，反之为不正常。查看神态，健康鼠活泼，若精神不振，行动迟缓，表明不正常。此外，还要注意海狸鼠的食欲的好坏。

6. 定期消毒 平时要保持海狸鼠的窝舍、饲养工具及周围环境的卫生状况良好。勤清扫，勤换窝内垫草，及时清除粪便，杀灭蝇蛆、蚊子和野鼠。饲养工具应定期用高锰酸钾溶液浸泡、消毒。带有泥土的根茎类饲料，应洗净后才喂。饲养员的工作服、鞋子等也要保持清洁卫生。夏季池中的水要充足、清洁、勤换，不可形成污水、死水。水池应定期消毒。饲养窝应定期用漂白粉或来苏儿溶液消毒。圈舍外和窝内走道铺撒生石灰消毒。外来人员参观养鼠场舍，要经过常规消毒后才能进入圈舍。

（二）海狸鼠饲养管理要点

1. 仔、幼鼠的养育

（1）仔鼠养育。从出生到断奶的鼠为仔鼠，仔鼠每隔 1.5～2h 吸吮一次奶，5～7 日龄吃乳次数逐渐减少，并开始采食，此时可进行合理补饲，可将面包用牛奶泡软成粥状饲喂。10d 后可逐渐增加补饲量，同时添加青饲料。20d 后用煮软的精饲料代替面包块。40～45d，仔鼠体重雄性达 1 000g 以上，雌性 900g 以上，开始断奶分窝，按性别、出生日期编组，或15～20 只一组圈养。但冬季天冷，饲料条件差，可适当延长哺乳期（60 日龄）。断乳同时打蹼号，打蹼后 2～3d 内禁止游泳。

（2）幼鼠养育。仔鼠断乳后到性成熟前称为幼鼠。断乳一周内幼鼠表现不安，食欲不振，此时加强饲养管理。应喂幼鼠喜食、营养丰富易消化的饲料，如白菜、鲜嫩牧草、胡萝卜、马铃薯等多汁饲料。

2. 成鼠饲养管理 海狸鼠 7～8 月龄进入成年期。由于海狸鼠常年繁殖，饲养管理上要根据不同群体所处的生理时期、不同的季节采取不同的措施。成鼠的饲养按饲料配方配制日粮。妊娠期尤其是妊娠后期母鼠的饲料营养必须全价，以满足胎儿正常发育和产后泌乳的需要。此期如营养不足会造成死胎、产弱仔或产后体虚、缺乳等不良现象。哺乳期母鼠的饲养重点是解决体质的恢复，保证正常泌乳。此期应多给些多汁或青绿饲料，加喂含蛋白质较多的黄豆和花生米等，并多饮些温淡盐水，适当添加干酵母片和维生素 A、维生素 D 等。参与配种的公鼠应注意蛋白质和维生素的供给。管理上春季要做好预防海狸鼠疾病的各项工作。夏季做好防暑降温工作。秋季昼夜温差较大，海狸鼠的窝舍中午需遮阳，夜间适当加些草料，做到干燥、保温。还需及时清除窝内潮湿、脏污的垫草。

如有母鼠在冬季产仔，必须做好防寒保暖工作。预产期前 2～3d，将妊娠鼠移至 4～5℃的产仔室或产仔棚内，产仔 10d 以后再将母鼠移回温度不低于－5℃的原舍。冬季的日粮由青干草、精饲料及蛋白质补充饲料组成，不喂易冻结的饲料。实行群养，增大鼠群密度，使海狸鼠互相取暖。

（三）栏舍构造及设备

根据海狸鼠的生活习性，鼠舍应配备窝室、运动场和水池。一般用水泥、砖、木板、石棉瓦等材料。

窝室长 120～130cm，宽 80cm，每个窝室可供一只母鼠及其仔鼠居住，或 1 只公鼠与 3～5 只母鼠，或 6～8 只育成鼠居住。冬季为了保温，可将窝室中间隔开，分为饲喂室和窝室。窝室内可铺设柔软的垫草。

运动场一般长 200cm，宽 120～130cm，四周高度不低于 80cm，防止海狸鼠爬出。运动场向水池方向有一定的倾斜度，便于排水和清洗。

水池长度与运动场宽度一致，其宽度为 60cm 左右；深度 30～40cm。水池设有排水口，便于更换净水。水池可分为一舍一池或多舍一池。

【思与练】

1. 海狸鼠有哪些繁殖特性？
2. 如何对海狸鼠进行性别鉴定？
3. 简述海狸鼠仔幼鼠养育要点。

学习情景7 中华竹鼠生产技术

【知识准备】

竹鼠，又称芒狸、竹狸、竹根鼠、竹根猪等，属哺乳纲、啮齿目、竹鼠科、竹鼠属。全世界共有3属6种：非洲竹鼠属2种，为东非的特有种；竹鼠属3种，小竹鼠属1种，为亚洲特有。竹鼠属分别为中华竹鼠、大竹鼠、银星竹鼠、小竹鼠。中华竹鼠主要分布在我国的中部和南部地区，缅甸北部和越南等也有分布。银星竹鼠主要在我国的东南地区和印度、马来半岛等地。大竹鼠主要在我国的云南西双版纳地区和马来半岛、苏门答腊等地区，分布区狭窄，数量不多，是稀有种。小竹鼠主要在云南西部和尼泊尔、孟加拉北部、泰国、老挝、柬埔寨、越南等地，分布区狭窄，数量少，属于稀有种。现养殖较多的为中华竹鼠。它体胖肉多，味道鲜美，营养丰富，毛皮绒厚柔软，有较高的经济价值。

（一）外形特征

体重1.5～2.0kg，体长30～50cm，体形呈圆桶形；头圆眼小，耳隐于皮内；尾与四肢均短，爪扁平，似指甲状，称为5趾爪；上、下门齿特别粗长尖利，随着年龄增长，牙齿变长变黄。成年竹鼠全身被毛灰色或灰黄色，尾尖呈短小，灰黑色，吻部毛色淡。

（二）生活习性

竹鼠为草食动物，野生竹鼠多生活于节芒山坡、竹林内、穴居，其牙长得快而锋利，适宜吃老的根茎和植物枝叶。竹鼠耐粗饲，对植物饲料消化力强，能消化粗纤维和木质素。人工驯养后吃谷物饲料、果蔬饲料、草根及竹类饲料、庄稼秸秆等。

竹鼠昼伏夜出，白天少吃多睡，比较安静，夜间活动较频繁，采食旺盛。喜欢阴暗凉爽、清洁、干燥环境。生活温度为－8～35℃，最适温度为8～28℃，若置于太阳下直晒时，就奔跑不息，显得不安。当人向它吹气时，立即露出锋利粗大的门齿，同时发出“呼呼”的鸣声示威。

（三）繁殖生理

在人工饲养条件下，4～5月龄，体重1kg以上开始性成熟，7～8个月龄后进行繁殖，每只母鼠每年可产3～4窝，每窝产仔2～8只。幼鼠饲养3个月体重达0.75kg，5～6月龄可达1～1.5kg，最大的2～3kg。

母鼠怀孕期为60d，临产前6～7d，母鼠乳头露出，活动减少，行动迟缓。不时发出“咕咕”声，分娩时，仔鼠连同胎衣一并产出。母鼠边产边把胎衣吃掉，吃到最后咬断脐带，并舔净仔鼠身上的羊水。此时可听到仔鼠“叽叽”的叫声。分娩时间2～4h，最快也要1～2h分娩完毕。母鼠产仔12h后，开始给仔鼠哺乳。

初生仔鼠体重仅10g左右，全身无毛，3d后才睁开眼。

【岗位技能】

一、选　　种

优良种鼠应发育良好，身体健壮，无病痛，被毛光亮，体重1.5～2kg。母鼠中等肥瘦，乳头大而均匀，产仔率高，母性强，采食力强，体重1.2kg以上。公鼠睾丸明显，腰背平直，健壮，性欲旺盛，耐粗饲，不打斗，交配动作快，精液品质优良。

二、繁殖技术

1. 发情鉴定 早期发情的母鼠外阴部被毛逐渐分开，阴部肿胀，光滑圆润，呈粉红色，用手提尾巴，阴部外翻；中期母鼠阴部有粉红色或潮红色黏液分泌；晚期发情表现与早期相似。多数母鼠发情中期交配受胎率高。母鼠发情时在笼舍四周爬来爬去，并发出“咕咕”叫声，有时母鼠还主动接近公鼠，竹鼠交配多在夜间。

2. 配种 将选好的种鼠放入繁殖场配种，由于竹鼠具有刺激排卵的特点，所以繁殖必须复配2～3d才能提高受孕率。配种时间夏、秋两季一般在上午8～10时和傍晚18～21时，冬、春两季一般在上午6～9时和下午14～16时最为适宜，每日1～2次。配种时环境安静，注意观察。

公、母配种比例为1∶2～3，以1∶1较好。

三、竹鼠的饲养管理

（一）养殖场建设

1. 饲养场地选择 竹鼠饲养场宜选在地势较高、排水良好，周围有竹林、果林等空气清新的地方。坐北朝南，植物资源丰富。

2. 窝室的构建 小规模养殖可造在自家庭院围墙下或空地，也可利用空置的旧房、废弃的仓库修建竹鼠窝。竹鼠窝室要求光线较暗、地面坚固、内墙光滑。按用途可建不同类型饲养池。

（1）大水泥池。面积在2m^{2}以上，大池长×宽×高为210～220cm×120～130cm×65～70cm，饲养场由砖砌成，内壁四周用水泥抹平。池内可放一些空心水泥管，供竹鼠藏身，大水泥池适合成年鼠的合群使用。

（2）中池。面积在0.6m^{2}左右，长×宽×高为120～130cm×55～60cm×65～70cm，幼鼠、成年鼠合群饲养，也可作为成鼠配对场地。

（3）小池。60cm×50cm×50cm。成鼠配对、幼鼠群体饲养。

（4）繁殖池。由两个小池组成，即内、外池，内池作窝室，外池作投料间和运动场。内外池底部开一直径约12cm的连通洞，供竹鼠出入。内室规格要严控制在长宽30cm×25cm之间，面积小了不利于竹鼠交配；面积大了竹鼠不会自动清除窝内的粪便和食物残渣。外室规格：长宽高分别为70cm×40cm×70cm。池底、池面都要用水泥粉刷平滑，防止竹鼠打洞外逃。特别应注意池角的平滑，以防竹鼠利用池壁夹角的反作用力外逃。

（二）仔鼠的饲养管理

竹鼠生长比较迅速，仔鼠在出生后，以母乳哺育生长，幼鼠出生20d后，就可爬行，能食少量的幼根和嫩茎。45d的哺乳期过后，幼鼠体重可达0.25kg，能独立觅食或可与母鼠隔离饲养。人工饲养2个月左右，体重可达1kg，就可出售。

1. 新生仔鼠培育

（1）自然哺乳。刚生下的仔鼠，母鼠会护理得很好，定时给仔鼠喂奶。冬季产仔后，母鼠会把仔鼠抱在怀中或撕碎稻草等柔软之物覆盖在仔鼠身上保暖。

（2）人工哺乳。如产仔多母鼠奶不足，可配合人工哺乳，用奶粉与适量葡萄糖加入50～60℃的热水中拌匀，装入注射器内，取下针头，套上自行车气门芯，慢慢滴注入仔鼠口中，每次操作时要戴上手术用塑料手套以免沾上人的汗味而被母鼠咬吃，没有塑料手套，则在人工喂完奶后，往仔鼠身上涂点母鼠粪便，然后悄悄放回母鼠身边。喂量应依日龄逐日增加，第2～3天，喂量占体重的15%，每日喂8次；第3～7天，喂量占体重的20%，每日喂6～7次；第7～15天，喂量占体重 的25%，每日喂5次；第15～24天，喂量占体重的30%，每日喂4次。每次喂乳之前，用温热半湿毛巾细擦其肛门周围，刺激它排粪尿。

（3）补饲。仔鼠25～30天。断奶前逐渐喂些精料和多样化鲜嫩青料。这样断奶后幼鼠才会自理、自生。第25天开始，仔竹鼠开眼，自己寻食，应将人工乳改为糊状饲料，不再用喂乳器，而是训练它舔食盘中的糊状饲料。饲料配方为：牛乳40%、淮山粉45%、豆奶粉15%，煮成糊状。仔竹鼠由从乳管吮乳到从盘中舔食糊状饲料要经过一个星期训练。开始可将糊状饲料填入仔竹鼠口腔，每次喂食前先少量填喂，然后改用小匙，填喂到仔竹鼠口中，与此同时，将糊状饲料涂在食盘四周，让仔竹鼠从食盘舔食。

2. 管理　仔鼠刚出生头3d不要打扫产仔池，池顶用木板盖好，防止惊吓，造成母鼠咬仔鼠。投料要轻手轻脚，不能投在产仔室内，要投在活动室，窝内放些稻草、棉花等。

夏季注意防暑，不能让阳光直射，必要时在池外走道洒水降温，室温38℃以上用电扇吹风降温。但不能对准竹鼠直吹。也可在窝室内垫竹叶，但不能过多，以免影响竹鼠正常活动空间。

（三）幼鼠的饲养管理

幼鼠指断奶到0.5kg的竹鼠。

1. 饲养　多喂精料和鲜嫩的青料。每周喂一次煮熟的猪骨、牛骨。

45日龄开始，由糊状饲料改成人工配合饲料，此时为断乳期。饲料配方为：玉米54%、麦麸8%、豆粕15%、淡鱼粉5%、面粉15.5%、骨粉1%、添加剂1%、食盐0.5%，煮熟冷却后，再加入添加剂。每日喂2餐，自由采食，以不剩为原则。

2. 管理　选择最佳时间断奶。一般40～50日龄后断奶分窝，分窝分2～3批，每隔3～5d分1批。500g以下的合群饲养，注意清洁卫生，每天清除残余的旧饲料，不能投喂发霉变质的饲料。场地保持干燥、凉爽。3～5d大扫除一次，尽量不要惊动太多。

（四）成年鼠的饲养管理

成年鼠指750g以上种鼠或商品鼠，其抗病力强，生长发育快，体重1.2～1.5kg。

1. 饲养　种公鼠精液数量和质量与营养有关，但又不能喂得过肥。青粗饲料为竹叶、竹秆、竹笋、玉米秆、芦苇秆、甘蔗、胡萝卜等。配合日粮为：玉米粉55%、麸皮20%、花生麸15%、骨粉3%、鱼粉7%。

成年母鼠日粮配方如下：竹粉20%、面粉35%、玉米粉10%、豆饼粉13%、麦麸17%、鱼粉2%、骨粉2%、食盐0.2%、食糖0.8%。另外，在每千克饲料补叶酸1mg、烟酸20mg、氧化锌75mg、D－L蛋氨酸400mg、碘化钾0.5mg、硫酸锰60mg、维生素A 1 500U、维生素D_3 1 500U、维生素B_{12} 20mg、维生素B_2 6mg、维生素E 30mg。将上述饲料混合，加水揉成馒头状或颗粒状，然后晒干或烘干，饲喂竹鼠。哺乳期投喂配合饲料并应适当加量，同时每天给予牛奶或豆浆，以增加母鼠的泌乳量。

定时定量投喂，早晚各1次，每只日投喂青粗料150～200g，精料15～20g。基础日粮常年无需变更，若变更应有一个过渡期。成年鼠牙齿长得快，需要在笼内放置一根竹秆或硬木条供其磨牙。不定期补充含钙、磷等矿物质和微量元素的饲料和保健药物。

2. 管理 季节变换时要防止贼风侵袭窝室。每天检查竹鼠的粪便是否表面光滑，呈颗粒状，好像是药用胶囊。注意其毛色是否光亮，活动是否活泼，如果有意外应及时处理。

【思与练】

1. 竹鼠的生活习性有哪些？
2. 简述仔鼠的培育技术。
3. 幼鼠饲养管理要点有哪些？
4. 种公鼠的饲养管理要点有哪些？
5. 种母鼠的饲养管理要点有哪些？

拓展情景　毛皮初加工和质量鉴定

【知识准备】

家兔、水貂、狐、貉、麝鼠等毛皮动物为裘皮服装加工业提供原料，原料皮品质受多种因素影响，科学合理地加工及质量鉴定才能得到优质原料皮，获得更大经济效益。

（一）毛皮分类

根据毛被成熟早晚，将动物分四大类。

1. 早期成熟类　毛被在霜降至立冬成熟的动物属于早期成熟类，如灰鼠、香鼠、花鼠等。

2. 中期成熟类　立冬至小雪毛被成熟的动物属于中期成熟类，如水貂、紫貂等。

3. 晚期成熟类　小雪至大雪毛被成熟的动物属于晚期成熟类，如狐狸、貉、犬等。

4. 最晚期成熟类　大雪后毛被成熟的动物属于最晚期成熟类，如麝鼠、水獭等。

（二）毛皮成熟标志

1. 观察毛绒　毛绒丰满，针毛直立，被毛灵活，有光泽，尾毛蓬松，当动物转动身体时，颈部和躯体部位出现一条条“裂缝”。

2. 观察皮肤　吹开被毛时，能见到粉红色或白色皮肤。

3. 试宰剥皮观察　试宰剥皮，观察皮板，如躯干皮板已变白，尾部、颈部或头部皮板略黑，即可屠宰取皮。

【岗位技能】

（一）取皮时间确定

1. 毛皮成熟鉴定　成熟一只取一只，以保证毛皮质量，提高经济效益。

2. 取皮时间　野生动物如貂、狐、貉等，一般在冬季捕猎时取皮，各种鼠类如海狸鼠等，则要求在冬、春季节捕猎时取皮。各种人工饲养的毛皮动物，毛被一般在11～12月份成熟，具体取皮时间，水貂在11月中旬最迟在12月上旬，貉在11月下旬，狐在12月下旬至翌年1月上旬，海狸鼠和麝鼠在11月至翌年3月。

（二）屠宰

取皮之前需要先将动物屠宰致死，在选择屠宰方法时，以毛皮质量不受影响，动物死亡迅速和经济实用为原则。

1. 电击法　对狐、貉等毛皮动物在嘴部和直肠施以电击，导致其立刻失去知觉后死亡，电击设备应在保证安全的条件下，由经过专业培训的人员进行操作。

2. 药物法　用氯化琥珀胆碱（50倍稀释，按每千克体重1mg的剂量）或类似效果的麻醉剂，经肌内注射使毛皮动物快速形成全身深度麻醉后死亡。使用单位应加强药物管理，确保用药安全。

3. 窒息法　在封闭的室箱内，用一氧化碳或类似气体（浓度至少达到体积比1%），使毛皮动物在缺氧条件下，快速昏睡后死亡。

（三）剥皮

剥皮操作应在毛皮动物死亡后30min后进行。严禁在毛皮动物尚未彻底死亡的情况下剥皮。剥皮后的毛皮动物胴体应妥善处理，合理利用，严禁随意处置。剥皮方法如下：

1. 圆筒式剥皮法 主要用于貂、狐、貉、海狸鼠等。将尸体的后肢和尾部挑开，从后裆开始剥皮，使皮板向外翻出成圆筒状。

方法及步骤：以貉为例，剥皮前用无脂硬锯末或粉碎的玉米芯，将尸体的毛被洗净，然后挑裆。按商品规格要求，保留前肢、头、尾和后肢。

具体操作：

（1）去掉前爪掌。用10cm直径的小电锯或骨剪去掉前爪掌（做围脖的狐领保留）。

（2）挑尾及挑裆。固定两后肢，用挑刀于近尾尖尾长二分之一的腹面中线挑起，至肛门后缘，将一后肢固定，另一后肢跖部下刀，沿后肢长短毛分界线贴皮挑至距肛门1cm处，折向肛门后缘与尾部开口汇合。交换两后肢，同样方法挑至肛门后缘。将两后肢挑刀转折点挑通，去掉肛门处的小三角皮，抽出尾骨即可。

（3）剥皮。由后向前剥离，剥后肢时小心剥下，剥至跖骨时要细心剥出最后一节趾骨，用剪刀剪断，保证后肢完整带爪。后肢剥完后，用手向头侧翻拉剥皮，雄兽剥至腹部时剪断阴茎，以免撕坏皮张。剥至前肢，不留爪的直接拉出即可，留爪的剥离方法同后肢。剥至头时，左手握紧皮，右手用挑刀在耳根基部、眼眶基部、鼻部贴着骨膜、眼睑和上、下颌部小心割离皮肉交接处，使耳、眼和鼻唇完好无损，即可得一张完整的筒皮。

2. 袜筒式剥皮法 由头向后剥离。操作时，用钩子钩住上颚，挂在较高处，用快刀沿着唇齿连接处切开，使皮肉分离，用退套方法，逐渐由头部向臀部倒剥。眼和耳根的处理同圆筒式剥皮法。四肢也采用退套方法往下脱，当脱至爪处，将最后一节趾骨剪断，使爪连于皮上，最后将肛门与直肠的连接处割断，抽出尾骨，将尾从肛门翻出，即剥成毛朝里、板朝外的圆筒皮。要求保持头、眼、腿、尾、爪和胡须完整。袜筒式剥皮法，一般适用于张幅较小、价值较高的毛皮动物，如水貂皮。

3. 片状剥皮法 片状剥皮法应用最为普遍。剥皮时，先沿腹部中线，从颌下开口直挑至尾根，然后切开前肢和后肢，最后剥离整个皮张。一般张幅较大的皮采用此法，如犬。

（四）毛皮的初步加工

1. 刮油 从尸体上剥下来的鲜皮板上的油脂、血污和残肉等必须刮掉，否则易造成皮板假干、油渍和透油等缺陷，降低皮张等级和使用价值。

（1）手工刮油。操作时先将鼻端挂在钉子上，毛向里套在粗胶管或光滑的圆形木楦上，用刮油刀从尾部和后肢开始向前刮油，边刮边用锯末搓洗皮板和手指，以防脂肪污染毛绒。刮油时应转动皮板，平行向前推进，直至耳根为止。在刮乳房或阴茎部位时，用力要稍轻。头部皮板上的肌肉用剪刀剪去，达到基本干净。

（2）刮油机刮油。将筒皮套在刮油机的滚轴上，拉紧后固定两后肢和尾部。接通电源，刮油机的滚轴开始旋转。皮板上的残留的肌肉、脂肪和结缔组织等用剪刀修刮干净。尾部用机器刮净。

2. 洗皮

（1）手工洗皮。水貂皮、貉、狐等珍贵毛皮动物的毛皮，刮油后用米粒大小的硬质锯末或粉碎的玉米芯洗皮。先洗掉皮板上浮油后再洗毛被，要求洗净油脂并使毛绒清洁达到应有的光泽。

（2）机械洗皮。一般用转鼓和转笼洗皮。先将皮筒的板面朝外放进有锯末的转鼓里，然后翻转皮筒使被毛朝外，再放进转鼓里洗。洗皮用的锯末一律要筛过，除去其中的细粉。转笼、转鼓速度控制在 18～20r/min，各运转 5～10min 即可。

3. 上楦和干燥

（1）上楦。必须使用国家统一规格的楦板，以保证毛皮的品质。一般采用毛朝外皮朝内的上楦方法，先把头部固定在楦板上，再向后伸展。也可以采用毛朝内皮朝外的方法，操作时通常先用旧报纸成斜角状缠在一楦板上，再把皮（毛朝里）套在楦板上，摆正两颌；固定头部，然后均匀地向后拉长皮张，使皮张充分伸展后，再将其边缘用小钉固定在楦板上，最后把尾尽量往宽处拉开，稍向上推形成皱褶（最终尾长为正常的 2/3）固定。

（2）干燥。一般采用设备风干的方法，烘干温度为 18～25℃，相对湿度 55％～65％，烘干时间 12～24h。严禁毛皮在高温（大于 28℃）或强烈日光照射下进行干燥。

4. 下楦贮存　干燥后的皮板要下楦、梳毛、擦净。然后按商品皮要求进行分等、包装。库内的温度保持在 5～25℃ ，相对湿度为 50％～70％。仓库内还要防虫和灭鼠。

（五）毛皮质量鉴定

鉴定毛皮层时，以毛绒和板质质量为主，结合伤残（或缺损）程度、尺码大小，全面衡量，综合定级。

毛的长度、细度、清晰度、密度、皮板厚度、伸长率、崩裂强度、撕裂强度等可通过仪器进行测定。但目前普遍用感官鉴定法，通过看、摸、吹、闻等方法，凭实践经验，按加工要求和等级规格标准进行质量鉴定。

1. 鉴定毛绒质量　一抖、二看、三摸、四吹。

抖皮：先将毛皮放在检验台上，先用左手握住皮后臀部，再用右手握住皮的吻鼻部，上下轻轻抖动，同时观察毛绒品质。

看：看毛绒的丰厚、灵活程度及其颜色和光泽，毛峰是否平齐，背、腹毛色是否一致，有无伤残或缺损及尾巴的形状和大小等。

摸：用手触摸，了解皮板瘦弱程度和毛绒的疏密柔软程度。

吹：检查毛绒的分散或复原程度和绒毛生长情况及其色泽（白底绒或灰白底绒）。

闻：毛皮贮存不当，出现腐烂变质时，有一种腐烂的臭味。

毛绒品质的优劣，通常有如下三种表现：

毛足绒厚（毛绒丰足）：毛绒长密，蓬松灵活，轻抖即晃，口吹即散，并能迅速复原。毛峰平齐无塌陷，色泽光润，尾粗大，底绒足。

毛绒略空疏或略短薄：毛绒略短，轻抖时显平状，欠灵活，光泽较弱。中背线或颈部的毛绒略显塌陷。针毛长而手感略空疏，绒毛发黏。

毛绒空疏或短薄：针毛粗短或长而枯涩，颜色深暗，光泽差，绒毛短稀或长而稀少，手感空疏，尾巴较细。

2. 鉴定皮板质量　除了检查皮板厚薄、弹性强弱之外，还要翻转查看板面的颜色、油性大小和细韧程度。

板质好的毛皮，应该达到板面细致、厚薄均匀、油润，呈白色或浅色。质量差的皮板，枯弱瘦薄或厚硬，厚薄不匀，板面粗糙，无油性，呈深色。

板质较弱者为晚春皮和初秋皮。皮板较厚硬，呈紫红色或青色，弹性较差。

板质差者为夏皮或体况差、患病兽的皮张。皮板薄弱，韧性差，脂肪含量极少。

3. 对伤残处理 在收购规格允许的范围内，对硬伤要求宽，对软伤要求严；对分布在次要部位的伤残要求宽，对分布在主要部位的伤残要求严；对集中的伤残要求宽，对分散的伤残要求严；定皮价时应考虑4个比差：等级比差、尺码比差、公母比差、颜色比差，野生皮比差视地区而定。

【拓展知识】

一、被毛及皮板的质量指标

1. 毛的长度 决定整个毛被的厚度，影响毛被的美观性、柔软性。以冬季长绒达到成熟阶段的最大长度为标准。

2. 毛的密度 指单位面积中毛的数量，决定毛皮保暖性的好坏，不同兽类及部位毛的密度都有差异。

3. 毛绒的粗细度和柔软度 毛绒较粗的毛被弹性好，但美观性较差，毛绒较细的毛被，其毛被较灵活、柔软、美观。一般来说，毛细绒足的质量好。

毛被的柔软度，主要取决于毛干粗度对长度的比例以及针毛和绒毛数量（组成）比例，多半采用毛的细度（μm）与毛的长度（mm）之比作为柔软系数来表示。实际操作时可用手指抚摸毛被，通过感觉来确定。通常分为四种：柔软如獭兔，柔软如紫貂，半柔软如水貂，粗硬如海狸鼠。

4. 毛的颜色与美观度 毛被的天然颜色，在鉴别毛皮品质时起重要作用。毛纤维的颜色是由皮质和髓质层中存在的色素决定的。黑色素和棕色素是基本色素，其他颜色是以这两种色素的含量和混合程度来调节的。毛的光泽与毛表面鳞片排列疏密贴紧程度有关，一般来说，鳞片越稀，越紧贴在毛干上，表面就平滑，反光就越强，光泽就越亮，所以粗毛、针毛的光泽比较强。

毛被的颜色、光泽关系着毛皮的美观程度。不同毛皮有其独特的毛被色调，因此要求毛色与动物形态特征相符，毛色纯正。毛色一致的兽类，要求全皮毛色纯正一致。尤其是背、腹部毛色一致。不允许带异色毛，不应有深有浅。如果毛色是由两种以上颜色组成的，应当搭配得协调，构成自然美丽的色调。带有斑纹和斑点的兽类，应当是斑纹、斑点清晰明显，分布均匀。具有独特花纹和斑点的兽，其形状、数量多少以及分布状况就成为鉴定毛皮质量的重要指标之一。

5. 毛的弹性和成毡性能 弹性好的毛被灵活、松散、成毡性小，一般毛纤维越细越容易成毡。用化学药剂处理后的毛，则成毡性降低。

6. 皮板重量与面积 皮板的重量与厚度、面积成正比关系。

7. 板质和伤残 板质的好坏取决于皮板的厚度、厚薄均匀程度、油性大小、板面的粗细程度和弹性强弱等。皮板和毛被伤残的多少、面积大小及分布状况，对制裘质量影响很大。因此，伤残也是衡量制裘原料皮质量的一个重要条件。

二、影响毛皮质量的因素

影响毛皮质量的因素很多，总的来说可分为自然因素和人为因素两大类，自然因素主要包括种类、性别、兽龄、健康状况、生活地区、生产季节等。人为因素包括饲养管理和加工质量。人工养殖上必须采取选种、育种，加强饲养管理，创造适宜的环境条件和提高加工质量等综合性技术措施，来努力提高毛皮质量。

（一）自然因素

1. 动物种类　人工饲养的毛皮兽类均为野生驯养而来，但经过人为的育种工作，其种兽的品质已明显地超过野生的品质。人工饲养毛皮兽的皮张质量首先取决于种兽的品质，这是其固有的遗传基础所决定的。

（1）毛色。要求有本品种或类型固有的典型毛色和光泽，人工培育的新色型要求新颖而靓丽。

如水貂：黑褐色水貂宜向深而亮且全身毛色均匀一致的方向选育；彩色水貂应向毛色纯正、群体一致的方向选育。

如貉：宜向乌苏里貉的毛色选育，即针毛黑至黑褐色、底绒青至青灰色。

（2）毛质。毛质即毛被的质地，是由针、绒的长度、密度、细度等性状综合决定。人工养殖的毛皮兽无论大毛细皮、小毛细皮均要求绒毛向短平齐的方向选育，针绒毛长度比适宜，背腹毛长度比趋于一致（尤其水貂要求严格）；针、绒毛的密度则应向高的方向选育，毛粗度宜向细而挺直的方向选育。

（3）毛皮张幅。毛皮的张幅是按标准值及上楦后的皮张尺码来衡量的。决定皮张尺码的大小因素主要是皮兽的体长及其鲜皮的延伸率。体长及鲜皮延伸率越大，其皮张尺码亦越高。因此种兽的选育宜向大体型和疏松型体质的方向选育。为发挥和挖掘种兽品质对提高毛皮质量的作用和潜力，应率先饲养毛皮品质优良的种兽，亦可采用引进良种和改良原有毛皮品质较差种群的办法提高毛皮质量。

2. 性别　公、母皮之间皮张大小和质量上也有较大差异。产品收购中定有“公母比差”。如水貂皮公皮为100%，母皮为80%。

3. 兽龄　壮龄兽毛皮质量较好，老龄兽毛绒粗长，光泽差，皮板较厚硬、粗糙。

4. 地理位置对毛皮质量的影响　一般寒冷地区毛皮质量好，越高纬度地区其毛皮品质亦越优良。人工饲养条件下也是如此，越往北方地区毛皮品质也越优良。这是由于珍贵毛皮动物如貂、狐、貉均为季节性换毛的动物，对日照变化有很大的依赖性。但带花纹或斑点的原料皮则以气候较温暖的地区产的毛皮花纹斑点清晰，质量较好，

5. 局部饲养环境对毛皮质量的影响　主要指人工提供的棚舍、笼箱、场地等小气候条件的影响。一般有棚舍、笼箱条件的皮兽比无棚舍、笼箱条件的毛皮质量要优良；暗环境饲养的皮兽较明亮环境下的毛皮质量优良；较湿润的环境比较干燥和潮湿条件下的毛皮品质优良。

（二）人为因素

1. 饲养管理对毛皮质量的影响

（1）饲料与营养。毛被的生长发育必须依赖于动物性蛋白质（尤其含硫氨基酸），通过科学的饲养配方和均衡的营养供给，才能很好地表现和发挥出来。

（2）冬毛生长期皮兽的管理。主要是创造有利于冬毛生长的环境条件，增强短日照刺激、减少毛绒的污损，遇有换毛不佳或毛绒缠结，应及时活体梳毛处理。

（3）疾病防治。疾病有损皮兽健康和生长发育。间接影响毛皮的品质；某些疾病还会直接造成皮肤、毛被损伤而降低毛皮质量。加强疾病防治，尤其是代谢病和寄生虫病的防治，也是提高毛皮质量的重要措施。

2. 加工质量对毛皮质量的影响 毛皮初加工和深加工对其质量亦有很大影响。应严格按操作规程去做。

【思与练】

1. 如何确定毛皮兽的取皮时间？
2. 简述圆筒式剥皮法的操作要领。
3. 鲜毛皮的初步加工需要经过哪些步骤？
4. 被毛及皮板的质量指标主要有哪些？
5. 影响毛皮质量的因素主要是哪些？

【技能培训】

毛皮质量鉴定

【目的要求】 了解不同毛皮动物的成熟季节，熟悉不同毛皮动物的收购规格，掌握特种毛皮动物毛皮质量鉴定技术。

【材料与用具】 实习用狐皮、貂皮，卷尺，不同色差的样皮，设有固定灯光的实验室等。

【实习组织】 结合取皮季节到相关养殖场进行，或结合教学实习、课堂实习在实验室进行。

【方法与步骤】

（1）在固定灯光下观察毛皮板质、毛质。

（2）与样皮比较色差。

（3）测量毛皮尺码（圆筒式剥皮的皮张测量长度、袜式及片状的皮张测量面积）。

（4）填写鉴定记录表（表 8-1）。

表 8-1 毛皮质量鉴定

项 目	评 价
被毛颜色	
被毛品质	
皮板面积或尺码	
皮板质地	
皮板颜色	
伤 残	
备 注	

【实训报告】 按操作程序写出毛皮品质鉴定实训报告，将鉴定结果填入相应表格中。

学习情景8　犬生产技术

犬属于哺乳纲、肉食目、犬科、犬属、犬种。广泛分布于世界各地。

人类养犬的历史是漫长的，大约距今3.5万年以前，人类就已经成功地驯养家犬。在漫长的发展过程中，养犬业在适应人类要求的方向有了很多重要的发展。如为人类提供营养丰富犬肉的肉用犬，其肉香浓郁，味道甘美；蛋白质丰富，脂肪极少；有较高的药用价值，是时令滋补佳品；陪伴主人的宠物犬以及导盲犬、搜救犬等工作犬。

一、犬的外部形态

犬的品种繁多，体态各异，大小不一，但犬在外形上基本是相似的，身体是左右两侧对称的，一般分为头、躯干、四肢三部分。

1. 头　头部外形有其品种特征，按其长度可分为长头型、中头型和短头型。不同品种的犬，耳郭也有不同形状，如直立耳、半直立耳、垂耳、蝙蝠耳、纽扣耳、蔷薇耳和断形耳等。

2. 躯干　犬的颈部肌肉丰满，长度大约与头的长度相等（短头型犬除外）。胸部分为鬐甲、背部和胸廓。发育良好者，鬐甲应高；背部平直而宽阔；胸廓呈椭圆形，容量大且具活动性；腰部短、宽，肌肉发达，稍微凸起。尾部是犬品种特征之一，有卷尾、鼠尾、钩状尾、螺旋尾、直立尾、旗状尾、丛状尾和镰状尾。

3. 四肢　一般前脚5趾，后肢拇指退化只剩4趾。肉用犬的体躯丰满，四肢粗壮，而观赏犬的四肢较短，体型大多矮小。

二、犬的生活习性

1. 犬为肉食性动物，经过驯化食性有所改变　犬本为肉食动物，但经过几千年的人工驯养，食性亦有所改变。但犬仍然保持着肉食性动物的某些特点，如上、下颌各长一对尖锐的犬齿，吃食时总是囫囵吞下；消化道短，食物通过消化道的时间也短。饲养肉用犬时给以植物性饲料为主的配合饲料或者日粮，肉用犬仍然能正常的生长、繁殖，但犬最喜爱的食物仍然是各种肉类和鱼类，所以在肉用犬的饲料中添加动物性食物能增进食欲。

2. 对生存环境适应性强，但怕高温和骤然变化的环境条件　犬能承受炎热夏季和严寒冬季的气候，尤其是对严寒的耐受能力强，即使冰天雪地也丝毫不影响其活动。但犬全身被毛浓密，皮肤表面无汗腺，故对高温忍受力较差。犬的正常体温（直肠温度）为39～40℃，当所处环境温度接近体温时，犬主要通过加速呼吸、张口伸舌等方式散发热量，并到沙堆、水坑中洗浴而降温，当环境温度超过身体忍耐程度时，犬患热射病而死亡。因而在夏季管理中，应注意高温季节犬的防暑降温工作。

应当注意，仔犬因皮下脂肪少，皮薄，毛稀，体表面积相对较大（对体重来说），体温调节机能还不完善，以至肝糖原、肌糖原贮备少，故怕冷、怕潮湿，应注意保温工作，否则仔犬易被冻死或压死。

3. 犬的神经系统发达，记忆力强　犬的神经系统发达，反应灵敏，容易建立条件反射。

经过训练的犬，可根据主人的语言、命令、表情和手势等，做出各种各样的动作、表演，完成一定的任务。犬的时间观念和记忆力很强，每天吃食时间掌握得非常准确，对饲养过它的主人的行动和声音，都能记清楚。犬能靠良好的记忆力，从百里之外返回到家。

利用犬的时间观念和记忆力很强这一特点，我们可以训练犬排粪排尿、饮食、睡眠三定位，使三者有固定的位置。

4. 犬有爱好清洁、厌恶潮湿的习性 它不在吃和睡的地方排粪排尿，喜欢排在墙角、潮湿、荫蔽、有粪便气味处。在犬的管理中，只要我们稍加指点和调教，极易训练犬养成良好的卫生习惯，使犬舍内保持清洁和干燥。

5. 犬的嗅觉灵敏 犬的嗅黏膜面积达 160cm^2，黏膜内嗅细胞有 2 亿多个，是人类的 4 倍，能辨别空气中的细微气味。犬在其生存环境中，主要根据嗅觉信息识别主人，鉴定同类的性别、发情状态及母仔识别，辨别路途、方位、猎物与食物等。因此，在配制犬食时应考虑到食物气味，以增进其食欲。

6. 犬的听觉敏锐 犬的听觉非常灵敏，可分辨极为细弱与高频的声音，而且辨别声源能力极强。犬在夜间睡觉时也保持着高度的警惕性，能辨别出来自 1 000m 内的各种声音。这就要求我们将犬舍建在安静的地方，采取一些必要措施控制犬场噪声，保持安静。

7. 犬的味觉迟钝 犬的味觉细胞位于舌上，但感觉不灵敏，不能靠味觉辨别新鲜或腐败等食物，仅能靠灵敏的嗅觉来完成对这些食物的辨别。所以，在配制犬食时要注意食物气味的调理。

8. 犬的视觉不发达 犬眼的调节能力只有人的 1/5 或 1/3，对固定目标的视力距离是 50m，对运动目标的视力距离是 825m。犬是色盲，但暗视能力发达，在微弱的光线下也能看清物体，具夜行性。犬的视野开阔，可以做到“眼观六路，耳听八方”。

9. 犬感情丰富，忠于主人 犬有丰富的外部表现力，能用身体局部或全身姿态的变化来表达感情。犬对主人的忠诚和依恋是任何其他动物所无法比拟的，犬对主人绝对服从，有强烈的责任心，总是千方百计地完成主人交给的任务。

10. 犬的恐惧感 突然出现的巨大声响和闪光会使犬惊恐不安。犬对同类的死亡有强烈的恐惧感，表现出被毛耸立、步步后退、浑身颤抖。

11. 犬的领地行为 犬有极强的领地行为，有守卫自己领地的习性。犬在其生活和活动场所经常撒尿作标记，以显示属于自己的领地。当别的犬进入其领地时，犬将会猛烈的吠咬，以示保护自己的领地。因此，没有主人的指引，不得轻易进入犬圈，不宜将刚购入的犬混群，尤其是不能将青年犬、成年犬直接投放到一起，应使其逐渐熟悉后再混群，以减少争斗。

12. 犬的休息时间是间歇性的 犬在野生时是夜行性动物，白天睡觉，晚上活动。经过人类驯化后，与人类基本保持一致，但犬的睡眠与人类不同，而是分多次进行，犬一天累计睡眠时间达 14～15h。

13. 犬的寿命 犬的寿命一般在 10～15 岁，最高纪录达 34 岁，其中 2～5 岁为壮年时期，7 岁后开始衰老，10 岁时生殖能力停止。

三、犬的品种

目前世界的家犬品种已达 450 多个。它们大小不一，面貌和毛色各不相同。《中国畜禽遗传资源目录》(2006 年版) 记载我国现有犬的地方品种 11 个，引进品种 96 个，培育品种 1 个。

(一) 肉用犬品种

1. 圣伯纳犬 圣伯纳犬原产于瑞士。是体型最大的犬种之一。该犬体大有力，魁梧匀称，肌肉发达、紧凑、结实。头大颈短，性情温顺、善良，极聪慧。四肢发达、强壮有力，肩峰明显，胸拱起良好，背部宽阔，呈缓坡至臀部，腹部微收。

短毛型犬毛密而短，长毛型则被毛为中等长度，尾部有长而密的毛。毛呈浓淡不一的白色带红色、红色带白色或褐黄色等，具有不同的斑记。公犬肩高最低为 70cm，母犬为 63.5cm，母犬体格较纤细。

该犬生长速度快，成年公犬体重可达 75～100kg，母犬体重可达 55～85kg。产仔数高，平均窝产仔 8～12 头。有显著的杂种优势，用圣伯纳犬作父本，当地犬为母本进行杂交，杂交育肥犬 3.5 月龄体重可达 30～40kg。性情温顺，适合群养，饲料转化率高，抗病力强，肉质好，鲜嫩可口，味美醇香，适口性好。

2. 藏獒 藏獒原产于西藏，现广泛分布于青藏高原牧区，数量约有 50 万只左右，但优良的纯种却很少，标准的纯种藏獒，大部分在河曲地区。藏獒头大且方，额面宽，眼睛为黑黄色，嘴短而粗，四肢粗壮，尾大而侧卷，全身被毛长而密。身毛最长可达 10～15cm，尾毛长达 20～30cm，毛色有黑、黄、白、青、灰色。肩高 70cm 以上，体重在 60kg 以上，8 个月性成熟，每胎产仔 6～8 只，最多达 12 只，寿命为 15 年左右。

藏獒耐寒怕热，力大凶猛，野性强，使人见而生畏。抗病能力强，保护领地和食物能力强，善攻击。

3. 太行犬 太行犬原产于太行山地区。太行犬作为一种地方良种，其历史悠久，3 000 年前“周天子”御席“八珍”之一所使用和记载的就是此犬。

太行犬体高 55～60cm，体重 28～32kg。身高体大，胸阔而深，四肢粗壮，产肉性能强。被毛有黑、黄，也有少量红、白色。其黑的如炭，黄的似金，红的如血，白的似雪，毛密而细。耳小、下垂，头脸清秀，额段明显。前肢骨粗，后肢肌肉发达，尾中长，紧卷于背。

太行犬的主要特点是：个体大，最大体重能达 40kg，适应性强，耐粗饲，增重快，肉鲜而味美。是肉用犬理想品种之一。

4. 松狮犬 松狮犬产于我国北方地区，其体躯短粗，雄劲强壮，外貌独特。成年犬体高 50～55cm，体重 25～30kg。胸部宽而深，腰部短而强健，产肉性能强。被毛有棕褐色、红色、奶油色、蓝色等。后腿肌肉发达，飞节直。年产 2 胎，窝产仔 4～6 头。松狮犬对主人忠诚，体力强壮，当作肉用犬，肉味上乘，皮毛质量优于其他犬种，是裘皮服装、美食开发的理想品种之一。

5. 鞑子犬 鞑子犬原产于内蒙古自治区，其体型大，成年犬可达 45kg。被毛密、中长，头部有饰毛，威如雄狮。体长、体高适中，性凶猛，既可肉食，又可看家。耐粗饲，耐寒冷，抗病力非常强，适于中原和北方饲养。肉质好，出栏快，百日出栏可达 25～30kg。

6. 猪肉犬 猪肉犬原产于湘、桂、黔三省交界处——边远闭塞的渊九民族山寨，尤其以湖南省通道侗族自治县较多，故又称“侗族家犬”。其体高 45cm 左右，体长 55～60cm，体重达 15～16kg，被毛黑色、黄色、白色等，头如筒状，可立，脸和嘴上毛多，绒毛细密，针毛稀长。背腰稍短呈圆筒状。易肥，产肉性能强。猪肉犬耐粗饲，适应性强，生长发育快，易饲养。其独特之处是活时为犬，宰后似猪，吃时既有犬肉的鲜味，又有猪肉的香味，肉鲜味美，故称猪肉犬。

7. 青龙犬 青龙犬是吉林肉用犬研究所培育的肉用犬新品种。青龙犬成年体重为30～50kg，最大可超过50kg，完全符合肉用犬最佳的体重规范。肉用商品犬在出生后6个月、体重在25kg以上出栏。实践证明，青龙犬既抗严寒又耐高温，冬季可以在我国北方－30～－40℃条件下生长、发育和繁殖，夏季可以在我国南方30℃以上的气候下正常的生长、发育和繁殖，母犬年产两窝，每窝6～7只。该品种曾荣获1999年中国国际农业博览会肉用犬名牌产品。

（二）其他犬品种

1. 北京犬 原产于北京，是中国古老犬种。身高20～25cm，体重3.2～3.5 kg。北京犬头宽鼻短，额头多皱纹，眼大而圆，颈短而粗，身躯短而有力，胸宽，背部水平，四肢粗短，被毛较长，毛色有白色、红色、黑色、褐色、奶油色等单色和分布均匀的杂色。北京犬气质高贵、聪慧、机灵、勇敢、倔强，性情温顺可爱，是优秀的玩赏犬。

2. 中国沙皮犬 原产于我国广东省南海市大沥乡。其被毛短而硬，似砂纸而得名，身高35～45cm，体重15～25kg。中国沙皮犬毛色呈黄色或黄褐色，头肥大笨拙，形似河马，嘴长大，唇宽厚，面部有许多皱褶，头、颈、肩、皮肤厚韧松弛，多皱褶，富有弹性。耳呈圆三角形，半立半垂，尾似辣椒状向上翘起，胸深宽，臀平直，两前肢间距离大，肘稍外展，后肢强健有力。中国沙皮犬警觉机灵、勇猛善斗、彬彬有礼，喜欢与人亲近，对主人极为忠诚。

3. 山东细犬 产于我国山东省和河北省，在山东聊城、梁山一带数量较多，是典型的利用视觉追踪猎物的狩猎犬种。细犬身高58～67cm，体重16～26kg。其被毛特别短且细密，紧贴皮肤，一般毛长1cm左右，有着绸缎般的光彩；头长吻尖耳小而下垂，胸深腰细，四肢细长，前直后弓，后肢肌肉发达，尾细长，自然下垂。山东细犬爆发力强、跳得高、跑得快、柔韧灵活，毫不逊色于国外著名的跑犬。但目前细犬的数量已经很少，亟待开发拯救。

4. 德国牧羊犬 原产于德国，体型较大，身高56～66cm，体重31～38kg。德国牧羊犬头部宽广，口吻较长，耳大小适中，直立，颈呈拱形，强壮有力，胸深而宽，背直而有力，腰强壮，前肢直，后肢呈“蹲踞式”下卧状，四肢粗壮有力。德国牧羊犬分为短毛、中长毛和长毛三种，毛色为黑色毛混合褐色或灰色，四肢下部、胸腹下部毛为土黄色。德国牧羊犬沉着勇敢、活泼敏锐、极易与人沟通，易于训练。其记忆力、嗅觉极佳，顽强而忠诚，素有天然警犬之称。

5. 贵妇犬 原产于法国，分为标准型、迷你型、玩具型三种。迷你型贵妇犬身高25～38cm，体重4～6.8kg。贵妇犬头部呈楔形，双颊清瘦，吻长而尖细，耳长下垂，饰毛丰富。颈部比例恰当、结实，背线水平，胸深，腰短、宽、肌肉发达，尾根高，尾巴直，一般断尾1/2或1/3。被毛为天然的粗硬毛发，卷曲丰厚密实，多为单一毛色，有黑色、白色、褐色、杏黄色、银灰色或蓝色，以白色和浅灰色最受欢迎。被毛必须勤于修剪，经过修剪后的贵妇犬有其他犬所不及的高贵典雅、美丽的容貌。贵妇犬聪明机敏，动作灵巧，服从性强，是世界上很具有声誉的玩赏犬。

此外，在国内外市场上常见的名贵犬品种还有西藏狮子犬、拉萨狮子犬、中国冠毛犬、昆明犬、下司犬、重庆犬、拳师犬、斗牛犬、杜宾犬、大丹犬、纽芬兰犬、博美犬、寻血猎犬、喜乐蒂牧羊犬等许多品种。

项目 8－1　犬的繁育技术

【知识准备】

（一）犬的性成熟与体成熟

犬的性成熟时间受品种、地区、气候、管理水平以及营养状况等的影响而有差异。小型犬性成熟较早，大型犬性成熟较晚。管理水平较高、营养状况好的性成熟较早。一般出生后8～12个月即可达到性成熟，早的6～7个月，迟的长达23个月，平均为11个月。通常情况下，公犬的性成熟一般稍晚于母犬。

性成熟后，公犬可以交配并使发情的母犬受孕产仔，但尚不宜投入配种繁殖，因为公、母犬还没达体成熟。体成熟一般在性成熟之后，目前国内外犬业界公认的适宜配种年龄为1.5～2岁，母犬的初配年龄为1.5岁，具体视品种和个体发育而定。

犬为季节性发情动物，每年发情两次，一般在春季3～5月和秋季的9～11月各发情一次，发情持续3～4周。

（二）妊娠与分娩

1. 妊娠期　犬的妊娠期为58～63d，平均60d。妊娠期的长短因品种、年龄、胎次、胎儿数量、饲养管理条件等因素而有所差异，一般小型品种略短，初产个体略长。可依据第一次交配日期大致推算预产期，一般来说，1、2月配种，隔月加4d；7、12月配种，隔月加1d；其余月份配种，隔月加2d。

交配后判断母犬是否妊娠的方法很多，如触诊法、血液学检查法等，但在实际生产中应用较多的是靠眼看手摸：看母犬配种后阴唇外翻程度，外翻明显的可能已经配上，若交配后仍呈自然闭合状态，则未配上。已配上的母犬食欲旺盛，在交配后15～20d，母犬的胸部乳头红肿，30d后腹部开始逐渐膨大，用手轻按腹部，可触诊到乒乓球大小的胚胎。通常在交配后20d内，以静为宜，适宜的运动方式是由人牵着散步；妊娠40d后也需要安静，以免因剧烈运动导致流产。

2. 分娩　随着胎儿发育成熟和分娩期的临近，母犬的生理机能、行为特征和体温都会发生变化，产前3d体温开始下降，分娩前1d体温下降0.5～1.5℃，体温开始回升时即进入临产。分娩前1～2d，乳房肿胀，食欲大减、不安，在隐蔽的地方叼草，拔毛筑窝，常以爪抓地。分娩前3～10h开始出现阵痛，极度不安，呻吟或尖叫，排尿频繁，抓扒垫草，外阴肿胀。产前几小时阴道流出较多黏液。分娩多在夜间清晨。

胎儿产出后，母犬立即咬断脐带，吃掉胎膜，舔舐仔犬全身，并用头或爪将仔犬移到腹部乳房处。胎儿出生的间隔时间一般为30min，环境不安静时，间隔时间会延长。正常情况下，分娩持续时间为8～12h，个别超过24h。

母犬出现分娩症状时，用温水、肥皂水将母犬外阴部、肛门及尾根、后躯洗净擦干。再用1%的来苏儿清洗外阴部。助产人员的手臂应用0.5%的新洁尔灭溶液消毒。母犬分娩多数可自然产出，若出现异常现象，应及时采取相应措施助产。

【岗位技能】

一、犬的繁殖技术

（一）发情鉴定

发情过程中，在神经、激素的作用下，母犬的全身状态和生殖器官都会发生一系列复杂的变化。

1. 发情前期 发情前期指从阴道开始排出血样分泌物起到开始愿意接受交配止的一段时间，平均为9d（5～15d）。表现为阴门水肿、体积增大，阴门下悬垂液体小滴，2～4d后阴门有血样黏液流出，母犬表现不安，有些母犬会相互爬跨，但此时母犬不愿接受公犬的交配，甚至在公犬接近时攻击公犬。

2. 发情期 发情期指愿意接受交配之日到最后交配之日的这段时间，平均为9d（7～12d）。表现为外阴继续红肿，变软，流出的黏液颜色由血红色转变为无色透明或淡黄色，出血减少或停止。母犬主动接近公犬并允许交配。母犬愿意交配的第2～3天便开始排卵，这是交配的最佳时期。

3. 发情后期 发情后期指最后一次接受交配到黄体退化的一段时期，平均为75d（70～90d）。表现为外阴肿胀消退，逐渐恢复正常，性情变得安静，对公犬的吸引作用很快降低。

4. 乏情期 又称休止期。生殖器官进入不活跃状态，一般为3个月左右。

公犬全年均可发情，但多数是闻到母犬阴道排出的气味而导致发情。附近的发情母犬阴道流出分泌物的特殊气味刺激公犬，引起食欲减退、兴奋不安、狂吠不已。

（二）犬的配种

1. 最适配种时间 犬排卵时间因个体不同而异，新排出的卵子只有经过2～5d的成熟分裂后才能够受精。一般情况下，精子在母犬生殖道内存活的时间为268h，保持受精能力的时间为134h。因此，以发情第1天进入母犬生殖道的精子在发情期的大部分时间都有受精能力。

母犬发情持续期为7～12d，在发情开始后的2～3h排卵，排卵后的几天均可进行交配。通过实践，大多数饲养工作者发现，从见到发情母犬阴道流出第一滴血之日算起，在出血后的第9～13天是最适宜的交配期。第1次交配后间隔1～2d进行复配，受胎率较高。

适时配种时期与母犬年龄也有关，一般是青壮年犬出血时间较长，老弱犬出血时间较短。因此，在按出血后的9～13d的适配时间进行配种时，一般是老弱犬交配时间稍提前一点，青壮年犬稍后一点。此所谓老配早，少配晚，不老不少配中间。

2. 配种方法

（1）自然交配。配种时把全部母犬关入各自犬舍，把发情母犬放入运动场，然后放进公犬，让它彼此追逐熟悉，双方动情，母犬乐意接受交配时才进行交配。交配时间需20～45min，在交配时，公母犬会出现“锁紧”现象，不论时间多久，要听其自然，切忌强行拆散。好的种公犬1d可配2次，中间要休息8～10h，配后休息2～3d。夏季宜早晚配，冬季中午配。

若发情母犬拒绝交配，可换另一只公犬试试。

（2）人工授精。可有效提高公犬配种效果，扩大良种公犬的应用范围，对防止犬生殖道疾病传播均有很大作用。

二、犬的选种与选配

（一）犬的选种

种犬的选择应以全面鉴定为基础，在各方面都达到标准的前提下，集中力量选择几个主要性状，从而加速遗传进展。

1. 选种条件　符合品种标准要求，即种犬体质外形、体重、繁殖力和抗病力等都符合品种要求。全身匀称、协调，被毛紧披，身体轮廓清晰，头形端正，颈长短适中，肩胛骨丰满，背平直，胸围宽，腹部紧，尾部摆动有力，鼻镜湿润有凉感。

种公犬要求雄性特征明显，生殖器官发育正常，精力充沛。同时，还要根据其后代品质进行选择，选后代数量多、品质好的种公犬。

种母犬选择产仔多、带仔好、泌乳能力强、母性好、乳头不得少于 4 对的种母犬。母性好表现在分娩之前会絮窝，产后能定时哺乳。在圈养条件下，一般适龄母犬每年发情 2 次，产 2 胎，产仔 4～8 只/胎。

2. 选种方法

（1）初选。在优良犬种的第 2 代到第 5 代的后代中，选择系谱清楚、同窝多而匀、发育正常、开食早的仔犬断奶后转入育种群。为了避免近亲交配，初选时可采用同一公犬所产后代，选公不选母，选母不选公的办法。初选应比计划数多留 20%～30%。

（2）复选。将选出的育种群每隔半年再选择一次，选择生长发育良好、身体健壮、外生殖器无缺陷的留作种用。复选应比计划数多留 10%～20%。

（3）精选。犬交配生产之后依据其配种的受胎率、产仔数和仔犬的成活率，再进一步选择，然后按生产计划定群。精选时，更注重种公犬的品相及种母犬的繁殖性能。

（二）犬的选配

1. 选配的原则　禁止近亲交配，以防种源退化。年龄上，最好是壮年配壮年，壮年配青年，禁止老年配老年。

2. 选配的方法　犬的选配主要采用同质选配和异质选配。同质选配，就是在主要性状上选择公、母犬性能都很好的相配，即好的配好的，或好的配更好的，这样才能保证下一代的优点突出，使群体平均水平更高。异质选配有两种情况，一种是选择具有不同优良性状或性能的公、母犬相配，以期把这两个优良性状或性能结合在一起；另一种是选择同一性状或性能上优劣程度表现不同的公、母犬相配，目的是“以优改劣”。

项目 8－2　犬的饲养管理

【知识准备】

（一）犬的营养需要

犬的营养需要是指满足犬维持生命、生长发育、繁殖的各种营养需要的总称。犬与所有动物一样，其营养物质的需求包括蛋白质、碳水化合物、脂肪、矿物质、维生素和水分六大营养要素。

1. 蛋白质 日粮中蛋白质含量不足或某些必需氨基酸缺乏，会引起幼犬生长缓慢、发育不良，成年犬体重减轻，免疫力下降，繁殖率降低等。一般成年犬蛋白质的每天需要量为每千克体重4～8g，生长发育中的犬为每千克体重9.6g。

2. 碳水化合物 碳水化合物不足，血糖减少时，立即出现痉挛、知觉丧失、皮肤苍白、出汗等各种神经系统的病症；同时动用体内的脂肪，甚至蛋白质来供应热量，这样犬会逐渐消瘦，不能进行正常生长和繁殖。相反，则形成脂肪蓄积在体内，影响犬的体形、运动、执行任务等。幼犬碳水化合物的每天需要量为每千克体重17.6g。

3. 脂肪 成年犬对脂肪的需求为每千克体重是1.32g，幼犬为每千克体重2.64g。脂肪不足生长速度会受阻，过多则引起腹泻以及钙、磷缺乏症。

4. 矿物质 犬必需的矿物质为钙、磷、钠、钾、氯、镁、碘、铜、锰、硫等。大多数矿物质的代谢是相互有关的。钙和磷的比例以1.2～1.4∶1时利用率最高。每天需要食盐每千克体重165mg。

5. 维生素 犬需要添加的主要维生素主要有维生素A、维生素C、维生素D、维生素E以及B族维生素等。

6. 水 水是犬生命活动最为重要的物质。成年犬每天需要清洁饮水每千克体重100mL，幼犬为每千克体重150mL。应全天供水，任其自由饮用。

（二）犬的饲养标准

目前美国常用的犬营养需要标准是美国国家科学研究委员会（NRC）制订的1985年和1986年版本，它是基于犬生长的最低营养需要量。另外一个重要的参考标准是1974年的NRC标准，因为该标准对营养建议量留有一个约20%的安全界限。因此美国玩赏动物食品研究所等单位目前仍然应用1974年版本的NRC标准。

我国除部队、公安部门饲养的军犬和警犬以及家庭饲养的宠物犬营养标准较高外，其他犬营养水平都比较低，我国目前还没有制定犬的饲养标准，为了使犬能够健康生长，必须根据营养需要，参照国外标准，将各种饲料按一定比例配合在一起，制成营养比较全面的日粮。

下面介绍一种经验的适合于中型犬的饲养标准供参考（表8-1、表8-2）。

表8-1 犬的饲养标准

（曾昭光，周伯超．犬的营养与饲料．2002）

营养物质	含量	营养物质	含量
蛋白质（%）	17～25	Mn/（mg/kg）	100
脂肪（%）	3～7	Cu/（mg/kg）	3～8
纤维素（%）	3～4.5	Co/（mg/kg）	0.3～2.0
灰分（%）	8～10	Zn/（mg/kg）	15
碳水化合物（%）	44～49.5	I/（mg/kg）	1
Ca（%）	1.5～1.8	维生素A（U/g）	8～10

（续）

营养物质	含量	营养物质	含量
P（%）	1.1～1.2	维生素 D（U/g）	2～3
Na（%）	0.3	维生素 B_1（μg/g）	2～6
Cl（%）	0.45	维生素 B_2（μg/g）	4～6
K（%）	0.5～0.8	烟酸（μg/g）	50～60
Mg（%）	0.1～0.21	叶酸（μg/g）	0.3～2.0
Fe/（mg/kg）	100～200	维生素 B_6（μg/g）	40

表 8－2　日粮干物质应含养分

（熊家军．特种经济动物生产学．2009）

状　态	最低代谢能/（418kJ/g）	蛋白质（%）	脂肪（%）	纤维素（%）	Ca（%）	P（%）	Na（%）
维持	3.5	12～15	>8	<5	0.5～0.9	0.4～0.8	0.2～0.5
发育、妊娠哺乳	3.9	>29	≥17	<5	1.0～1.8	0.8～1.6	0.3～0.9
应激	4.2	>25	>23	≤4	0.8～1.5	0.6～1.2	0.3～0.6
老龄	3.75	14～21	>10	<4	0.5～0.8	0.4～0.7	0.2～0.4

【岗位技能】

一、犬场建设

犬场是供犬生活、居住的地方。建设犬场应本着投资少、用料省、少占地、利用率高、经济适用、无污染的原则，又有利于生产和防疫。

（一）场址选择

一般要求地势高燥，排水良好，背风向阳，交通方便，以沙土地面为佳。

（二）场内布局

场内布局既要有利于犬的饲养管理，又要因地制宜，做到统筹兼顾，合理布局。

肉用犬实行规模化养殖，必须科学地规划圈舍，进行合理的布局。在布局一般划分为 3 个区域，即生产区、管理区和工作区。生产区是犬的休息、活动、繁殖场所，应在生产区内分设种犬舍（可分为种公犬舍和种母犬舍）、产仔舍、幼犬舍，育肥舍、隔离舍及兽医室。各类犬舍要根据饲养数量的多少或发展规模的大小，实行东西走向，南北并列方式设计和布置。工作区包括饲料调制间、仓库、饲料加工间、配电室、车库等。管理区包括办公室、食堂、宿舍、接待室等。如果是规模较小的养殖场，各区、各舍可简化合并，以减少占地面积和基本投资费用，但必须符合防疫的要求。

（三）犬舍建筑

按饲养方式将犬舍划分为散养圈舍、拴养圈舍和犬笼。

1. 散养圈舍　幼犬、繁殖犬多采用圈内散养。犬圈坐北朝南，包括休息间和运动场，用砖石、水泥、木料和钢筋（网）建造。

幼犬舍由休息间和运动场组成。休息间呈前高后低斜坡式，长3～4m、宽2～3m，前高2.0～2.2m、后高1.5～1.8m，向阳一侧留有门、窗，门大小为1.7m×0.7m，门下设有0.4m×0.5m的犬洞，供犬出入，暖季开放，冷季挂帘防寒，窗户与休息间地面面积之比为1∶5～7，每个单元舍休息间面积为7～9m^2；运动场长3m、宽2～3m，周边用砖石砌0.5m高墙，防止污物流淌，传播疾病，墙上用木板、竹片、金属网修成篱栅，使之总高度达到1.8m以上。这样的犬圈可养幼犬8～10只。

分娩舍包括分娩间和运动场。分娩间与幼犬休息间构造相似，每个单元分娩舍的分娩间以4～6m^2为宜，运动场与幼犬运动场大小相同，只是周边墙的总高度要达到2.2m。

成犬舍设有休息间和运动场。休息间呈前高后低斜坡式，休息间的举架与幼犬休息间相同，长2m，宽1.5m，向阳侧留有1.7m×0.7m的门，门下设有0.7m×0.5m的犬洞；运动场长3.0m，宽1.5m，运动场周边设墙，墙上修筑篱栅，使其总高度达2.2m。这样的犬舍可饲养成犬1～2只。

2. 拴养圈舍 肥育犬多采用圈内拴养。拴养圈封闭、半封闭均可，将圈用砖石或木板砌成单间，每间宽0.6～1.0m、长1.4～1.6m，使犬各自被拴系在各自的单间内，互不相见，以利于安静，单间小室内有拴犬桩，缰绳以0.6～0.8m为宜，地面用水泥砌抹，并有一定坡度。

3. 犬笼 犬笼专用于饲养育肥犬。用金属、竹片、木板制作，笼长1.0m、宽0.6～0.8m、高0.8～1.0m，将育肥犬装入笼内，每笼1～2头，然后将笼置于棚舍内，可单层排放，也可将多个犬笼呈阶梯配置，以减少占地。

（四）养犬设备

1. 养犬常用设施

（1）犬床。犬床用木板铺成，这样可以保持犬体清洁和避免潮湿，减少皮肤病的发生。冬季，犬床要铺上垫草，以保温隔热。

（2）产仔箱。产仔箱为长方体，边长0.8m，高0.2m，内铺干净麻袋或柔软垫草。产仔箱前面设一个半圆形、高度为0.1m的开口，供产仔母犬自由出入，不伤乳头。

（3）保定架。保定架用木板、木方制成，木板长、宽各为1m，在木板上按犬的体形打通十余个孔，供穿绳绑犬用。下方接较粗木方，并在木方四端设两条木方长腿，以固定木板牢固不动。

（4）犬夹子。是用来抓犬并暂时固定头的。用较粗钢筋加工制成，长把与夹子连接处有一活动轴节，可调整夹子的开口大小。

（5）浴池。长20m、宽3m、深1m左右即可，池中水要经常换新，保持水质清洁。

（6）脖套、链子。脖套是套住犬脖子上的皮带，便于抓犬和带领出舍、出游。链子拴在脖套上，供拴犬和牵犬时用。

（7）食盆、水盆。供犬采食和饮水的用具。一般采取铝制，轻便易洗刷，不易碎。

2. 辅助设备 如推粪车、食桶、喷雾消毒设备、清扫用具、通风降温设备和保温设备等。此外，洗刷用具包括棕毛刷和梳子等，刷子以猪毛制品较为适合，梳子大多使用金属制品，有粗目和细目两种，用于梳理和刷拭被毛。

二、犬的一般饲养管理原则

实行科学养犬，提高养犬的生产水平，就必须根据犬的生物学特征和不同生产阶段的生理特点，有针对性地采取有效的饲养管理与护理措施，才能收到事半功倍的效果。

1. 选择适当的饲养方案　为了保证各类犬获得其生长与生产所需营养物质，应根据各犬群的生理阶段及体况和具体表现，按饲养标准的规定，分别拟定一个合理使用饲料，保证营养水平的饲养方案。

2. 安静的饲养环境　犬的听觉灵敏，经常竖耳细听，一有动静或外来人员侵入，就乱窜不安，高声吠叫，影响休息，尤其在妊娠、分娩、哺乳和配种时期，更应注意保持环境的安静，防止无关人员和其他动物的骚扰。

3. 注意卫生　包括犬舍、用具、食物、犬体的清洁卫生。

（1）犬舍的卫生。为保证犬舍的卫生，首先要训练犬在固定的地点排粪、排尿。其次是每日做好犬舍的卫生清扫，随时清除粪便，对地面、墙壁、门窗、犬床定期用消毒液消毒。

（2）用具卫生。食盆、饮水盆用后及时清洗，定期采取煮沸、消毒液浸泡等方法进行消毒。

（3）食物卫生。喂犬的饲料应现做现吃，最好不用过夜的剩余食物喂犬。饮水要清洁，禁止使用发霉食物和污水喂犬。

（4）犬体表卫生。保持犬体清洁，经常刷拭犬体，促进血液循环，及时发现体表病变，定期用对皮肤无刺激的消毒液喷雾犬体，消毒体表。

4. 饲料多样搭配　科学配制适口性好、营养全面、容易消化吸收的日粮。

5. 加强运动，增强体质　运动有利于犬体的健康和生长发育。运动可促进新陈代谢，增加食欲，强健机体，提高种公犬的性欲、配种能力和母犬的繁殖力，防止难产，减少死胎、弱胎，促进仔犬和幼犬骨骼和肌肉的发育。

6. 建立稳定的生活制度　根据犬的习性建立饲喂“六定”（定时、定量、定温、定质、定食具、定场所）的稳定生活制度。

一般成年犬每天喂 2 次，1 岁以内的犬每天喂 3 次，3 个月以内的仔犬每天喂 4 次，2 个月以内的仔犬每天喂 5 次，1 个月以内的仔犬每天喂 6 次。孕犬、哺乳犬和病犬可酌情掌握。每天饲喂的饲料量要相对稳定，但要注意不同个体在不同季节、不同生理状态下的食量不同。

根据不同季节气温的变化，调节饲料及饮水的温度，做到冬暖、夏凉、春秋温。饲喂饲料的温度应适宜，否则会影响犬的食欲及引起消化道疾病。

喂用的饲料质量一定要保证，变更饲料时要逐步改变。定食具是指每只犬食具专用，不得串换食具。用后清洗干净，定期煮沸消毒，注意保持清洁，防止传染疾病。

犬有在固定的地点睡觉、进食的习惯。犬床要固定，不可随意改变位置，饲喂场所要相对固定，不可到处乱喂，以免影响犬的食欲。

7. 改善饲喂方法　不同的饲喂方法，对饲料的利用率有一定的影响。自由采食的犬肥胖，限量饲养可提高饲料利用率。一般认为，颗粒饲料优于干粉料，干粉料优于稀饲料，要大力发展颗粒饲料。

8. 防疫灭病　定期接种疫苗，是预防传染病的有效措施。每月定期换草消毒，是清除体内外寄生虫不可缺少的办法。

9. 实施分群管理　应按照犬的品种、年龄、性别、性情、体质强弱和吃食快慢分群分舍饲养，这样既便于管理，又利于犬的健康。每群犬数不宜过大，一般以 8～10 只较好。

10. 注意观察 经常观察犬的精神状况、体质外貌、采食、排泄、生长发育等状况，能及时发现问题，改善饲养管理条件，做好疾病的防治工作。

三、日粮配合

依据不同品种、年龄、性别和不同生理时期的营养需要，同时参照各种饲料的营养成分含量，合理搭配各种饲料加以配制，使所配的日粮营养全面、适口性好，具有增进食欲、促进生长和维护健康的作用。另外，还应注意各类饲料的加工调制方法，以提高饲料的消化率。

养犬数量少（如家庭豢养的宠物犬、护卫犬等），饲料来源广，种类经常变动的情况下，犬的日粮中各种营养成分的掌握要求不是十分严格，更多的是从适口性方面考虑。

大型犬养殖场（户）在配制犬的日粮时，既要考虑饲料的营养，又要考虑原料来源稳定，准确掌握、计算营养成分和原料种类的比例，使之接近和达到营养全价。下面介绍几种犬的饲料配方供参考：

配方一（适用于断奶前后的幼犬）：玉米20%，大米20%，麸皮5%，豆饼面15%，鱼粉5%，蛋类10%，鲜奶20%。骨粉4%，食盐0.7%，其他矿物质及维生素0.3%。

配方二（适用于3月龄以上的育成犬）：玉米或大米40%，豆饼或花生饼10%，麸皮或米糠10%，红薯面或高粱面10%，花生壳粉8%，骨粉6%，鱼粉或动物下脚料10%，蔬菜4%，生长素1%，食盐1%。

配方三（适用于青年犬）：玉米粉或碎大米36%，豆饼或花生饼12%，麸皮或米糠12%，花生壳粉9%，红薯面或高粱面12%，鱼粉或动物下脚料8%，骨粉2%，蔬菜8%，食盐1%，另加适量维生素A、维生素D及微量元素若干。

配方四（适用于成年犬）：玉米面20%，碎大米15%，糠饼14%，面粉5%，豆饼14%，麦麸14%，菜子饼5%，鱼粉9%，生长素0.5%，食盐0.5%，骨粉3%。

配方五（适用于育肥犬）：玉米面30%，碎米、糠饼各20%，麦麸10%，花生饼8%，菜子饼5%，肉粉（血粉、羽毛粉）、骨粉各3%，添加剂、食盐各0.5%。

四、各类犬的饲养管理

（一）种公犬的饲养管理

种公犬体况适中是犬繁殖配种的最基本的条件，因此，在种犬的饲养过程中要严格控制，按饲养标准针对具体情况进行调整。

种公犬的饲养主要分为配种期和休配期两个阶段。配种期公犬的饲养一定要按饲养标准配制日粮，保证供给充足的营养，每千克混合饲料中应含粗蛋白17%～24%，消化能最低不少于12.96MJ/kg。犬是季节性发情动物，休配时间较长，母犬两个发情期间隔时间一般都在170～180d。在休配期中，种公犬的饲养标准为：每千克混合饲料中含粗蛋白14%～15%，消化能12.54MJ/kg。在配种前一个月要加大运动量、提高饲料标准，增加营养，保证种公犬体质结实，性欲旺盛，精液品质良好，为配种做好充分准备。

配种季节，可在饲料中加入一定量的蛋白质、维生素和矿物质含量高的食物，如加喂鸡蛋、肉类等，有利于提高精液品质。

在管理方面，种公犬应单圈饲养，饲养环境阳光充足、空气新鲜，舍内外清洁干燥，运动场所充足，犬舍冬暖夏凉。除此之外，还要搞好种公犬的运动、刷拭、定期检查精液品质等管理工作。

（二）种母犬的饲养管理

1. 妊娠母犬的饲养管理　在妊娠期中为满足母犬本身和胎儿的营养需要，要注意加强营养，喂优质饲料保证胎儿发育和母体健康。妊娠头一个月胎儿较小，不必给母犬特殊的饲养，但要保证按时饲喂。一个月后，胎儿发育迅速，对各种营养物质需要量增加，这时除了维持食物正常供给量外，还应适当增加肉类、鱼类、豆类、牛奶和新鲜蔬菜等营养丰富的饲料。到妊娠后期还应该注意补充钙或骨粉和适量的鱼肝油，以促进胎儿的发育。当胎儿长大，腹腔胀满时，即35～45d时，应改喂每天3餐，至临产时每天4餐，少食多餐，避免采食过量，引起消化不良，并能减轻腹压。不喂发霉变质饲料，不喂冷饮冷食，以免刺激肠胃甚至引起流产。

在管理上应注意以下几点：妊娠母犬应每天适当运动，每天运动3～5次，每次不少于30min，运动采取自由活动方式，严禁抽打、跨越障碍物，避免做剧烈运动。

定期给母犬刷拭身体，保持犬体卫生，在分娩前几天用温肥皂水擦洗乳房，再用温水洗净擦干。多晒太阳，一方面可杀死体表细菌，促进血液循环；另一方面能促进胎儿的骨骼发育。妊娠50d后准备好产箱和必要的接产用具。

2. 哺乳母犬的饲养管理　哺乳母犬不但要满足其自身营养需要，还要保证泌乳需要。分娩后3～5d应供给适量营养丰富的半流质饲料，如肉汤、稀饭、牛奶等，以后逐渐增加饲喂量，每天喂3次。经常检查母犬的喂奶情况，如发现仔犬哀鸣，四处乱爬，寻找母乳时，说明母犬泌乳不足，除了给母犬增加营养外，可饲喂红糖水、牛奶等，或喂给有催乳作用的药物，以增加泌乳能力，必要时对仔犬进行人工哺乳。

在管理上主要注意两个方面：经常给母犬做清洁和梳理工作，经常检查乳房，可防止乳房炎的发生，最好每天用消毒水擦洗乳房。每天在犬舍外适当运动，但不可做剧烈运动。

（三）仔犬的饲养管理

从出生到断奶（45日龄左右）的小犬称仔犬，此时仔犬被毛稀疏，皮下脂肪少，保温能力差，大脑尚未发育完全，体温调节能力低，适应性差，特别怕冷。因此，对仔犬的饲养管理要特别精细。

1. 尽快吃到初乳，固定好乳头　尽早吃到初乳，可增强仔犬的机体免疫力，促进其健康发育，提高成活率。

仔犬从刚生下开始应由人工辅助固定乳头，以免发生争斗，应把瘦小的仔犬放在乳汁较多的前部乳头上或哺乳两只乳头。

2. 保温防压　仔犬生后一周内的适宜生存小环境温度为29～32℃、第二周为26～29℃、第三周为23～26℃、第四周为20～23℃。仔犬箱应放在圈舍比较暖和的地方，12～13d的仔犬由于未睁开眼睛，行动缓慢，易被母犬压死，饲养员应昼夜值班，加强防护。

3. 仔细观察，及时护理　饲养人员每天应仔细观察仔犬哺乳、排粪、生长发育和脐带断端情况。出现异常，及时护理。每天定时称重，做好记录。一般母犬产仔4～8只，泌乳正常时，仔犬早期生长发育比较缓慢，仔犬出生后5d内，每天平均增重不得少于50g，6～10d内日增重不得少于70g。

4. 补铁、补乳和补饲　为预防缺铁性贫血，一般在3～7日龄时对每只仔犬肌肉注射

1mL 补铁王或富铁力等铁制剂。

随着仔犬的生长，其需乳量日益增加，母乳不能满足需要，则需补乳。补乳以牛乳和羊乳为好，乳温 27～30℃，15d 内的仔犬每天补喂 50mL，15～19d 的仔犬每天补给 100mL，20d 的仔犬则为每天 200mL，每天分 3 或 4 次喂给。

20 日龄后的仔犬，在补乳的同时应开始补饲，以锻炼其采食能力，早期可在牛乳中加少量的米汤、稀粥，25 日龄后可加一些浓稠的肉汤、鸡蛋、碎肉、青菜等，并加适量的鱼肝油、酵母、骨粉或钙片，每天喂 4 或 5 次。30 日龄后仔犬可以同母犬一起采食。

5. 寄养和人工哺乳 如遇母犬产仔过多，仔犬常吃不上乳，或因其他原因造成母犬无乳，为了让仔犬正常发育，这时可进行寄养或人工哺乳。

寄养时要选择泌乳充分、分娩时间大致相同的哺乳犬作为保姆犬，挤一些乳汁涂抹在要寄养的仔犬身体上，或把待寄犬与保姆犬的仔犬放在同一窝中相混，然后把保姆犬放进来哺乳即可。

人工哺乳时，用奶瓶盛装 37℃左右的浓牛乳或人工乳喂给。生后 10d 内，白天每 3h 一次，夜间 4～6d 一次，10d 后每只犬除牛乳以外，还要进行补饲。

6. 断奶 视仔犬生长发育情况，可以在 28～45 日龄断乳。一般采用分步断乳法进行断乳，先把强壮的仔犬断乳，后将较弱小的仔犬断乳，断乳时应将断乳仔犬移到母犬听不到仔犬叫声的仔犬舍内，舍内应清洁干燥，室温 25℃左右，并铺上柔软合适的垫料。喂给营养丰富而易消化的食物。每只断乳犬日粮组成为：牛肉 200g、牛奶 300g、鸡蛋 2 个、大米 200g、蔬菜 200g、食盐少许，另补给适量鱼肝油、骨粉或钙片或熟骨。

7. 仔犬的日常管理

(1) 日光浴。仔犬出生 3～4d 后，在无风暖和的日子里，将仔犬和母犬一同移到室外避风向阳处晒太阳，每天 2 或 3 次，每次 20～30min。

(2) 运动。12 日龄左右仔犬睁眼后，自己可以站稳时，可以让其在室内外自由活动，加强体质锻炼，活动时间和活动量视其体质发育状况而定。

(3) 修剪趾甲。仔犬趾甲生长快，过长会有不适感，且易在哺乳时抓伤其他仔犬以及母犬乳房，因此要定期修剪趾甲。

(四) 幼犬的饲养管理

幼犬通常是指断奶后到性成熟前的犬。这一阶段犬活泼好动、贪玩，其消化器官和免疫系统尚未发育完善，体温调节能力差，对饲养员及生存环境依赖性较大，因此应针对其生理行为特性，制定科学合理的饲养管理措施，保证幼犬正常的生长发育。

1. 创造适合幼犬特点的生活环境条件 幼犬喜欢群居游戏，需要较大面积的犬舍，一般每头幼犬至少需要 $4m^2$ 的活动空间。犬舍地面最好是水泥地面，便于清洁卫生和消毒工作，犬床应铺垫垫草，以利保温。犬舍之间要有较好的隔离设施，避免混群争斗，也有利于防疫工作的开展。

2. 保证幼犬充足的营养需要 幼犬是处于生长发育最为旺盛时期，对营养物质的数量及质量都有较高的要求，但此期幼犬消化器官尚不发达，所以保证幼犬充足的营养需要显得尤为重要。幼犬阶段应供给全价配合饲料，同时采用猪肝、蔬菜、肉汤等营养食物做成的消化性和适口性好的流质食物对幼犬进行补充饲喂，以满足幼犬阶段体躯骨骼增长较快时对钙、磷等矿物质和维生素的大量需求，从而防止幼犬佝偻病或软骨病的发生。

3. 分窝分群饲养管理 为了防止幼犬间因等级行为而出现相互的争斗，应及时对幼犬进行分窝饲养管理，一般3月龄前采取整窝饲养的方式，3月龄后分窝饲养。采用群体的饲喂方式，可促进幼犬的食欲。对幼犬少喂多餐，一般4月龄前每天4餐，4～6月龄每天3餐，6月龄后每天至少2餐。

4. 加强运动 幼犬阶段处于生长发育最为旺盛时期，经常对幼犬进行散放和运动对于增强机体骨骼、肌肉组织，改善内脏器官机能，促进新陈代谢，适应不同气候及环境条件均有极大作用。幼犬的运动时间应根据幼犬的体质及环境而定，一般3月龄以下幼犬每天连续散放运动时间不宜超过1h，随着年龄的增长可不断增加幼犬散放运动的时间和强度，一般以幼犬不产生疲劳为宜。

5. 及时驱虫 幼犬20日龄首次驱虫，半岁之前每月1次，以后每季度1次，成年后半年1次。经常对粪便进行检查化验，加强体内、外寄生虫的驱除。

6. 预防接种 新生幼犬可通过胎盘、母乳获得一定量的免疫抗体，但8周龄时幼犬体内对犬瘟热和犬细小病毒病起免疫作用的母源抗体已经下降到较低水平，此时可接种小犬二联苗，而此时仍有别的母源抗体在发挥作用，所以不能注射六联苗，六联苗可于2～3月龄第1次接种，以后每4周接种1次，连续3次。狂犬病疫苗3月龄时接种，每年1次。以后每年接种1次六联苗和1次狂犬病疫苗。

【思与练】

1. 阐述犬的生物学特性。
2. 阐述目前优良的肉用犬品种特征和生产性能。
3. 怎样才能做好种犬的选种选配？
4. 犬有哪些繁殖特征？如何提高繁殖率？
5. 阐述犬饲养管理的一般原则。
6. 怎样加强仔犬、幼犬和种犬的饲养管理？

【技能培训】

肉用犬的日粮配制与加工调制技术

【目的要求】 通过实训，使学生了解肉用犬日粮配制的原则，熟悉肉用犬的饲喂方式，掌握肉用犬日粮配制方法和犬食加工调制技术。

【材料与用具】 计算器、玉米等饲料原料、肉类或动物内脏、蔬菜、电炉、锅

【方法与步骤】

1. 肉用犬日粮配制原则

（1）成本低廉原则。饲料原料选择应该是在满足营养需要的前提下价格越便宜越好，并且能就地取材减少运输成本为好。

（2）全价平衡原则。在日粮组合上，一定要求达到全价平衡营养，实现最高饲料报酬。根据各种饲料的营养成分及犬的营养需要，分别取舍，合理搭配。首先要满足能量、蛋白质需要，然后再考虑其他成分：钙、磷、氨基酸，最后添加多种维生素。不能长期饲喂单一的

饲料，以免引起厌食，要经常改变日粮的配方，调剂饲喂。要考虑食物的消化率，吃进体内的食物并不能全部被消化吸收利用。因此，日粮中的各种营养物质含量应高于犬的营养需要。

2. 肉用犬全价日粮配方设计方法 可采用试差法和交叉法来计算制定出肉用犬的日粮配方。采用试差法设计时的方法和步骤如下：

（1）查饲养标准。

（2）查饲料营养成分价值表。

（3）确定各种原料的大致用量。

（4）计算各营养指标，并与饲养标准比较，修改。

（5）调整配方，确定各种原料的用量。

3. 犬食加工调制方法

（1）全价配方饲料要煮熟成半流状的粥糊，不得夹生或烧煳，否则会影响饲料的适口性和消化吸收。

（2）补充的肉类或动物内脏在加工调制时尽量保持蛋白质少受损耗，要用凉水浸泡、洗净，再切碎煮熟，煮沸时间以能达到杀菌、肉熟为度，不应碎烂过火。

（3）补充的蔬菜应先洗后切，并用火煮熟而不烂。块根类植物如萝卜、薯类尽量不要剥皮（马铃薯要去皮并去除有毒有害部分），洗净后切碎，煮至熟而不烂。

（4）将煮好的犬食混匀，冷却到 40℃左右即可饲喂。在夏季可以喂冷食。

（5）补充的骨头可让其直接啃咬或制成肉骨粉后，与其他饲料拌食。

（6）利用残羹剩饭喂犬时应捡去其中的鱼刺、鱼骨、鸡骨，以防刺伤口腔，刺激犬的咽喉和胃肠，影响犬的采食和消化。

【实训报告】

1. 采用“试差法”设计一个肉用犬的日粮配方。

2. 按操作程序写出实训报告。

学习情景9　乌鸡生产技术

【知识准备】

乌鸡属于鸟纲、鸡形目、雉科、原鸡属、原鸡种。乌鸡以皮肤、骨骼、肌肉均呈乌黑色而得名，集药用、滋补、美食、观赏于一身。其中最著名的品种是江西省泰和县原产的泰和鸡和该省余干县原产的余干乌黑鸡。此外，还有江山乌鸡、略阳乌鸡、雪峰乌鸡等，均有一定的饲养量。现将泰和乌鸡的特征特性作较全面的介绍。

（一）外貌特征

1. 丛冠　母鸡冠小，如桑葚状，色特黑；公鸡冠形特大，冠齿丛生，像一束怒放的奇花，又似一朵火焰，焰面出现许多“火峰”，色为紫红，也有大红者。

2. 缨头　头顶长有一丛丝毛，形成毛冠，母鸡尤为发达，形如白绒球，又似游泳头。

3. 绿耳　耳叶呈现孔雀绿或湖蓝色，犹如佩戴一对翡翠耳环，在性成熟期更是鲜艳夺目，光彩照人，故有人喻为“新婚巧装”。成年后，色泽变浅，公鸡退色较快。

4. 胡须　在鸡的下颌处，长有一撮浓密的绒毛，人们称之为胡须。母鸡的胡须比公鸡更发达，显得温顺而庄重。

5. 丝毛　由于扁羽的羽干部变细，羽支和羽小支变长，羽小支排列不整齐，且缺羽钩，故羽支与羽小支不能连接成片，使全身如披盖纤细绒毛，松散柔软，雪白光亮，只有主翼羽和尾羽末端的羽支和羽小支钩连成羽片。

6. 毛脚　由胫部至脚趾基部密生白毛，外侧明显，观赏者称之为“毛裤”。

7. 五爪　在鸡的后趾基部又多生一趾，故成五趾，又称为“龙爪”，又有“五爪兴龙 ”之说。

8. 乌皮　全身皮肤均为黑色。

9. 乌肉　全身肌肉、内脏及腹内脂肪均呈黑色，但胸肌和腿部肌肉颜色较浅。

10. 乌骨　骨膜漆黑发亮，骨质暗乌。

泰和鸡的十大特征人们形象地概括为：一顶凤冠头上戴，绿耳碧环配两边；乌皮乌骨乌内脏，胡须飘逸似神仙；绒毛丝丝满身白，毛脚恰似一蒲扇；五爪生得很奇特，十大特征众口传。

（二）生活习性

1. 适应性　成鸡对环境的适应性较强，患病较少，但幼雏体小，体质弱，抗逆性差。但经多年来的选育研究和提高饲养管理技术水平，育雏率、育成率和种鸡存活率均达95%左右。乌鸡耐热性很强，但怕冷怕湿，饲养中应特别注意。

2. 胆小怕惊　乌鸡胆小，一有异常动静即会造成鸡群受惊，影响生长发育和产蛋，因此，应创造一个较宁静的饲养环境。

3. 群居性强　乌鸡性情极为温和，不善争斗，但最好公母分群，大小分群饲养，使鸡群生长发育均匀、整齐。

4. 善走喜动　乌鸡善走喜动，但飞翔能力较差，管理方便，一般采用地面平养或网上平养为宜。

5. 食性广杂 一般的玉米、稻谷、大麦、小麦、糠麸、青绿饲料均能饲喂，但应注意饲料要全价，这样有利于鸡的生长发育和繁殖性能的提高。

泰和鸡体型较小，成年公鸡体重 1 300～1 500g，成年母鸡体重 1 000～1 250g。公鸡开啼日龄 150～160d。母鸡开产日龄 170～180d。年产蛋 100 枚左右，蛋重 40g 左右，蛋壳呈浅白色，蛋形指数 74 左右。母鸡就巢性强，在自然情况下，一般每产 10～ 12 枚蛋就巢 1 次，每次就巢在 15d 以上。种蛋孵化期为 21d。

【岗位技能】

一、种鸡的选择

采用 4 次选择法，具体如下：第 1 次 60 日龄，根据乌鸡生长发育和健康状况进行选择与淘汰，将外貌特征不明显、跛脚、弱小的鸡淘汰。第 2 次在 150 日龄结合转群进行，进一步淘汰外貌特征和体重不符合要求的个体。第 3 次 35～30 周龄时进行，种公鸡要选择体大、健康、“十全”特征明显、胸宽挺直、鸣声洪亮、好斗、交配能力强、精液品质好的个体；母鸡除了“十全”特征外，还要侧重生产性能，如肛门松弛，耻骨间距大，可容纳 3 指以上，腹大而柔软，产蛋数多，胸肌发达，皮肤细腻光滑，腿脚粗壮有力，觅食性强，换羽晚的高产鸡。第 4 次在种鸡休产前 2～3 周，测定母鸡的生产性能决定第 2 年能否留种。

二、配种技术

（一）自然交配

1. 大群配种 在母鸡群中按适当公母比例投放公母鸡，让其自由交配。母鸡受精率高，管理简单，适合商品生产群。

2. 小群配种 按育种或配种工作需要，公母比例 1∶8～15 进行小群配种。

（二）人工授精

1. 采精前准备工作 准备常用器械、雄性乌鸡、雌性乌鸡。

2. 采精 按摩法采精。

两人操作，保定人员用双手各握住公鸡一只腿，使其自然分开，大拇指捉住翅膀，使公鸡头部向后，尾部朝向采精人员，呈自然交配姿势。采精员左手手心向下，拇指及其余 4 指分开，紧贴公鸡，沿腰背向尾部轻轻按摩 2～3 次，当公鸡出现性反射时，采精员右手拇指与食指分开，中指与无名指夹住集精杯，轻按公鸡耻骨下缘两侧，并触摸抖动，当泄殖腔外翻时，左手将尾羽拨向背侧，拇指与食指分开，轻轻挤压泄殖腔，公鸡即可射精，右手迅速将集精杯置于泄殖腔下方承接精液。采精量一般一只公鸡每次 0.5mL。2d 或 3d 采精 1 次。

采精前公鸡进行调教，公鸡单笼饲养。采精前公鸡停食 3～4h；固定采精员。用具用前要经过刷洗、消毒、晾干或烘干。

3. 精液品质检查 外观检查，活力检查，鲜精活力 0.8 以上。精子密度检查、畸形率检查等。

4. 精液稀释与保存 常用稀释液有 1%氯化钠溶液：氯化钠 1g，蒸馏水 100mL；磷酸盐缓冲液：磷酸二氢钾 1.456g，磷酸氢二钾 0.873g，蒸馏水 100mL；葡萄糖溶液：葡萄糖

5.7g，蒸馏水 100mL；蛋黄葡萄糖溶液：蛋黄 1.5mL，葡萄糖 4.25g，蒸馏水 100mL。

上述各种稀释液中每毫升加 500～1 000U 青霉素和 1 000μg 链霉素。

鸡一般鲜精输精，如短期保存可于采精后 15min 内稀释，在 0～5℃条件下保存 3～5d。

5. 输精技术 一般输精由 2 个人操作完成，助手左手握住母鸡腿部，右手按压腹部，施加一定压力，将泄殖腔朝向输精员即可输精。当输精器插入的瞬间，助手即可解除对母鸡腹部的压力，使精液有效的输到母鸡的输卵管内，每输一只母鸡，都要用酒精棉球擦拭输精器头。最好每输一只母鸡更换一个输精器头，以免交叉感染。输精深度以浅输精为宜，输精管插入 1～2cm，即可收到好的效果。输精时间在每天下午 14～16 时，母鸡产蛋后输精。一般 3～4d 输精 1 次为好。原精液输精 0.025～0.05mL。

三、孵　　化

种蛋应选择蛋重 40g 以上，采用人工孵化，孵化技术有以下要点：

温度和湿度：分批入孵宜采用恒温孵化，每批蛋要求交叉间隔放置，入孵种蛋要注意大头向上放在蛋盘上，孵化第 1～18 天，孵化机内（蛋面温度）冬天 37.8℃、夏天 37.5℃为宜，孵化至第 19 天转入出雏机。种蛋注意放平，机内温度冬天 37.2℃，夏天 37℃。相对湿度第 1～18 天为 60%，第 19～21 天为 70%。

翻蛋：每 2h 翻蛋一次，角度 90°。

出雏：一般孵至第 20 天开始出壳，21d 并基本出雏完毕。

消毒：种蛋产后半小时和入孵前必须各消毒 1 次，出雏完毕，做好清洗和消毒工作，常用福尔马林熏蒸法或百毒杀等喷雾消毒。

四、乌鸡的饲养管理

（一）育雏期饲养管理

1. 育雏温度、湿度 1 日龄 33～35℃，以后每周降低 2～3℃，直至常温。湿度：第 1 周龄 65%～70%，以后为 55%～60%。

2. 密度 1～10 日龄 60 只/m^2，11～20 日龄 40 只/m^2，21～40 日龄 30 只/m^2，41～60 日龄 18 只/m^2，以后 12 只/m^2。

3. 开饮与开食 初期最好饮用温开水，或饮用 0.02%～0.04%高锰酸钾水一次；开饮后 1h 后即可开食，开食料一定要新鲜、易消化。多采用浸泡的碎米，并且每 20 只鸡每天在料中拌一个熟蛋黄，有利于雏鸡生长。5 日龄可喂适量切碎的青绿菜叶和混合料，7 日龄后喂全价配合料。

4. 饲喂方法 少喂勤添，定时定量。

（二）育成期饲养管理

6～8 周龄进入育成期。乌鸡在 2～3 月龄增重较快，此时采用高能、高蛋白饲料，自由采食，通常饲养 100d，体重达 0.75～1.2kg，即可出售。作为后备种鸡，除营养全价外，应防止过肥，以免影响产蛋性能。如果过肥要采取限制饲喂以控制体重，减少饲喂次数及饲喂量，尤其减少能量饲料。

育成期保持舍内清洁干燥，空气新鲜，严格控制饲养密度。定期对圈舍及用具进行清洗消毒，天气晴朗可放到舍外运动场活动。

（三）产蛋期饲养管理

产蛋期饲料比例适当，营养全面。一般饲料配比：玉米、稻谷、高粱可占35%～50%，米糠、麦麸皮可占25%～35%，豆饼、菜子饼等占5%～10%，鱼粉、肉骨粉占10%，青绿多汁饲料占15%～20%，贝壳粉、骨粉占2%，食盐占0.4，木炭粉1%～2%。除此之外，还要添加多种维生素和微量元素。具体饲养标准可参见表9-1。

鸡舍清洁干燥，室温保持18～22℃，光照不少于16h，密度适合，通风良好。

表9-1 乌鸡饲养标准

营养成分	雏鸡（0～60日龄）	育成鸡（61～150日龄）	种鸡（151～500日龄）	
			产蛋率≥30%	产蛋率<30%
代谢能（MJ/kg）	11.91	10.66～10.87	12.28	10.87
粗蛋白质（%）	19	14～15	16	15
蛋能比（g/MJ）	15.95	13.13～13.80	14.20	13.80
钙（%）	0.80	0.60	3.2	3.0
总磷（%）	0.60	0.50	0.60	0.60
有效磷（%）	0.50	0.40	0.50	0.50
盐（%）	0.35	0.35	0.35	0.35
蛋氨酸（%）	0.32	0.25	0.30	0.25
赖氨酸（%）	0.80	0.50	0.60	0.50

【思与练】

1. 乌鸡的十大特征是什么？
2. 简述乌鸡的人工授精技术。
3. 简述乌鸡育雏期饲养管理技术。
4. 简述乌鸡育成期饲养管理技术。
5. 简述乌鸡产蛋期饲养管理技术。

学习情景 10　雉鸡生产技术

【知识准备】

雉鸡在生物学分类上属于鸟纲、鸡形目、雉科，又称野鸡、山鸡、环颈雉等。肉质细嫩鲜美，野味浓，基本不含胆固醇，是高蛋白质、低脂肪的野味食品，因此被誉为优质保健肉和美容肉。雉鸡有一定的药用价值，《本草纲目》记载：野鸡补气血，食之令人聪慧，勇健肥润，止泻痢，除久病及五脏喘息等。雉鸡尾长，且羽色光彩鲜艳，观赏性强。其别具特色的雉鸡羽毛还可以制成羽毛扇、羽毛画、玩具等工艺品。

（一）分类及分布

野生雉鸡世界上共有30多个亚种，我国境内有19个亚种，其中有16个亚种为我国特有。雉鸡在国内分布很广，遍及全国大部分地区。目前，世界上和我国人工饲养的雉鸡大部分是由我国亚种驯化或杂交而成，主要品种有我国的东北雉和美国的七彩雉。

（二）形态特征

1. 公雉　头顶青铜褐色，两侧白色眉纹。前额及上喙基部羽毛黑色，有金属光泽。头顶两侧各有一束黑色闪蓝光的耳羽族，羽端呈方形。眼周围及眼下方的皮肤裸露，呈绯红色，繁殖季节呈鲜红色。眼的后下方有绿色短羽，耳羽为黑色，喉部羽毛为紫色。颈部羽毛背侧为紫色、腹侧绿色，颈部有白色颈环，在颈腹侧断开或几乎断开，在颈背侧也稍变窄。肩和上背部羽毛淡黄色，围以黑色条纹。背和腰部均为浅银灰色而带绿色，具有金属光泽。胸部羽毛栗紫色，羽端红铜色，有明显的金属光泽。肋部羽毛金黄色，羽的尖端有一个大黑斑。下胸部中央及腹部羽毛黑褐色。翼上羽浅灰色，羽缘白色；翼下羽白色，杂以淡黄色。尾羽灰色和黄褐色掺杂且有黑色横斑。喙、脚灰色，有短距。体长700～900mm，尾长400～500mm，体重1 200g。

2. 母雉　头顶羽毛米黄色，杂有黑褐色斑纹。面部羽毛淡红色，颈部浅栗色，胸腹部沙黄色，尾羽黄褐色，上有黑色斑纹，背部褐色或棕褐色，有黑色斑纹。喙和脚均为灰色，脚无距。体长550～650mm，尾不足300mm，体重800g左右。

（三）生活习性

1. 适应性广、抗寒、耐粗　生活环境从平原到山区，从河流到峡谷，栖息在海拔300～3 000m的陆地各种生态环境中，夏季能耐受32℃以上高温，冬季－35℃也能在冰天雪地行动觅食，饮冰碴水，不怕雨淋。

2. 集群性强　繁殖季节以雄雉鸡为核心，组成相对稳定的繁殖群，独处一地活动，其他雄雉群不能侵入，否则开展强烈争斗。自然状态下，由雌雉鸡孵蛋，雏雉鸡出生后，由雌雉鸡带领初生的雏雉鸡活动。待雏雉鸡长大后，又重新组成群体，到处觅食，形成觅食群。群体可大可小，因此，人工养殖的雉鸡，可以适合大群饲养环境，但密度过大时，妨碍采食，常发生互啄现象。

3. 胆怯机警　雉鸡在平时觅食过程中，时常抬起头机警地向四周观望，如有动静，迅速逃窜，尤其在人工笼养情况下，当突然受到人或动物的惊吓或有激烈的嘈杂噪音刺激时，会使雉鸡群惊飞乱撞，发生撞伤，头破血流或造成死亡。笼养雄雉鸡在繁殖季节，有主动攻击人的行为，野生成年雌、雄雉鸡常佯装跛行或拍打翅膀引开敌害，以保护幼雉鸡。因此，养殖场要求保持环境安静，防止动作粗暴及产生突然的尖锐声响，以防雉鸡群受惊。

4. 性情活泼，善于奔走，不善飞行 雉鸡喜欢游走觅食，奔跑速度快，高飞能力差，只能短距离低飞，而且不能持久。

5. 叫声特殊 雉鸡在相互联系，相互呼唤时常发出悦耳的叫声。就像"柯-哆-啰"或"咯-克-咯"。当突然受惊时，则爆发出一个或系列尖锐的"咯咯"声，繁殖季节，雄雉鸡在天刚亮时，发出"克-多-多"欢喜清脆的啼鸣声，日间炎热时，雄、雌雉鸡不叫或很少鸣叫。

6. 雉鸡食量小，食性杂 雉鸡胃囊较小，容纳的食物也少，喜欢吃一点就走，转一圈回来再吃。雉鸡是杂食鸟，喜欢各种昆虫、小型两栖动物、谷类、豆类、草子、绿叶嫩枝等。据野外考察发现，植物性食物占采食量的97%，动物性食物占3%。但各种食物所占比例受季节变化的影响，一般夏、秋季节动物性食物比例增大。植物性食物包括草本、木本的嫩芽、茎、花、叶、果实、种子及落在地上或垂下来的农作物子实。动物性食物主要是各种昆虫、蚯蚓、小型两栖动物等。

家养雉鸡的食物，是以植物性饲料为主，配以鱼粉等动物性饲料而成的配合饲料。据观察，家养雉鸡上午比下午采食多，早晨天刚亮和下午17～18时，是全天两次采食高峰；夜间不吃食，喜欢安静环境。

7. 繁殖特性 性成熟晚，雄雉鸡第一次成功地交尾，雌雉鸡产第一枚蛋，即被视为性成熟。雉鸡性成熟时间在10个月龄左右，即上一年5～8月孵出的雏雉，在翌年的3～4月均可成功地交尾和产蛋。雄雉鸡比雌雉鸡晚1个月性成熟。在自然环境中，野生雉鸡的繁殖期从每年2月到6～7月，雉鸡的产蛋量即达到全年产量90%以上。在人工养殖环境中，产蛋期延长到9月，产蛋量也较野生雉鸡高。人工驯化后的雉鸡性成熟期可提前，美国七彩雉鸡4～5个月就可达到性成熟期。生产场母雉鸡利用1年，种雉场种雉鸡利用2年，公雉可利用3年。

野生雉鸡有就巢性，通常在树丛、草丛等隐蔽处营造一个简陋的巢窝，垫上枯草、落叶及少量羽毛，雌雉鸡在窝内产蛋、孵化。在此期间，躲避雄雉鸡，如果被雄雉鸡发现巢窝，雄雉鸡会毁巢啄蛋。在人工养殖条件下，要设置较隐蔽的产蛋箱或草窝，供雌雉鸡产蛋，同时，可以避免雄雉鸡的毁蛋行为。

人工养殖情况下，由于网室内雉鸡密度大，互相干扰，产蛋地点很难固定。产蛋时间多集中在上午9时至下午3时。绝大多数雌雉已无就巢性，但极个别雌雉也会出现就巢性。

【岗位技能】

一、选　　种

雉鸡品种很多，有河北亚种雉鸡、中国环颈雉（也称美国七彩山鸡）、左家雉鸡、黑化雉鸡、白雉鸡等，应根据饲养需要选择合适的品种。

每年10～11月进行第1次选择，严格按照品种标准、生长发育和健康状况选择，组成后备群；次年的1～2月进行第2次选择，选择标准：公雉羽毛丰满，羽束直立，胸宽深，体大，体格粗壮，雄性强；母雉身体端正呈椭圆形，羽毛紧贴，有光泽，尾不着地，腿部及眼部无缺陷。有条件的可在 2 月底 3 月初第 3 次选择，剔除不符合品种特征或雄性不强、精神状态不佳的公雉；母雉至 3 月初脸不红或尾拖地的个体。至此经过 2～3 次选择淘汰就可以确定种雉了。

二、繁殖技术

1. 配种　野生状态下雉鸡在繁殖季节以 1 雄配 2～4 雌组成相对稳定的婚配群，每年 2～3 月开始繁殖，5～6 月是繁殖高峰期，7～8 月逐渐减少，并停止。人工养殖的雉鸡要掌握适时放对配种。我国北方地区一般 3 月中旬前后，南方地区一般 2 月初放对。

2. 人工授精技术

（1）采精。采精者使公鸡保持伏卧姿势，用左手按住其尾羽，用右手拇指和食指在公鸡腹部轻快地按摩约 20s，使交尾器官在泄殖腔内侧壁勃起，采精者用左手拇指在泄殖腔两侧微微加以按压，即可使公鸡射精。小心地将乳白色的精液收集至容器中，每天可取精 1 次。

（2）输精。将受精的母鸡保定，用手轻轻按压母鸡背部，然后从两侧压向泄殖腔中间，左上方就是阴道口。输精者将盛有精液的输精器插入输卵管内 2～3cm 深，这时应放松母鸡腹部，缓慢地让泄殖腔复原，防止精液流出。输精器通常采用玻璃注射器或塑料注射器。因为雉鸡交配 1 次，可连续产受精蛋 8～10 枚，所以每周输精 1 次即可获得 95%以上的受精卵，从而可避免因近亲交配而造成品种退化。

3. 产蛋　野生状态下，雌雉鸡年产蛋 2 窝，个别的能产到 3 窝，每窝 15～20 枚蛋。蛋壳为浅橄榄黄色，椭圆形，蛋重 24～28g，纵径 25～32.5mm，如第一窝蛋被毁坏，雌雉鸡可补产第二窝蛋。在产蛋期内，雌雉鸡产蛋无规律性，一般连产 2d 休息 1d，个别连产 3d 休息 1d，初产雌雉鸡隔天产 1 枚蛋的较多，每天产蛋时间集中在 9～15 时。产蛋量与雉鸡驯养时间长短、品种、年龄及饲养管理水平有关。刚从野外采种及捉回的雉鸡，一年内很少产蛋，人工繁殖多代的雉鸡产蛋较多，2 年龄要比 1 年龄的产蛋多。地产山鸡的年产蛋量一般为 20～25 枚，饲养好的可年产 40 枚左右。美国七彩山鸡年产蛋量 70～120 枚。

4. 种蛋的选择与消毒　种蛋应新鲜，一般不超过 1 周为好，种蛋形状大小基本一致，蛋壳厚薄均匀，存放时种蛋应大头朝上，存放适宜温度为 18℃，相对湿度为 70%～80%。

入孵前种蛋可用下列溶液消毒：0.5%的新洁尔灭溶液喷洒消毒、0.5%的高锰酸钾溶液及 1.5%的甲醛溶液浸泡消毒 2～3min。

5. 种蛋的孵化　适宜的温度是孵化中最重要的条件。雉鸡卵的孵化期一般为 23～24d，孵化的前 1～20d 最适温度为 38℃，最佳湿度为 65%～70%，第 21～24 天应将温度降为 37℃，将湿度调整为 75%。

为防止胚胎与蛋壳粘接，使卵受熟均匀，孵化的前 1～20d 每 2h 翻蛋 1 次，每天翻蛋 8～12 次。角度为 90°；在孵化的 7～20d 每天晾蛋 10min。

雉鸡种蛋入孵后 7～8d 进行第 1 次照蛋，及时检出无精蛋和死精蛋；入孵的 19～20d 进行第 2 次照蛋，及时去除死胚蛋。

第 24 天大批出雏，出雏期间不能离人，将刚出壳的雏鸡及时检出放入育雏器中 2h 左右，羽干后放到育雏箱中，每隔 1h 检查 1 次雏鸡的情况。对个别出壳有困难的，要进行人工辅助出壳，但不能强行剥离。

三、雉鸡的饲养管理

（一）雉鸡场的建筑和设备

1. 场址的选择 在平原地区，应选择地势高燥、砂质地，排水良好，地势稍向南倾斜的地方。山区丘陵地区应选择背风向阳，面积宽敞，地下水位低，地面稍有斜坡，通风、日照、排水都良好，并可以避免冬季西北风侵袭的地方，为雉舍保温创造条件。

雉鸡场要远离居民区、工厂、公路等，交通便利。水源要有保证，水质要清洁卫生。电源可靠。

2. 雉鸡场建筑布局 应划分出生产区和非生产区，生产区中应根据主导风向，按照孵化室、育雏室、中雏室、成雉网室、种雉网室等顺序来设置。非生产区包括职工住宅及其他服务设施，应与生产区有200～250m的距离。

（二）雉鸡不同生长期的管理

1. 育雏期的饲养管理

（1）调控温度。雏雉1～3日龄为34～35℃；4～5日龄为33～34℃；6～8日龄为32～33℃；9～10日龄为31～32℃；11～14日龄为28～31℃；15～20日龄为28℃；21～25日龄为25℃；25日龄以后为常温，一般不低于18℃，白天可停止给温，而夜晚要继续加温；28日龄以后可全部脱温，但还要根据外界温度变化和雏雉的表现情况，灵活掌握给温，使育雏效果更佳。

（2）控制湿度。相对湿度应控制在60%～70%之间。育雏初期，由于室温高使湿度偏低，可采取向地面洒水或在舍内放置水盆等方法来增加湿度。育雏中后期，由于雏雉呼吸量和排粪量的增加及室温的逐渐降低，湿度常超过70%，可通过打开门窗通风和及时清扫粪便等方法来降低湿度。

（3）精心喂养。雉雏出壳10h左右即可转入育雏舍，出壳12h后有啄食行为时，即可喂一些消毒水（水中加0.01%高锰酸钾，每只2 000～3 000U青霉素/只）或5%糖水及0.1%维生素C混合液。对不会饮水的雏雉应进行调教。喂水后，间隔1～2 h即可开食。

第1天开食可喂玉米粉拌熟鸡蛋（100只雏雉每日加3～4只蛋），饲料中应拌入少量水，达到手攥成团，撒出时又都散开的程度。2日龄可喂含粗蛋白质25%以上的全价饲料。由于雏雉的食量较小，饲喂应少喂勤添。开始时每2～3 h喂1次，每日可喂8次以上；4～14日龄每日喂6次；15～18日龄每日喂5次；4周龄后每日喂3～4次，随着雏雉日龄增长，所需饲料也逐渐增加，当生长到接进成年体重时，饲料的需要量趋于稳定。0～20周龄共需精料约6.5 kg。

（4）适时分群。雉鸡应随日龄的增长而分群，群的大小一般为：1～10日龄60～70只/m^2；11～20日龄40～50只/m^2；21～30日龄20～30只/m^2；30～40日龄20只/m^2；45～60日龄5只/m^2。同时应将强弱雏分群饲养，保证雉群生长一致。经常观察雉群动态，如精神、食欲、粪便、行为等，发现异常及时查明原因，并采取相应对策。

（5）断喙。雉鸡好斗，断喙是解决雉鸡啄癖最有效的方法。方法是在2周龄，用电热断喙器切除喙长的1/3，烙烫止血要充分。以后每隔4～6周断1次。断喙对雉鸡的应激非常激烈，可在饮水中加入适量的速补14及维生素K等减轻应激反应并有利于止血。

（6）光照。育雏第1周内，育雏室24h光照，光照度为5～10lx，这有助于雏雉寻食和饮水。以后光照可以逐渐减少到每日12h或自然光照。

（7）环境的安静。雏雉特别易受环境影响，稍有动静就会惊群，四处奔逃，严重的会撞伤头部或弄断颈椎。因此应保持环境安静，并减少捕捉等。

（8）接种疫苗。出雏后24 h内注射马力克氏病疫苗；7日龄注射传染性支气管炎疫苗；14日龄用新城疫Ⅳ系苗和法氏囊苗饮水。

（9）加强管理。育雏期间应加强卫生管理，喂料及饮水用具每日清理，定期消毒。洒在地面的饲料和饮水应随时扫净、擦干。对育雏舍用对雏雉无害的消毒药，每日带雏雉喷雾消毒一次。雏雉非常弱小，抵御能力很差，要特别注意防止鼠害的发生。

2. 育成期饲养管理

（1）饲养方式。

①立体笼养法。以商品肉用雉鸡为目的大批饲养，在育成期采用立体笼养法，可以获得较好的效果。此期间雉鸡的饲养密度应随鸡龄的增大而降低，结合脱温、转群疏散密度，使饲养密度达到每平方米20只左右，以后每2周左右疏散1次，笼养应同时降低光照度，以防啄癖。

②网舍饲养法。网舍饲养法对作为种用的后备雉鸡可提供较大的活动空间，使种用雉鸡繁殖性能提高。在雏雉鸡脱温后，转到网舍饲养时，为防止由于环境突变，雉鸡惊慌突然起飞乱冲乱撞，造成死亡损伤，应将雉鸡的主翼羽每隔2根剪掉3根。网舍饲养应在网室内或运动场上设沙地，供雉鸡自由采食和进行沙浴。

③散养法。可以根据雉鸡的野生群集习性，充分利用荒坡、林地、丘陵、牧场等资源条件，建立网圈，对雉鸡进行散养。为防雉鸡受惊飞逸，可在雉鸡出壳后进行断翅，即用断喙器切断雏雉鸡两侧翅膀的最后一个关节。在外界环境温度不低于17～18℃时，雏雉鸡脱温后即可放养。放养密度为每平方米1～3只。这种饲养方法，雉鸡基本生活在大自然环境中，空气新鲜、卫生条件好、活动范围大，既有天然野草、植物、昆虫采食，又有足够的人工投放饲料、饮水，极有利雉鸡育成期的快速生长。同时，在这种条件下生长的雉鸡具有野味特征，很受消费者的欢迎。

（2）饲养管理。

①饲养。5～10周龄的雉鸡每天喂4次以上，11～18周龄，每天喂3次。饲喂时间应早、晚2次尽量拉开时间间距，中间再喂1次，这样就可避免夜间空腹时间过长，切忌饲喂不定时，饲喂量时多时少，雉鸡饥饱不均。在饲养过程中，必须给雉鸡不间断地供给清洁饮水。

②转群。雉鸡胆小敏感，易受惊吓。因此，在雉鸡转群前，要进行大、小、强、弱分群，以便分群饲养管理，达到均衡生长。同时，雉鸡由育雏笼养转到育成舍平面饲养，环境条件的突然改变，使得雉鸡惊恐不安，易在舍内四角起堆，互相挤压，造成局部密度过大。特别是夜间，天气较凉，雏雉鸡更易扎堆，造成死亡。为避免压死雉鸡，应在四处墙角用垫草垫成30°的斜坡，将垫草踏实，这样雉鸡钻不进草下，减少了挤压的伤亡。在转群的前2～3d内，夜班人员要随时将挤堆的雏雉鸡及时分开。

③驱赶驯化。在网舍饲养条件下，在转群的1周内，将雉鸡关在房舍内，定时饲喂，使之熟悉环境及饲养员的操作动作等，建立条件反射，使之不怕人，愿意接近人。在天气暖和的中午可将雉鸡赶到室外自由活动，下午16时以前赶回房舍。1周后，白天将雉鸡赶到网

室运动场自由活动，晚上赶回房舍。如遇雨天，应及时将雉鸡赶回舍内，以防淋雨感冒，待形成一定的条件反射后，就可以昼夜敞开鸡舍门，使雉鸡自由出入。

④网养密度。5～10 周龄每平方米 6～8 只，如运动场面积计算在内则每平方米 3～5 只，雉鸡群以 300 只以内为宜。11 周龄每平方米 3～4 只，将运动场面积计算在内，每平方米为 1.4～2.5 只，按雌、雄分群饲养，每群 100～200 只。

⑤光照。如果留作种用的雉鸡，应按照种鸡的光照要求，分别对雄、雌种用雉鸡适时达到同步性成熟来管理。对于肉用雉鸡，采用夜间增加光照来促使雉鸡群增加夜间采食、饮水，提高生长速度和脂肪沉积能力。

⑥卫生防疫。在雉鸡的育成期间（4 周龄以上的青年雉鸡），应将留作种鸡所应做的防疫工作，在此期完成，如果是网室平养，应预防球虫病和禽霍乱，可以在饲料中添加药物进行预防。

3. 种用雉鸡的饲养管理　育成青年雌雉鸡到 10 月龄可达到性成熟，雄雉鸡比雌雉鸡性成熟晚 1 个月左右。种用雉鸡饲养和管理的目的是培育健壮的种雉鸡，使之生产出更多高质量的种蛋。种雉鸡饲养时间较长，可分为繁殖准备期（3～4 月）、繁殖期（5～7 月）、换羽期（8～9 月）、越冬期（10 月至翌年 2 月）。

（1）繁殖准备期。此时天气转暖，日照时间渐长，为促使雉鸡发情，应适当提高日粮能量、蛋白质水平，相应降低糠麸量，添加多种维生素和微量元素，增加活动空间，降低饲养密度，每只种雉鸡占饲养面积为 0.8m^2 左右即可。整顿雉鸡群，选留体质健壮、发育整齐的雉鸡进行组群，每群 100 只左右。此期还应整顿鸡舍。网室地面铺垫 5cm 的细沙。在雉鸡舍较暖处设置产蛋箱，箱内铺少量木屑，产蛋箱底部应有 5°倾斜，以便蛋产出后自动滚入集蛋槽，避免踏破种蛋、污染种蛋和啄蛋。运动场应设置石棉瓦挡板，以减少雄雉鸡争偶打斗和增加交尾机会。此期管理工作重点是：

①做好产蛋前的种鸡全部防疫工作，在雉鸡开产后最好不做任何免疫接种。做好鸡舍环境清洁卫生工作，以防疾病发生传播。

②加强对产前雉鸡的饲养管理，结合免疫接种工作，对种雉鸡群进行调整，如种雉未断喙或断喙工作做得不好的，在此期要进行断喙，以防啄肛、啄蛋行为。

（2）繁殖期

①营养与饲料。雉鸡在繁殖期由于产蛋、配种，需要提高蛋白质水平，并注意维生素和微量元素的补充。地产雉鸡一般在 4 月 15 日左右开始交尾，雄、雌比例为 1∶6～7。雌雉鸡一般在 4 月下旬到 5 月上旬开始产蛋。美国七彩雉鸡于 3 月 20 日左右开始交尾。产蛋期的地产雉鸡，应在 4 月 15 日左右将日粮改为繁殖日粮，美国七彩雉鸡则于 3 月 15 日更改日粮，此期采食量逐渐增加，对日粮营养水平的要求也增加。为保证较多的种蛋受精率和种蛋合格率，要求日粮营养全价，配方稳定，不能经常变换。繁殖期日粮特点和要求如下：蛋白质水平一般达到 21%以上，尤其高温季节，要稳定平衡，高品质地供应全价日粮。

日粮配制：鱼粉占 10%～20%，国产鱼粉在日粮中占 10%时，则不需要加食盐；饼粕类饲料占 20%～30%，一定要喂熟的；酵母在日粮中比例为 3%～7%，酵母是一种优质蛋白质和氨基酸添加剂饲料，用酵母时，可适当降低动物性饲料的比例；雉鸡对脂肪的需要量比家鸡高，当雌雉鸡进入产蛋高峰期，在日粮中应加入 2%～3%的脂肪；此期青绿饲料应占饲喂量的 30%～40%，如青饲料不足时，应补充维生素添加剂；日粮钙水平应提高到

2%～3%。

②繁殖期的管理。种雉鸡的饲养管理工作，重点是促进种雉鸡的繁殖性能。此外，还要求加强日常管理，创造一个安静的产蛋环境，抓鸡、集蛋要轻、稳，做到不惊群，保持此期群体的相对稳定。勤捡蛋，减少破损蛋。防止啄蛋现象的发生。及时清除破损蛋，避免形成食蛋癖。产蛋结束后开始换羽，为了加快换羽，日粮粗蛋白质要适当降低。同时，在饲料中加入 1%的生石膏粉，有助于新羽长出。此期应淘汰病、弱雉鸡及产蛋性能下降和超过使用年限的种雉。留下的应将雌、雄雉鸡分开饲养。越冬期应对种雉鸡群进行调整，选出育种群和一般繁殖群。对种雉鸡进行断喙、接种疫苗等工作，同时做好保温工作，以利于开春后种雉鸡早开产、多产蛋。

【思与练】

1. 阐述雉鸡的生活习性。
2. 雉鸡育雏期的饲养管理要点有哪些?
3. 阐述雉鸡育成期的饲养管理方法。
4. 种用雉鸡的饲养管理方法有哪些?

学习情景11 肉鸽生产技术

肉鸽俗称地鸽或菜鸽，为家鸽的一种，属鸟纲、鸽形目、鸠鸽科、鸽属。鸽肉肉质细嫩、肉味鲜美、营养丰富，是著名的滋补品，对产妇、术后患者、久病贫血者具有大补、养血等功效，特别适合老年人和体弱多病者作为天然滋补食品。中成药乌鸡白凤丸可治多种妇科疾病，其中的白凤，就是指鸽而言。鸽子食量小，饲料资源丰富，抗病力强，性情温顺，容易饲养，因此，养鸽是一项投资少，见效快的好项目。

（一）形态特征

鸽子躯干呈纺锤形，胸宽而且肌肉丰满；头小呈圆形、鼻孔位于上喙基部，且覆盖有柔软膨胀的皮肤，这种皮肤称为蜡膜或鼻瘤；眼睛位于头的两侧，视觉十分灵敏。颈粗长，可灵活转动；腿部粗壮，脚上有4趾，第1趾向后，其余3趾向前，趾端均有爪；尾部缩短成小肉块状突起，在突起上着生有宽大的12根尾羽，这些羽毛在鸽子飞翔时展开成扇状，起舵的作用。鸽子的羽色有纯白、纯黑、纯灰、纯红、绛红、灰二浅、黑白相间的“宝石花”、“雨点”等。成年鸽体重一般可达700～900g以上，大者可达1 000g。

（二）生活习性

1. 一夫一妻制 鸽子5～6个月龄达性成熟后，6月龄时开始配对繁殖。鸽子通常是单配（一公一母），且感情专一，配对后长期保持配偶关系，故鸽有夫妻鸟之称。为防止同性配对，散养种鸽必须公、母各半。

2. 性喜粒料，素食为主 鸽子无胆囊，以植物性饲料为主。喜食粒料，如玉米、稻谷、麦类、豌豆、绿豆、油菜子等。鸽子没有吃熟食的习惯，但可适应用全价颗粒饲料。鸽子保留嗜盐的习性，故人工饲养肉鸽在保健砂中应加入3%～5%的食盐。

3. 鸽喜干燥，爱好清洁 鸽子喜欢清洁、干燥的环境和适宜的温度，鸽舍建造应干燥向阳，通风良好，夏季防暑，冬季防寒。

4. 鸽喜群居，记忆力和警觉性强 鸽子的合群性明显地表现在信鸽中，它们总是成群结队地飞翔。鸽子记忆力很强，表现在对配偶、方位、巢箱、颜色、呼叫信号的识别和记忆上。鸽子的警惕性高，奇怪的声音、刺眼的闪光、异常的颜色，均会引起骚动和飞扑。在人工饲养的条件下，应防止猫、鼠、蛇等的侵扰。

5. 亲鸽共同筑巢、孵蛋与育雏 与其他禽类不同，鸽子配对交配后，公、母鸽一块找材料营巢，产下2枚蛋后，公、母鸽轮流孵化。幼鸽孵出后，由公、母鸽共同用嘴对嘴的方式哺育雏鸽。亲鸽双方不仅能自繁，还可以哺育仔鸽，共同承担养育后代的责任。

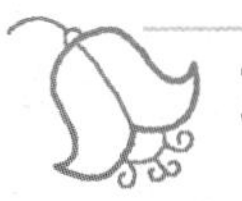

项目 11－1　肉鸽的繁育

【知识准备】

（一）肉鸽的品种

1. 王鸽　是世界著名的肉鸽品种，1890 年在美国育成，多以白色和银色为主。

白羽王鸽：成年种鸽活重 700～850g；年产仔鸽 6～8 对，22～25 日龄乳鸽体重达500～750g。白羽王鸽对气候条件要求不严，我国南、北方均可适应，种鸽一年四季繁殖，既可散养也可笼养。

银羽王鸽：成年银羽王鸽体重一般 800～1 000g，乳鸽体重也较重，是目前理想的肉鸽品种。

2. 卡奴鸽　该品种肉鸽是美国培育而成的中型肉鸽，是用奴鸽、白贺姆鸽、白羽王鸽和白鸾鸽进行四元杂交、经长期选育而成的，成年鸽体重 740～960g，青年鸽体重 600～850g，年产 8～10 对，高产的可达 12 对以上。就巢性强，育雏性能好，可充当保姆鸽。以白色为最好。

3. 鸾鸽　原产于意大利，经美国引进改良，为世界上体型最大的肉鸽品种。成年公鸽体重 1 400g，成年母鸽体重达 1 250g；年产仔鸽 7～8 对，高者达 10 对。28 日龄乳鸽活体重达 700～900g。该鸽性情温顺，不善飞翔，抗病力强、适宜笼养，易管理。但繁殖力较差，雏鸽生长慢，因体大笨拙常压坏和踏碎种蛋而影响孵化率。

4. 贺姆鸽　肉用贺姆鸽是美国从竞翔鸽中选择肉用性能好的个体经培育而成的专门品种。该品种鸽羽毛紧密，躯体结实，无脚毛，羽色有雨点、灰、红、黑色等。肉用贺姆鸽体型小，但乳鸽肥美多肉，并带有玫瑰花香味。年产仔鸽 7～8 对，耗料较少，是培育新品种或改良鸽种的好亲本。

5. 石岐鸽　产于我国广东省中山市石岐镇，是我国最好的肉鸽品种。成年鸽体重 700～800g，母鸽年产乳鸽 8～10 对，1 月龄乳鸽体重达 600g 以上。石岐鸽抗病力强，适应性广、容易饲养，但其卵壳较薄，孵化时易被踏破。

6. 公斤鸽　是我国云南昆明地区育成的，又称昆明公斤鸽。此鸽体型较小，成年体重 500～700g，但具有生长发育快、耐粗饲、易育肥、饲料报酬高等优点。

（二）繁殖特点

肉鸽 5～6 月龄达性成熟，并表现求偶行为，但配种时间一般在 6 月龄。肉鸽达性成熟后，公、母鸽互相接近，并表现出一系列发情求偶表现。公鸽频繁追逐母鸽，颈部气囊肿胀，尾羽展开成扇形，频频点头，同时发出“咕咕”的叫声。母鸽在公鸽求偶行为的刺激下，逐渐接近公鸽，最后以喙相吻，不久即行交配，一经交配便终身为伴。

肉鸽繁殖期一般有 4～5 年时间，其中 2～3 岁是繁殖力旺盛时期。

【岗位技能】

（一）繁殖技术

1. 配对

（1）自然配对。即事先准确鉴别公、母鸽，使公、母鸽数量相等，组群后公、母鸽可自由择偶。自然配对有大群配对和小群配对之分，一般大群配对时间较小群长。

(2) 人工强制配对。即按配对计划，根据既定的选育目标，人为地选择一对公、母鸽，放在同一配种笼内完成配种。人工强制配对时可先将选定的一对公、母鸽放在一个事先准备好的带有隔离网的配对笼中，让其隔网相互熟悉 1～2d，当它们之间产生感情，公、母鸽经常隔笼相吻时，就可拆除隔离网，让其配对。

2. 筑巢产蛋 鸽子配对后的第一个行为就是衔草筑巢，一般在产蛋前 3～4d，公、母鸽不分离，母鸽在前，公鸽在后，这是母鸽将要产蛋的一种征兆，俗称追蛋。在正常情况下，每窝连产 2 枚蛋，中间相隔 48h 左右。人工饲养时可编织圆形草巢，供亲鸽孵化用。

3. 孵化

(1) 亲鸽孵化。2 枚蛋产下后即开始孵化，由雌、雄两鸽轮流孵化。一般母鸽在下午 16 点至翌日上午 9 时左右，公鸽在上午 9 时至下午 16 时左右孵蛋。当然这种时间上的分工也不是一成不变的。当一方离巢时，另一方就会主动接替，有时公鸽偷懒离巢，母鸽也会追其回巢继续孵化，孵化期为 18d。

(2) 人工孵化。规模养殖时可采用小型孵化机进行人工孵化，孵化温度 1～7d 为 38.7℃，8～14d 为 38.3℃，14d 以后为 38℃；相对湿度前期保持在 60%～70%，后期增至 70%～80%。在入孵当天应翻蛋 2 次，以后每天翻蛋 6 次，出壳前 2d 停止翻蛋。

(3) 使用保姆鸽孵化。将需要代孵的蛋拿在手里，手背向上，以防产鸽啄蛋，趁鸽不注意时轻轻将蛋放进巢中，这样，保姆鸽就会把放入蛋当作自己的，继续孵化。

(4) 照蛋。鸽蛋孵化期间两次照蛋，第 1 次照蛋在入孵后的第 4 天，第 2 次照蛋在孵后第 12 天，孵化 16～17d，蛋的大头端可看到裂口，称为啄头，出现啄头后经过半天便可出壳。如果经过 20h 后还不见出壳，可人工助产。

(二) 种鸽的选择

优良种鸽应是品种特征明显、体型大、性情温顺、繁殖力强、就巢性好、乳鸽成活率高、生长速度快、遗传性稳定的个体。选择种鸽时，不仅看外貌和体重是否达到品种标准，还应查家谱、查年龄、看后代，做出科学结论。

选择种鸽可分以下几个阶段进行：

1. 乳（童）鸽的选择 选择系谱清晰，亲鸽生产性能好，健康无病的后代，乳鸽阶段发育正常，15 日龄平均体重达到 400～500g，23～28 日龄体重要达到 600～750g。毛色纯正，体态优美，符合品种特征。

2. 青年鸽的选择 生长发育正常，4 月龄体重接近或超过母体体重，健康无病，性情温顺、抗病力强，符合标准。

3. 产鸽的选择 成年公鸽体重在 750g 以上，成年母鸽在 650g 以上。优良的种鸽眼睛明亮有光，羽毛紧密而有光泽，躯体、脚、翅膀均无畸形，胸部龙骨直而无弯曲，脚粗壮，胸宽体圆，健康有精神。一般年产乳鸽 8 对以上，乳鸽 20～25 日龄，体重应达 500～600g，性情温顺，抗病力强。年龄在 5 岁以下。

项目 11－2　肉鸽的饲养管理

【知识准备】

(一) 常用饲料与保健砂

1. 常用饲料

(1) 能量饲料。主要是玉米、稻谷、大麦、小麦、高粱等谷物类。

(2) 蛋白质饲料。主要是豌豆、大豆、绿豆、黑豆、各种饼粕类等。

2. 保健砂　保健砂多为矿物质饲料配成，其主要成分和比例如下：贝壳粉或蛋壳粉占35%～45%，中砂30%～40%，熟石灰粉5%，石膏粉4%～5%，红泥3%～5%，食盐4%，红铁氧1%，木炭粉2%～5%，其他添加剂适量。

保健砂的配制，因各地原材料的来源难易不同，有效成分含量不同，配方也不尽相同。保健砂中各种成分和比例，可根据自己的实践酌情加减，不必一成不变，但有的东西如食盐就不易变更太大，食入过多不仅增加鸽子的饮水量，而且还会中毒。下面介绍几个保健砂配方，供参考使用。

配方一：中砂25%，贝壳片（直径0.8cm以下）20%，熟石膏5%，食盐3%，旧石灰5%，木炭5%，微量元素添加剂7%，骨粉（炒熟）15%，黄土10%，龙胆草1%，甘草1%，增蛋精1%，啄羽灵1%，多种维生素0.5%，氧化铁0.5%。

配方二：深层红土35%（碾碎），贝壳粉30%，粗砂5%～7%（绿豆大小），食盐5%～7%，木炭末12%～15%，禽用微量元素添加剂8%～10%，多种维生素0.5%。

(二) 饲养标准

肉鸽属晚成雏，出壳后无独立生活能力，但前期生长迅速，30d即可上市，比肉用仔鸡生长还快；青年鸽发育旺盛，基础代谢高；生产种鸽繁殖频率快，营养消耗大。所以，根据肉鸽不同的生长、生产阶段，按不同营养标准补给全价、平衡的优质饲料以满足肉鸽对营养的需要。肉鸽的饲养标准是经过长期的饲养试验的基础上拟定的（表11－1）。各生产场应结合当地的气候、饲料条件和生产实际适当调整。

不同生理阶段的饲料组成如下：

幼鸽：能量饲料占75%～80%；蛋白饲料占20%～25%。

非育雏期种鸽：能量饲料占85%～90%；蛋白饲料占10%～15%。

育雏期种鸽：能量饲料占70%～80%；蛋白饲料占20%～30%。

一对产鸽一年的采食量为40～45kg，每生产一只肉用仔鸽时种鸽需要耗饲料2.8kg左右。舍饲肉鸽每只每天需其体重5%～7%的饲料量。

表11－1　肉鸽的饲养标准

项　目	育雏期产鸽	非育雏期产鸽	童鸽
代谢能（MJ/kg）	12.0	11.6	11.9
粗蛋白质（%）	17	14	16
蛋白能量比（g/MJ）	240	210	230

（续）

项　　目	育雏期产鸽	非育雏期产鸽	童鸽
钙（%）	3	2	0.9
磷（%）	0.6	0.6	0.7
有效磷（%）	0.4	0.4	0.6
食盐（%）	0.35	0.35	0.3
蛋氨酸（%）	0.3	0.27	0.28
赖氨酸（%）	0.78	0.56	0.60
蛋氨酸+胱氨酸（%）	0.57	0.50	0.55
色氨酸（%）	0.15	0.13	0.6
维生素 A（U）	2 000	1 500	2 000
维生素 D_3（U）	400	200	250
维生素 E（U）	10	8	10
维生素 B_1（mg）	1.5	1.2	1.3
维生素 B_2（mg）	4.0	3.0	3.0
泛酸（mg）	3.0	3.0	3.0
维生素 B_6（mg）	3.0	3.0	3.0
生物素（mg）	0.2	0.2	0.2
胆碱（mg）	400	200	200
维生素 B_{12}（mg）	3.0	3.0	3.0
亚麻酸（%）	0.8	0.6	0.5
烟酸（mg）	10	8	10
维生素 C（mg）	6.0	2.0	4.0

【岗位技能】

一、常规饲养管理

1. 饲喂次数与饲喂量　喂料要坚持定时、定量，少给勤添的原则。肉鸽一般日喂 2 次（上午 8 时和下午 16 时左右），每次每对种鸽喂 45g，哺雏种鸽要应多喂 1 次，喂量视乳鸽大小而定，乳鸽 10 日龄以上的上、下午各喂 70g，中午 30g 左右。饲喂量一般以吃饱不剩料为原则，哺雏种鸽要适当留食。

2. 饲喂保健砂　定时定量供给保健砂，每天 9 时左右供给新配保健砂，每对鸽每次供给 5～20g，育雏期亲鸽采食量大些。肉鸽采食保健砂的数量为饲料量的 5%～10%。

3. 水的供给　全天供给充足、卫生达标的饮水。鸽子通常先采料后饮水，没有饮过水的亲鸽是不会哺喂雏鸽的。种鸽饮水量为采食量的 1.5～4 倍，大约 300mL，育雏时增加一倍以上，夏、秋季节饮水量也相应增多。

4. 适当洗浴　天气温和时每天洗浴 1 次，炎热时 2 次；天气寒冷时，每周 1～2 次。每次洗浴半个小时。单笼饲养的种鸽洗浴较困难，洗浴次数少，可每年安排 1～2 次专门洗浴，并在水中加入敌百虫等药物，以预防和杀灭体外寄生虫。洗浴前必须让鸽子饮足清水，以防鸽子饮用洗浴用药水。

5. 清理卫生　群养鸽每天都要清除粪便，笼养种鸽每3～4d清粪1次，水槽、饲槽除每天清洁外，每周应消毒1次。鸽舍、鸽笼及用具在进鸽前可用2∶1的甲醛和高锰酸钾熏蒸消毒；舍外阴沟每月用生石灰、漂白粉或敌敌畏等消毒并清理；饲养人员喂鸽前要洗手，进鸽舍要换鞋；鸽舍定期灭鼠、驱虫，每周带鸽喷雾消毒一次，至少两种消毒液交替使用；乳鸽离开亲鸽后应清洗消毒巢盆以备用。对疾病要坚持以防为主的原则，要制定预防措施，发现病鸽及时隔离治疗。

6. 人工补光　为提高亲鸽的产蛋与受精率，在光照不足16～17h时要人工补充光照。

7. "三看三查"　"三看"是看动态、看食欲、看粪便，判定鸽子的健康状况。"三查"是查有无吃到饲料，吃不到可在吃饱的鸽子饮水时补喂；查是否有充足清洁的饮水；查是否挨咬受伤，挨咬受伤者要及时护理。

8. 做好生产记录　生产记录反映了鸽群每天的动态，用以指导生产和改善经营管理。生产记录的事项有青年鸽的成活率、合格率；种鸽的配对日期和体重；产鸽的产蛋、破蛋的数量，受精蛋、无精蛋、死胚蛋的数量，乳鸽的健康状况；饲料消耗表、饲料配方、免疫程序表、病例卡等。

二、乳鸽的饲养管理

乳鸽是指1个月之内的小鸽。鸽是晚成鸟，刚出壳的雏鸽约18g左右，眼睛不能睁开，不能行走和觅食，只能靠亲鸽从嗉囊中吐出半消化的乳状的鸽乳来维持生长。1～7日龄内，亲鸽喂给乳鸽由稀到稠，颜色呈淡黄色或乳白色的全浆性"鸽乳"，7日龄后喂给浆粒混合料，并逐步喂给全粒料。乳鸽肉质细嫩，口味鲜美，营养丰富，生长速度快，饲料转化率高，约为2∶1。但25日龄后，乳鸽频繁走动、觅食、学飞，脂肪很快消失，骨骼变硬，肌肉变老，其屠体品质和商品价值不断降低，故25～28日龄是商品乳鸽出售的黄金时间。

（一）乳鸽的养育

1. 调教亲鸽给乳鸽喂乳糜　发现有个别初产亲鸽在乳鸽出壳后4～5h仍然不会喂乳糜时，要给予调教。即把乳鸽的嘴小心地插入亲鸽的口腔中，经多次重复后，亲鸽一般就会哺乳糜。如多次调教失败，应把乳鸽调出并窝。

2. 供给亲鸽充足的高蛋白质饲料　3～4日龄后，雏鸽的眼睛慢慢睁开，身体逐渐强壮起来，身上的羽毛开始长出，食量逐步加大，消化力增强。这时亲鸽要频频地哺喂雏鸽，有时每天多达十几次。为保证乳鸽营养需要，供给亲鸽的饲料量要充足，营养要丰富，豆类饲料占25%～30%。

3. 给予温暖安静环境　一般不宜变换巢窝，不惊动亲鸽，以免种鸽踏伤或压死乳鸽。同时注意保温，以防乳鸽冻伤。

4. 及时调换采食位置　当同窝两只乳鸽个体体重差异较大时，可在乳鸽学会站立前，调换它们在巢盆中的窝位。在大型鸽场中，常采用与其他窝大小相似或日龄相近的单雏相并或双雏对调。这样可使同窝两个乳鸽体重均衡。

5. 调并乳鸽　一窝仅孵出1只乳鸽，或1对乳鸽因故死亡1只，此时可将单雏合并到日龄相同或相近、大小相似的其他单雏或双雏窝里哺育。这样可避免单雏被亲鸽喂得过饱而引起消化不良，亲鸽也可提前进入下一个生产环节。

6. 加强免疫，搞好卫生，防止疾病发生 10日龄前用鸽新城疫弱毒苗滴鼻点眼，30d后接种鸽新城疫灭活苗，以后每隔半年加强免疫一次。12日龄起，每天给乳鸽喂酵母片、土霉素，防止消化不良和胃肠炎。随着乳鸽采食量的加大，雏鸽的排粪量不断增加，容易污染巢窝，每天应及时更换垫布和垫草，以免发生疾病。

（二）肉用乳鸽的肥育

肉用乳鸽一般在4周龄左右即要上市出售。为了提高乳鸽肉的品质，一般在乳鸽出售前1周左右进行人工填肥。

1. 肥育的对象 选用3周龄左右、身体健康、羽毛整齐光滑、体重在350g左右、无伤残的乳鸽作肥育对象。

2. 肥育环境 无论是平房、楼房、普通房间均可作为肥育舍，但必须使周围环境安静，房舍空气流通、干燥、光线不宜过强，并能防止鼠害侵入。

3. 饲养密度 一般用铁丝网制成1～1.2m^2肥育笼，每笼不超过50只，尽量让鸽子多睡眠少活动。

4. 肥育饲料 常用玉米、小麦、糙米以及豆类作填肥饲料。能量饲料占75%～80%，豆类占20%～25%。

5. 填肥方法 填肥前将大粒饲料碾成粒料，浸泡5～8h，并适当添加食盐、禽用复合维生素、矿物质和健胃药。也可采用配合粉料，水料比1∶1，每只乳鸽一次填喂50～100g，每日填2～3次，填喂后让乳鸽充分休息。

常用填肥方法有人工填喂和机械填喂两种。一般填肥乳鸽数量少，可采用人工填喂法。

三、童鸽的饲养管理

童鸽是指留作种用的1～2月龄的幼鸽。离巢后的乳鸽，由哺育转为独立生活，生活环境变化较大，此时童鸽适应能力和抗病能力差，食欲和消化能力都差，易患病。童鸽阶段死亡率高，需要提供舒适安静的环境，精心搞好饲养管理。

1. 童鸽的饲养方式 童鸽离巢最初15d，应把童鸽以每群20～30对的数量放在育肥床上饲养。经5～6d后，童鸽便可自行上下，15d后可把童鸽移至铺有铁丝网（竹垫和木板亦可）的地面上平养，每群50对左右，不能直接放到地板上饲养。因为童鸽的脚胫、胸腹部接触地面，容易受凉感冒，引起下痢和其他疾病。另外，网上平养还能减少童鸽与粪便接触，从而减少球虫病、蛔虫病等疾病的传播。

2. 喂料要定时、定质和定量 应定时供应质量良好的软化饲料，决不饲喂被粪尿污染的饲料。把粉碎的玉米及大米、豆类先用清水浸泡1h，然后晾干再投喂。饲喂的保健砂，微量元素要全面。每天喂料3次，每只每天40g。

3. 细心照料 对童鸽要注意驱寒保暖，天气暖和时，若鸽的食欲、饮欲及精神状态良好，可让鸽子到运动场上活动和晒太阳。雨天要将鸽赶入舍内，避免雨水淋湿羽毛引起感冒。炎热天气应注意通风；寒冷天气应注意防贼风，晚上最好用红外灯保温。每2～3个月用驱蛔灵或驱虫净驱虫一次。

4. 换羽期的饲养管理 童鸽在50～60日龄就开始换羽，第1根主翼羽首先脱落，往后每隔15～20d又换第2根。与此同时，副主翼羽和其他部位的羽毛也先后脱落更新。一般经1～2月，羽毛全部换完，把初生羽换成永久羽。换羽时，饲料配方中能量饲料可适当增加，占 85%～90%，加喂少量大麻仁（5%～6%）、石膏或少量硫黄粉添加剂，有助于换羽。保健砂中应适当加入穿心莲及龙胆草等中草药。

四、青年鸽的饲养管理

3～6 月龄的鸽称为青年鸽。青年鸽生长发育快，新陈代谢旺盛，适应性强，爱飞好斗和争夺栖架。逐渐达到性成熟时，应将公、母分开，防止早熟、早配、早产等现象发生。

（一）饲养

3～4 月龄青年鸽为提高种用价值，需对后备鸽进行限制饲养。具体作法是每鸽每天喂料控制在 7 成左右，半小时内吃完，每天喂 2 次，每只每天喂 30～35g。日粮组成中豆类饲料占 20%，能量饲料占 80%。同时禁止晚上补光、补料。

5～6 月龄青年鸽发育已趋向成熟，主翼羽脱换七八根，要调整日粮组成，提高日粮的质量和增加日喂料量，促进青年鸽成熟且发育比较一致，开产时间比较整齐。日粮组成是豆类饲料占 25%～30%，能量饲料占 70%～75%，每天喂 2 次，每天每只喂 40g，蛋白质水平不能低于 15%。

（二）管理

1. 后备鸽的保健 6 月龄配对开始前，对种鸽要进行一次鸽痘、鸽新城疫等免疫接种工作，如有禽巴氏杆菌病发生的鸽场，应在童鸽和上笼前免疫接种两次灭活苗。同时进行内外寄生虫驱除工作，如晚上每只鸽喂半粒驱蛔灵或驱虫净等。在生长鸽饮水中定期添加维生素 B 和 0.1%浓度的高锰酸钾溶液，以及定期喂给大黄苏打片（每次每只 1 片），起到清理肠道的作用。

2. 完善设施条件 3 月龄的后备鸽喜洗浴、善飞翔，因此对后备鸽舍要求采用避风向阳的棚式鸽舍，有飞翔活动的空间并作适当的间隔；设有不被粪便污染的饲槽和饮水器，足够的栖架；地面有干燥的垫料。地面设有洗浴池，让后备鸽经常洗澡，利于皮肤和羽毛的卫生，减少体外寄生虫。进入后备期，每群数量可增加到 100 对。

五、生产种鸽的饲养管理

青年鸽一般在更换 10 根主翼羽就开始配对、繁殖，称为种鸽或繁殖鸽。开始产卵、孵化、育雏的种鸽称为产鸽。产鸽抵抗力特强，一般极少生病。除了供应充足的料、水、保健砂外，最主要的是对亲鸽孵化和育雏加强管理。

1. 做好产蛋前的准备工作 种鸽配对 8～10d 后开始产蛋。这时有条件的应上笼饲养，准备好产蛋巢，里面铺 1 层麻布片，以免使蛋破碎。检查鸽舍有无漏洞，以防猫、犬、蛇、鼠的干扰或贼风、穿堂风、漏雨的侵袭，造成不应有的损失。

2. 做好产蛋至出雏前的管理工作 产蛋后及时检查和取出畸形蛋和破蛋，对新配偶要观察是否和睦，是否经常跳来跳去，互相啄斗，导致踩破蛋。对初产鸽要经常观察蛋巢是否固定，两枚蛋是否集中在蛋巢的中央底部。对于体型大的鸽要特别小心加以护理，防止压碎蛋。防止由于营养不全或有恶食癖的鸽啄食种蛋。按时进行照蛋，及时取出无精蛋、死精蛋和死胚蛋，以防蛋变臭，影响正常发育的蛋和产鸽的健康。

3. 并蛋孵化 对窝产 1 枚蛋或者经照蛋检查剔除不合格种蛋后窝剩 1 枚者，应将胚龄相近的蛋合并成双孵化，以提高生产率。

4. 蛋巢应保持温暖干净 雏鸽出生后应注意保温。经常更换麻布（干草），清扫蛋巢中的粪便，以保持清洁卫生。在雏鸽12日龄时，再放入一个蛋巢备用。高产种鸽一般在乳鸽15日龄左右产出第2窝蛋，担任哺乳和孵化双重任务，生产中这阶段要精心饲养管理，增加营养和喂料次数。

5. 育雏期的管理 雏鸽出壳后2h，产鸽就开始给雏鸽喂鸽乳。若出鸽后5～6h，种鸽还不喂雏鸽，就要检查原因。如果是种鸽患病，要及时隔离治疗，让保姆鸽代哺。若是种鸽初次孵雏，没有经验，则应进行训练，把雏鸽的嘴小心地放入种鸽的嘴内，这样重复几次便可学会。

6. 合理饲喂种鸽 孵化中的种鸽，由于活动少，新陈代谢较低，采食量下降，孵化期供给的饲料应注意质量和消化性；要供给营养丰富、品质优良、易于消化的饲料，每天应补充喂料2～3次；非育雏期间可不必补充饲料，但要喂饱。整个生产期，供给新鲜保健砂，并在保健砂中添加健胃及抗菌药物；供给充足饮水和药水，饮水和药水交叉使用，药水的配制方法是：1 000g水添加碘酊1滴或明矾1g或硫酸铁0.5g或碳酸氢钠1g，也可用0.02%高锰酸钾溶液。

7. 加强换羽期的饲养管理 产鸽每年秋末、夏初开始换羽，每年1次，每次1～2月。对换羽的鸽应减少饲料量，降低饲料质量，使鸽子因营养不足而早脱毛，早换羽，缩短换羽期。换羽后要及时增加饲料量，补充营养，增强种鸽体质，迅速投入正常生产。

8. 搞好登记工作 随时做好产鸽的生产记录，给今后饲养管理提供重要的依据。

【拓展知识】

鸽 场 建 造

（一）场址选择

鸽场建在地势高燥、砂质土壤、排水畅通、通风良好、阳光充足的地方。水源充足、水质达标、没有病菌和“三废”污染，取用方便。远离交通要道，远离城镇和农户。供电充足，交通比较便利的地方。位于居民区的下风向，牲畜市场、屠宰场的上风向。一般商品鸽场应建在城市规划的畜牧园区内，种鸽场应在离城市和交通枢纽远且无污染、无噪声的地方。选址时要把粪便处理考虑在内，以免污染周边环境。

（二）鸽舍设计

设计建造鸽舍，既要考虑式样美观，又要讲究经济实用。鸽舍类型很多，常见有群养式、笼养式鸽舍，朝向最好朝南或东南方向。

1. 群养式鸽舍 群养式鸽舍有单列式和双列式两种。一般多为单列式，单列式鸽舍宽5m，长度根据饲养量确定，檐高2.5～2.8m，舍内用铁丝或木材隔成小间，每间面积18m^{2}左右，可饲养产鸽30对或童鸽50对。每幢一般为6～8间，整幢鸽舍可饲养300～400对童鸽或180～240对产鸽。鸽舍坐北朝南，北墙是通道。南面设有网罩的飞翔区，面积为鸽舍的2倍，内设横挂栖架、食槽、水槽，淋水浴盆、筑巢草材供肉鸽栖息筑巢。舍内靠墙设立鸽巢箱，内置巢盆供产蛋、孵化，地面铺以大红砖或浇注水泥地面，地面稍向外倾斜，以便清扫冲洗，防止积水。鸽舍外墙脚四周要开好排水沟，及时排除污水和雨水，保持室内干燥。

2. 笼养式鸽舍 笼养是把配好对的种鸽一对一对地分笼关养。这种饲养方式可随时调整每对产鸽的饲料配方和保健砂配方；可避免因换羽先后不一致，换羽后发情迟早各异而出现中途另找配偶的不良现象；鸽舍结构简单，管理方便，鸽群安定，鸽舍利用率较高。笼养式鸽舍有开放、封闭式和半开放式 3 种。

(1) 开放式鸽舍。适用于冬季气温不低 10℃的地区。该鸽舍结构简单，便于采光和管理。鸽舍无墙，屋顶由屋架和四周的柱子支撑。屋顶材料可用石棉瓦、塑料板。舍内可安装两排鸽笼，中间留约 1m 宽的走道，便于人和工作车通过。根据季节用遮阳作物、塑料布、尼龙布遮阳、挡雨、保温。

(2) 封闭式鸽舍。适用于冬季气温较低的地区。四周有围墙，墙上安装玻璃窗，窗下留有进气孔，进气孔上装有铁纱网和有木板门。舍顶安装排气塔窗，塔窗基部装一翻板，用于控制通风量，四周安装铁丝网，以防其他动物的侵入。鸽舍门口设门斗，主要起缓冲作用，防止在寒冷季节空气直接进入鸽舍，起到预热冷空气的作用。另外可供饲养人员休息和放置一些常用的饲料和饲具。

(3) 半开放式鸽舍。适用于冬季气温不太低的地区。是在开放式鸽舍的基础上砌高度为舍高的一半的围墙，若冬季舍内温度低于 10℃，鸽舍四周的上半部可用塑料薄膜围住，以提高舍温。塑料薄膜围住的上半部预留可调节的换气孔。

(三) 鸽舍设备

1. 鸽笼 鸽笼的规格和结构多种多样，养殖户可到市场直接购买，也可购买镀锌网自制或用竹、木、砖等材料制成。

(1) 群养式鸽笼。一般在群养鸽舍内设置柜式鸽笼，又称巢房柜或群养巢箱。柜式鸽笼可用竹、木、砖等材料制成，规格多样，根据房子的面积考虑其大小长短，一般有三层或四层不等。一个巢房供一对鸽子居住。规格为高 33cm、深 45cm、宽 45cm，在繁殖期用分隔板将巢房分为两个室，每个室各放一个巢盘，平时去掉分隔板。

(2) 内外双笼式鸽笼。一般用金属网制成。相对应的内、外两笼之间是以鸽舍的砖墙相隔，墙上开一个高 20cm、宽 20cm 的通道。内笼规格 40cm×40cm×60cm，供种鸽采食、产蛋、哺育等用。其正面开设一个宽 20cm、高 15cm 的小门，笼外设有食槽。笼底网眼大小为 3cm×3cm，在内笼小门一侧，距笼底 17cm 处架设一个巢盆。外笼规格 40cm×60cm×60cm 为运动场，其正面也开一个高 20cm、宽 15cm 小门，顶层上木缘设一条水管，水管底部开若干小孔，定期给鸽淋浴。笼外设有饮水器。内外笼笼底距地面为 20cm，内外分别设有排水沟，以便冲洗鸽巢。双笼式鸽笼的设置如图 11-1 所示。

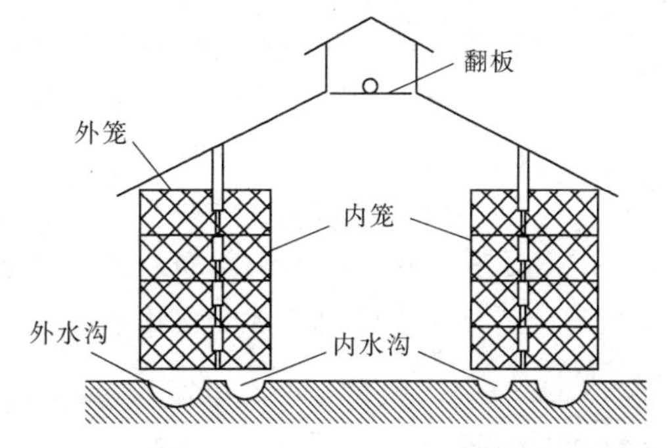

图 11-1 内外双笼式鸽笼

(3) 单个箱式鸽笼。这种笼便于观察及捉拿鸽子，可单层，也可多层重叠。其规格有宽 60cm，高 55cm，深 70cm 的生产笼，也有规格为宽 50cm，高 45cm，深 35cm 的配种笼。可用竹、木和金属网制成，造价低廉。

2. 鸽具

(1) 巢盆。专供鸽子产蛋、孵化和育雏用。可用木、铁丝、塑料、石膏、陶瓷等制成，盆内放垫草或麻布。巢盆要求干燥、便于清洗消毒。实践证明，巢盆的外沿直径 21～22cm，内沿直径 18～19cm，盆底直径 15cm，高 7～7.5cm 为宜。每对种鸽最好配置 2 具巢盆。一个作产蛋孵化用，一个作育雏用，育雏用巢盆多靠放于笼子底部。大笼群养的巢盆，要有一定的重量，防止鸽子蹬翻，单独笼养的可选用大小适宜的塑料网盆。

（2）食槽。食槽的性状和规格以每对鸽子容易啄食，不浪费饲料为原则。群养鸽的公共食槽可采用鸡用顶上加盖的饲料桶。笼养可用竹木、铁皮、听装饮料壳、塑料等材料制成食槽。

（3）饮水器。饮水器形式多样，有自动饮水器，也有瓷盆、铁皮、塑料等材料制成的开放式饮水槽。

（4）水浴盆。供鸽子洗浴之用，可用塑料、陶瓷、木盆、铁皮等。形状可圆也可方，盆径55cm，盆高15cm为宜。根据鸽群数量的多少，摆设若干洗浴盆于运动场上，以40～50只鸽子配一个浴盆为好。

（5）保健砂杯。笼养鸽杯式保健砂杯规格，上口径6cm、下底直径4.5cm、深8cm，要有一个斜度，可用木头、塑料等制成，不宜用金属制品。群养鸽的保健砂常放在木箱中供给。箱的上方有一个能启闭的盖子，可以防止保健砂被粪便和羽毛污染。

（6）栖架。栖架通常安置于鸽舍的墙脚、墙壁及运动场四周，可以平放或斜置。栖架通常以竹木钉成，长2～4m，宽0.4～0.6m。

（7）育肥床。常用于饲养留种用的童鸽或上市前乳鸽的育肥。其规格为长2m、宽0.7m、高0.8m。床面是3cm×3cm的铁丝网，四周用竹片钉成或铁丝焊成0.2～0.4m高，再用网眼为5cm×5cm的网围成。

（8）捕鸽网。大笼群养需要捕鸽网，捕鸽网网口直径不小于30cm，可用8号铁丝和塑料窗纱网自己制作。

（9）足环。是鸽子的身份证，留种雏鸽在10日龄时一定要带上足环。

（10）配对笼。配对用的笼可根据需要自行设计制作。

【思与练】

1. 简述鸽子的生物学特性。
2. 著名的肉鸽品种有哪些？各自的利用优势是什么？
3. 如何进行鸽子的雌、雄鉴别与年龄鉴别？
4. 如何进行种鸽的选择与配对？
5. 肉鸽常用饲料有哪些？如何合理搭配？
6. 何为保健砂？配制和应用保健砂应注意哪些问题？
7. 简述肉鸽的日常管理技术。

【技能培训】

鸽子的雌雄鉴别与年龄鉴别

【目的要求】 通过训练，使学生初步掌握捉鸽、持鸽、鸽雌雄鉴别、年龄鉴别的方法。

【材料与用具】 在生产鸽舍内进行，每个学生分别鉴别不同生理阶段鸽子5对，不同年龄阶段鸽子5对。

【方法与步骤】

1. 捉鸽 笼内捉鸽时，先把鸽子赶到笼内一角，用拇指搭住鸽背，其他四指握住鸽腹，轻轻将鸽子按住，然后用食指和中指夹住鸽子的双脚，头部向前往外拿。鸽舍群内抓鸽时，先决定抓哪一只，然后把鸽子赶到舍内一角，张开双掌，从上往下，将鸽子轻轻压住。注意不要让它扑打翼羽，以防掉羽。

2. 持鸽方法 让鸽子的头对着人胸部，当用右手抓住鸽子后，用左手的食指与中指夹住其双脚，把鸽子腹部放在手掌上，用大拇指与无名指、小指由下向上握住翅膀，用右手托住鸽胸。

3. 鸽子的雌、雄鉴别 肉鸽从雏鸽到成鸽的整个生长过程中，雌、雄鸽的外观几乎完全一样。若鸽群中雌、雄比例不当，则笼养时产蛋率低或无精蛋多；小群放养时，配不成对的鸽子会飞到别的鸽群中寻找配偶而不回巢。所以肉鸽的雌、雄辨别，是肉鸽选择过程中主要技术环节。

（1）鸽蛋的胚胎鉴别。用照蛋器观察孵化 4～5d 的受精卵。若胚胎胚胎两侧的血管是对称蜘蛛网状时，多为雄鸽；若胚胎两侧的血管是不对称的网状，一边长且多，一边短且稀少时，多为雌鸽。此种方法鉴别的准确率可达 80%左右。

（2）乳鸽的雌、雄鉴别。

肛门鉴别法：轻轻扒开 4～5 日龄乳鸽的肛门，从侧面观，雄鸽肛门上缘覆盖下缘，稍微突出；而雌鸽正好相反，下缘突出而稍微覆盖上缘（图 11－2）。但 10 日龄后，肛门周围的羽毛长出就不易鉴别了。

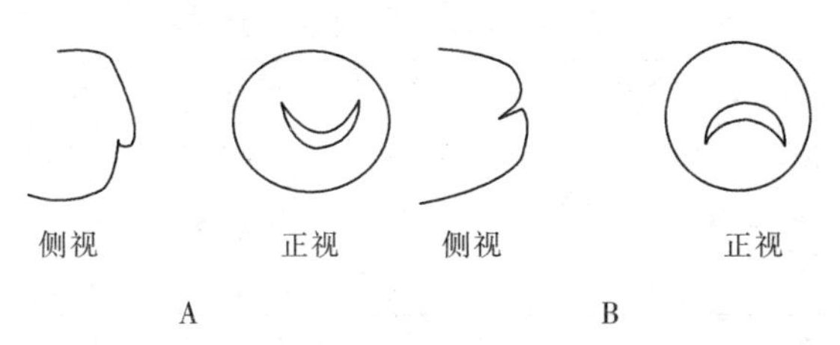

图 11－2 乳鸽肛门外观

A. 雄鸽肛门 B. 雌鸽肛门

哺喂鉴别法：在同窝乳鸽中，雄鸽长得较快，体重较大，雌鸽生长较慢。捕捉时若反应敏感，羽毛竖起，姿势较凶且用喙啄手或翅膀拍打者多为雄鸽；乳鸽走动时，先离开巢窝，且较活泼好斗的多为雄鸽，反之则为雌鸽。雄雏头较粗大，背视近似方形，喙阔厚而稍短，鼻瘤大而扁平，脚较粗实，雌雏则相反。一般雄雏的最后 4 根主翼羽末端较尖，尾脂腺不开叉，脚骨较长且末端较尖，雌雏则相反。

（3）童鸽的雌、雄鉴别。1～2 月龄童鸽的性别最难鉴别，通常只能由外形及肛门等部位来鉴别。4～6 月龄的鸽子鉴别比较容易。童鸽的雌、雄鉴别如表 11－2 所示。

表 11－2 童鸽的雌、雄鉴别对照表

对照项目	雄 鸽	雌 鸽
外表特征	体大，头大，头颈粗，鼻瘤大而扁平，喙阔厚而粗短，脚粗大	头较圆小，鼻瘤窄小，喙长而窄，体稍小而脚细短，颈细而软
生长发育情况	生长快，身体强壮，争先抢食	生长慢，身体稍小，多数不争食
捕食时动态	活泼好动，性格凶猛，捕捉时用喙或翅拍打，反应灵敏	性格温和，胆小，反应慢，捕捉时慢缩逃避

（续）

对照项目	雄鸽	雌鸽
鸣叫	捕捉时发出粗而响的“咕咕”声	发出低沉的“呜呜”声
眼睛	双目凝视，炯炯有神，瞬膜迅速闪动	双眼神色温和，瞬膜闪动较缓慢
肛门（3～4月龄）	肛门闭合时向外凸出，张开时呈六角形	肛门闭合时向内凹入，张开时呈花形
羽毛	有光泽，主翼羽尾端较尖	光泽度较差，主翼羽尾端较钝

（4）成鸽的雌、雄鉴别。成鸽的雌、雄鉴别如表11-3所示。需要注意的是，上述童鸽的雌、雄鉴别法都适用于成鸽，且在成鸽表现得更加突出。

表11-3　成鸽的雌、雄鉴别法

对照项目	雄鸽	雌鸽
体格	粗壮而大，脚粗有力	体较小而细，脚细短
头部	头圆额宽，头颈粗硬，不易扭动，上下喙较粗短而阔厚	头狭长，头顶稍尖，头颈细而短软，颈部扭动便利，上下喙较细长而窄
羽毛	颈毛颜色较深，羽毛粗，有金属光泽，求偶时颈羽竖立，尾羽呈扇状	颈羽色浅，细软而无光泽，用手按泄殖腔时尾羽会向上翘，毛紧凑
鼻瘤	粗，宽大近似杏仁状，无白色肉腺	小而收得紧，3月龄时鼻瘤中间部分出现白色肉腺
肛门内侧	上方呈山形，闭合时外凸张开，呈六角形	上方呈花形，闭和时向内凹入，张开则呈花形
胸骨	长而较宽，离耻骨较宽	短而直，离耻骨较窄
腹部	窄小	宽大
耻骨间距	耻骨间距约1指宽	耻骨间距约2指宽
主翼尖端	呈圆形	呈尖状
叫声	长而洪亮、连续，发出双音“咕咕”声	短而弱，发出单音沉“呜”声
亲吻动作	一般张开上下喙	一般微张或不张开上下喙，而将喙深入公鸽口内
求偶表现	公鸽边“咕咕”叫边追逐母鸽，颈羽张开呈伞状，尾羽如扇状，颈部气囊鼓气，有舞蹈行为	母鸽温顺地半蹲着挨近公鸽相吻，点头求爱，亲吻后母鸽蹲下接受公鸽交配，母鸽背羽较脏
神态	活泼好斗，眼睛有神，追逐异性，捕捉时以喙进攻，挣扎力强	温顺好静，眼神温和，挣扎力弱
孵蛋时间	多在白天孵蛋，一般从上午9时至下午16时	多在晚上孵蛋，一般从下午16时至第2天上午9时

4. 年龄鉴别　鸽的寿命较长，最多可活20岁，最理想的繁殖年龄为1～5岁，2～3岁繁殖力最强，5岁以后繁殖力、生活力日趋衰退，后代品质也不佳。生产中可通过外貌特征判断鸽子的年龄。

嘴甲：青年鸽嘴甲细长而软，喙末端较尖，两边嘴角薄而窄。成年鸽喙粗短，喙末端硬而光滑，年龄越大，喙端越钝越光滑，两边嘴角结有硬痂。结痂是哺喂雏鸽引起的，结痂越大，说明哺喂雏鸽越多，年龄越大。2岁以上的，嘴角硬痂呈黄色，5岁以上的，痂硬而粗糙呈锯齿状。

鼻瘤：乳鸽鼻瘤红润；青年鸽鼻瘤柔软有光泽，呈浅红色；成年鸽 2 岁以上的呈浅粉红色，4～5 岁的则鼻瘤紧凑、粗糙，呈粉色，无光泽，10 岁以上的则显得干枯，像散布一层粉末在上面。

眼圈：乳鸽眼圈呈白色，大都有黄绒羽，身上羽毛尚未长全；青年鸽眼圈为黄色，老龄鸽眼圈为红色。

脚趾：脚越细，颜色越鲜，则鸽的年龄越小，反之年龄越大。青年鸽脚的鳞纹不明显，颜色鲜红，鳞片软而平，趾甲软而尖。2 年以上的鸽，脚上的鳞纹明显，颜色暗红，鳞片硬而粗糙，趾甲硬而弯。5 年以上的鸽，脚上的鳞纹清楚明显，颜色紫红，鳞片突出，且硬而粗糙，并有白色鳞片附着。

脚垫：青年鸽脚趾基部腹面的脚垫软而滑；老年鸽的脚垫厚而硬，粗糙，常偏向一侧。

翼羽：主翼羽可用来识别童鸽的月龄。鸽的主翼羽共 10 根，在两月龄时开始更换第 1 根，以后每 2 周左右更换 1 根，换到最后 1 根时约 6 月龄。副翼羽可用来识别成鸽的年龄。鸽的副翼羽共 12 根，每年从里向外顺序更换 1 根，更换后的羽毛颜色显得稍深且干净整齐。

【实训报告】　填写雌、雄鉴别表（表 11－4），通过捉鸽、持鸽、雌雄鉴别的练习，写出雌、雄鉴别要点和体会。

表 11－4　鸽雌、雄鉴别结果

鸽笼号	鸽号	品种	生理阶段	雌雄
001	12	王鸽	童鸽	雌

学习情景 12 鹌鹑生产技术

鹌鹑简称鹑，属鸟纲、鸡形目、雉科、鹌鹑属。鹌鹑是由中国野生鹌鹑驯化培育而成，育成史仅百年左右。鹌鹑肉质鲜美，含脂肪少，素有“动物人参”之称；鹌鹑蛋也具有很高的营养价值。现在，养鹌鹑已成为一种生长迅速、产蛋多、繁殖快、蛋肉营养丰富、耗料比小、设备简单、投资少、周转快、易饲养、经济效益高的新型养殖业。

一、鹌鹑的外貌特征

鹌鹑的体形较小，在鸡形目中属最小的种类，身体呈纺锤形，似雏鸡，头小，喙细长，尖而稍弯，无冠，胫无距，尾羽短而下垂，眼睛与羽毛的颜色因品种而不同，其体形大小也因品种、性别而差别较大。成年母鹑都比同品种公鹑的体重大，这是家禽中的特殊情况。

二、鹌鹑的生物学特性

鹌鹑为杂食性禽类，喜食颗粒饲料。其采食行为较有规律，早晨及傍晚进食与饮水频繁，每次间隔时间较短，在午后不久进食次数较少，间隔时间较长。因此天亮后不久和天黑前约 3h 内是一天中进食最多的时间，且有明显的味觉喜好，喜甜和酸味。母鹑在产蛋前的最后 1h 基本上停止采食，目前大多数养鹑场及专业户多喂干粉料。

鹌鹑喜温暖的环境，对温度要求严格，过冷、过热都将有强烈反应。

鹌鹑反应敏感，富于神经质，对环境任何应激均易引起骚动不安，惊群，表现向上蹦飞，扎堆，甚至格斗。鹌鹑对饲料的全价性要求高，饲料中营养缺乏时易产生啄肛、啄羽癖。

鹌鹑性成熟早，一般母鹑在 5～6 周龄开产，公鹑 1 月龄开叫，45 日龄后有求偶与交配行为。公鹑的成熟标志为泄殖腔腺特别发达，裸露于肛门外上方，并常分泌泡沫状液体。

鹌鹑基本上是单配偶制，在母鹑过剩的情况下，有可能发生多配偶制，母鹌鹑因选择配偶严格，且交配多是强制性的，受精率一般不太高。

鹌鹑无就巢性，这是人工选择的结果。虽产蛋率高，但需人工孵化繁衍后代。孵化期短，世代间隔短。

鹌鹑生理机能旺盛，新陈代谢快。成鹑正常体温为 41～42℃，1～5 日龄雏鹑体温低于成鹑 3℃。呼吸频率：公鹑 35 次/min，母鹑 50 次/min。心跳频率 150～220 次/min。

鹌鹑的适应性与抗病力较强，饲养管理简单，非常适宜密集型笼养，便于工厂化生产。

鹌鹑性喜沙浴，时常用喙钩取粉料撒于身上，或在食槽内表现沙浴行为。

鹌鹑饲料转化率高，耗料量相对减少，料蛋比一般为 1.8～2.6∶1，料肉比一般为 2.8～3.4∶1。

三、鹌鹑的品种

根据市场的需要，消费者的水平，以及鹌鹑育种技术的发展，已形成了各具生产性能的鹌鹑品种及配套系。

（一）蛋用型鹌鹑品种

1. 日本鹌鹑　是世界著名的培育品种，系利用中国野生鹌鹑为育种素材，经 65 年反复改良形成，亦名日本改良鹑。主要分布在日本、朝鲜、中国及印度一带。

日本鹌鹑以体形小、产蛋多、纯度高而著称，体羽呈栗褐色，头部黑褐色，其中央有淡色直纹 3 条。背羽赤褐色，均匀散布着黄色直条纹和暗色横纹，腹羽色泽较浅。成年公鹑体重 110g，母鹑 130g。35～40 日龄开产，年产蛋量 250～300 枚，高产者 320 枚以上，蛋重 10.5g，蛋壳上布满棕褐色斑块，有光泽；或布满青紫色斑点或斑块，壳表为粉状而无光泽。

目前国内饲养的日本鹌鹑数量不多，分布也不广。

2. 朝鲜鹌鹑　由朝鲜采用日本鹌鹑培育而成。

朝鲜鹌鹑体形稍大于日本鹌鹑，羽色基本相同。成年公鹑体重 125～130g，母鹑近 150g。45～50 日龄开产，年产蛋量 270～280 枚，蛋重 11.5～12g。蛋壳色斑与日本鹌鹑同。肉用性能也较好。肉用仔鹑 35～40 日龄，活重可达 130g，半净膛率 80%以上。

目前在我国朝鲜鹌鹑是分布最广、数量最多的蛋用品种，由于蛋用性能与肉质俱佳，非常适宜农村饲养。

3. 中国白羽鹌鹑　系采用朝鲜鹌鹑的突变个体——隐性白色鹌鹑，由北京市种鹑场、南京农业大学、北京农业大学等单位经过 7 年的回交、筛选、提纯、纯繁等工作在 1990 年培育而成。中国白羽鹌鹑体形略大于朝鲜鹌鹑。羽色在初生时体羽呈浅黄色，背部有深黄杂斑。初级换羽后即变为纯白色，其背浅及两翼有浅黄色条斑。经检测，表明该白羽品种纯系为隐性基因（aa 型），且有伴性遗传的特性。

成年公鹑体重 145g，母鹑体重 170g，开产日龄 45d，年平均产蛋率 80%～85%，年产蛋量 265～300 枚，蛋重 11.5～13.5g。产蛋期日耗料 24g，料蛋比 3∶1。其生长速度和增重与朝鲜鹌鹑相近，但产蛋性能明显超过同期朝鲜鹌鹑。

由于中国白羽鹌鹑红眼、白羽、肉色的喙、胫、脚、羽色紧贴体躯，体形美观秀气，其有较高的观赏价值，可作观赏鸟。

4. 中国黄羽鹌鹑　由南京农业大学发现并培育成功，属隐性黄羽，具有伴性遗传特性。体羽黄色，体形生产性能与朝鲜鹌鹑相似。

5. 法国白羽鹌鹑　由法国鹌鹑选育中心培育而成，体羽白色，成鹑重 140g，开产日龄 40d，年平均产蛋率 75%，平均蛋重 11g，生活力与适应性强。

6. 爱沙尼亚鹌鹑　由爱沙尼亚的一个鹌鹑育种中心培育而成，体羽为赭红色与暗褐色相间的颜色，母鹑比公鹑重 10%～12%，年平均产蛋率 86%，开产日龄 47d，35 日龄仔鹑活重：公鹑 140g，母鹑 150g，为蛋、肉双重用途的鹑种。

（二）肉用型品种

1. 法国肉用鹌鹑　又称法国巨型肉用鹌鹑，由法国鹌鹑育种中心育成，是著名肉用品种，体形大，体羽基色为灰褐色与栗褐色，间杂有红棕色的直纹羽毛，头部呈黑褐色，其头顶部有 3 条淡黄色直纹，尾羽较短。公鹑胸羽呈红棕色，母鹑则多呈灰白色或浅棕色，并缀有黑色斑点。

种鹑生活力与适应性强，性情温顺，饲养期近 5 个月。6 周龄活重 240g，4 月龄种鹑活重 350g，产蛋率 60%，孵化率 60%，蛋重平均 13～14.5g，肉用仔鹑屠宰日龄 45d，0～7 周龄耗料 1 000g（含种鹑料），料肉比为 4∶1（含种鹑料）。

2. 中国白羽肉鹑 由北京市种鹑场、长春兽医大学等单位从法国肉用鹌鹑中选育而成。体型同法国肉用鹌鹑，黑眼、喙、胫、脚肉色，成年母鹑体重200～250g，开产日龄40～45d，平均产蛋率75%，蛋重12.5～13.5g，肉用仔鹑40日龄体重210～230g。

3. 莎维麦脱肉鹑 由法国莎维麦脱公司育成，体形硕大，生产性能好，外貌基本同法国肉用鹌鹑。据无锡市郊区家禽良种场鹌鹑分场引种实绩：种蛋受精率达90%以上，孵化率超过85%，公母比1∶25，雏鹑生长发育快，35日龄时平均体重超过220g，料肉比为2.4∶1，成年最大体重超过450g，种鹑35日龄开产，年平均产蛋量260枚，平均蛋重13.1g。

莎维麦脱肉鹑的适应性和抗病力较强，很容易饲养，自向全国推广以来，受到养鹑者的欢迎。

此外，较著名的还有美国法老肉鹑、美国加利福尼亚肉鹑、澳大利亚肉鹑、英国白羽肉鹑等。

项目12－1　鹌鹑的繁育

【知识准备】

母鹑的产蛋率与品种、饲养管理水平关系密切。由于母鹑开产后达产蛋高峰早，且产蛋高峰期长，因此其平均产蛋率可达75%～85%，但种母鹑产蛋初期和产蛋后期所产种蛋质量差，生产实践中对蛋用种母鹑仅利用8～10个月的采种时间，肉用型种母鹑的采种时间6～8个月。

产蛋鹑每天主要产蛋时间集中于中午至晚上20时前，而以下午15～16时为产蛋数量最多。因此，食用蛋多于次日早晨集中一次性收集，而种蛋一般每日收2～4次，以防高温及污染，确保孵化品质。

成鹑的利用年限主要取决于品种、产蛋量、种蛋品质、经济效益及育种、制种价值等，一般情况下，第2个生物学产蛋年平均产蛋量下降15%～20%，从国外引进的良种母鹑可利用2～3年，一般种母鹑可利用1～2年，商品蛋鹑和种公鹑仅利用1年。

【岗位技能】

（一）种鹑的选择

应根据外貌鉴定、系谱鉴定、生产力鉴定、后裔鉴定与综合鉴定进行选择。

1. 外貌鉴定 根据各品种生长发育不同阶段的外貌标准进行严格选择，一般采用肉眼观察和用手触摸方法予以鉴别。种公鹑羽毛完整而光泽，颜色深，体质健壮，头大，喙色黑而有光泽，眼大有神，吻合良好，叫声高亢洪亮，趾爪伸展正常，爪尖锐，雄性特征明显，泄殖腔腺发达，性欲强盛。种母鹑羽毛完整丰满，色彩明显，头小而俊俏，眼大明亮，颈细长，体态匀称，耻骨与胸骨顶之间可容纳3指，两耻骨间可容纳2指。种公、母鹑体重均应达该品种标准。

2. 系谱鉴定 引种时应了解系谱来源，以防止近亲交配，同时通过分析鹌鹑系谱，可掌握其父母代和祖代生产性状、遗传特性，有助于选种选配。

3. 生产力鉴定　产蛋鹑的生产力指标主要为产蛋量和平均蛋重，开产后前3个月必须高产，年产蛋率蛋用型在80%以上，肉用型在75%以上。蛋重要符合品种标准，各生长阶段的体重也需按期达标。种公鹑除考虑配种效果外，还要根据其全同胞及半同胞姐妹的生产水平来选择。

4. 后裔鉴定　通过后裔与父母的比较，后裔之间的比较以及后裔与生产群的比较，即可鉴别出父母代的优劣。

5. 综合鉴定　将各品种的实绩根据上述4项鉴定进行评分，通过综合分析，排出名次，决定选择与淘汰。

（二）配种

采用恰当的配种方法和适宜的配种比例能有效提高鹑蛋的受精率。

1. 性行为　包括求爱与交配，开始公鹑以僵直步态、羽毛耸立、颈部前伸的姿态向母鹑靠拢，母鹑若接受交配，则蹲伏下来同意公鹑爬跨到背上，公鹑咬住母鹑头或颈部的羽毛，伸展两翅，将舌状的交尾器与母鹑的泄殖腔相接触而射精，交配结束后，公鹑松开被咬羽毛并跳下，公、母鹑各自抖动羽毛，公鹑趾高气扬地鸣叫着走开。

2. 自然交配　育种场一般采用单配（♂1∶♀1）或轮配（♂1∶♀4），生产中常采用小群配种（♂2∶♀5～7）或大群配种（♂10∶♀30）。实践证明，小群配种效果较好，因为公鹑较少斗架，母鹑的伤残率低。种鹑入笼时，应优先放置公鹑，占据笼位顺序优势，数日后再放入母鹑，可防止众多母鹑欺负少数公鹑，从而提高受精率。

（三）鹌鹑的人工孵化

鹌鹑无就巢性，必须通过人工孵化来繁殖，凡是用来孵化禽蛋的孵化机具，只要改造一下孵化盘与出雏盘的尺寸，均可用于孵化鹑蛋。

1. 种蛋的选择与保存　要选择5d以内的新鲜种蛋入孵。蛋重符合品种标准。蛋形正常，呈纺锤形或卵圆形，蛋形指数平均为1.4。蛋壳坚实，强度好，壳色符合品种标准，无粪便污染。应选用种鹑开产后4～8个月内的种蛋。贮存新鲜种蛋的温度为15～18℃，相对湿度为75%。孵化前采用熏蒸法消毒种蛋，按$1m^3$体积用福尔马林溶液28mL，高锰酸钾14g，熏蒸2h后排出气体。

2. 孵化　孵化期平均为17d。

孵化温度：整批入孵宜用变温孵化。平面孵化，1～6d为39.4～39.7℃，7～14d为38.9～39.2℃，15～17d为38.6～38.9℃。立体孵化，1～5d为38.9～39.2℃，6～10d为38.6～38.9℃，11～15d为38.1～38.6℃，16～17d为36.7～37.2℃。若每隔5d分批入孵宜用恒温孵化，1～5d第一批38.1～38.6℃，到第6天，即第二批鹑蛋入孵后则固定为37.8℃，第15天落盘至出雏盘内，改为36.7～37.2℃。

孵化湿度：整批孵化时，孵化初期相对湿度为60%，中期为50%，后期（出雏期）为70%；分批孵化时，孵化期应经常保持相对湿度在53%～57%，开始啄壳时，提高到65%～75%。

翻蛋：孵化阶段每昼夜翻蛋4～12次，出雏阶段则停止翻蛋。

有关注意事项可参考鸡蛋孵化法。

（四）鹌鹑的雌、雄鉴别

不同年龄的鹌鹑，适宜的雌、雄鉴别方法不同，常见的鉴别方法有以下几种。

1. 初生雏鹌

（1）肛门鉴别法。适宜于所有禽类的一种基本方法，鉴别者须经过专门训练，准确率高时可达 99%。

鉴别时，在 100W 的白炽灯下，用左手将刚出壳 6h 内空腹的雏鹑头朝下，背紧贴于掌心，用拇指、食指和中指轻握鹑体，再用右手的食指和拇指将雏鹑的泄殖腔上、下轻轻拨开。若泄殖腔的黏膜呈黄色，且下壁中央有一小的生殖突起，则为雄性；反之，若呈淡黑色，无生殖小突起，则为雌性。由于初生雏鹑的泄殖腔黏膜颜色深浅不一，同时泄殖腔太小，致使鉴别困难。保定和翻检时又会易损伤鹑体，影响成活率和生长发育。

（2）自别雌、雄法。利用特定的配套系和伴性遗传原理，按照初生雏鹑羽毛颜色来自别雌雄。据检测鉴定，其自别雌、雄的准确率为 100%，且不损伤鹑体，已在国内推广利用。

2. 1 月龄鹑 此时仔鹑已基本换好体躯的永久羽，凡栗褐羽型可根据羽毛颜色与斑点进行鉴别。公鹑的脸、下颌、喉为赤褐色，胸羽为淡红褐色，其上有少数小黑斑点。腹部呈淡黄色，胸部较宽，有的已开始啼叫。母鹑脸部为黄白色，下颌与喉部为白灰色，胸部密集有许多黑色小斑点，腹部灰白色。公鹑叫声高亢响亮，母鹑叫声低而短促。

项目 12－2 鹌鹑的饲养管理

【知识准备】

（一）鹌鹑的营养需要与饲养标准

目前我国尚无国家鹌鹑饲养标准与统一的饲料配方，生产上一般参考国外的资料与各单位的饲养实践来配制，添加剂也没有专用于鹌鹑的，需进一步提高与完善。

中国白羽鹌鹑营养需要标准见表 12－1。

表 12－1 中国白羽鹌鹑营养需要建议量

项　目	0～3 周	4～5 周	种鹌鹑
代谢能/（MJ/kg）	11.92	11.72	11.72
粗蛋白（%）	24	19	20
蛋氨酸（%）	0.55	0.45	0.50
蛋氨酸＋胱氨酸（%）	0.85	0.70	0.90
赖氨酸（%）	1.30	0.95	1.20
钙（%）	0.90	0.79	3.00
有效磷（%）	0.50	0.45	0.55
钠（%）	0.15	0.15	0.15
氯（%）	0.20	0.15	0.15
维生素 A（U/kg）	5 000	5 000	5 000
维生素 D（U/kg）	1 200	1 200	2 400
维生素 E（U/kg）	12	12	15

（二）鹌鹑的饲料配方

鹌鹑的饲料配方见表 12－2。

表 12－2 蛋用型鹌鹑饲料配方实例（%）

	玉米	豆饼	鱼粉	糠麸	草（叶）粉	骨粉	石粉	来源
雏鹑	54	25	15	3.5	1.5	1.0	—	北京市种鹌鹑场
	59	27	8	3.5	1.0	1.5	—	南京农业大学
	62	25	7	3.5	1.0	1.5	—	南京农业大学
仔鹑	65	20	7	5	1.5	1.5	—	南京农业大学
	63	16	8	10	1.5	1.5	—	南京农业大学
	52	27	10	5	5	1.0	—	北京市莲花池鹌鹑场
	57	24	12	3.8	1.7	1.5	—	北京市种鹌鹑场
产蛋鹑	50.5	22	14	3.5	4.2	2	3.8	北京市种鹌鹑场
	47	33	10	4	5	1	—	北京市莲花池鹌鹑场
	50	21	17	8	—	4	—	南京农业大学
	45	25	18	5	2	2	3	广州白云山鹌鹑场

【岗位技能】

一、养鹑场及饲养设备

1. 养鹑场的要求 鹑场要求建在地势高燥，便于排水，水源充足，水质良好，供电有保证的地方，既要远离主干公路、居民区和工厂，又要考虑到交通运输的方便和工作人员生活的安定。种鹑场和规模较大的商品鹑场，其生产区和生活区应严格分开，在鹑场建筑的格局上应注意到饲料贮存库和育雏舍要建在鹑场的上风口，兽医室、病死鹑处理场、粪便处理池要安排在下风口。

2. 鹑舍的要求 鹑舍要求冬暖夏凉，既能保温，又要防暑，且通风良好，清洁卫生，有利于防疫消毒，并可防水、防兽害；饲养管理操作方便，有利于减轻劳动强度，提高工作效率；结构简单、实用、牢固、耐久，取材方便，造价较低。

生产中鹑舍屋顶选用双坡式，地面铺水泥，跨度 50m，正面每 2.2m 宽分隔成一小间，小间内靠墙两侧各排放一列鹑笼，上、下 6～8 层，中间留 1.0m 宽过道。每小间南墙一侧开门，南北两墙上与过道对应处开设窗户，并装上铁丝网，每小间内面积 11.0m^2，可养成鹑 2 000～2 500 只。

3. 笼具 笼具是饲养鹌鹑的重要设备，按生长发育和生产阶段，可分为雏鹑笼、仔鹑笼、产蛋笼、种鹑笼、肥育笼、运输笼等。

二、鹌鹑的饲养管理

按照鹌鹑的生理特性，可将其一生划分为 3 个时期：0～2 周龄为育雏期，称雏鹑；从 3 周龄至性成熟（蛋用型 5 周龄，肉用型 6 周龄）为育成期，称仔鹑；从性成熟至淘汰为成年期，称种鹑与产蛋鹑。

饲养管理是养鹑生产中的重要环节，常因品种、用途、笼具、性别而异。

（一）雏鹑的饲养管理

养育雏鹑是鹌鹑生产重要的一环，雏鹑的品质和饲养管理技术都关系到雏鹑的发育和育雏率以及成鹑的生产性能和种用价值，因此必须抓好以下几点。

1. 育雏室准备工作 在育雏前3d室内墙壁与地面常规消毒，笼具彻底清洗、消毒；笼具底铺上深色棉麻布或报纸；准备好有关饲养用具，物品及饲料、疫苗、药品各种记录表格等；检修好各种设备与电器，配备好有关饲养人员。

2. 保暖工作 鹌鹑对温度极为敏感，喜温怕冷，具体的适宜温度要求见表12－3。

表12－3 鹌鹑生长期的适宜温度

雏鹑日龄（d）	适宜温度（℃）
1～3	40～38
4～7	35～36
8～14	30～33
15～21	25～28
22～35	22～20

3. 适时饮水、进食 长途运输雏鹑到场内后应饮用0.05％葡萄糖水溶液，以补充能量与水分，雏鹑日常饮用水采用0.05％高锰酸钾水溶液。开食料可饲喂正常日粮。生产实践中多喂干粉料或压制过筛的配合碎裂料。采用每日采食，保证不断水、不断料。

4. 雌、雄分养 减少由于性别的生长速度、耗料差异而导致群体的均匀度差，饲料转化率低，还可避免因交配而引起骚动与损伤。

5. 合理的密度 饲养密度因饲养方式、年龄、气温、用途的不同而异，在笼养情况下为提高饲养量和经济效益，保证通风量时一般饲养数量为：第1周龄120～150只/m^2，第2周龄100～120只/m^2，第3周龄80～90只/m^2，第4周龄60～70只/m^2，以后近60只/m^2。

6. 采取雏鹑断翼技术 实践证明，给1日龄雏鹑进行断翼，对生长、性成熟、产蛋量、胴体品质均有良好效应，断翼时用300W以下灼热电烙铁自雏鹑臂骨下1/3与肘之间烙断两翅部分。

7. 日常管理 经常检查室温和育雏温度，并根据雏鹑活动、粪便情况酌情调整；定期抽称空腹体重，及时调整日粮营养水平；做好免疫程序规定工作及清洁卫生工作；做好防鼠害、防水灾工作和死淘雏鹑处理工作；做好各项记录工作。

（二）仔鹑的饲养管理

仔鹑阶段生长强度大，尤以骨骼、肌肉、消化系统和生殖系统生长为快，不同用途的仔鹑饲养管理技术不同。

1. 种用仔鹑和蛋用仔鹑（21～35日龄） 重点控制标准体重和正常性成熟期，主要工作有：

（1）雌、雄仔鹑及时分群。在3周龄可根据羽色等外貌特征进行雌雄分群，有利于种用仔鹑的选择与培育。

（2）限制饲养。可控制种鹑与商品蛋鹑的体重，防止性早熟，提高产蛋量与蛋的合格率，降低饲料成本。

(3) 控制光照。按照光照实施方案，生长期光照只能逐渐减少或恒定，绝不能增加，可采用10～12h光照制度，结合限饲制度，才可能达到控制体重与正常性成熟期的目的和效果。

(4) 脱温。根据气温与年龄，适时调整温度，确保仔鹑的生长发育，4周龄后逐步采取脱温直到与室温相同。

(5) 定期称重。为确保限饲的顺利进行，每周定期抽称仔鹑空腹体重，量少时全部称重，量大时抽称10%，如有80%达到标准体重（允许±10%），为均匀良好的标志，否则，要酌情调整日粮水平。

(6) 转群前的准备。根据存栏仔鹑数，制定好选配方案，并注意搞好日粮的过渡工作，至产蛋率达5%时改用种鹑或产蛋鹑日粮。

2. 肉用仔鹑（21～45日龄）　专指肉用型仔鹑，一般采用快速育肥方式以获得有较好的胴体与活重，保证市场需求，提高经济效益。

肉用仔鹑饲养到25日龄后，按公母、大小、强弱分群后方可入育肥笼中肥育，笼高12cm，饲养密度以80～85只/m^2为宜，育肥期间的代谢能保持12.98MJ/kg，蛋白质含量为15%～18%，要补充足量的钙和维生素D，采用自由采食，饮水充足清洁，光照采用10～12h的暗光照制度，以红光为宜，使其安静休息，保持室温20～25℃，一般养至42～49日龄上市，此时肉鹑活重已达200～240g，在每批肉鹑中抽样测定屠宰率，有助于了解和改进育肥技术。

（三）种鹑及产蛋鹑的饲养管理（41～400日龄）

饲养种鹑与产蛋鹑的目的是获得高产优质的种蛋与食用蛋。种鹑和产蛋鹑除了在配种技术、笼具规格、饲养密度、饲养标准等方面有所不同外，其余的日常管理技术则基本相同。

1. 调整营养　40日龄以后，雌鹑逐渐开产，开产后20d进入高产期，70%～90%产蛋率可持续10～20周。为保持高水平的产蛋率，尽量节省饲料，在日粮配制上可分为开产初期、产蛋旺期、产蛋后期3个营养水平，但在产蛋率下降时，日粮中蛋白质水平和钙水平不可下降太快。

2. 饲养方式　采用自由采食或定时定量方式均可，只要营养全面，饲喂方式、日粮相对稳定，都能达到较好的效果。

3. 光照　在产蛋期间光照时间应控制在14～16h，光照度为10lx或4W/m^2，其余采用弱光照，这样既不会影响鹌鹑休息，又可保证连续采食和饮水，减少应激。

4. 环境温度　产蛋鹑最适宜的环境温度为20～26℃，超过30℃即对产蛋率有影响。

5. 强制换羽　对利用1年以上的优秀种母鹑可采取强制换羽，以克服自然换羽时间长、速度慢、产蛋不集中等弊病。

人工强制换羽常采用停料、停水4～7d（夏天需适度饮水），提供黑暗环境，使鹑群突然改变生活条件而迅速停产换羽，大部分羽毛脱落后再逐步加料和恢复光照，达到开产整齐，从停饲到开产仅需20d时间，换羽期间，注意加强观察与管理。

6. 防止应激　要保持饲养环境条件的相对稳定，更要保持安静，高温季节要防暑降温，寒冷季节要防寒保暖，还可在饮水中添加维生素C与某些电解质，以减少应激发生。

7. 搞好日常卫生，做好日常记录　料槽、水槽每天清洗1次，承粪盘每天清粪1～2

次，做好入舍鹑数、死淘数、产蛋数、日耗料量、天气情况等的记录。

【思与练】

1. 简述鹌鹑的生物学特性。
2. 目前饲养的鹌鹑品种主要有哪些？各有何特点？
3. 怎样选择种鹑和种蛋？
4. 怎样进行鹌鹑的雌、雄鉴别？
5. 怎样加强雏鹑、仔鹑、产蛋鹑和种鹑的饲养管理？

学习情景 13　火鸡生产技术

火鸡学名吐绶鸡，又名七面鸡，动物学分类上属于鸟纲、鸡型目、吐绶鸡科、火鸡种。原产于北美洲，为猎禽，现已被广泛饲养以供食用。在营养价值蛋白质含量高，脂肪低，胆固醇低，并含有丰富的铁、锌、磷、钾及B族维生素。

（一）火鸡的外形特征

火鸡体长而宽，背部略隆起，胸宽而突出，腹部丰满不垂，胸与腿部肌肉发达。火鸡头上无冠，头颈几乎裸出，仅有稀疏羽毛，并着生红色肉瘤，喉部下垂有红色肉瓣，兴奋时变成白色，带亮蓝色。喙粗短有力，在喙根部上方生有肉锥，当火鸡采食激动时，肉锥收缩2～3cm，安静时可下垂到10cm以上，公鸡较大，母鸡较小。公鸡胸部具有一个质地较粗、似被毛的羽簇，称为髯，有脚距突起。尾羽发达，能展开呈扇形，末端稍圆。母鸡无髯和距，尾羽不发达。雄鸟的体长可达130cm，重可达10kg，但平均体重要轻一些；雌鸟的重量一般只有雄鸟的一半，家养品种的肉质味美，体重还要重得多。

火鸡求偶时，雄鸟展开尾羽，翅膀下垂，抖动羽翎作声，缩头阔步行走，并发出急促的“咯咯”叫声。一只雄鸟配一群雌鸟，每一雌鸟产8～15枚淡褐色有斑点的卵，卵产于地面低洼处。

（二）生物学特性

野生火鸡喜栖息于水边林地。它们受惊时会迅速跑到隐蔽地方，但也能短距离（约0.4km）飞行。平时栖于地面上，发出“咯咯”声，觅食昆虫、甲壳类、蜥蜴以及谷类、蔬菜、果实等。夜间结群宿在树上，一雄配多雌，巢营于地面隐蔽的凹处。

火鸡采食青草能力强，仅次于鹅，适合放牧饲养。放牧时能觅食草子和谷粒，甚至能跃起采食1m高的水稗草穗。喜吃韭菜、葱和大蒜等辛辣食物。

火鸡对环境适应能力强，特别是对过冷和过热环境适应性更强，对鸡舍条件和管理水平要求低，放牧、散养、圈养均可。火鸡对周围环境刺激较敏感，当人畜接近受惊吓时，会竖起羽毛，头面部着色部位颜色发生变化，呈现五彩缤纷的颜色，以示自卫。

火鸡的就巢性强，一般产10～15枚蛋就会抱窝就巢，尤其气温较高、光线充足的季节里更易发生。公火鸡在觅食或配种时常发生争斗，当一方妥协则争斗结束。当饲料中缺乏矿物质（如食盐）或光照太强、密度太过、通风不好时会有啄癖行为。

项目 13－1　火鸡的繁育

【知识准备】

（一）火鸡品种

1. 青铜火鸡　原产于美洲，是世界上最著名、分布最广的品种。公火鸡颈部、喉部、胸部、翅膀基部、腹下部羽毛红绿色并有青铜光泽。翅膀及翼羽有白边。母火鸡两侧、翼、尾及腹上部有明显的白条纹。喙端部为深黄色，基部为灰色。成年火鸡体重16kg，母火鸡9kg。年产蛋50～60枚，蛋重75～80g，蛋壳浅褐色带深褐色斑点。刚孵出的雏火鸡头顶上有3条互相平行的黑色条纹。雏火鸡胫为黑色，成年后为灰色。青铜火鸡性情活泼，成长迅速，体质强壮，体形肥满。

2. 荷兰白火鸡 原产于荷兰，全身羽毛白色，因而得名荷兰白火鸡。体形与加拿大海布里得中型品系相似，喙、胫、趾淡红色，皮肤纯白色或淡黄色。成年公火鸡体重15kg，母火鸡8kg。雏火鸡毛色为黄色，公火鸡前胸有一束黑毛。

3. 波朋火鸡 波朋火鸡羽毛深红色，公火鸡羽毛边缘略呈黑色，母火鸡羽毛边缘为白色条纹。小火鸡喙、胫、趾为红色，成年后呈浅玫瑰色。成年公火鸡平均体重15kg左右，母火鸡约8kg。

4. 黑火鸡 原产英国诺福克，又名诺福克火鸡。全身羽毛黑色，有绿色光泽。雏火鸡羽毛为黑色，翼部带有浅黄点，有时腹部绒毛也有浅黄点。胫和趾在成年火鸡为浅红色，年幼火鸡为深灰色。喙、眼为深灰色，胸前须毛束为黑色。成年公火鸡体重15kg，母火鸡8kg左右。

5. 贝兹维尔火鸡 该品种身体细长，步伐轻快，体态健美。胫和趾为粉红色，冠及肉髯红色。具有早熟、饲料适应性强、生长迅速、肉质鲜美、产蛋多等优点。成年公火鸡体重10kg，母火鸡5kg以上。平均产蛋率可达60%，平均蛋重76g。该品种商品火鸡14～16周龄上市，平均体重3.5～4.5kg。

6. 尼古拉火鸡 是美国尼古拉火鸡育种公司培育出的商业品种，属重型品种。成年公火鸡体重22kg，母火鸡10kg左右。22周产蛋量79～92枚，蛋重85～90g，受精率90%以上，孵化率70%～80%，商品代火鸡24周龄体重，公火鸡为14kg，母火鸡为8kg。

7. 贝蒂纳火鸡 是法国贝蒂纳火鸡育种公司培育成的。有小型和重中型两种，小型品种适合粗放饲养，重中型品种适合工厂化饲养。贝蒂纳小型火鸡有白羽和黑羽2种，成年公火鸡体重9kg，母火鸡5kg左右。可自然交配，受精率高，25周平均产蛋93.69枚。

8. 海布里德白钻石火鸡 该品种由加拿大海布里德火鸡育种公司培育而成。有重型、重中型、中型和小型四种类型。中型和重中型是主要类型。32周龄开产，产蛋期24周，不同类型产蛋量有差别，84～96枚不等。平均每羽母火鸡可提供商品代火鸡50～55羽。

商品代火鸡的生产性能：小型火鸡公母混养的，12～14周龄屠宰体重4～4.9kg；中型公火鸡16～18周龄屠宰，体重7.4～8.5kg，中型母火鸡12～13周龄屠宰，体重3.9～4.4kg；重型和重中型火鸡，公火鸡16～24周龄屠宰，体重分别为10.1～13.5kg，8.3～10.1kg，母火鸡16～20周龄屠宰，体重分别为6.7～8.3kg和4.4～5.2kg。

(二) 火鸡的繁殖特点

火鸡性成熟较晚。母火鸡一般为28～30周龄，约7个多月，公火鸡比母火鸡约迟2周。刚进入性成熟的火鸡不能立即配种，一般在性成熟后3～4周为宜。火鸡每年有4～6个产蛋周期，每个产蛋周期产10～20枚。年平均产蛋量因类型不同而有差异。大型火鸡一般为50～70枚，中型火鸡70～90枚，小型火鸡100枚。母鸡产蛋量第1年最多，第2年下降20%～25%，第3年下降更多，所以种用火鸡利用年限不超过2年。火鸡蛋重为80～90g，蛋壳较厚，白色略带褐色斑点。自然交配情况下，公母比例为1∶4，人工授精公母比例可提高到1∶15。

对于一些小型品种的火鸡，如法国的贝蒂纳火鸡、前苏联的小型白火鸡等，可以让其在繁殖期自由交配。对重型品种的火鸡，如美国尼古拉火鸡、大型青铜火鸡，由于体型相差悬殊，自然受精率只有 30%～60%，采用人工授精技术可提高到 80%～90%。人工授精可用大型公火鸡与小型母火鸡杂交。

【岗位技能】

一、火鸡的人工授精

（一）鸡群准备

1. 公火鸡　公火鸡通过 16～18 周龄和 29～30 周龄两次选留之后，在繁殖季节前 1～2 周，进行采精训练。如发现生殖突起不明显、精液颜色不正常、精液量少于 0.1mL 的公火鸡，则应作记号（在公鸡背上用红药水或紫药水涂上颜色），以便下次采精时再作观察，根据具体情况决定选留或淘汰。一个星期后，做第二次采精训练。选留的公火鸡要求在第一次、第二次采精时性反射良好，精液密度高，颜色呈乳白色，射精量在 0.2～0.4mL。

2. 母火鸡　母火鸡于 28 周龄转入种火鸡舍饲养，光照时间在原来的 8h 基础上每周增加 0.5～1h，延长至 16h 为止，饲料中的蛋白质和钙的含量相应增加到 16%和 2.25%。在延长光照第一周后，个别母火鸡已开始产蛋。从第二周起，每天驱使母鸡运动，把产蛋箱前面的尼龙网挂起来，让火鸡进产蛋箱，同时每 0.5～1h 把火鸡从产蛋箱里轰出来一次。当有 80%左右的母火鸡开始下蹲时，人工授精工作就正式开始。

（二）采精

采精方法以按摩法使用最为普遍，并且安全、简便、可靠，采出的精液品质高，干净。

按摩法采精，需要 3 人合作完成：一人是主要采精者；另两人是助手，负责公火鸡的保定和用试管或集精瓶收集公火鸡的精液。采精者坐在一条长木凳上（凳子长约 1.2m、宽 0.35m、高 0.4m），两腿跨骑在木凳的两侧。凳面用软布或麻袋之类的柔软物包紧，以防擦伤火鸡胸部皮肤。

采精者和保定者分别抓住公火鸡的腰部和双腿，将其胸部放到木凳上，两腿自然下垂。待公火鸡固定后，采精者用左手托起公火鸡尾根部，右手轻轻按摩尾部，两手合作 3～4 次，然后右手从背部向尾根部推动按摩数次，由慢到快，这时公火鸡的生殖突起有节奏地用力向外突出。此时，采精者右手拇指和其他四指分开卡住肛门环两侧，形成一个压挤动作，左手放在公火鸡的腹部使其形成反射性勃起，精液沿着两侧生殖褶中间的纵沟排出，此时应迅速将精液收集到集精杯（瓶）中。压挤后双手放松，等公火鸡生殖突起再次突出时，再压挤一次。这样往返做 2～3 次，即完成采精工作。

有些公火鸡在排精时先排出少量白色尿酸盐或粪便，采精者一定先要用脱脂棉花将污物擦去，然后把乳白色的精液全部收集起来。

采精时应注意的事项：①动作要轻，迅速而准确，对公火鸡排精十分有利。过分按摩容易引起粪和尿的排泄，用力过大会使公火鸡生殖器突起，毛细血管破裂，造成出血。②采精者的手法要连贯，动作不可生硬，使公火鸡建立良好的条件反射。为此，要固定专人采精。③采到的精液要立即放置于 25～30℃的保温杯中，注意防尘、防烟和阳光，并于采精后 30min 内，使用完毕。④注意精液颜色，只采集纯白色，浓度大的精液，不取黄色、褐色或太稀的精液。⑤随时淘汰劣质公火鸡。

（三）精液稀释

在收集公火鸡精液时可以使用稀释液进行稀释。

先在集精瓶内放入0.5mL稀释液，收集约2mL的精液后，再放入0.5mL稀释液，此时稀释液和精液的比例为1∶2。使用生理盐水当稀释液的精液应当保存在18～30℃的环境里，在0.5h内用完。

稀释液有多种配方，常见的配方是：蒸馏水100mL，谷氨酸钠1.1g，柠檬酸三钾0.128g，醋酸镁0.08g，葡萄糖0.36g，无水醋酸钠0.146g，无水磷酸二氢钠0.136g，二氨基乙烷磺胺酸3.05g。

(四) 火鸡输精

1. 输精准备 输精前，将一定量的精液分装在每支输精管（如1mL的注射器、玻璃吸管）中，内装0.025～0.03mL精液。吸取和分装精液时，要注意避免产生气泡。运输精液或使用精液时要避免阳光直射，以免影响精液品质。

2. 输精时间 母火鸡输精时间应在产蛋后进行，即下午15～16时。有资料表明，在母火鸡子宫内有软壳蛋时（即在产蛋前15h左右），给母火鸡输精，可以获得最佳受精率。

3. 输精方法 输精工作由3个人协同完成，采用人工翻肛方法。输精者站在翻肛者的对面，拿着分装好精液的输精管。抓鸡者在翻肛者的右侧，双膝跪在地上，用手抓住母火鸡两条腿的跗关节处，往上拉起，拖向翻肛者。翻肛者右手倒提母鸡双脚，用左手掌向下使劲压迫母火鸡尾部，并用分开的拇指和食指把母火鸡的肛门翻开，暴露出2个孔。右边的孔是泄殖腔，左边的孔是阴道口。当阴道口被完全翻开后，输精者将输精管斜向插入阴道，将精液放入阴道内。输精深度2cm。输精量（若用原精液输精）用量为0.025mL。输精次数根据火鸡产蛋率来确定，当火鸡群产蛋率达5%时，开始第1次输精。之后第4天进行第2次输精，以后每周输精1次。母火鸡产蛋后期（产蛋18周以后），每5d输精1次。也可以在第9周、第14周、第19周和第22周，每周输精2次。

输精者应注意的事项：

(1) 当输精管插入输卵管输精后抽出的一瞬间，要猛然解除对母火鸡腹部的压力，这样才能将精液有效地输到母火鸡的输卵管内。

(2) 无论使用何种输精器，均需对准输卵管口中央轻轻插入，切忌将输精管斜插入输卵管，否则不但不能输出精液，而且容易损伤输卵管内壁。

(3) 每输精一只母火鸡换一根输精管，防止相互感染。如使用滴管类输精器，必须每输精一只母火鸡用消毒棉擦拭一下输精器。

二、火鸡的人工孵化

(一) 孵化室及种蛋的消毒

孵化室的入口处设一个宽度和入口相等，长度2m左右，最深处20cm左右的长形锅底状消毒池。消毒池内放满2%的火碱溶液，每周更换2次。孵化室内采用过氧乙酸、百毒杀等消毒液，每周喷雾消毒2～3次。孵化、出雏器以及蛋车、蛋盘等每次使用完后应去除绒毛、蛋壳等污物，用加有消毒药物的水冲洗，晾干后，密闭熏蒸消毒后方可再次使用。

进入孵化室的种蛋经挑选后，即运到封闭良好的种蛋消毒室，用28mL/m³甲醛溶液加14g高锰酸钾熏蒸0.5h。也可采用新洁尔灭或一些抗生素来配成25℃温水浸泡种蛋消毒，消毒后的种蛋转入蛋库保存。

孵化过程中还应在种蛋码盘入孵2h之内，照蛋后、落盘后各进行1次熏蒸消毒。

(二) 人工孵化技术

孵化期为28d。

1. 温度控制　一般火鸡孵化温度可控制在37.5～38℃。孵化前期37.5～38℃略高，中期37.2～37.5℃，后期36.4～37.0℃略低。冬季孵化温度稍高，夏季温度稍低。

2. 湿度控制　孵化前期，55%～60%。孵化中期，50%～55%。后期，65%～75%。

3. 通风换气　孵化初期，代谢水平低，胚胎需要的氧气很少，随着胚胎的发育，对氧气的需求量越来越多，到孵化后期，胚胎用肺呼吸，对氧气的需求量更大。因此，孵化器内二氧化碳的含量应控制在0.5%以下。超过1%时胚胎发育很慢，长时间的有害气体就会引起死胚胎的增加。

4. 翻蛋　翻蛋一般由孵化器自动完成，每2h转1次，翻转90°。

5. 凉蛋　凉蛋时打开孵化器，将蛋车拉出2/3，待种蛋表面温度稍有降低后，再推入孵化器内。

6. 照蛋　照蛋可以检查火鸡胚胎发育情况，挑出无精蛋、死胚，有利于保持良好的空气状况，有利于胚胎发育。照蛋在暗室内进行，应快速、准确。头照在入孵第7天进行。第2次照蛋可在第18天进行。

7. 落盘和出雏　种蛋孵化到第25天后落盘。落盘时动作要轻，防止蛋壳的破碎，要将蛋平铺在出雏盒中。出雏的过程较短，只有2～3d，要掌握好温度、湿度、气体交换，保证出雏整齐、健壮。雏火鸡绒毛干燥、精神活泼时要及时捡出装盒。捡出的雏火鸡要去肉锥，鉴别雌、雄，存放在24℃左右，相对湿度60%～65%的环境中。存雏间光线不宜太强，通风应良好。出雏结束后，要将孵化情况登记，以备查用。

项目13-2　火鸡的饲养管理

【知识准备】

(一) 营养需要

同其他畜禽一样，火鸡的营养需要也包括能量、蛋白质、维生素、矿物质和水五大类。不同品种，不同生理阶段的火鸡对各种营养物质的需求差异很大（表13-1）。为了提高火鸡生产效益，控制营养物质的供给很有必要。比如肉用火鸡必须高能量催肥上市，后备母火鸡则要限制过肥，以免影响产蛋。

表13-1　火鸡的营养需要

(DM=90%，NRC，1994)

周龄	公：0～4 母：0～4	4～8 4～8	8～12 8～11	12～16 11～14	16～20 14～17	20～24 17～20	停产期	产蛋期
苯丙氨酸（%）	1.0	0.9	0.8	0.7	0.6	0.5	0.4	0.55
苏氨酸（%）	1.0	0.93	0.79	0.68	0.59	0.5	0.4	0.45
色氨酸（%）	0.26	0.24	0.2	0.18	0.15	0.13	0.1	0.3

（续）

周龄	公：0～4 母：0～4	4～8 4～8	8～12 8～11	12～16 11～14	16～20 14～17	20～24 17～20	停产期	产蛋期
缬氨酸（%）	1.2	1.1	0.94	0.8	0.7	0.6	0.5	0.58
亚油酸（%）	1.0	1.0	0.8	0.8	0.8	0.8	0.8	1.1
钙（%）	1.2	1.0	0.85	0.75	0.65	0.55	0.5	2.25
有效磷（%）	0.6	0.5	0.42	0.38	0.32	0.28	0.25	0.35
钾（%）	0.7	0.6	0.5	0.5	0.4	0.4	0.4	0.6
钠（%）	0.17	0.15	0.12	0.12	0.12	0.12	0.12	0.15
氯（%）	0.15	0.14	0.14	0.12	0.12	0.12	0.12	0.12
镁（mg/kg）	500	500	500	500	500	500	500	500
锰（mg/kg）	60	60	60	60	60	60	60	60
锌（mg/kg）	70	65	50	40	40	40	40	65
铁（mg/kg）	80	60	60	60	50	50	50	65
铜（mg/kg）	8	8	6	6	6	6	6	8
碘（mg/kg）	0.4	0.4	0.4	0.4	0.4	0.4	0.4	0.4
硒（mg/kg）	0.2	0.2	0.2	0.2	0.2	0.2	0.2	0.2
维生素A（U/kg）	4 000	4 000	4 000	4 000	4 000	4 000	4 000	4 000
维生素D（U/kg）	900	900	900	900	900	900	900	900
维生素E（U/kg）	12	12	10	10	10	10	10	10
维生素K（U/kg）	1.0	1.0	0.8	0.8	0.8	0.8	0.8	1.4
核黄素（mg/kg）	3.6	3.6	3.0	3.0	2.5	2.0	2.5	4.0
泛酸（mg/kg）	11.0	11.0	9.0	9.0	9.0	9.0	9.0	16.0
烟酸（mg/kg）	70.0	70.0	50.0	50.0	40.0	4.0	40.0	30.0
维生素B_{12}（mg/kg）	0.003	0.003	0.003	0.003	0.003	0.003	0.003	0.003
胆碱（mg/kg）	1 900	1 600	1 300	1 100	950	800	800	100
生物素（mg/kg）	0.2	0.2	0.15	0.125	0.100	0.100	0.100	0.15
叶酸（mg/kg）	1.0	1.0	0.8	0.8	0.7	0.7	0.7	100
硫胺素（mg/kg）	2.0	2.0	2.0	2.0	2.0	2.0	2.0	2.0
吡哆醇（mg/kg）	4.5	4.5	3.5	3.5	3.0	3.0	3.0	3.0

（二）饲料配方

火鸡的饲喂方法有放牧加干饲料、鲜牧草加干饲料、草粉加干饲料和完全干饲料几种。无论是放牧还是舍饲投喂牧草，在促进火鸡增重，提高生产能力和提高饲料利用率方面都有一定的效果。但也存在着劳动量较大、场地限制等缺陷，不适宜现代化火鸡生产。目前，饲喂方法主要是使用全价饲料。组成全价饲料的原料有玉米、大麦、小麦、碎米、豆饼、鱼粉、苜蓿粉、麸皮、石粉、维生素、矿物质等。

实际使用的饲料配方，应因时因地制宜，不可生搬硬套，现介绍不同生理时期的火鸡配方供设计时参考。

1. 幼火鸡

配方一：玉米 41.5%、豆饼 47.4%、油脂 4%、鱼粉 2.6%、盐 0.4%、微量元素 0.1%、亚硒维 E 粉 0.1%、磷酸氢钙粉 2.5%、石粉 1%、多种维生素 0.02%。氯化胆碱 0.1%、蛋氨酸 0.15%、赖氨酸 0.13%。

配方二：玉米 37%、豆饼 40%、谷物 15%（高粱、稻谷、大麦、薯干粉）、油脂 1%、鱼粉 2.5%、盐 0.4%、微量元素 0.1%、亚硒维 E 粉 0.1%、磷酸氢钙粉 2.5%、石粉 1%、多种维生素 0.02%。氯化胆碱 0.1%、蛋氨酸 0.15%、赖氨酸 0.13%。

2. 中火鸡

配方一：玉米 62.2%、豆饼 32.7%、鱼粉 1.1%、盐 0.4%、微量元素 0.1%、亚硒维 E 粉 0.1%、磷酸氢钙粉 2%、石粉 1%、多种维生素 0.02%、氯化胆碱 0.1%、蛋氨酸 0.15%，赖氨酸 0.13%。

配方二：玉米 43.1%、豆饼 23%、谷物 25%（高粱、稻谷、大麦、薯干粉）、油脂 1.9%、麸皮 3.5%、盐 0.4%、微量元素 0.1%、亚硒维 E 粉 0.1%、磷酸氢钙粉 1.5%、石粉 1%、多种维生素 0.02%。氯化胆碱 0.1%、蛋氨酸 0.15%、赖氨酸 0.13%。

3. 成火鸡

配方一：玉米 77%、豆饼 13%、鱼粉 1%、麸皮 1.3%、盐 0.4%、微量元素 0.1%、亚硒维 E 粉 0.1%、磷酸氢钙粉 1.7%、石粉 5%、多种维生素 0.02%。氯化胆碱 0.1%、蛋氨酸 0.15%、赖氨酸 0.13%。

配方二：玉米 54.7%、豆饼 13%、谷物 20%（高粱、稻谷、大麦、薯干粉）、油脂 0.8%、麸皮 1%、玉米蛋白粉 3%、盐 0.4%、微量元素 0.1%、亚硒维 E 粉 0.1%、磷酸氢钙粉 1.5%、石粉 5%、多种维生素 0.02%。氯化胆碱 0.1%、蛋氨酸 0.15%、赖氨酸 0.13%。

【岗位技能】

火鸡的饲养管理包括雏火鸡、育成火鸡（青年火鸡）、产蛋火鸡（成年火鸡）的饲养管理。雏火鸡是指 0～8 周龄的火鸡、雏火鸡的特点是代谢旺盛、生长发育很快，调节体温和适应外界环境的机能从弱到强逐渐完善，对饲养管理要求严格。9～28 周龄的火鸡为青年火鸡，青年火鸡适应能力很强，对饲养管理的要求比较粗放。29 周龄以上的火鸡生殖系统已发育成熟，饲养管理的重点是保持良好的体况和繁殖性能。

一、雏火鸡的饲养管理

1. 饲养密度　火鸡育雏方式有网上和地面垫料平养两种方式。饲养管理要求基本一致，饲养密度略有不同。雏火鸡适宜的饲养密度见表 13-2。

表 13-2　雏火鸡适宜的饲养密度

周　　龄	1	2	3～6	7～8
饲养密度（只/m^2）	30	20	10	7

2. 温度与湿度　10 日龄以前的火鸡，体温较低，绒毛稀短。因此，育雏舍温度要保持在 20℃以上，育雏器内或热源附近的温度应达到 35～38℃。以后随着日龄的增加，逐

渐下调温度。在实际生产中，要记录育雏舍内不同部位的温度，观察火鸡群的精神状态和活动表现并根据气候、昼夜及火鸡群情况及时调整。温度适宜时，火鸡精神和食欲良好，活泼好动，分布均匀，睡眠安静。火鸡扎堆，紧靠热源，行动迟缓，睡眠不安以及阴雨天、夜间应调高温度。火鸡远离热源，张口喘气，食欲减少，饮水增加，以及天气晴朗，光照充足时适当调低温度。

舍内相对湿度保持在以下范围：2周龄内60%～65%，2周龄以上55%～60%。舍内过于潮湿，就要采取更换垫料、加强通风换气等措施，以防感冒、球虫病及霉菌病的发生；舍内过于干燥可能引起雏火鸡的呼吸道疾病，也会因饮水增加而下痢，此时应采用舍内洒水或利用炉子蒸发水来增加湿度。

3. 通风换气　育雏开始几天，只需要在中午天气晴朗时稍稍打开一下门窗即可。以后随着雏火鸡呼吸量加大，排粪量增加，舍内有害气体含量大大提高。此时，应开启通风设备，保持空气新鲜。通风时应注意防止出现贼风，避免冷风直吹造成的雏火鸡感冒。

4. 饮水和饲喂　根据所饲养的火鸡品种及其饲养管理要求配备足够的饮水和饲喂器具。水、饲具应放在热源或光源附近并适时调整保持水、饲具的高度与鸡背平齐或稍高些。雏火鸡进舍前即加好含有葡萄糖、维生素C以及抗生素的温水，让雏火鸡一进入舍内就能喝水。过2h左右，差不多所有火鸡都喝过水后，再开始加料。每4h应更换饮水1次，同时刷洗饮水器具，喂料要做到少喂勤添，每2h加料1次，每天应清理饲盘1次。

5. 光照　雏火鸡视力弱，为提高雏火鸡生活能力，促进生长发育，应在育雏开始的几天使用强光照和长光照。以后随着日龄的增加逐渐减少（表13-3）。

表13-3　育雏火鸡光照控制

日龄	光照时间（h）	光照度（lx）
1～2	22	50
3～7	20	50
8～14	18	25
15～21	17	10
22～42	16	10

6. 其他管理

（1）断喙、去肉赘及趾。为防止火鸡间的相互伤害和减少饲料浪费，于10日龄前完成摘除肉赘、去趾和切断喙工作。

（2）分群。育雏期要及时分群。公母分群、强弱分群，利于雏火鸡的生长发育，提高饲料利用率。

（3）垫料。要选用松软的木屑、刨花、切短的稻草等作为垫料。育雏开始的几天要避免火鸡与垫料直接接触，以免火鸡吃垫料或垫料刺伤小火鸡。随着雏火鸡日龄的增加，逐渐加厚垫料、并经常翻晒或更换。

（4）防疫灭病。育雏舍应严格隔离，进入舍内的人员、物品经过洗淋、喷洒或紫外线灯消毒，育雏舍内外每周消毒2～3次。雏火鸡在3周龄时需要接种鸡痘和新城疫疫苗，并检查免疫效果是否确实有效，必要时进行再次免疫。为了预防细菌性疾病的发生，育雏期可以适当进行 2～3 次抗生素的投放。

二、育成火鸡的饲养管理

育成火鸡的饲养方法主要有舍饲和放牧饲养两种。随着火鸡生产的规模化发展，放牧饲养已越来越少。为促进火鸡的生长发育，减少胸部囊肿、脚垫、趾瘤的发生，育成火鸡的饲养多采用舍内地面垫料平养方法。根据育成期火鸡生长发育特点和生产需要，可把育成期分为生长阶段（9～18 周龄）和限制生长阶段（19～28 周龄）。商品肉用火鸡完成生长阶段的饲养即可上市。

（一）生长阶段育成火鸡的饲养管理

1. 饲养密度　舍内地面垫料平养一般 1m^2 可养大型火鸡 3 只，中型火鸡 3.5 只，小型火鸡 4 只。

2. 温、湿度及通风换气　其管理与雏火鸡基本一致，特别注意加强通风换气的管理。

3. 饮水和饲喂　采用机械喂料时，可一次给足饲料。采用料槽人工加料时，应少喂勤添。随着火鸡的生长，调整饲、水槽的高度也很重要，调整的原则是使火鸡背与饲、水槽相齐或稍低。

4. 光照　商品肉用火鸡应采用低光照，以使火鸡减少活动，利于育肥。也可以采用间断性光照，即 1h 光照，3h 黑暗的控光方法。种用火鸡在生长阶段，采用 14h 的连续光照，光照度为 15～20lx。

5. 其他管理　每周抽取全群 5%～10%（根据火鸡群的大小）的火鸡称量体重，计算平均体重和均匀度。根据计算情况和标准调整饲养管理方法。采取驱赶、引诱等方法加强火鸡的活动，达到增强体质，利于种火鸡阶段生产的目的。

育成期火鸡有啄羽习性，此时应检查是否饲养密度过大或饲、水槽不能满足需要。也可采取一些机械的办法，如在料槽内，距槽底 4cm 处拉一根铁丝，让火鸡随时能在铁丝上擦啄。在舍内放置干草包等让火鸡啄，也是减少啄羽的一个措施。

6. 选择　育成火鸡的生长阶段就要完成挑选留种的工作。不适合种用的作为肉用火鸡饲养，促使生长，早日上市。留做种用的进入下一饲养阶段。

选择标准：羽毛整齐，毛色符合品系特征。体重大，站立时，身体平稳，行动灵活敏捷。眼圆有神，喙短稍弯曲。背部宽平，胸部与背部平行，龙骨直。脚要健壮，长短适中，具有品种特征。

（二）限制生长阶段育成火鸡的饲养管理

1. 光照　公火鸡的光照时间为 12h 连续光照，光照度为 15lx 左右。母火鸡对光照的刺激非常敏感。如果光照时间和光照度逐渐加强，会造成性早熟，提前开产，产蛋数少，蛋重小，并早衰。因此，必须控制好母火鸡的光照，连续光照时间由生长阶段的 14h 连续光照改为 6～8h，光照度为 10～20lx。为保证光照控制的效果，火鸡舍的门、窗通气孔都应用挡板或其他遮挡物遮住，不让自然光透入。母火鸡从第 22 周龄起用 7h 光照，从第 25 周龄到第 29 周龄延长光照之前，采用 6h 光照。如果火鸡舍不是密闭舍，自然光不好控制，则从进入控制生长阶段起就采用 6h 光照，不必采用逐步缩短光照时间的方法。

2. 限制饲喂　限制饲喂是限制生长阶段火鸡饲养的主要工作。限制饲喂并不是盲目的控制生长而是适应火鸡的生理特点，为种鸡阶段的生产打基础。如果火鸡的实际体重达不到标准体重，就应提高饲料的营养水平，促使火鸡多采食。如果实际体重超过标准体重，就要限制饲喂。超重越多，限制的强度越大。

限制饲喂的方法，一是限制饲料营养水平，降低饲料的能量和蛋白质水平，增加粗饲料的比例；二是限制饲粮的数量，生产上多采用这种方法。具体做法是根据生长发育情况确定每天的饲喂量，把 2d 的定量 1d 中 1 次喂给，另外 1d 停喂，但饮水不断。限制饲喂时要注意，料槽要有足够的位置供所有火鸡同时采食，防止出现饥饱不均的现象。

三、种火鸡的饲养管理

种火鸡的饲养方式主要有舍内笼养和舍内平养两种。笼养时 $1m^2$ 3 只，平养时 $1m^2$ 仅可养 1～1.5 只。两种方式各有优缺点，饲养管理要求差别不大。

1. 种火鸡的挑选 种火鸡在转入产蛋舍前要再选择 1 次。除了在外形上严格挑选外，重点应检查种公火鸡的性功能。采精进行精液品质鉴定，采精量不能低于 10mL，每毫升精液精子数在 60 亿以上，畸形精子不能超过 20%。

2. 温度、湿度及通风换气 种火鸡舍的适宜温度是 10～24℃，当气温超过 29℃或低于 6℃时，均要采取措施降温或保暖。火鸡适宜饲养在较干燥的环境中，相对湿度 55%～60%为宜，高温高湿或低温高湿都会影响火鸡的生产性能，甚至引发疾病。另外，通风良好，既可排出污浊空气，又能缓解高温高湿的影响。

3. 光照 公火鸡一般采用 12h 光照，光照度为 10lx 左右。弱光照可以使公火鸡保持安静，提高精液品质和受精率，还能减少公火鸡之间的争斗，减少伤亡。

对于母火鸡，应特别注意防止缩短光照时间或减弱光照度。29～40 周龄光照时间为 14h，40～44 周龄光照时间增加到 16h。45 周龄以上可增加到 17h，光照度应达到 100～150lx。

4. 种蛋管理 对于刚开产的火鸡要防止把蛋产在窝外。可以采取以下措施：将在窝外产蛋的火鸡送入产蛋箱内。在产蛋箱内放几枚蛋，引诱火鸡进入产蛋箱内产蛋。及时收集产蛋箱外的蛋。每天 4～6 次。在母火鸡产蛋 10d 以后，集蛋时将产蛋箱内的母火鸡推出，既可减少种蛋的破损，又能防止母火鸡抱窝。收集种蛋后，应立即把合格种蛋放在熏蒸箱内消毒。

5. 防止抱窝 火鸡产蛋后两三个月就开始抱窝。为了减少抱窝，提高火鸡产蛋量，平时饲养中要勤观察，及时排出将要抱窝的火鸡，隔离饲养在光照较强，或特制的笼网中。也可注射黄体酮或其他神经性药物醒抱。

【思与练】

1. 简述火鸡的生物学特性和饲养管理的关系。
2. 简述火鸡的繁殖特点。
3. 掌握火鸡的采精方法，要点是什么？掌握输精的方法，输精时应注意什么问题。
4. 火鸡的人工孵化技术要点有哪些？
5. 简述火鸡不同生理时期的饲养管理要点。

学习情景14 鸵鸟生产技术

鸵鸟原产于非洲和阿拉伯干旱沙漠中，是世界上体型最大的鸟类。鸵鸟肉、蛋含有21种氨基酸，具有低脂肪、低胆固醇、低热量等特点，是理想的健康食品；皮革名贵，蛋壳、羽毛可作为工艺品和装饰品。鸵鸟耐粗饲，适合牧草丰富的地方饲养。广义上的鸵鸟包括非洲鸵鸟、美洲鸵鸟和澳洲鸵鸟三种，属鸟纲、平胸总目、鸟类。目前人工养殖以非洲鸵鸟为多。

(一) 形态特征

鸵鸟雄性羽黑色，雌性呈灰褐色。头小，眼圆而大，视野范围达300°，嘴似鸭嘴，颈长，躯短呈卵圆形，两翅退化，腿高而粗壮，无羽毛、无距，非洲鸵鸟脚只有2趾，美洲和澳洲鸵鸟有3趾。成年非洲鸵鸟体高2.3～2.5m，身长1.8～2.0m，体重140～200kg；美洲鸵鸟体高1.5m左右，体重35kg；澳洲鸵鸟体高1.8m，体重35～40kg。

(二) 生活习性

鸵鸟喜群集，常常十多只或更多合为一群，栖息在沙漠、草原、丛林等地域。喜干燥怕潮湿，适应性广，耐高温，耐严寒，能在雪地和沙漠中生长，在−18℃～39℃环境下，均能正常生长发育和繁殖；抗病力强，除1月龄以内的雏鸟会因营养不良、湿度过大、管理不当造成死亡，成年鸵鸟很少患病死亡。

鸵鸟有腺胃和肌胃两个胃，有两条发达的盲肠，大肠较长，消化粗纤维的能力很强；主食草类、蔬菜、水果、果实、种子、昆虫及软体动物等。

鸵鸟成熟早、产蛋期长、产蛋量大，非洲鸵鸟18～30月龄性成熟，寿命长达70年，有效繁殖寿命约50年。7岁为产蛋高峰期，年产蛋80～120枚，蛋重1.0～1.8kg，长径为16cm，短径为13cm，壳厚2mm，蛋壳由多层组成；自然孵化多积10～15枚后开始，由雄鸟（雌、雄鸟共同）负责孵化，孵化期42d。

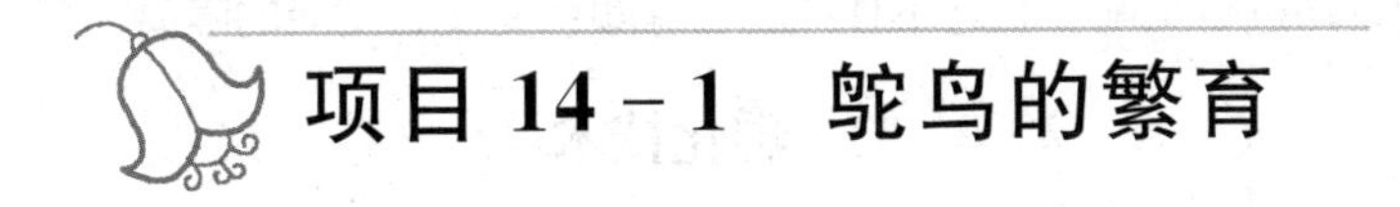

项目14-1 鸵鸟的繁育

【知识准备】

鸵鸟在繁殖期主要有扒窝行为、选择行为、求爱行为、交配行为、孵化行为等，其中任何一个环节出现问题都会影响到鸵鸟的繁殖力。性腺激素调节是产生这些行为的最直接原因，这些行为的出现标志着鸵鸟已达到性成熟，能够进行交配并繁殖后代。一般性行为强的鸵鸟，其繁殖能力必然高，性行为弱的鸵鸟，其繁殖力则低。

【岗位技能】

一、种鸟的选择

（一）雌、雄鉴别

鸵鸟的性别鉴定非常重要，出售幼鸵鸟时必须保证适当的雌、雄比例。大鸵鸟比幼鸵鸟容易识别，但对一群年龄体形大小不一的鸵鸟进行性别鉴定时，常常容易混淆和出错。应先将鸵鸟按体形大小分群，再在相同大小的鸵鸟群中进行性别鉴定。

1. 泄殖腔　鸵鸟在4月龄时就可进行性别辨别。可1人操作或2人合作。辨别时一人抱定鸵鸟，另一人将手指润滑后轻轻伸入泄殖腔的前上方，将阴茎或阴蒂拉出来检查，也可直接将手指伸进泄殖腔，检查其阴茎或阴蒂，如果不能分辨出来，可将其外翻检查。9月龄以上的鸵鸟，当其排粪或排尿时其阴茎会露出来，可在这时对其进行性别鉴定。大鸵鸟可直接检查泄殖腔，雄鸵鸟可触摸到阴茎，阴茎呈圆锥形，比较胀满并稍带红色；雌鸵鸟的泄殖腔壁较厚，阴蒂较小，外缘较薄，呈淡粉红色，不太胀满，看不见明显的血管。

2. 颜色变化　从第10个月开始雄鸵鸟的胫或喙开始变得稍带粉红色，而雌鸵鸟仍然是黑色。14个月以后鸵鸟的外部会表现出第二性征，雄鸵鸟的羽毛开始变成黑色，而雌鸵鸟的羽毛仍是棕灰色。

（二）年龄鉴定

12月龄时，雄鸟的腿和喙变为白色；2岁时，不论雌、雄背部的雏羽毛全部褪换，雌鸟大部分腹部的白色羽毛被黄褐色的羽毛所取代，但颈的基部和腹部仍有部分雏羽存在；3岁时，雌、雄鸟腹部白色羽毛全部褪换，而颈基部雏毛不变，雄鸟的胫和喙变为典型的红色；4岁时，鸵鸟完全达到性成熟，雄鸵鸟的羽毛开始变成黑色，而雌鸵鸟的羽毛仍是棕灰色。4岁以后没有明显的年龄特征。

（三）种鸟选择

一般情况下，雄鸟在3岁时可达到性成熟，雌鸟2岁时已经开始产蛋。在选择种鸟时，要选择雄鸟年龄稍大一些，这样可避免产生大量的无精蛋。

雄鸟的羽毛、胫、喙的颜色与繁殖能力有密切的关系。当其胫部和喙部变成猩红色时，表明其繁殖机能已进佳境；颜色变浅、变淡，将意味着受精率的下降。因此，在繁殖旺季，要选择状态好、色彩艳丽的雄鸟进行交配。状态不佳或腿、喙颜色变浅、变淡的隔离饲养，不做种用。

二、孵化技术

（一）种蛋的收集、保存、消毒

1. 种蛋的收集与保存　一般雌鸟比雄鸟先进入发情期，早期产的蛋一般不育。种蛋必须来自优良、健康的鸟群。选择种蛋时，先将薄壳蛋、砂壳蛋、钢皮蛋及过大、过小、过扁、过圆、污染面积过大的种蛋剔除，对刚产出的种蛋不宜马上入孵，要贮存24h以上，但鸵鸟蛋的壳外无脂状物覆盖，气孔开放，微生物极易进入而造成污染。因此，必须加强产蛋箱的管理，增加收蛋次数，避免蛋过多的在外暴露，贮存期最好不要超过6d，一般以3～7d为宜。保存的温度以15℃，湿度以40%～45%之间为宜，并注意贮存室的通风。种蛋保存时，应大头朝下，每天翻动1次。

2. 建立完善卫生消毒制度　种蛋贮藏室地板每2d用消毒液擦拭1次；每2周全面清

洗、消毒 1 次，并用福尔马林溶液进行熏蒸。孵化室墙壁、天花板每半月用消毒药喷洒 1 次，1 个月进行 1 次全面清扫。每次孵化前，孵化机内外及表面要用消毒药擦拭一遍，并用福尔马林熏蒸消毒。种蛋入贮前可用经消毒液浸泡的纱布擦去表面脏物，再应用紫外线消毒或熏蒸消毒。每平方米用 37% 的福尔马林 42mL、高锰酸钾 21g，熏蒸 30min。入孵之前，用 0.1%新洁尔灭的消毒药（温度控制在 46～48℃）浸泡 20～30s，然后用消毒过的干纱布擦干种蛋。

（二）孵化

入孵时鸵鸟蛋大头朝上，依贮存期、产蛋期分清批次，认真记录父母亲编号、贮存天数、入孵日期等，尽量不要混孵，以免造成出雏的混乱。

1. 温度与湿度 室温在 18～25℃时，采用恒温孵化法，孵化温度控制在 37℃效果最好，随着室温的升高，孵化温度可适当降低。采用变温孵化法，将孵化期分为前期（1～21d）、中期（22～33d）和后期（34～42d），温度可分别控制为 36.5℃、36℃和 35.5℃，其相对湿度分别为 22%、23%和 25%。鸵鸟蛋壳厚水分不易蒸发，与其他禽类相比孵化湿度要求相对较低。转入出雏机湿度应相对提高，通常为 30%～40%，以利雏鸟啄壳。孵化室内相对湿度小于 45%。种蛋可按大、中、小或重、中、轻三个档次，实行分机孵化，可显著提高孵化率和健雏率。

2. 通风与凉蛋 胚胎发育需要新鲜的空气和充足的氧气。二氧化碳和各种有害气体超标会导致死胚或弱雏增加，因此要定期通风换气。鸵鸟蛋的体积较大，蛋壳较厚，胚胎代谢会使蛋温急剧增高，应注意凉蛋。一般孵化早期 5～6h 凉蛋 1 次；中期 2～3h 凉蛋 1 次；后期 1h 凉蛋 1 次；每次大约 0.5h。

3. 翻蛋 翻蛋有利于胚胎受热均匀，防止胚胎粘连。孵化前期每 2～3h 翻蛋 1 次，后期每 4h 翻蛋 1 次，角度以前俯后仰 50°～55°度为宜。孵化第 40 天左右停止翻蛋。

4. 照蛋 孵化第 14、24、32 天分别照蛋，及时取出无精蛋和死胚蛋。第一次照蛋发育正常的胚胎可见清晰的眼和血管，无精蛋只能看到卵黄在浮动，若胚胎早期死亡则血管暗淡；第二次照蛋可见血管呈树杈状，胚胎部分呈现黑色并可看见胚胎活动；第三次照蛋可见蛋壳内小端几乎被胚胎占满，用手握住卵能感到振动。

5. 出雏 第 39 天落盘，出雏机的温度和相对湿度同孵化机，对啄壳 48h 还未出壳的，要及时进行人工助产，即沿啄壳孔向后轻轻地剥掉蛋壳，在剥脐带周围蛋壳时应特别小心，以免撕裂雏鸟皮肤造成不良后果；发现内壳膜发白或有红色血管时停止往下剥，应停留 2～3h 再往下剥。雏鸟出壳后，脐带部最好用龙胆紫药水或碘酒消毒。

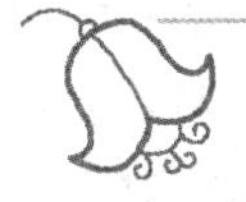

项目 14－2 鸵鸟的饲养管理

【知识准备】

（一）营养需要

目前国内还没有统一的鸵鸟饲养标准出台，养殖场及饲料生产厂家应多借鉴其他家禽（主要是鸡）的营养标准来制定饲料配方，若忽视了鸵鸟消化特点，导致日粮能量摄入过剩，生长过肥，产蛋率及受精率反而下降。

鸵鸟的营养需要国内外的推荐量是：0～12周龄的雏鸟，精料中代谢能可控制在12.13MJ/kg，粗蛋白质19%～22%。成年鸵鸟精料中代谢能11.3～11.7MJ/kg，粗蛋白质18%，氨基酸的种类及需要量：精氨酸1.04%、赖氨酸0.86%、蛋氨酸+胱氨酸0.73%、苯丙氨酸0.95%、缬氨酸1.02%。矿物质方面，目前研究较多的是钙、磷、钠、镁，但在产蛋期钙的需要量上分歧较大，国外学者建议0.9%～1.78%，而国内学者建议为3.0%～3.5%，在磷、钠和镁的含量上，观点比较一致，一般认为，磷的需要量为0.4%、钠为0.3%、镁为0.25%。维生素E为80U/kg。

（二）饲料配方

0～12周龄的雏鸟饲料配方为玉米56%、小麦6%、豆饼12%、麦麸3%、秘鲁鱼粉6%、苜蓿粉10%、食盐0.4%、磷酸氢钙1.5%、贝壳粉0.8%、骨粉3%、氧化胆碱0.5%、蛋氨酸0.4%、赖氨酸0.4%。1月龄内每只每天采食120g，1～2月龄120～600g，2～3月龄600～800g。同时添喂适量的富含粗纤维的青绿饲料，青绿饲料占日粮的40%，按6份精料1份优质青干草或3份精料2份优质青绿饲料添加。

人工饲养下，成年鸵鸟应以草料为主，适当添加配合饲料。日粮中青绿饲料占70%，精粗比为1∶3，精料不超过1.5kg/只，青绿饲料自由采食。配合料以玉米、高粱、碎米、麦麸、米糠等作为能量饲料，以饼粕类、鱼粉、肉骨粉等作为蛋白饲料，再适量添加矿物质、维生素、微量元素配制而成。青绿饲料选易种植、产量高、适口性好的紫花苜蓿、象草、花草属系列、各种蔬菜等。喂青绿料时一要捡出杂物，二要切碎。

【岗位技能】

（一）栏舍的构造及设计

鸵鸟场应建在地势高燥、背风向阳、便于运输、远离居民区、利于生产、防疫，环境优美僻静的地方。通常划分为管理区、生活区、生产区。生产区根据功能不同，从上风向到下风向依次为孵化、育雏、育成、成年、隔离、废物处理6个功能区。引种时，引入鸵鸟应在隔离区饲养，进行相应检查和检疫，2～4周后，健康无疫病的转入相应生产功能区。

条件好的运动场应尽量的大而平坦，一般长50m，宽12m，且适当种植一些鸵鸟喜食的植物，围栏坚固且富有弹性，高2m以上。房舍面积25m^2，地面上铺5cm厚沙土，冬季和繁殖时垫草；舍内设走廊和保温设施。栏舍内放置食具、水具，食具、水具均应深、大、坚固。这样的栏舍可饲养0～3月龄鸵鸟50只，4～6月龄鸵鸟30只，种鸵鸟3～4只。

（二）雏鸟的饲养管理

0～3月龄为育雏期。雏鸟出壳时仅0.8kg，3月龄时则达22～25kg，生长速度非常快；但消化系统发育不完善，体温调节、免疫力比较差。因此在育雏中应做好以下几点：

1. 保温　雏鸵鸟出壳后1周内，应饲养在保育盒或保温箱内，温度以30～35℃为宜，不放出运动，以后每天递降2℃，至20℃为止。1周龄后，每天定时放雏鸵鸟到育雏室内活动，室温以26℃为宜，以后每天递降2℃，至18℃为止。3周龄后，白天适当放到运动场运动，以锻炼雏鸵鸟对环境温度的适应，但要防止温度骤变。

2. 湿度　刚出壳的雏鸟都有不同程度的水肿，育雏室相对湿度保持在65%～70%有利于水肿的消失，并可减少脐炎，防止脱水。

3. 饮水开食　出壳2～3d后让雏鸟先饮用0.1%的高锰酸钾溶液，2h后再诱导采食，开食料最好是嫩绿菜叶、多汁青草或 60%精料与 40%青饲料的混合料，对雏鸵鸟的饲喂要少喂勤添，保证饮水清洁充足。

4. 密度　雏鸵鸟出壳 24～36h 后，按体重大小分群，每群 15～25 只为宜。密度以每平方米饲养 5～6 只为宜，随着日龄增加可降低密度，3 月龄时一只占地 $2m^2$。

5. 通风　雏鸵鸟生长旺盛，排泄量大，要加强通风，防止排泄物中的氨气引起呼吸道感染，但要防止穿堂风。风速不能超过 0.2m/s。

6. 疾病防治　加强雏鸵鸟的清洁卫生，出壳 3d 内每日用碘酒消毒脐部。雏鸵鸟常见的传染病多采用注射疫苗预防，鸵鸟的免疫目前主要用鸡新城疫疫苗；其他疫苗的应用需根据养殖场本身的情况来制订。新城疫疫苗的免疫程序为：7 日龄左右用 ND－L 系点眼、滴鼻，14 日龄重复 1 次；在 28 日龄用 ND－I 系以鸡的 5 倍量肌内注射；在 60 日龄用 ND－I 系以鸡的 5 倍量注射。常见的普通病有肠胃阻塞，发病后可服用硫酸镁或硫酸钠，严重时手术取出阻塞物。

（三）育成鸵鸟的饲养管理

4 月龄到完全成熟称为育成期。4 月龄时体重在 36kg 以上，适应能力强，利用粗纤维能力增强，饲养场地可部分铺沙，部分种草。

1. 控制体重　育成期的鸵鸟，采食量大，容易过食，最好定时定量限制饲喂；并加强运动，保证充足清洁饮水。每日喂 4 次，日粮中粗饲料要占 70%，饲喂后 0.5～1h 左右应驱赶运动，以防脂肪沉积过多影响以后产蛋性能的发挥。

2. 定期消毒　育成鸵鸟采食量大，排粪多，应及时清除。饲养场地应定期消毒。饮水器每天清洗 1 次，每周用高锰酸钾水消毒 1 次。

3. 适时放牧　有条件的养殖场，可在早晨太阳升起 1h 左右待露水消失后，把鸵鸟赶到草地放牧；放牧回来后应根据情况补饲精料。

4. 合理拔毛　鸵鸟生长到 6 月龄时，可第 1 次拔毛，最好在温暖季节进行。翅膀的羽毛用剪刀剪，覆羽、尾羽、体羽可用手拔，不能用力过猛，以免损伤皮肤。腹部的羽毛一般不拔，以利于健康。此后每隔 9 个月拔毛 1 次。拔下的鸵鸟羽毛要细心收集，可制作成工艺品。

（四）成年鸵鸟的饲养管理

相对于同一只鸵鸟，2～4 月为恢复产蛋期，应尽快提高种鸟产蛋量和种蛋受精率；5～6 月和 9～11 月为产蛋高峰期，应加强营养，提高种蛋品质和受精率；7～8 月为多雨季节，应加强管理，保持卫生，抓紧防疫治病；12 和 1 月为种鸵鸟休产期，应做好免疫、驱虫和保养工作。

1. 饲喂原则　鸵鸟没有胆囊，对脂肪的消化能力差，不宜饲喂脂肪含量高的饲料；日粮能量水平过高，会导致肥胖，降低产蛋性能，必须供给产蛋鸵鸟平衡日粮。每日饲喂 4 次，早晨在 6：30～7：00 饲喂，每次饲喂间隔时间尽可能相等。饲喂顺序为先粗后精或把精料拌入青粗料中一起饲喂。饲喂量原则上精料量每日不超过 1.5kg，青粗饲料自由采食，青粗饲料最好切成 0.5～3cm 的碎段。

2. 饮水　运动场要经常保持清洁的饮水，冬季可给 20～25℃左右的温水，对饮水器、食槽要随时清洗，每周消毒 1 次。

3. 卫生安全　做好饲料卫生工作；搞好垫草、垫沙的清理和消毒工作；鸵鸟在繁殖期间好斗，要注意安全；经常检查设施和场地有无铁钉、玻璃碎片等，以免鸵鸟误食或刺伤。放牧时防止采食杜鹃花、黑刺槐、曼陀罗、夹竹桃等有毒植物。

4. 适当运动 产蛋期鸵鸟每天上、下午饲喂后1h左右均可驱赶运动1～2h，以提高产蛋性能。雄雌比为1∶3的种鸵要提供1 200～1 500m^2的运动场。

5. 做好记录 做好系谱记录，防止近亲交配，鸵鸟的种群雌雄比例应为3～5∶1。

6. 防病工作 繁殖期间防鸵鸟产软壳蛋、阴道脱垂、感染性子宫炎、排卵受阻、软脚病、前胃积沙等。

【思与练】

1. 鸵鸟有哪些生活习性?
2. 如何进行鸵鸟的雌、雄鉴别和年龄鉴别?
3. 如何挑选种鸵鸟?
4. 简述鸵鸟的孵化要求。
5. 简述鸵鸟不同生理阶段的饲养管理要点。

学习情景15 绿头野鸭生产技术

绿头野鸭通称野鸭，为一种候鸟，在动物分类学上属于鸟纲、雁形目、鸭科。其肉质鲜嫩、营养丰富、美味可口、脂肪较少，是传统滋补食品和野味佳肴。绿头野鸭性情温顺，生长速度快，产蛋量较高，羽绒密生丰厚，属新兴高效珍禽。

（一）形态特征

初生的野鸭，全身为黑色绒毛，肩、背、腹部有黄色绒毛相间，喙和脚黑黄色，趾、爪黄色。10日龄左右羽毛开始发生变化。

成年公鸭特征：体躯呈船型，喙浅绿色，头颈部深绿色，颈部有一狭窄的白色珍珠项链，胸部红褐色，背部淡色，有暗褐色微斑，翅羽毛深蓝色，颈羽紫蓝色，且前后镶白边，腹部浅灰白色，尾羽黑色有白尖，中央两对向上卷曲似钩状的性羽，趾、爪黄色。体重1.2～1.4kg，体长55～60cm。

成年母鸭的特征：全身体羽深浅不一，胸腹部有黑色条纹，尾部羽毛亦缀有白色，与家鸭相似，但羽毛不卷，亮而紧凑，喙灰黄色，趾、爪一般是黄色，也有灰黑色。体重约1kg，体长50～56cm。

（二）生活习性

绿头野鸭原栖息于水生植物繁茂的江湖、水流缓慢的浅水滩湾或湖泊、水库等水域附近的芦苇丛中，趾间有蹼，打食、求偶、交尾和自卫等活动均可在水中进行，嬉水更是其本能。

自然条件下，野鸭秋天南迁越冬，在我国黄河和长江流域中部及南方水域越冬生活，春、夏季又成群迁回我国东北、内蒙、新疆西部、西藏南部一带繁殖。人工饲养的野鸭仍具有飞翔的特性，家养野鸭要装有天网，以防止飞逃。

野鸭食性杂而广。齿状的上、下颌成筛状喙，在岸上可掠植物的叶、茎、根、果，吃到各种昆虫，下到水里可滤食水中的鱼、虾、虫、藻类等。

雏鸭自出壳干毛后即表现出很强的群集性，夏季以小群的形式栖在水生植物繁盛的淡水河流、湖泊、沼泽等地。换羽、越冬季节及迁徙时，常结成数百以至千余只大群。

野鸭一年换两次羽，夏、秋季所有羽毛脱换一次，秋冬季部分羽毛脱换。

野鸭能筑巢产蛋和孵蛋，野生状态下多在湖泊、河流沿岸的杂草垛、地上、洞穴里或树杈上建筑巢穴。经常水浴，可减少“就巢”现象。一般每窝产蛋10枚左右开始孵蛋，鸭蛋呈灰绿色或白色。

野鸭耐受力极强，不怕炎热和寒冷，在－25～40℃范围都能生存。不易患疾病或被动传染，死亡率低，且遗传性能稳定，有利于集约化饲养。

项目15－1 绿头野鸭的繁育

【知识准备】

种野鸭繁殖季节性很强，雄野鸭180d左右性成熟，雌野鸭150～160d性成熟。年产蛋量100～150枚，高产者可达200枚以上，蛋重55～65g。3～6月是雌野鸭产蛋高峰期，产蛋量占全年产蛋量的70%～80%，种蛋受精率达90%以上，9～11月是第2个产蛋高峰，产蛋量占全年蛋量的30%，种蛋受精率为85%左右。由于野鸭交配旺期为每日早晚，为了提高受精率与孵化率，应主动将种野鸭强行赶下水促其交配。野鸭在野生状态下具有抱窝习性，孵化靠母鸭自孵。人工饲养条件下，采用人工孵化，孵化期为27～28d。

【岗位技能】

一、雌、雄鉴别

成年雄野鸭尾羽中央有4枚黑色并向上曲如钩状的雄性羽，颈下部有非常显著的白色圈环。而成年雌野鸭无这些特征。

雏野鸭雌、雄鉴别可选用以下方法：

1. 外观鉴别法 头较大，鼻孔狭小，鼻基粗硬，面无起伏，额毛直，颈粗，身体圆的为雄野鸭；头小，鼻孔较大略圆，鼻基柔软，额毛贴卧，身扁，尾巴散开的为雌野鸭。

2. 行为鉴别法 驱赶雏野鸭，雄鸭一般低头伸颈，叫声高、尖而清晰；雌鸭高昂着头，鸣声低、粗而沉。

3. 翻肛法 将初生雏野鸭握在左手掌中，用中指和无名指夹住鸭的颈部，使头向外，腹朝上，成仰卧姿势。然后用右手大拇指和食指挤出胎粪，再轻轻翻开肛门。有3～4cm长交尾器的是公雏，没有的则是母雏。

4. 摸鸣管法 触摸雏野鸭位于气管下部的鸣管，雄鸭鸣管呈球形，易于摸到；雌野鸭的鸣管与气管一样，不易摸到。

二、种野鸭的选择

种雄鸭选择1～2岁，体型大而壮，体重1.25kg以上，精神饱满，头大，头颈绿色明显。种雌鸭选择体重1kg以上，头小，眼大有神，颈长，产蛋率高。种野鸭的公、母配比为1∶8～10，种蛋受精率可达85%～92%。

三、种蛋的选择与消毒

（一）种蛋的选择

种蛋来源于健康、高产、公母配偶比例适当的野鸭群。种蛋要求新鲜，保存时间最好不超过5d。蛋形为蛋圆形，过长、过圆、两头尖等畸形蛋均应剔除；蛋色为灰绿色或白色；蛋重在50～57g之间；蛋壳要结构致密、厚薄适度、无破损、无皱纹，表面清洁。

（二）种蛋的消毒

1. 高锰酸钾溶液浸泡法 将种蛋放入40℃左右的0.01%～0.05%的高锰酸钾溶液，浸泡2～3min，取出晾干。

2. 碘溶液浸泡法 将种蛋放入40℃左右的0.1%的碘溶液内，浸泡1min左右，洗去污物，可杀死蛋壳上的杂菌和白痢杆菌。

3. 新洁尔灭溶液浸泡法 将种蛋放入40℃左右的0.2%的新洁尔灭溶液内，浸泡1～2min，取出晾干。使用时，应避免肥皂、碘、高锰酸钾、碱等物质渗入，防止药液失效。

4. 甲醛熏蒸消毒法 按每立方米40%的甲醛30mL，15g高锰酸钾计算，密封熏蒸20～30min即可。

四、孵　　化

（一）孵化前的准备

1. 孵化机的检查 入孵前1周对机器各部件进行仔细检查。在孵化器内上、中、下蛋盘内放置校正好的标准水银温度计，调节导电温度计到需要的数值，将孵化机连续运转24h以上，以检查孵化机温度计是否准确，自动控温装置是否正常，警铃和抽风设备是否有效。如有不正常，必须及时、彻底修好。入孵前1～2d开机调整机内温度和湿度，使之达到孵化所需的各种条件。

2. 孵化室和孵化器消毒 入孵前对孵化室屋顶、地面及各个角落，孵化器的内外进行彻底的清扫和刷洗，然后用甲醛熏蒸消毒。按每立方米空间甲醛溶液30mL，高锰酸钾20g计算。消毒条件是温度25℃，相对湿度70%左右，熏蒸时间60min。最后打开机门，开动风扇，散去甲醛气，即可孵化。

3. 种蛋预温 种蛋从贮存室取出立刻孵化，蛋面会出汗而降低孵化率。所以种蛋入孵前要预温12～20h，使蛋温逐渐缓慢升至30℃左右，然后再入孵。

4. 种蛋装盘 将经过选择、消毒、预温的种蛋大头向上、小头向下略微倾斜地装入蛋盘。尽可能将种蛋放在蛋盘中间。往机内装蛋盘时，一定要卡好盘，以防翻蛋时蛋盘自行滑落、脱出。蛋盘放入孵化机内即可开始孵化。

（二）人工孵化

1. 孵化温度 野鸭的孵化温度应比相同胚龄的家鸭约低0.5℃，并要求使用变温孵化，以满足胚胎发育的需要。孵化期内温度前高后低，分段降温。入孵1～15d温度为38～38.5℃；16～21d为37.5～38℃；22～27d为37～37.5℃；28d（出雏）36.5～37℃。孵化各阶段温度要严格控制，绝不能超温。

2. 孵化湿度 孵化1～21d，相对湿度为65%～70%；22～26d，相对湿度可降至60%～65%；27～28d，相对湿度再提高到65%～70%。

3. 通风换气 通风换气的原则是前少后多。随着胚龄的增大，逐渐增加换气次数。在不影响孵化温度和湿度的情况下，应注意通风换气。在孵化过程中蛋周围空气中的CO_2含量不能超过0.5%。

4. 翻蛋 要求每3h翻蛋一次，孵化至25d转入出雏器内停止翻蛋。

5. 凉蛋 野鸭蛋脂肪含量高，随着胚龄的增加，蛋温急剧增高，必须向外排出多余的热量使胚蛋不致超温。14～17d后，每日应凉蛋1～2次，每次凉蛋5～10min，待温度降到35℃时停止凉蛋。孵化后期的胚蛋，蛋面温度达39℃以上，仅通风凉蛋不能解决问题。应用25～30℃的水喷雾胚蛋降温，蛋面有露珠即可。

6. 照蛋 孵化过程中应随时抽检胚蛋，以掌握胚胎发育情况，并据此控制和调整孵化条件。一般进行2次全面照蛋检查。第一次照蛋在入孵后的第7天进行，检出无精蛋和死胚蛋。第二次照蛋在入孵后的第 25 天进行，剔除死胚蛋，将正常发育的胚蛋移至出雏盘，进行落盘管理。

7. 淋蛋 落盘后 12h 开始，每隔 6h 用 40℃的温水淋蛋 1 次，可刺激胚胎运动，以利及时出壳。

8. 出雏 出雏后，每隔 5～10h 捡雏 1 次。每次仅捡羽毛已干的幼雏。刚出壳、羽毛潮湿的幼雏应暂留出雏器内，等下次捡雏时其羽毛基本干燥，再捡出。

项目 15－2 绿头野鸭的饲养管理

【知识准备】

营养需要与饲料配方

1. 营养需要 绿头野鸭各阶段的营养需要，目前尚没有一个通用标准。多参照家鸭的饲养标准拟订，见表 15－1、15－2、15－3。

表 15－1 野鸭的营养需要量

（周新民．鸭高效生产技术手册．2002）

周　龄	1～2	3～6	7～9	10～12	成年种鸭
代谢能（MJ/kg）	12.1	11.5	11.1	11.3	11.5
粗蛋白（%）	20.0	18.0	12.0	17.0	18.0
粗脂肪（%）	3	2.5	2.0	2.5	2.5
粗纤维（%）	3.5	4.0	5.0	4.0	3.5
钙（%）	1.0	1.0	0.9	0.8	2.7
有效磷（%）	0.6	0.5	0.5	0.4	0.5
食盐（%）	0.3	0.3	0.3	0.3	0.3
蛋氨酸（%）	0.35	0.3	0.27	0.55	0.85
赖氨酸（%）	1.10	0.95	0.73	0.55	0.85
胱氨酸（%）	0.30	0.29	0.25	0.18	0.26
组氨酸（%）	1.2	1.1	0.8	0.7	0.8
色氨酸（%）	0.27	0.26	0.24	0.22	0.24
锰（mg/kg）	60	60	40	40	60
锌（mg/kg）	75	65	50	40	70
碘（mg/kg）	0.4	0.4	0.4	0.4	0.4
维生素 A（U）	4 000	3 300	2 000	3 300	6 000
维生素 D（U）	900	900	900	900	900
维生素 E（U）	12	12	10	10	25
维生素 K（mg/kg）	1.0	1.0	0.8	0.8	1.4

表 15－2　肉用仔野鸭营养需要

（王宝维．特禽生产学．2004）

项目	1～10d	11～30d	31～70d	71～80d
代谢能（MJ/kg）	12.54	11.70	11.29	11.70
粗蛋白（%）	22	20	15	16
粗纤维（%）	3	4	8	4
钙（%）	0.9	1	1	1
磷（%）	0.5	0.5	0.5	0.5

表 15－3　野鸭对维生素的需要量

（周新民．鸭高效生产技术手册．2002）

营养成分	0～8 周	9 周～性成熟	种用期
维生素 A（U）	4 000	4 000	4 000
维生素 D（U）	900	900	900
维生素 E（U）	12	10	25
维生素 K（mg）	1.0	0.8	1.4
维生素 B_1（mg）	2.0	2.0	2.0
维生素 B_2（mg）	3.6	3.0	4.0
维生素 B_3（mg）	11.0	9.0	16.0
维生素 B_{12}（mg）	0.003	0.003	0.008
烟酸（mg）	70	50.0	30.0
维生素 B_6（mg）	4.5	3.5	3.0
生物素（mg）	0.2	0.1	0.15
胆碱（mg）	1 900	1 150	1 000
叶酸（mg）	1.0	0.8	1.0

2. 饲料配方　野鸭的参考饲粮配方见表 15－4。

表 15－4　野鸭肉鸭各生长阶段饲粮配方

（王宝维．特禽生产学．2004）

原料种类	规格	高档			中档		
		0～4 周	5～6 周	7 周～出售	0～4 周	5～6 周	7 周～出售
玉米	水分≤14%	53	52	49	53	50	48
小麦	蛋白≥12%	6	7	8	6	8	8
米糠	蛋白≥15%	3	7	12	3	8	13
麸皮	蛋白≥16%		4	8		5	9
豆粕	蛋白≥45%	24	16	7	24	14	6
菜粕	蛋白≥36%	3	4	6	3	5	6
棉粕	蛋白≥37%	3	4	6	3	5	6

（续）

原料种类	规格	高档			中档		
		0～4周	5～6周	7周～出售	0～4周	5～6周	7周～出售
进口鱼粉	蛋白≥62%	4	2		4	1	
磷酸氢钙	磷≥16%	1.50	1.6	1.6	1.50	1.6	1.6
石粉	钙≥32%	1.0	1.1	1.05	1.0	1.05	1.05
食盐	食用	0.25	0.30	0.35	0.25	0.35	0.35
单氨酸	纯度≥99%	0.10			0.10		
赖氨酸	纯度≥99%	0.15			0.15		
添加剂	肉鸭系列	1肉前	1肉前	1肉后	1肉前	1肉前	1肉后

【岗位技能】

一、野鸭舍建造及设备

野鸭的养殖场宜建在偏僻安静、交通便利、背风向阳、地势稍高、排水良好、临近水源处，多为半敞开式鸭舍，外有运动场和水面。每间鸭舍长6m、宽4m、高2.5m，前墙开门。鸭舍、运动场和水面三者的面积比例为1∶2∶3。如果没有天然的水域，可以人工挖池，水域的周围最好有较高的草丛，便于野鸭栖息。野鸭场的建筑与家鸭有相类似的地方，但野鸭具有很强的飞翔能力，必须在运动场、水面周围的顶部架设金属或尼龙网罩，网眼以2cm×2cm为宜，以防飞蹿。栏水竹竿或金属网要深及河底，以防潜逃。防逃设施要随时检查并维修。

二、育雏期的饲养管理

雏鸭是指出壳后30日龄内的小鸭。雏鸭绒毛稀少，体质较弱，体温调节能力差，对外界温度变化较敏感，需要人工给温；雏鸭的消化器官不健全，消化能力差，但生长速度快。

（一）雏鸭的饲养

野鸭出壳后24h以内移入育雏室，有啄食行为时即可开水，先用与室温相同的0.1%高锰酸钾溶液或5%的葡萄糖水饮水，以起到清理肠胃、消毒肠道、排出胎粪、预防白痢病的作用。以后3d饮用稍加鱼肝油、奶粉等的糖水，同时根据季节不同，夏季加抗暑药，冬季加抗感冒药以增强体质和预防中暑、感冒等。10日龄前供应温水，以后饮水要保持清洁、卫生，且不间断，不限量，并在饮水中可添加适量B族维生素。

开水后2～3h即可开食。开食应选用易消化的软性饲料或加水软化的湿粉料、碎粒料，做到少喂多餐。1～10日龄日喂7次，其中夜喂2次；11～20日龄日喂5次，其中夜喂1次，21日龄后日喂4次。

（二）雏鸭的管理

1. 注意保暖 冬季和早春气温低，育雏管理如不注意保温，则鸭雏易扎堆或受寒腹泻，感染肺炎并造成死亡。育雏温度随日龄、季节、天气、昼夜的变化而变化，关键是看鸭施温，适时而均衡。测定鸭舍温度，以高出脚支撑面6～8cm处为准。室温一般保持15～

20℃，育雏温度开始设定为30℃，以后每隔2d降温1℃，20日龄后可逐步过渡到常温育雏。脱温时应有3～4d过渡期。温度是否合适，要根据雏鸭的活动情况来调整。精神状态好，活动自如，休息时单一分散，伸头、伸腿说明温度适宜；张口呼吸，远离热源，说明温度过高，要降低温度；鸭群集成堆，叽叽乱叫，靠近热源，说明温度偏低，要提高温度。

2. 适宜湿度 湿度过高过低，都会引起雏鸭肠道、呼吸道疾病。育雏期间，舍内地面铺垫稻草或砻糠，保持地面干燥。舍内空气相对湿度随育雏温度而变，1周龄内，育雏温度高相对湿度应控制在70%左右；2周龄起相对湿度控制在50%～55%即可。湿度偏低，可用热水蒸气提高室内湿度；湿度偏高，可勤换垫草和加大通风降低室内湿度。

3. 调整密度 1～10日龄40只/m^2，11～20日龄30只/ m^2，21～30日龄25只/m^2。密度过大，生长发育受阻，易得病，密度过小，浪费大，不经济。20日龄后，天气晴暖时进行放牧，以50～100只一群为宜。

4. 加强通风 在保温的情况下，加强通风换气，保持空气新鲜，排出水蒸气、氨气、二氧化碳等有毒有害气体。冬、春两季，白天可打开透气窗，夜间要关闭。

5. 保持光照 雏野鸭有很强的趋光性。1～10日龄实行昼夜光照，每天光照时间不少于20h。光照度以8W/m^2的白炽灯为宜。11～20日龄时白天停止人工光照，并逐渐减少夜间光照，21日龄后用自然光照。

6. 适时下水 雏鸭有玩水的习性，3～4日龄，就可放在10～15℃的浅水盆或浅水池中洗浴3～15min，1周龄后可以赶至5～10cm浅盆中或浅池塘嬉水，每天上、下午各1次，每次约0.5h；10日龄后在15～20cm的深的水池中活动，30日龄后可自由活动。

7. 严防堆压 雏鸭夜间常常堆挤而眠，温度偏低，堆挤更严重，以致压伤、压死或变成僵鸭。所以，夜间每2h左右要观察1次，及时轻轻拨弄赶堆，防止闷死、压死意外事件发生，同时调整舍温，更换潮湿垫料，将弱雏隔离饲养。

8. 搞好卫生 鸭舍要清洁、干燥、空气新鲜。育雏头3d不必冲洗地板，但每日需清除粪便，更换潮湿的垫草，晒干、抖净粪便污物后方可再利用。发现死鸭及时捡出并做好登记。喂料用具及饮水器，每日清洗1次。运动场及周围尽量勿堆杂物。

三、商品野鸭的饲养管理

31～60日龄的商品野鸭食欲旺盛，采食量大，对营养需求量高；适应性强，容易管理；生长发育迅速，60日龄即可上市。

1. 精心饲喂 从育雏期转入商品生长期，野鸭日粮要有3～5d的过渡期。日喂4次，坚持定时定量，一般日喂量为其体重的5%。在增加日粮的同时，增加动物性饲料，加大青粗饲料用量，注意无机盐和维生素饲料的供应，在无青绿饲料情况下应按配合饲料的总量加入0.01%的禽用复合维生素，以提高肉质，促进生长，按期上市。

2. 科学管理 勤换垫草，定期通风换气，保证圈内清洁干燥，保持水源清洁卫生。提供适当密度，确保每只鸭子都有采食位置。适当洗浴，减少肉用鸭的能量损失，促进其新陈代谢。加入一定沙砾，增强野鸭的消化机能和抗病能力。定期称测体重，并酌情调整饲粮，使肉用仔鸭及时上市。

四、育成期的饲养管理

种野鸭育成期是指育雏结束至开产前这一阶段。此期野鸭主要长羽毛、肌肉和骨骼，其觅食能力、消化能力和对外界温度的适应能力均较强，是生长发育最快的时期。

1. 选择分群 野鸭由育雏期转入育成期之前，应公、母鸭分开饲养，且按体形大小、体质强弱选择分群。60日龄时，淘汰体弱、病残鸭，按公、母1∶6选留种鸭。分群饲养，可使同一群体内个体间均衡生长，便于饲养管理，节省生产成本。育成鸭5周龄时饲养密度为15～18只/m^2，以后每隔1周减少2～3只/m^2，直至5～10只/m^2为止。

2. 适时换料 作为后备种鸭，应酌情增加青绿多汁饲料，用量占喂料量15%左右，产前30～40d可增至青料占55%～70%，粗料占20%～30%，精料占10%～15%。控制体重，以防早产。每次换料必须逐渐过渡，使野鸭有一个适应过程，切忌突然改变饲料，而造成肠胃病和消化不良，使体重下降。

3. 充分放牧 40日龄后，除天气恶劣外，均应实行牧养。既可使野鸭保持野性，维持肉质的细嫩野味，防止肉质退化；又可锻炼其合群性，克服饲粮配方营养之不足，对提高体质和种用价值大有裨益。

4. 减少应激 野鸭60～70日龄是体重增长的高峰期，由于体内脂肪增加和生理变化，使野鸭敏感、骚动不安，采食锐减，导致体重下降。减少应激的方法，一是保持环境安静，避免干扰；二是日粮中增加15%～20%的粗纤维饲料，推迟或减轻野性发作。

五、种野鸭产蛋期的饲养管理

绿头野鸭在170日龄左右达到性成熟，全年平均产蛋量达120个左右。产蛋期主要任务是提高产蛋量、蛋重及受精率，减少破损蛋，节省饲料，降低鸭群死亡率和淘汰率，获得最佳经济效益。种鸭最好采用舍饲与放牧相结合的方式，既可保证基本营养需要，又有利于扩大饲料来源，降低生产成本。

1. 种鸭选择 公鸭要头大、体壮、活泼，头颈翠绿色明显，交尾能力强。母鸭要头小、颈细长、眼大。公鸭体重不低于1.25kg，母鸭不低于1kg。种鸭一般利用1～2年。

2. 公、母比例 公、母鸭配种比例以1∶5～10为宜，应根据种鸭年龄、季节、水源配种方式和种蛋受精率，适当调整配比。野鸭可采用人工授精技术，其采精与输精的方法与操作可参考肉种鸭的人工授精技术。

3. 补充光照 产蛋期间要保证每天有16h光照，光照度为3W/m^2。晚上每20m^2可设一个15W的白炽灯，进行整夜照明，可以防止惊群。

4. 精心饲养 产蛋期要根据体重变化和产蛋量调整日喂量，任其自由采食，及时添骨粉、贝壳粉和微量元素；产蛋高峰来临前，应提高蛋白质含量。产蛋期要注意饲料的稳定性，不轻易改变；如需改变，应有7d的过渡期。确保清洁饮水的充分供应。

5. 科学管理 鸭舍要保持清洁卫生，墙四周铺垫草，多设一些陷窝，引诱母鸭夜间产蛋。清晨打开门窗，使迟产鸭仍能在舍内产蛋。放鸭后及时捡蛋，以防种蛋污染、种蛋破烂。水源要充足，水面清洁卫生，利于野鸭下水交配，提高受精率。对第二产蛋期种鸭，可增加秋牧，放田觅食，减少补料，节省成本，深秋后应予补饲。保持鸭舍环境的安静，防止各种应激，但秋、冬季晚上要起身赶鸭，以防鸭体肥胖。同时还应注意夏季防暑，冬季防寒保暖。做好传染病预防接种工作，作好白痢、球虫等常见病药物预防工作。

【思与练】

1. 野鸭有哪些生活习性?
2. 简述种鸭的选种选配。
3. 简述种鸭不同生理阶段的饲养管理技术。
4. 野鸭的综合防病措施有哪些?
5. 根据当地实际情况制定野鸭的免疫程序。

【技能培训】

野 鸭 的 孵 化

【目的要求】　通过实习，要求学生初步掌握野鸭种蛋选择、消毒的方法；掌握胚胎生物学检查的一般方法；了解孵化机的构造，掌握机器孵化的主要管理操作技术。

【材料与用具】　新鲜种野鸭蛋、保存 1 月以上的种野鸭蛋及各种畸形蛋若干枚，孵化各日龄的胚蛋、胚胎发育图、孵化记录资料、高锰酸钾、福尔马林、照蛋器、干湿温度计、消毒柜、孵化机、出雏机等。

【方法与步骤】

1. 种蛋的选择　通过看、摸、听、嗅等人为感官和照蛋器对种蛋作综合鉴定。如发现蛋白变稀、气室较大，系带松弛，蛋黄膜破裂，蛋壳有裂纹等，均不能作种蛋使用。

2. 种蛋的消毒　按立方米空间甲醛溶液 30mL、高锰酸钾 15g 熏蒸消毒 20～30min。

3. 孵化机的构造和使用　按实物顺序认识孵化机和出雏机的各部构造并熟悉其用法。

4. 孵化的操作技术　根据孵化操作规程，在教师指导下，进行种蛋装盘消毒、种蛋预热、入孵、翻蛋、温湿度的调控与检查、移蛋和出雏等实际操作。

5. 孵化期的日常管理　实习期间应经常检查孵化机和孵化室的温、湿度情况，观察机器的运转情况，特别是电机和风扇的运转情形。机内水盘每天要加一次温水。湿度计的纱布要保持干净，最好出雏一次更换一次。

6. 照蛋　用照蛋器检视野鸭孵化期单珠、合拢、斜口胚胎期的发育情形，比较各期无精蛋、弱胚、死蛋和健胚的明显特征。

7. 熟悉孵化规程与记录表格　仔细阅览孵化操作规程、孵化日程表、工作时间表、孵化记录等，掌握安排孵化日程和孵化计划的方法。

【实训报告】　根据实际操作，写出种蛋选择的结果、种蛋消毒的步骤；根据检查的结果，画出 3 个典型时期胚胎发育的特征；根据孵化记录表格，分析孵化效果；写出参加孵化的各项具体操作的体会。

学习情景16 大雁生产技术

【知识准备】

大雁，又名野鹅，是鸟纲、鸭科、雁属，草食水禽动物。大雁躯体肥大，每只重4～5kg，羽毛丰满，善于高飞；胸部、腿部肌肉发达，肉质厚实、味极鲜，是理想的高蛋白、低脂肪的保健食品。大雁属国家二级保护动物，集肉、蛋、绒、药用于一身。

大雁群居水边，往往千百成群，夜宿时，有雁在周围专司警戒，如果遇到袭击，就鸣叫报警。主食嫩叶、细根、种子，间或啄食农田谷物。每年春分后飞回北方（西伯利亚北部）繁殖，秋分后飞往南方（长江下游一带）越冬。在迁徙时总是几十只、数百只，甚至上千只汇集在一起，互相紧接着列队而飞，飞行有序，古人称之为雁阵。

大雁在全世界共有9种，我国有7种，除了白额雁外，常见的还有鸿雁、豆雁、斑头雁和灰雁等，在民间通称为大雁。

（一）外形特征

大雁是雁属鸟类的通称，共同特点是体形较大，形状略似家鹅，有的稍小。雄鸟体长约70cm，雌鸟略小。嘴扁平，宽而厚，基部较高，被覆有软皮，肉色或玫瑰色，尖端具有角质嘴甲，灰色或白色。嘴长度和头部长度几乎相等，上嘴边缘有强大的齿突，嘴甲强大，占了上嘴端的全部。虹膜棕色，嘴和前额皆有白色横纹。颈部较粗短，翅膀长而尖，尾羽一般为16～18枚，呈棕黑色，羽缘白色。头、颈和背部羽毛棕黑，羽缘灰白色。胸、腹部棕灰色，布有不规则黑斑。幼鸟无此黑斑，嘴基亦无白纹。腿和脚橙黄色，有4趾，前3趾间具有蹼，后1趾小而不着地，蹼淡黄色；爪短而钝，白色或灰色。

（二）生活习性

大雁性情温顺，尤其是鸿雁、灰雁。适应性强，属杂食性水禽，在野生条件下，常栖息在水生植物丛生的水边或沼泽地，有时也在湖泊中游荡，喜食苦荬菜、紫云英、稗草等，也采食一些牧草、谷类及螺、虾等。

大雁是出色的空中旅行家。每当秋、冬季节，它们就从老家西伯利亚一带，成群结队、浩浩荡荡地飞到我国的南方过冬。第二年春天，它们经过长途旅行，回到西伯利亚产蛋繁殖。大雁的飞行速度很快，能飞68～90km/h，几千公里的漫长旅途得飞上一两个月。在长途旅行中，雁群的队伍组织得十分严密，它们常常排成人字形或一字形，它们一边飞着，还不断发出"嘎、嘎"的叫声。大雁的这种叫声起到互相照顾、呼唤、起飞和停歇等的信号作用。宿栖时，有大雁警戒，发现异常，大声惊叫，成群逃逸。

雌、雄交配后，形成"终恋"，一起生活、繁殖；群居时，通过争斗确定等级序列，王子雁有优先采食、交配的权力。大雁喜欢在水中交配。

【岗位技能】

一、大雁的繁殖技术

野生大雁性成熟期为3岁左右，一雄配一雌的单配偶制，而且终生配对，双亲都参与幼雁的养育。人工饲养的条件下，大雁 8～9 个月就可以达到性成熟，配偶制也没有变化，公、母比例仍然为 1∶1。大雁性成熟以后就可以在春季混合饲养进行配种。

1. 选种与引种　选择精神状态良好，身体健壮，双目有神，没有疾病，发育匀称；羽毛整齐而有光泽，没有杂色羽毛，种的特征明显的大雁。种用年龄在 3～10 岁龄之间。引种时要从饲养大雁的专业养殖场购买种雁。在购买种雁时，首先要了解种雁场的种雁品质、规模以及有没有退化等情况。运输时，种雁应该装入有遮阳网，通风良好的运输笼内，以避免挤压和运输过程中的逃逸。笼子下面可用尼龙丝袋子铺底，以免粪便落在笼子外面，污染环境。

2. 交配　大雁在春季发情，水中交配。求偶时雄雁在水中围绕雌雁游泳，并上下不断摆头，边伸颈汲水假饮边游向雌雁。待雌雁也做出同样的动作回应，雄雁就转至雌雁后面，雌雁将身躯稍微下沉，雄雁就登至雌雁背上用嘴啄住雌雁颈部羽毛，振动双翅，进行交配，时间为 10s 左右。交配后共同戏游于水中或至岸上梳理羽毛。所以，在交配期间，应该增加放水次数，延长放水时间。

3. 产蛋　雌雁交配后 10d 开始产蛋，间隔 2～3d 产 1 枚蛋。年产蛋量第 1 年为 15 枚左右，第 2 年至第 6 年可达 25 枚，蛋重每枚 150g。

4. 孵化　大雁的孵化期为 31d。小规模的雁场可以让大雁自行孵化，也可用母鹅代孵；大规模雁场，一般采用人工水床孵化。人工水床孵化就是将种蛋放在有加温设施和热水袋的床垫上，通过调节水温来满足种蛋的孵化温度，实现孵化目的。

人工水床孵化方法模拟大雁自然状态下的孵化，成功率比较高。

(1) 种蛋消毒。选择大小适宜、蛋形正常、颜色符合品种要求及表面清洁的新鲜种蛋。种蛋产出后，往往被垫草和粪便污染，表面有少量细菌，因此应及时对种蛋进行消毒。可以用癸甲溴铵，按照 1∶1 000 倍的比例溶入 35℃的温水中，再将种蛋轻轻放入溶液，浸泡消毒后洗去表面的污物。种蛋沥干水分后，就可以进行孵化了；或者用甲醛熏蒸法（每立方米加 15g 高锰酸钾和 30mL 甲醛，室温为 24～ 27℃）消毒后，放在孵化室（22～24℃）内预热 6～8h 后即可入孵。

(2) 水床的准备。泡沫板、电热毯、水袋、塑料袋、垫布和保温被。按照从下到上的顺序覆盖到床体上面，床体大小以电热毯的宽窄为参考，方便孵化人员操作就可以了。

水袋一般用筒状厚塑膜制成，操作中间，应该将水袋四周略垫高成锅底形，这样有利于水的热对流传导，向塑膜注入水后，水床内水位应该保持在 8～10cm。需要注意的是水袋上面一定要覆盖一层塑料袋，以防止孵化后蛋壳碎片扎破水袋，造成漏水。

(3) 温湿度控制。在种蛋的不同位置要设置 4～6 支温度计进行测温监控。

整批入孵的种蛋，以变温孵化为主，温度变化范围控制在 37.3～38.2℃；前高后低逐步降温。其中，前 10d 保持在 38.2℃，10～27d 保持在 37.8℃，27d 到孵化结束保持在 37.3℃。

分批入孵的种蛋则要恒温孵化。1～27d 保持 38℃的恒温就可以了，27d 到孵化结束保持 37.3℃的恒温。

湿度的控制原则为两头高，中间低。1～3d 保持 65%～70%，4～28d 控制在 60%～65%，29～31d 提高到 70%～75%。

另外，在保证正常温、湿度情况下，可以通过排气扇、打开门窗等方式尽量保证通风顺畅。

(4) 翻蛋、照蛋与凉蛋。水床孵化方法每3～4h翻蛋一次，翻转角度为90°，翻蛋时动作应轻、稳、慢，以免引起蛋黄膜血管破裂，尿囊绒毛膜与蛋壳膜分离，引起胚胎死亡。大雁种蛋在整个孵化期内需进行3次照蛋。第一次在孵化后第5天进行，捡出无精蛋和弱精蛋。第二次在第10天进行，捡出死胚蛋，并及时查明原因，调整孵化条件。第三次在第26天进行，主要观察胚胎发育情况，决定落盘时间。水床孵化可通过减少保温被等覆盖物，打开窗户、增加通风量等方法凉蛋。孵化后期每天凉蛋2～3次，凉蛋温度为25～27℃，室温过低，会因"闪蛋"而影响发育。

(5) 助产。第30天开始出雏，第31天结束。

由于大雁种蛋蛋壳较厚、雏雁身体较弱以及雏雁的羽毛容易与蛋壳内膜粘连等原因，有些幼雏不能正常出壳，因此在出雏期间应适时助产。可以将尿囊血管已经枯萎，内壳膜发黄的胚蛋用手在蛋钝部轻轻破开，拨开蛋壳1/3左右，并用手将雏雁的头轻轻拉出，放入水床内让它自行出壳。

二、大雁的饲养管理

(一) 雁舍条件

雁舍要求冬暖夏凉，阳光充足，通风良好，选地势平坦、高燥、背风向阳、排水良好的地方建舍。可分为育雏舍、育肥舍和种雁舍。育雏舍应保温防潮；育肥舍要设置棚架，旁边设有食槽和饮水器；种雁舍应较大，舍外有陆地运动场和水上运动场，运动场周围设高1.8～2m的围网。陆地运动场应干爽不积水，铺5cm厚的砂土，种上树木或作物遮阴；水上运动场的围网直通水底，网孔以大雁头不能钻出为宜。还应有植物丰盛的草地供放牧。

(二) 雏雁的培育

雏雁出壳后，便进入到一个新的环境中生活。由于雏雁个体小、体质娇嫩，各生理机能尚未完善，其御寒抗热、调节体温和对外界环境适应性都较差，这时往往会因温度管理不当而导致疾病，甚至死亡。为此，在育雏期必须根据雏雁的生理特点，注意好控温、防湿、挤堆等饲养管理工作。

1. 温度调节 育雏温度是否恰当，可以由雏雁的动态和叫声来判别。当温度适宜时，雏雁活泼、食欲旺盛、饮水适度、羽毛光滑整齐，雏雁个体均匀分布于育雏栏周围，睡眠姿态自然，全身放松、入睡深，不易惊醒；当温度过低时，雏雁互相挤在一起，以求取暖或密集于热源处，绒毛竖起，并不断发出长而尖锐的叫声；若温度太高时，雏雁分散或远离热源，张口呼吸、食欲减退、频频饮水，不时发出高而短的叫声，起卧不安。

刚刚出壳的雏雁与家鹅一样，全身羽绒因品种不同而呈灰色或白色，能自己取食，可由亲雁抚育，也可人工育雏，用温箱保温饲养。一般2周后放在室内，地面铺细沙，其上铺一层垫草，用电灯或育雏器保温。第1周温度为31～34℃，第2周为28～30℃，第3周为24～27℃，以后保持在18～21℃的环境中饲养。

2. 分群防压 雏雁要定期按强弱、大小分群，剔除病、弱雏，防止雁群扎堆压死。15日龄前每群大小为30～50只，密度为15～20只/m²；15日龄后每群大小为80～100只，密度为 8～10 只/m^2。

3. "潮口"与开食 雏雁第 1 次饮水称为"潮口"或"开水"。当雏雁行走自如并开始啄食垫草时，将 0.01%高锰酸钾水溶液倒入平底的水盆中，水温为 18～25℃，水深以刚好淹没雏雁爪部（1～2cm）为宜，让雏雁自行饮水，一般为 3～5min，以浸脚不湿毛为度。若因故推迟"潮口"，应在饮水中加 0.8%～1.0%的食盐，并控制饮水量，避免雏雁暴饮而引起中毒。

"潮口"后便可开食，开食料可用清洗并经过浸泡的碎米和切碎的菜叶。碎米需浸泡 2h，菜叶要切成细丝状，比例为 1∶2～3。开食时间大约为 30min，以吃至八成饱为宜。开食后要定时饲喂，少喂勤添。1～3 日龄不要喂高脂肪饲料，4～10 日龄，可在饲料中加一些煮熟的蛋黄、优质鱼粉或脂肪含量低的植物性蛋白饲料。

4. 放牧与下水 若气温适宜，雏雁 4 日龄就可放牧，初牧应选择风和日丽的晴天，采取"迟放早收，时间短，路程近"的原则，白天放牧 5～6 次，晚上回舍饲喂 2～3 次。气温低时可在 10～15 日龄初次放牧。

雏雁 7～15 日龄后，选择清洁的水塘第 1 次下水，水温为 20～30℃，一般在下午 15～16 时为宜。放水几分钟后，赶至岸上让其梳理绒毛，毛干后即可赶回育雏室。

5. 饲喂 雏雁的饲料是混合粉料蒸制成的窝头，还有鸡蛋、青绿饲料、骨粉、钙粉、鱼肝油和维生素及微量元素。育雏初期，环境温度较高，饲料易变质，喂食次数宜多，每天 4 次。以后随雏雁日龄的增长和环境温度的降低，逐渐减少喂食次数。

6. 防潮 雏雁最怕潮湿和寒冷，长期潮湿，会导致各种病毒的大量繁衍，导致各种病毒性疾病，还会抑制小雁的新陈代谢，导致病毒在体内堆积，抵抗力减退，食欲下降。

7. 卫生 搞好清洁卫生，因为大雁的饲料稀软，吃食时又常甩料，因而绒羽及垫草容易弄脏，所以要经常更换垫草。在环境温度适宜时，让雏雁多洗澡，每天 1～2 次，但一定要看守，以免雏雁溺水而死。每天洗浴、游泳时间视雏雁体质、能力而定，可由 0.5h 逐渐增加到 1h。要争取让雏雁多晒太阳，多活动。

（三）中雁的饲养管理

1 月龄至性成熟的大雁称为中雁或育成雁。此时采食量大、消化能力强，正是骨骼、肌肉、大羽的迅速生长时期。

1. 放牧 中雁放牧前应进行断翅，割去一侧掌骨和部分指骨或切断指伸肌和桡侧腕长伸肌，一周后伤口愈合者便可放水放牧。放牧地要有足够数量的青绿饲料和谷物饲料，放牧时间选在早晚，中午赶至池旁树荫下休息，每次吃饱后都应放水。放水条件差的，可割草饲喂，另行放水。

2. 补料 其饲料分为粒料、粉料和青绿饲料。粒料有玉米、高粱、大米或稻谷，是常备饲料。粉料为大麦渣（面）、玉米渣（面）、高粱（面）、豆饼渣（面）、麸皮、鱼粉（或蚕蛹粉）、骨粉、盐和各种维生素及矿物质混合拌成，拌湿后喂给（或蒸制成窝头、压制成颗粒）。青绿饲料包括各种叶菜、水草、青草等。

粉料每天喂 1 次或 2 次（冬季）。粒料要经常饲喂，要少添、勤添。夏季大量喂青绿饲料，宜切碎拌入混合饲料中，也可扔到水中任其自由进食。冬季应补充适量维生素。

留作种用的中雁，应以放牧为主，适当增加精料，减少粗料，促使大雁提前达到性成熟。补料以糠麸为主，掺以甘薯、瘪谷和少量花生饼，并加 1%～1.5%骨粉，2%贝壳粉和

0.3%～0.4%食盐。

3. 育肥 留种剩下的中雁及商品雁统称为育肥仔雁，其消化能力已趋于完善，需经短期育肥达到膘度及最佳体重。采用上棚育肥和圈养育肥均可，主要通过充分饲喂、控制光照、保持环境安静及限制大雁活动等方法，达到快速生长和沉积脂肪的目的。育肥饲料中，玉米70%，豆饼15%，叶粉10%，麦麸4%～5%，食盐0.3%～0.5%。白天喂3次，晚上喂1次，密度为3～5只/m^2。放牧条件好的地区，可采用放牧与补料结合育肥。仔雁经过15～20d的育肥，体重达到上市标准即可出栏。

4. 科学喂养 坚持“三定”：定时，一般成雁每日喂3次，在母雁产蛋期要喂1次“夜食”(20～22时)；定量，随日龄的增长而适当增加，成雁日喂青草2～2.5kg，精料50～70g；定水，供足清水，让雁自由饮，不饮污水。

日常管理中，对成群饲养的大雁，要把握好饲料的质和量，注意食物、饮水用具的清洁和环境卫生。对成对饲养的大雁，则要每天打扫房舍，观察大雁取食、排便和行为表现，注意有无异常的变化。

(四) 种雁的饲养管理

1. 繁殖准备期 大雁开产前1个月为繁殖准备期，仍以放牧为主，并根据雁的体质、脱换新羽的状况，适时补料，为产蛋做准备。补料以精料为主，为55%～60%。建议饲料配方为：玉米80%、豆粕8%、麸皮11%、微量元素等1%。公母分开饲养，公雁每天补3次，母雁每天补2次，接种禽出败菌苗。

2. 繁殖期 母雁交配后10d开始产蛋，时间一般为每年3月上旬至4月下旬。繁殖期采取以舍饲为主、放牧为辅的原则，日粮中粗蛋白质为17%～18%，每天喂2～3次，晚上加喂1次，适当补充矿物质饲料。充分放水，尤其在公雁性欲较强的上午，让种雁尽情在水面上游玩交配。驯化种雁定巢产蛋，每天早晨将未产蛋大雁留在舍内，产蛋后，再进行放水、放牧。每天应捡蛋4～6次，及时将雁蛋收集起来，以免污染

3. 停产期 母雁产蛋至7月份后，产蛋减少，羽毛干枯，公雁性欲下降。进入停产期，将精料改为粗料，转入以放牧为主的粗饲期，可全天放牧，不予补料。但若放牧条件差或连雨天，应适当补饲。冬季，将白菜、玉米秸粉及青草粉等拌入20%～30%的玉米面维持饲养，保持体重不下降即可。严冬季节应喂热食，饮温水，严禁饲喂霉变饲料。

【思与练】

1. 简述大雁的生活习性。
2. 雏雁的培育技术有哪些？
3. 简述中雁的饲养管理。
4. 种雁的饲养管理要点有哪些？

学习情景 17　茸鹿生产技术

鹿属于哺乳纲、偶蹄目、鹿科、鹿属动物。其中茸角有药用价值的鹿称为茸鹿，茸鹿经济价值较高，鹿茸是名贵的中药。我国驯养的茸鹿主要有梅花鹿、马鹿、白唇鹿、黑鹿、坡鹿等。白唇鹿是我国青藏高原特有的野生动物。黑鹿分布在我国南方各省，坡鹿分布于海南省的部分地区。当前人工饲养的鹿主要有梅花鹿和马鹿两种。

(一) 形态特征

1. 梅花鹿　梅花鹿为中型鹿，主要分布在中国、俄罗斯、朝鲜、日本和越南等。在中国梅花鹿主要分布于东北、华北、华南、华东及西南等地。目前人工饲养的多为东北梅花鹿。

梅花鹿头清秀，耳直立，眼下有一对泪窝，眶下腺发达，呈裂状。躯干紧凑，四肢细长，主蹄狭尖，侧蹄小。体毛棕色，夏毛较鲜艳，白色梅花斑明显，冬毛略比夏毛深，有绒毛，但无白色斑点，有的仅隐约看到。颈毛发达，背中央有一条 2～4cm 宽的棕色或暗褐色的背线。腹部及四肢内侧被毛呈灰白色或近于白色。尾短，背面黑褐色，腹面白色，呈三角形。公鹿出生后第 2 年生长鹿茸，秋季骨化成锥形角，第 3 年生长出分杈的茸角。成年梅花鹿发育的成角为四杈形，通常不超过五杈。眉枝在主干基部 4～10cm 处分生，与主干成锐角，向前上方生长，第二分枝位置较高，眉枝与第二分枝间距较远。

成年公鹿体高为 90～105cm，体长为 95～105cm，体重平均 135kg；成年母鹿体高为 80～95cm，体长 90cm 左右，体重 70～85kg。

目前我国已培育出双阳梅花鹿品种、西丰梅花鹿品种、四平梅花鹿品种、敖东梅花鹿品种，长白山梅花鹿品系和兴凯湖梅花鹿品系，对改良我国鹿群质量，促进养鹿业的持续发展发挥了积极的作用。

2. 马鹿　马鹿属于大型茸用鹿，主要分布于东北、内蒙古东部地区、新疆的天山山脉、南疆博斯腾湖沿岸、孔雀河和塔里木河流域，有东北马鹿、天山马鹿和塔里木马鹿之分。

(1) 东北马鹿。也称黄臀赤鹿。眶下腺发达，泪窝明显，肩高背直，四肢较长，后肢和蹄较发达。夏毛红棕色或栗色，因此也称赤鹿，冬毛厚密，灰褐色。有明显的黄色臀斑，冬深夏浅，界线分明，边缘整齐。尾扁而且短，尾毛较短，颜色同臀斑。颈部有较长的鬣毛。初生仔鹿躯干两侧有与梅花鹿相似的白色斑点，白斑随着仔鹿的生长发育而逐渐消失。公鹿有角，鹿角多为双门桩，眉枝在基部分出，俗称坐地分枝，斜向前伸，与主干几乎成直角。主干较长，后倾，第二分枝（冰枝）紧靠眉枝分生，眉冰间距较近，冰枝与第三枝间距较远，成角呈 5～6 个杈型。

成年公鹿体高为 140cm 左右，体长为 125～135cm，体重 230～320kg；成年母鹿体高为 115～130cm，体长 118～132cm，体重 160～200kg。

(2) 天山马鹿。也称青马鹿。体粗壮，胸深、胸围和腹围较大，头大额宽，四肢强健，泪窝明显。夏毛深灰色，冬毛浅灰色，颈部有长而密的髯毛和鬣毛。在颈部和背上有明显的灰黑色带。臀斑为桃形，呈黄褐色，周围有一圈黑毛。茸角多为 7～8 杈。眉枝向前弯伸并离角基很近，各杈之间距离较大，眉冰间距离较远。

成年公鹿体高为130～140cm，体长为130～150cm，体重240～330kg；成年母鹿体高为115～130cm，体长120～140cm，体重180～220kg。

（3）塔里木马鹿。体型紧凑，肩峰明显。头清秀，眼大耳尖。蹄尖细，副蹄发达。鹿角多为5～6杈。全身毛色较为一致，夏毛深灰色，冬毛棕灰色，臀斑白色，周围有明显的黑带。新生仔鹿被毛似梅花鹿，不过被毛颜色浅白。

成年公鹿体高为128cm左右，体长为129cm左右，体重255kg；成年母鹿体高为117cm，体长102～132cm，体重208kg。

（二）生活习性

1. 野性 茸鹿驯养时间相对较短，所以还保有祖先的野生习性。听觉、视觉和嗅觉发达，胆小易惊，一有触动便迅速逃跑。一般公鹿比母鹿好斗（公鹿仅生茸期行动较谨慎）。鹿群中常有顶架现象，个别鹿还顶人。尤其在配种期，公鹿常长声吼叫、扒地、争偶角斗。仔鹿生后几十分钟就能站立，生后几天就能很快跑跳，1月龄左右若不加以驯化就不容易捕捉了。鹿在驯化放牧初期非常不驯服，没有良好的引诱方法很难接近，经过驯化还是可以逐渐改变的。

2. 集群性 鹿在自然条件下，喜群居。少则十几头，多则几十头。鹿的群体大小因地区、种类、季节、饲养方式、性别、鹿别以及鹿的数量、饲料量多少的不同而差异很大。鹿群在春、夏的组成一般以母鹿为主，带领仔鹿和育成鹿，在交配季节里，1～2只公鹿带领几只或十几只母鹿和仔鹿，活动范围比较固定。我们可以利用这一特性进行人工放牧。

3. 草食性 鹿是典型的反刍草食性野生动物。鹿在草食动物中能比较广泛地利用各种植物，尤其喜食各种树的嫩枝、嫩叶、嫩芽、果实、种子，还吃草类、地衣、苔藓以及各种植物的花、果和蔬菜类。鹿嗅觉灵敏，能鉴别各种有毒植物，也能采食各种中草药。春季到盐碱地吃盐。人工饲养条件下，豆饼、玉米、麸皮、米糠、青草、各种树叶及农作物的茎秆是它的主要饲料。

4. 换毛季节性 鹿的被毛每年更换两次，春、夏之交脱去冬毛换夏毛，秋、冬之交换上冬毛。

项目17-1 茸鹿的繁育

【知识准备】

当前，我国主要人工驯养的鹿类（如梅花鹿和马鹿等）均为季节性繁殖动物。

（一）性成熟与初配

1. 性成熟 茸鹿的性成熟时间受很多因素影响，如品种、品系、性别、饲养管理的好坏和个体的遗传差别等。一般情况下，母鹿早于公鹿；梅花鹿早于马鹿；梅花鹿双阳品系较其他梅花鹿品系要早。寒冷地区的性成熟一般晚于温暖地区；出生较晚的个体，性成熟延长；发育缓慢或体质较差的个体，其性成熟必然推迟；饲养管理好、营养水平较高，鹿性成熟提前。

2. 初配 生长发育良好的母梅花鹿和母马鹿在生后第2个的配种期（已满16月龄），体重达成年体重70%以上参加配种较适宜；生长发育较差，出生较晚（不足16月龄）的母鹿推迟一年配种。公鹿要求在 3.5～4 岁开始参加配种。

（二）茸鹿的发情规律

1. 公鹿的发情规律 公鹿在发情季节里，睾丸增大，分泌大量雄性激素，表现出一系列性行为。通常表现为情绪紧张好斗、兴奋不安，不停走动，食欲减退，甚至废绝，时常卷上唇，频尿，喜欢泥浴等。特别是公鹿在闻到母鹿尿液或阴道分泌物后，会表现出更加强烈的冲动，上唇卷缩，头高高抬起，并仰天咆哮。其间公鹿始终具有较强的交配欲，尤其在母鹿发情时会不停地嗅闻和追逐母鹿争取配种机会。

2. 母鹿的发情规律 在发情季节里，母鹿随着卵巢状态的变化，机体多次呈现出周期性变化，至少会有 2～3 个发情周期，每个发情周期一般为 6～20d，平均为 12d。因品种、个体体况和饲养管理水平等的不同存在差异。

（三）妊娠与分娩

1. 妊娠生理 在妊娠过程中，不仅胎儿有着明显的变化，同时母体在生理活动、新陈代谢机能和形态上都发生了明显的变化。

茸鹿妊娠期的长短与鹿品种、气候、环境、胎儿的性别数量、母鹿年龄和饲养管理水平有关。梅花鹿平均 223d，马鹿平均 235d。

2. 分娩 一般母梅花鹿分娩时间为 5 月上旬到 7 月中旬，母马鹿多在 5 月下旬到 6 月中旬。母鹿分娩时间多集中在午夜或清晨，在白天的相对较少。

母鹿在分娩前 10d 左右，乳房开始迅速发育和膨胀，乳头增粗，腺体充实；在产前乳房可以挤出黏稠黄色液体，在分娩前 1～2d 有白色乳汁可以挤出时分娩在即。产前母鹿腹部严重下沉，肋部塌陷，尤其在产前 1～2d。母鹿阴门在妊娠末期明显肿大外露，柔软潮红，皱襞展开，有黏液流出。在行为上，母鹿排尿频繁、举尾，时起时卧，常在圈内徘徊或沿着墙壁行走，表现不安，不时回视腹部，伸懒腰，似有腹痛感。在临产前，母鹿会离开鹿群到安静的场所，站立或躺卧产仔。

【岗位技能】

一、鹿的繁殖技术

（一）发情鉴定

母鹿发情初期无显著特征变化，食欲时好时坏，兴奋不安，摇臀摆尾，常常站立或来回走动，有的低声鸣叫；喜欢追逐公鹿，但却不愿接受公鹿爬跨；外阴充血肿胀，有少量黏液。此期母梅花鹿持续 4～10h，母马鹿持续 4～9h。发情盛期母鹿急骤走动，频频排尿，有时吼叫；主动接近公鹿，低头垂耳，有的围着公鹿转甚至拱擦公鹿阴部或腹部；个别情欲强的经产母鹿甚至追逐、爬跨公鹿和同性鹿；两泪窝开张，排出特殊气味；外阴肿胀明显，阴门潮红湿润，流出黏稠液体。此期为配种的最佳时期，母梅花鹿持续 8～16h，母马鹿 5～9h，排卵在交配后 3～12h。发情末期母鹿的各种发情表现逐渐消退，活动逐渐减少，如遇公鹿追逐则逃避，有的甚至回头扒打公鹿。外阴肿胀逐渐消退，黏液流出减少。此期母梅花鹿持续 6～10h，母马鹿持续 3～6h。

（二）配种

1. 配种的准备工作

（1）制定配种计划。在配种前，鹿场的技术人员要组织有经验的饲养员，根据鹿群现状和发展情况，综合制定出配种计划。

（2）合理分群与整群。根据配种计划，对公鹿进行合理分群。母鹿可按年龄和发育情况分入各鹿群中，初产母鹿和经产母鹿要分开，配种鹿群不宜过大。一般20～25头为宜。结合分群要对原有鹿群进行一次整顿，对年龄过大、繁殖力低、体弱有病的母鹿，要从配种群中拨出，予以淘汰或另行配种。公鹿在配种前要进行个体品质鉴定，对于精液品质差、有疾病者应立即拨出，及时补充新的配种公鹿。

（3）人员的组织和圈舍、器具的检修。在配种到来之前，组织好人力，及时投入配种工作，严格实行岗位责任制，定人、定圈、定指标。配种前检查鹿舍和围墙有无漏洞，及时加以修整。运动场要干净平坦，除去易发生机械损伤的障碍物。对必要的配种器械要进行检修，并准备好配种记录本，随时准备配种。

2. 配种方式

（1）群公群母配种法。通常以50头母鹿群，按公鹿与母鹿之比为1∶3～4的比例混入公鹿进行配种。在整个配种期内，无特殊原因，不再放入其他公鹿。此方式配种占用鹿圈少，简单易行，但是会造成系谱不清，而且种鹿偶尔角斗会致伤亡较多。

（2）单公群母配种法。将年龄、体质状况相近的母鹿按20～25头分为一群，一次只放入一头公鹿任其自由交配，每隔5～7d更换一头公鹿。到母鹿发情旺期则3～4d更换一次种公鹿。在1d之内若发现种公鹿已配了三四次，仍有母鹿发情需要交配，应将该母鹿拨出与其他公鹿交配，以确保种公鹿的体况良好和提高后裔品质。这种配种方式可以减少公鹿之间的争斗，防止伤亡事故发生。目前大多数鹿场采用。

（3）单公单母配种法。在母鹿圈内先放入试情公鹿以发现发情母鹿，然后拨出该母鹿，与选定的公鹿交配。这种配种方式可有计划地进行个体选配，但耗工费时，适用于育种场。

采用这种配种方式时，应注意以下几个条件：

第一，配种员有较高母鹿发情鉴定技术水平及丰富的发情鉴定经验，确保及时将发情母鹿拨出。

第二，配种员要十分熟悉母鹿群的情况，确切掌握鹿群发生隐性发情的情况，以便及时采取其他配种方法进行补救。

第三，对挑选的种公鹿一定要经过严格的选择，要体质健壮、年龄适宜、无传染病和遗传疾病，同时根据系谱资料和个体生产成绩进行选优去劣，确认优良时才可使用。使用前一定要进行精液品质检查，如有不良者一定要淘汰。

第四，配种后的母鹿要进行合理的安排和组群，注意观察配种效果，如有再次发情者，确认未怀孕的母鹿可进行复配。

为提高受胎率，一般繁殖母鹿可用不同的公鹿复配，以增强受精的异质性，提高后裔的生命力。育种核心群的母鹿发情时则应以同一头公鹿进行复配。

3. 配种　在发情的前几天，可将公鹿按比例放入既定的母鹿圈或配种圈中。提前放入公鹿可使鹿相互熟悉，并能诱引母鹿提早发情，但也有将母鹿放入公鹿圈内，防止公鹿到新环境惊慌不安而影响配种。

鹿交配时间短、速度快，且配种多发生在清晨、黄昏。配种人员注意观察鹿群，只要母鹿发情征状明显，应保证其获得交配的机会。在配种过程中，严禁粗暴对待，惊吓以及其他不良刺激。

群公群母配种时，配种圈要经常有人看护，发现争斗应及时解救。在王鹿经常“霸占”母鹿群时，应注意哄赶和协助其他公鹿进行配种。

配种的母鹿，应注意观察受配后的表现，是否在下个发情周期再次发情，如再次发情，待确定未受孕后应重新复配。配种时，应灵活掌握公鹿的配种，小群进行饲养管理。在配种工作中，应记录配种情况（表 17－1）。

表 17－1　鹿群的配种记录

次序	年		受配母鹿		受配公鹿		再次发情配种				舍别	记事
	月	日	编号	年龄	编号	年龄	第二次		第三次			
							日期	公鹿号	日期	公鹿号		

记录人：

4. 配种注意事项　不参加配种的公鹿，在远离配种圈的上风处鹿圈内饲养。否则容易受母鹿发情时的气味、叫声的影响，出现爬跨等现象，不但会造成伤亡，而且还影响公鹿的采食和消化机能，使鹿消瘦、体质变弱。配种的公鹿，由于代谢机能明显增强，血液循环加快，呼吸急促，所以不能马上饮水。否则会出现异物性肺炎或造成公鹿配种能力丧失。为此要将圈内的水槽盖上或将水放出暂停止使用。对已参加过配种的公鹿，不应与未参加配种的公鹿混圈。一方面参加过配种的公鹿与母鹿在一起会有一些母鹿的气味，会引起未参加配种公鹿的性兴奋；另一方面便于对配种公鹿进行特殊的管理和补饲，使其尽快恢复体况，准备安全越冬。

（三）人工授精技术

人工授精技术是鹿类配种技术中较为先进的一项技术，它的应用对鹿的品种改良、提高受胎率等方面有着极其重要的意义。当前，它在马鹿上已经得到了广泛的应用，一般均可达到 85%以上的受胎率。在梅花鹿受胎率一般在 40%～60%。目前马鹿主要采用直肠把握法输精，梅花鹿采用的是开膣器法。人工授精技术主要有采精、精子检验、冷冻精液制备和母鹿发情进行输精等几个过程（见技能培训）。

二、茸鹿的育种措施

（一）编号与标记

1. 编号　为便于管理，应对鹿只进行编号。编号方法如下：

（1）按出生先后顺序编号。按鹿出生先后依次编号，编号时应根据鹿群大小，采用百位或千位。公母编号可用奇偶数加以分辨。

（2）按出生年代编号。为便于区分鹿只年龄，每年从 1 号开始编号，在编号之前冠以年代，如 2010 年出生的第 3 只鹿可编号 103 号。

（3）按公鹿编号。为区别不同公鹿后代，在编号之前可冠以公鹿号。如 021 为 982 号公鹿后代记为 982/021。

2. 标记　为正确记录和识别鹿只对鹿进行标记。

（1）剪耳号。仔鹿出生第2天可进行，方法是在鹿的左、右耳的不同部位用剪耳钳打缺口，每个缺口用相应的数字表示，其所有的数字之和即为该鹿的号。一般鹿的右耳上、下缘每个缺口分别代表1和3，耳尖缺口为100，耳中间圆孔代表400，左耳上、下缘每个缺口分别代表10和30，耳尖缺口为200，耳中间圆孔代表800，耳的上、下缘最多只能分别打3个缺口，耳尖只能打1个缺口，耳间只能打1个圆孔。这种标记法可由1号延续到1599号。刻口的深度与部位必须适当，否则易认错鹿号。

（2）打牌号。用打耳标钳将一印有组合数字的一凹与一凸的组件穿戴于仔鹿耳上，耳标牌上的组合数字，从正面看一目了然。

（二）分群

为了正确进行育种工作，根据鹿的类型、等级、选育方向及亲缘关系等，将群分为育种核心群、生产等级群和淘汰群。

（三）选种

为改善鹿群状况，应重视对种鹿的选择。具体可从生产力、年龄、体质、外貌及遗传性等几个方面来考虑。

1. 种公鹿的选择

（1）按生产力选择。即根据个体的茸产量与质量来评定公鹿的种用价值。一般选公鹿的产茸量应高于本场同龄公鹿平均单产20%以上，同时鹿茸的角向、茸形、皮色及毛地等均应优于同龄鹿群。

（2）按年龄选择。种公鹿应在4～7岁的壮年公鹿群中选择。个别优良的种公鹿可用到8～10岁。种公鹿不足时，可适当选择一部分4岁鹿做种用。

（3）按体质、外貌选择。种公鹿必须具备该种类的典型性，表现出明显的公鹿体型。体质结实，结构匀称，雄壮强悍，性欲旺盛，肥度为中上等。除了上述总的要求外，还应具备以下几点：

皮肤紧凑，富有弹性，毛色深且有光泽。毛细花真，花大且匀，但背线颜色不宜过深。

茸形完美，左右对称，具有种类特征。主干长圆，曲度适宜，各分枝与主干比例相称。梅花鹿茸应细毛红地，皮色鲜艳；东北马鹿茸角则以细短毛、红褐色地为最好。

头方额圆，角间距宽。粗嘴巴，大嘴叉，两耳灵活，眼大温和。颈粗短。前躯发达，结构良好。肩宽，背腰平直，腰角宽，荐平，肌肉丰满。筋腱发达，结实有力。前肢直立，后肢弯曲适度。四蹄坚实规整。睾丸发育良好，左右对称，无生殖器官疾病。

（4）按遗传性选择。根据系谱资料进行选择。选择父母生产力高、性状优良、遗传力强的后代作为种公鹿。对所选个体后裔也要进行必要的测定，以作进一步的选择。

在实际选种过程中，应综合生产力、体质外貌、系谱及后裔等各方面资料综合评定。

2. 核心群母鹿的选择 核心群母鹿在选择时应具备以下几个特点：健康体大，体况良好，四肢强壮有力；皮肤紧凑，被毛光亮，气质安静温和，母性强，不扒仔伤人；乳房及乳头发育良好，泌乳性能好，无难产和流产史。年龄上要从5～10岁的壮龄母鹿中选择。

鹿的育种以纯种繁育为主，即主要采用本品种选育的方法，培育生产力强、产茸量高、适应性强的鹿群，为防止近亲繁殖，可引进相同种类的良种公鹿进行血缘更新，以提高鹿群质量。

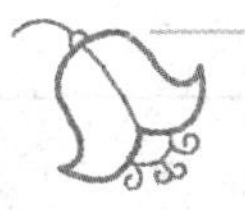

项目 17－2　茸鹿的饲养管理

【知识准备】

（一）常用饲料

茸用鹿可利用的饲料种类繁多，按营养特性可分为粗饲料、青绿饲料、青贮饲料、能量饲料、蛋白质饲料、矿物质饲料、维生素饲料、添加剂八大类。

粗饲料主要包括干草类、农副产品（夹、壳、藤、秸、秧）、树类、糟渣类等，是鹿冬季的主要原料。

青绿饲料包括青刈玉米、青刈大豆、紫花苜蓿、茎叶饲料、天然牧草和鲜嫩枝叶等。青贮饲料是北方地区养鹿春、夏和冬季的主要饲料来源。

能量饲料包括谷实类、糠麸类、块根、块茎类、瓜果类等。养鹿业中常用的谷实类主要有玉米、高粱、大麦、燕麦等，是鹿的主要饲料来源，通常占精料的60%以上。

蛋白质饲料包括饼粕类、豆科子实。饼粕类主要有大豆饼、棉子饼、菜子饼、花生饼、向日葵饼和大豆粕。其中棉子饼与菜子饼要做脱毒处理。豆类子实主要有大豆、黑豆、豌豆等，以大豆用量最多。大豆需加热处理后熟喂。

矿物质饲料包括食盐和无机钙、磷平衡饲料。

鹿常用饲料添加剂有：矿物质元素添加剂、维生素添加剂、氨基酸添加剂、非蛋白氮（NPN）添加剂、生长促进剂、饲料保存剂和中药添加剂等。

（二）茸鹿营养需要

1. 公梅花鹿营养水平　公梅花鹿营养水平可参见表 17－2、表 17－3。

表 17－2　公梅花鹿生茸期营养水平

年龄（周岁）	粗蛋白（%）	总能（MJ/kg）	代谢能（MJ/kg）	钙（%）	磷（%）
1	27.0	17.68	12.29	0.72	0.55
2	26.0	17.26	12.08	0.86	0.61
3	24.0	17.05	12.12	0.96	0.62
4	19.0	16.72	12.20	0.92	0.58
5	18.0	16.72	12.25	0.91	0.57
种梅花公鹿配种期	20.0	16.55	11.20	0.92	0.60

表 17－3　公梅花鹿越冬期营养水平

年龄（周岁）	粗蛋白（%）	总能（MJ/kg）	代谢能（MJ/kg）	钙（%）	磷（%）
1	18.0	16.30	12.29	0.79	0.53
2	17.9	16.72	11.91	0.65	0.39
3	17.0	16.72	12.41	0.65	0.39
4	14.5	16.26	12.37	0.61	0.36
5	13.51	15.97	12.41	0.61	0.35

2. 母梅花鹿各时期营养水平 母梅花鹿各时期的营养水平可参见表17-4。

表17-4 母梅花鹿各时期营养水平

生产时期	粗蛋白（%）	总能（MJ/kg）	代谢能（MJ/kg）	钙（%）	磷（%）
妊娠中期	18.0	16.30	12.29	0.79	0.53
妊娠后期	17.9	16.72	11.91	0.65	0.39
哺乳期	17.0	16.72	12.41	0.65	0.39

3. 离乳仔鹿与育成鹿营养需要 离乳仔鹿和育成鹿各时期营养需要可参见表17-5。

表17-5 离乳仔鹿与育成鹿各时期营养水平

月龄	体重（kg）		粗蛋白（g）	总能（MJ）	代谢能（MJ）	钙（g）	磷（g）
	公	母					
3～6.5	50	40	245～262	24.24～25.96	12.95～13.68	9.1～9.7	5.1～5.5
9～10	55	46	269～330	28.38～33.40	14.63～17.51	10.6～12.5	5.6～6.9

【岗位技能】

一、成年公鹿的饲养管理

饲养公鹿的目的是为了生产优质高产的鹿茸和获得良好的配种体况。根据公鹿的生理特点和营养需要，一般分为生茸前期、生茸期、配种期和恢复期四个阶段。

由于我国南北地理环境和气候条件的差异，这四个时期的划分亦有不同（表17-6）。

表17-6 梅花鹿公鹿饲养时期的划分

地区	饲养时间			
	生茸前期	生茸期	配种期	恢复期
北方	1月下旬～3月下旬	4月上旬～8月中旬	8月下旬～11月中旬	11月下旬～1月中旬
南方（广东）	1月下旬～3月上旬	3月中旬～8月上旬	8月下旬～12月上旬	12月下旬～1月中旬

注：马鹿的上述相应时期比梅花鹿均提前1旬左右。

（一）恢复期和生茸前期的饲养管理

1. 饲养要点 从11月中旬至翌年的3月之间，公鹿配种结束，体重明显下降，体质较弱且又逢气温较低的冬季，因此需要迅速恢复体质，为换毛和生茸提供物质基础。日粮应以粗饲料为主、精饲料为辅。

粗饲料尽量用树叶、大豆荚皮、野干草及玉米秸秆等。用干豆秸秆、野干草、玉米秸粉碎发酵，混合一定量的精料喂鹿能提高对粗纤维饲料的利用率。用青贮玉米可以代替一部分多汁饲料，饲喂时应由少到多逐渐增加喂量，酸度过高的青贮饲料可用1%～3%的石灰水或者苏打水冲洗中和后再饲喂（表17-7、表17-8）。

表 17－7　公鹿配种恢复期精料表

饲料	头锯	二锯	三锯	四锯以上	公马鹿
豆饼、豆科子实（kg）	0.3～0.4	0.3～0.4	0.3～0.4	0.3～0.45	0.4～0.6
禾本科子实（kg）	0.5～0.6	0.5～0.6	0.5～0.6	0.5～0.75	0.6～0.9
糠麸类（kg）	0.1～0.13	0.1～0.13	0.1～0.13	0.1～0.15	0.13～0.18
糟渣类（kg）	0.1～0.13	0.1～0.13	0.1～0.13	0.1～0.15	0.13～0.18
食盐（g）	15～20	15～20	15～20	20～25	25～30
碳酸钙（g）	15～20	15～20	15～20	20～25	25～30

表 17－8　公鹿生茸前期精料表

饲料	头锯	二锯	三锯	四锯以上	公马鹿
豆饼、豆科子实（kg）	0.5～0.6	0.6～0.7	0.6～0.8	0.75～1.0	1.0～1.25
禾本科子实（kg）	0.3～0.4	0.4～0.5	0.4～0.6	0.45～0.6	0.6～0.75
糠麸类（kg）	0.1～0.13	0.13～0.15	0.13～0.17	0.15～0.2	0.2～0.25
糟渣类（kg）	0.1～0.13	0.13～0.15	0.13～0.17	0.15～0.2	0.2～0.25
食盐（g）	15～20	15～20	20～25	25～30	35～40
碳酸钙（g）	15～20	15～20	20～25	25～30	40～50

2. 管理要点　1月初至3月初，按年龄和体况对鹿群进行两次调整，体弱有病的鹿单独饲养，有利于提高其健康状况和生产能力，延长公鹿利用年限。

均匀投喂饲料，杜绝成堆或成片投放，防止采食混乱和不均。白天饲喂2次精料、3次粗料，夜间补饲1次精料和粗料，并要保证足够的饮水（温水）。

鹿舍要注意防潮、保温、采光充足、保持干燥、定期起垫、及时清除粪便和积雪尿冰。圈内可以铺垫干草，厚度以10～15cm为宜。在入冬结冰前应彻底清扫圈舍和消毒，预防疾病的发生。

（二）生茸期的饲养管理

饲养公鹿的一个主要目的就是为了获得鹿茸，生茸期是公鹿饲养过程的关键时期。

1. 饲养要点　鹿茸的生长需要大量的蛋白质、维生素及矿物质，尤其是含硫氨基酸如胱氨酸及蛋氨酸。在饲养上必须供给鹿以相当的营养物质来满足其生理上的需要，多喂多汁饲料，添加增茸剂。日粮中要提高豆饼和豆科子实的比例，供给足够的豆科青刈牧草及品质优良的青贮饲料和青绿多汁饲料，提高日粮的适口性，供给足够的矿物质饲料（表17－9）。

表 17－9　公鹿生茸期精料表

饲料	头锯	二锯	三锯	四锯以上	公马鹿
豆饼、豆科子实（kg）	0.7～0.9	0.9～1.0	1.0～1.2	1.2～1.4	1.8～2.1
禾本科子实（kg）	0.3～0.4	0.4～0.5	0.5～0.6	0.6～0.7	0.9～1.0
糠麸类（kg）	0.12～0.15	0.15～0.17	0.17～0.2	0.2～0.22	0.3～0.4
食盐（g）	20～25	25～30	30～35	35～40	40～50
碳酸钙（g）	15～20	20～25	25～30	30～35	50～60

2. 管理要点 在管理上，应均衡定时喂饲。精料每天喂 3～4 次，饮水要清洁充足。对圈舍、运动场及喂饲用具等要经常打扫。初春应做好卫生防疫工作，解冻后对鹿舍、过道、饲槽、水槽进行一次重点消毒，圈舍、车辆用具可用 1%～4%热火碱水或新配制的 10%～20%生灰乳剂消毒。饮水可用 0.5%漂白粉消毒。消毒时间在上午为宜，经全天光照，药效发挥效果很好。夏季气候炎热，在运动场内应设遮阴棚。

在生茸期应做好公鹿角盘脱落日期、鹿茸生长情况等资料的记录工作，同时要掌握鹿茸生长速度，及时做好收茸工作。对个别新茸已长出但角盘仍未脱落者，应人工将硬角除去，以免妨碍鹿茸生长。

生茸期的公鹿，性格一般较温顺，但也要当心外人及其他动物的惊扰，以免影响鹿茸的生长。有条件的鹿场，应采取小群饲养，每群以 20～30 头为宜。

（三）配种期的饲养管理

在配种期，公鹿性欲旺盛，争偶激烈，经常相互追逐与角斗，同时喜在低洼泥地上打滚、鸣叫等。公鹿食欲显著下降，个别的甚至废食，能量消耗较大，参加配种的公鹿体力消耗更大。为此，应将配种鹿、非配种鹿分群饲养，注意改善配种公鹿饲养条件。饲养上应选用适口性强、维生素含量丰富的块根类多汁饲料及幼嫩的青绿饲料，同时可加喂大葱促进发情（表 17－10）。

表 17－10 公鹿配种期精料表

饲料	头锯	二锯	三锯	四锯以上	公马鹿
豆饼、豆科子实（kg）	0.37～0.5	0.37～0.5	0.25～0.37	0.25～0.37	0.5～0.7
禾本科子实（kg）	0.23～0.3	0.23～0.3	0.15～0.23	0.15～0.23	0.3～0.4
糠麸类（kg）	0.15～0.2	0.15～0.2	0.1～0.15	0.1～0.15	0.2～0.25
食盐（g）	15～20	15～20	15～20	15～20	20～25
碳酸钙（g）	15～20	15～20	15～20	15～20	20～25

在管理上，精料每天定时喂饲两次，对个别体质差或特别好斗的公鹿最好实行单圈饲养，以防意外事故发生。运动场及栏舍要经常检查维修，清除场内一切障碍物。为防止公鹿间互相争斗造成伤亡，应实行单公单母或单公群母配种法。对大群非配种公鹿，亦应有专人轮流值班，防止顶架或穿肛。公鹿配种后，不宜立即饮水，以免发生异物性肺炎。

二、成年母鹿的饲养管理

饲养母鹿的目的是通过繁殖手段扩大鹿群，生产优良仔鹿，不断提高鹿群的数量和质量。母鹿每年有 8 个月左右的妊娠期，2～3 个月的泌乳期，2 个月的配种期。因此，可将母鹿的饲养管理划分为配种期、妊娠期和产仔泌乳期三个阶段。各阶段母鹿饲养标准可参见表 17－11。

表 17-11　母鹿精料表

饲料	母梅花鹿			母马鹿		
	配种与妊娠初期（9～10 月）	妊娠期（11～4 月）	产仔哺乳期（5～8 月）	配种与妊娠初期（9～10 月）	妊娠期（11～4 月）	产仔哺乳期（5～8 月）
豆饼、豆科子实（kg）	0.7	0.5～0.4	0.5～0.8	0.8	0.6～0.8	0.8～0.9
禾本科子实（kg）	0.2	0.3	0.3～0.2	0.4	0.4～0.5	0.5
糠麸类（kg）	0.2～0.3	0.45	0.4～0.2	0.6	0.5～0.6	0.6～0.7
糟渣类（kg）		0.5			1.0～1.5	
食盐（g）	18	18～20	18	35	35～40	35
碳酸钙（g）	15	20	15	30	40	30

（一）准备配种期和配种期的饲养管理

准备配种期实际上就是断奶到配种期（8 月下旬至 9 月初）。从 9 月中旬开始到 11 上旬为配种期。准备配种期如果大群母鹿营养不良，体质消瘦，则会出现发情晚或者不发情，延长配种进度的现象，配种期母鹿的饲养水平对母鹿的受胎率有重要的影响。在配种期间，饲养不良甚至会使一些母鹿不孕。营养供给充足、体质较好的母鹿群，发情早，卵子成熟快，性欲旺盛，能提前和集中发情或交配，进而加快配种进度，受胎率也会大大提高，对来年的集中产仔也有一定的好处。

1. 饲养　日粮应注意配合好，提高饲料的营养价值。日粮应以容积较大的粗料和多汁饲料为主，精料为辅。精料中有豆饼、玉米、高粱等。不论舍饲还是放牧的母鹿日粮中都要给予一定量的根茎和瓜类多汁饲料，母梅花鹿 1kg 左右，母马鹿 3kg 左右，以增加矿物质和维生素的供给量。配种前期舍饲母鹿日喂 3 次精料和粗料，夜间补饲枝叶或其他青刈饲料。到 10 月青刈饲料枯黄，开始晚饲青贮饲料，母梅花鹿每天 1kg 左右，母马鹿每天 3kg 左右。放牧鹿每日晚饲与夜补精料，由 10 月起改为夜补粗料。

初配母鹿和未参加配种的后备母鹿，正处于生长发育阶段，为了不影响初配母鹿的生长发育和促进出生晚发育慢的后备母鹿的生长，在饲养中应选择多种新鲜饲料，进行精心的加工调制，用以提高饲料的适口性，增加采食量，促进其迅速生长。

2. 母鹿配种期的管理　仔鹿尽量早一些断乳分群，使母鹿进入恢复期，早日准备参加配种。配种期的母鹿群应分为育种核心群、一般繁殖群、初配母鹿群和后备母鹿群，根据各自的生理特点，分别进行饲养管理。对于年龄较大、繁殖力低或者完全丧失繁殖能力的病弱母鹿，也应单独组群进行饲养和配种，并根据上一年产仔情况决定留舍。配种母鹿群要设专门人员昼夜值班看管，随时记录交配个体的号码，这样不但能及时掌握配种进度，也为来年估计预产期提供依据，并且为育种工作打下良好的基础。注意观察发情配种情况和公鹿的配种能力，制止恶癖公鹿顶撞母鹿，随时调换配种能力下降的公鹿。配种工作结束后，所有参加配种的母鹿应根据配种日期的先后适当调整鹿群，体弱的母鹿应单独组成小群加强饲养管理。

（二）妊娠期的饲养管理

妊娠期是胎儿在母体内的生长发育阶段。随着胎儿的生长发育，母体的代谢机能不断加强，除了胎儿增重外，母体本身的同化作用也加强。最初几个月胎儿绝对增重速度慢，但母鹿食欲开始增加，体内开始积蓄营养；到了妊娠中期，食欲旺盛，食量明显增多，母鹿变得很肥胖，被毛光滑润泽，体重明显增加；到了妊娠后期胎儿迅速生长发育，胎儿的80%的重量都是在最后这3个月内长成。随着母鹿妊娠期的推进，除了胎儿增重外，母鹿本身也增加了营养物质的沉积量。母鹿妊娠后期将增重10～15kg，初次妊娠母鹿可增重15～20kg。

1. 饲养 为了使胎儿能正常发育，母鹿妊娠期应有较高的营养水平，特别是保证蛋白质和矿物质的供给。在制定日粮时，需考虑到饲料的容积和妊娠期的关系，妊娠初期饲料容积可以大一些，到了妊娠后期，由于胎儿体积增大，母鹿腹腔的容积逐渐变小，消化机能减弱，母鹿的日粮应选择体积小、质量好、适口性强的饲料，以防止饲料的容积过大而影响胎儿的生长发育。

在饲料的供给上，精料中豆饼等蛋白质饲料应占30%～50%，玉米、高粱等能量饲料应占50%～70%。每头母鹿每日应补饲20g骨粉。粗饲料主要采用品质良好的落叶、牧草和青干枝叶等，在妊娠初期和后期亦可加饲发酵饲料和青贮饲料。发酵饲料喂量为1.0～1.5kg；青贮饲料喂量为1.5～2.0kg。值得注意的是，饲喂发酵饲料和青贮饲料时酸度不宜过高。妊娠母鹿饲喂酒糟时，量不宜过大，梅花鹿每天不得超过0.5kg，马鹿为1.0～1.5kg。实践证明，饲喂过量的酒糟会影响胎儿的生长发育，严重会导致流产。

母鹿妊娠期饲喂精料和多汁粗饲料每天以2～3次为宜，饲喂的时间间隔应当均匀和固定。白天饲喂2次，夜间补饲1次粗料，饲喂的精料不仅要粉碎，还需要浸泡。饲喂时，精料要投放均匀，避免采食时母鹿间的拥挤。

2. 妊娠期母鹿的管理 每圈鹿只不宜过多，使每只母鹿都有均等的采食环境，同时避免妊娠后期因拥挤、碰撞发生流产。鹿群要经常保持安静，避免各种骚扰。人员进入圈舍也需事先给予信号，防止受惊炸群。鹿舍内要经常保持清洁干燥、采光良好、垫草应当柔软、干燥、发暖，并要定期更换。北方的养鹿场因冬季天寒地冻，垫草更为重要，垫草厚度可为10～15cm。鹿圈内不能积雪存冰，降雪后立即清除。每天定时驱赶母鹿运动1h左右，增强母鹿的体质与促进新陈代谢。妊娠中期对所有母鹿都进行一次检查，调整鹿群，将体质瘦弱和营养不良的母鹿拨入相应的鹿群中，加强饲喂。妊娠期给予充足的饮水。

（三）产仔泌乳期的饲养管理

产仔泌乳期是母鹿饲养的一个重要阶段。仔鹿生长发育的好坏，繁殖成活率的高低与这个时期的饲养管理有着很大的关系。

仔鹿的哺乳期从5月上旬一直延伸到8月下旬，早产仔鹿可以哺乳100～110d。大多数仔鹿哺乳80d左右。哺乳期内仔鹿生长发育的营养来源主要靠母乳供给，特别是出生后1个月内很少采食其他饲料。梅花鹿出生后1个月内增重6kg，平均日增重0.2kg。仔鹿出生后3个月内增重21.5kg，平均日增重0.5kg。一般梅花鹿一昼夜泌乳700mL，泌乳量高的可达1 000mL。

1. 饲养 根据产仔泌乳期母鹿的生理特点，在拟定日粮时，应尽量使饲料品种多样化，做到日粮营养物质全价，比例适宜；适口性强，增进母鹿的食欲。

泌乳期母鹿的精饲料，蛋白质性饲料应占65%～75%，精料类型多以豆饼为主。有些鹿场在母鹿泌乳初期饲喂麸皮粥、小米粥或将粉碎的精料用稀豆浆拌成粥状混合料喂给，促进泌乳。舍饲母鹿在5～6月缺少青绿饲料，应以青贮为主，喂量为1.5～1.8kg。舍饲的泌乳母鹿每天喂2～3次精料，3次粗料。放牧的母鹿可在午间、晚上补饲精料，夜间补饲1次粗料。

夏季阴雨天气，饲料易发霉腐烂，青刈饲料应现割现喂，堆积时间不宜过长。青草切成3～5cm 的小段投放在饲料槽中，青绿枝叶应放在饲料台架上饲喂。夏季天热，泌乳期母鹿需水量大，要重视水的供给，使母鹿随时喝到清洁的饮水。食盐的供给也是母鹿泌乳期不可忽视的，因为母鹿的舔肛、咬尾恶癖与食盐缺乏有一定关系。

2. 管理 设备条件好的鹿场，最好用小圈产仔，就是根据母鹿临产前的分娩预兆，将临产的母鹿拨到产仔小圈，产后 3d 内特殊护理母鹿和仔鹿，3d 后拨到产期相近的母仔群体里。如果没有小圈设备，最好用串圈产仔，根据查阅配种记录和将要分娩时间段，把母鹿分配到不同的圈舍。产后仔鹿的日龄相差不多，会使仔鹿发育整齐。泌乳鹿群不宜过大，20～30 只母鹿为宜。放牧的母鹿群可以扩大，回来再分圈饲养。哺乳初期每天上、下午分别放牧 2～2.5h，到哺乳后期每次放牧 3～3.5h。

圈舍要全面检修，搭好仔鹿护栏，垫好仔鹿小圈，准备好产仔记录、助产工具、仔鹿饲槽等必需用品。

保持产仔圈舍的安静。加强对母鹿的看护，建立昼夜值班制。发现母鹿难产，要及时助产；制止恶癖母鹿扒咬仔鹿，必要时将有恶癖的母鹿单独圈到小圈中饲养。

夏季母鹿舍注意保持清洁卫生，预防有害微生物污染母鹿的乳房和乳汁，引起乳房炎或使仔鹿发生疾病。哺乳期拨鹿时，对胆怯、惊惶容易炸群的鹿不要强制驱赶，应以温顺的骨干鹿来引导。对舍饲的仔鹿要结合清扫圈舍和饲喂时进行调教和驯化。放牧过母鹿分娩后 20d 即可离仔放牧。

在管理技术上，对配种母鹿应施行分群管理，一般先将仔鹿断乳隔离，然后再参加配种。但由于部分母鹿产仔较迟，因此，有的鹿场采取母鹿带仔参加配种的方法，受胎率亦较高。

三、仔鹿的饲养管理

断乳前鹿称为仔鹿，仔鹿出生后 15～20min 就可以站立，俗称拜四方，并开始寻找乳吃，有的仔鹿出生后 1h 内就能吃到初乳。

1. 精心护理 初生期仔鹿在各方面生理机能和抗御能力上还不健全，急需人为的辅助管理。仔鹿出生时如果母鹿未能及时舔干仔鹿身上的羊水，造成仔鹿体热散失较快，可引起衰弱和疾病，此时也必须人为用草或布块将其擦干。另外，在早春时节出生的仔鹿，要特别注意圈内的保温防潮，在产圈里垫些软干草等。平时要特别注意仔鹿的卫生管理，周围的器具、垫草等最好要消毒处理。初生仔鹿喂过 3～4 次初乳以后，需要检查脐带，如未能自然断开，可实行人工断脐带，并进行严格消毒，随之可进行打耳号和产仔登记等工作。

2. 哺喂初乳和喂足常乳 仔鹿初生后，已与母体失去任何联系，这就失去了母体的营养和保护性作用。最好在出生后 1.5～2h 内就能让仔鹿吃到初乳。有的仔鹿由于某种原因不能及时吃到初乳时，应注意人工哺喂初乳。如果仔鹿有吃不到初乳的，在有条件的地方，也可以哺喂家畜的初乳。仔鹿时期主要以母乳提供营养，因此要保证母鹿有充足的乳汁满足仔鹿的营养需要。如母乳不足可进行代养或人工哺乳。

3. 仔鹿的代养和人工哺乳

(1) 仔鹿的代养。代养母鹿必须是性情温顺、母性强、泌乳量高的产仔母鹿。

代养的具体方法如下：将欲代养的仔鹿送入代养母鹿的小圈内，如母鹿不扒不咬，而且前去嗅舔，即可以认为能接受，同时，要注意观察代养仔鹿能否吃到乳汁。在哺过2～3次乳以后，就可以认定代养成功。选择分娩后1～2d内的母鹿代养成功率较高。代养初期，软弱的仔鹿自己哺乳有困难的可以人为辅助。为了保证代养仔鹿的哺乳量，可以适当控制代养母鹿自产仔的哺乳次数和时间，并加强对代养母鹿的饲养，饲喂足够优质的催乳饲料，以便分泌更多的乳汁。在代养过程中，还应注意观察母鹿能否满足两头仔鹿的哺乳需要，如果仔鹿哺乳次数过频，哺乳时边顶撞边发出叫声，哺乳后腹围变化不大者，说明母鹿乳量可能不足。出现这种情况时，最好另找代养母鹿，以防止两头仔鹿都受到影响或导致仔鹿死亡。代养仔鹿要适当延长单圈饲养时间，最好不少于7～10d。

(2) 仔鹿的人工哺乳。一般仔鹿不进行人工哺乳，会对仔鹿的生长发育会造成一定的影响。但在恶癖母鹿母性不强，拒绝仔鹿的哺乳；母鹿乳汁不足或者不能泌乳；仔鹿生后体弱不能站立；母鹿分娩后死亡；找不到代养母鹿；为了进行必要的人工调教驯养；从野外捕捉的初生仔鹿等这些情况下可以采用人工哺乳。

人工哺乳主要是利用牛乳、山羊乳等直接哺喂仔鹿。目前仔鹿人工哺乳有短期人工哺乳和长期哺乳两种方式。短期人工哺乳的目的是为了使仔鹿达到能自行吸吮母乳的程度；长期人工哺乳则是在仔鹿无法获得鹿乳时进行全哺乳期的人工哺乳。有些仔鹿经过1～2d的人工哺乳已成习惯后，不再寻找母鹿的乳头，且能与人接近。对这样的仔鹿可以继续进行人工哺乳，以便进行人工调教驯养和培育骨干鹿。

仔鹿人工哺乳的具体方法：先将经过消毒的乳汁（初乳或常乳）装入清洁的奶瓶，安上奶嘴冷却到36～38℃，用手把仔鹿头部抬起固定好，将奶嘴插入仔鹿的口腔中，压迫奶瓶使乳汁慢慢流入，不可过急，以免呛着仔鹿。哺喂数次以后仔鹿就能自己吸吮。大群人工哺乳时使用哺乳器，能节省劳动力。在人工哺乳的同时，要用温湿布擦拭仔鹿的肛门周围或拨动鹿尾，促进排粪。

人工哺乳的时间、次数和哺乳量应根据仔鹿的日龄、初生重和发育情况来决定。用牛乳哺喂仔鹿可参见表17-12。

表17-12 仔鹿人工哺乳喂量

日喂量	1～5日龄	6～10日龄	11～20日龄	21～30日龄	31～40日龄	41～60日龄	61～75日龄
	6次	6次	5次	5次	4次	3次	3次
仔鹿重5.5kg以上（mL）	480～960	960～1 080	1 200	1 200	980	720～600	600～450
仔鹿重5.5kg以下（mL）	420～900	840～900	1 080	1 080	870	600～450	520～300

仔鹿人工哺乳必须注意以下事项：

人工哺乳的卫生要求比较严格，必须坚持做好乳汁、乳具的消毒，防止乳中出现细菌和发生酸败。哺乳用具必须经常保持清洁，用后要洗刷干净。乳的温度对仔鹿消化吸收有一定影响，人工哺乳时必须定时、定量、定温。乳温应保持在36～38℃，乳汁温度过低会造成腹泻。为了预防人工哺乳的仔鹿患肠炎，应定期在乳中加入抗菌素类药剂。人工哺乳时要尽量引导仔鹿自动吸吮，不应开口灌喂。哺乳时也不能惊吓，防止乳汁落入瘤胃，造成消化不良。必要时，采取人工协助排粪措施。仔鹿人工哺乳最好在哺乳室内或者单圈里进行。平时要经常注意观察人工哺乳仔鹿的食欲、采食量、粪便和健康状况。对 30 日龄以内的仔鹿应适当补给一些鱼肝油和维生素，以促进生长发育。应适当提早训练好仔鹿采食精、粗饲料，以便适时断乳。对仔鹿要进行正规调教、培育理想骨干鹿，切不可与之顶撞相戏防止养成恶癖。

4. 哺乳仔鹿的补饲　仔鹿在出生 15～20d 以后，经常跟随母鹿采食少量的粗料和精料，并出现反刍现象。这时就可以在保护栏内设补饲槽，定时投放营养丰富的混合精料。其比例一般为：豆饼 60%，高粱面 30%，细小麦麸 10%，同时加入少量的食盐和碳酸钙。混合精料用温水调和搅拌均匀呈粥状，初期补饲每日 1 次，量不宜过大，下次补饲前先清理补饲槽内的剩料，保证每次补饲精料的新鲜。到 30 日龄时每头仔鹿补饲精料可达 180g 左右，随着仔鹿的增重，其补饲量也随之递增，增加到每头 300～400g，仔马鹿的补饲量可比梅花鹿多 1 倍以上（表 17 - 13）。

表 17 - 13　哺乳仔鹿日补料量

日喂量	20～30 日龄	30～50 日龄	50～70 日龄	70～90 日龄
	1 次	1 次	2 次	2 次
梅花鹿（g）	50～100	150～200	250～300	300～400
马鹿（g）	100～200	300～400	500～600	600～800

5. 哺乳仔鹿的常规管理　仔鹿随同母鹿进入大群后，需要有一个固定的栖息地点和哺乳场地，可在母鹿舍内设置仔鹿保护栏，用以保证仔鹿正常补饲和安全，减少外界不利因素的影响。栏内要经常保持清洁干燥，随时更换垫草。保护栏各立柱的间距在 1.5～1.8cm 为宜，不要过窄或过宽，否则就起不到保护仔鹿的作用。

饲养人员每日定时将仔鹿从保护栏内哄赶出来加强运动和哺乳，同时要观察其精神、食欲、排便和运动等情况是否正常，如发现异常现象应及时采取相应的措施。

在哺乳仔鹿的喂养中，饲养人员要精心护理仔鹿，随时采取调教驯化手段。仔鹿此时的可塑性很大，应抓住大好时机加强调教，以便日后各种饲养技术的实施。

四、幼鹿的饲养管理

幼鹿指 8 月中旬离乳到当年底的小鹿。我国北方饲养的仔鹿一般在 8 月中下旬在配种期来临之前，一次性将当年所产的仔鹿全部断奶，这样可以使母鹿提早进入集中发情阶段，为下一个生产周期做好准备。

仔鹿断乳后，转入幼鹿圈舍内。这样，仔鹿会同时经受断乳和转到新环境两种变化因素的影响，对此必须采取相应的饲养管理技术措施。

离乳初期幼鹿的消化道发育没有完全，消化机能还不够完善，如食入过量的饲料，会增加仔鹿消化道的负担，不但不能完全消化吸收所食入的饲料，甚至会出现消化道疾病。断乳可采取逐渐增加补料量和减少母乳的哺喂次数，一次分群断乳的方法。此时期仔鹿的消化代谢特点是食量小、消化快、采食次数多。离乳初期日喂 4～5 次，夜间可补饲 1 次粗料，以后逐步达到成年鹿的饲喂数量、次数和营养水平。离乳期幼鹿的精料量可参见表 17 - 14。

表 17-14 离乳仔鹿精料表

饲 料	梅花鹿					马 鹿				
	8月	9月	10月	11月	12月	8月	9月	10月	11月	12月
豆饼、豆科子实（kg）	0.15	0.25	0.35	0.35	0.4	0.3	0.4	0.5	0.5	0.6
禾本科子实（kg）	0.1	0.1	0.1	0.2	0.2	0.2	0.2	0.2	0.3	0.4
糠麸类（kg）	0.1	0.1	0.1	0.1	0.1	0.1	0.1	0.1	0.1	0.1
食盐（g）	5	8	10	10	10	10	10	10	10	10
碳酸钙（g）	5	8	10	10	10	10	10	15	15	15

五、育成鹿的饲养管理

幼鹿转年后第2年就是育成鹿。此时的鹿已经完全具备独立采食和适应各种环境的能力。在此期间的饲养管理无特殊要求，但也不能放松鹿的培育。仔鹿虽然度过了初生、离乳两大关，但此时期仍处于生长发育阶段，它是从幼鹿转向成年鹿的一个过渡阶段。育成期饲养的好坏，决定着以后的生产性能。根据幼龄鹿可塑性大、生长速度快的特点，可进行有计划的定向培育，争取培育出体质健壮、生产力高、耐粗饲的理想型茸鹿。

1. 育成鹿的饲养 配制育成鹿精、粗饲料比例适当，精料过多，会影响消化器官特别是瘤胃的发育，进而降低鹿对粗饲料的适应性；精料过少又不能满足育成鹿的健康和生产性能。有条件的鹿场，5～10月可以进行放牧饲养，也能达到增强体质、增加采食量的目的。舍饲育成鹿的基础粗饲料是树叶、青草，以优质树叶为最好。

母鹿到18月龄就可初配，此时如能采食到足够的优质粗饲料，基本能满足营养需要，但如果粗饲料品质差，应适当补充精料，以满足生殖器官的生长发育需要；饲养后备育成公鹿，必须限制容积大的多汁饲料和秸秆等粗饲料的喂量。8月龄以上的育成公鹿，青贮饲料的喂量以2～3kg为限。吉林省一些鹿场饲喂育成鹿的精料见表17-15、表17-16。

表 17-15 育成梅花鹿精料表

饲 料	育成公鹿				育成母鹿			
	1季度	2季度	3季度	4季度	1季度	2季度	3季度	4季度
豆饼、豆科子实（kg）	0.4	0.4～0.6	0.7	0.7	0.3	0.4	0.45～0.5	0.5～0.45
禾本科子实（kg）	0.2～0.3	0.2～0.3	0.2	0.3～0.4	0.2	0.2	0.2	0.2
糠麸类（kg）	0.3	0.3	0.3	0.3	0.3	0.3	0.3	0.3
酒糟类（kg）	0.3～0.4	0.4～0	—	0～0.5	0.3～0.4	0.4～0	—	0～0.5
食盐（g）	10	15	15	20	10	15	15	20
碳酸钙（g）	10	15	15	15	10	15	15	15

表 17－16　育成马鹿精料表

饲　料	育成公鹿				育成母鹿			
	1 季度	2 季度	3 季度	4 季度	1 季度	2 季度	3 季度	4 季度
豆饼、豆科子实（kg）	0.7～0.8	0.8～0.9	0.9～1.0	1.0～0.7	0.7～0.8	0.8	0.8	0.8～0.7
禾本科子实（kg）	0.3～0.4	0.4～0.5	0.5	0.5～0.3	0.3	0.3～0.4	0.4	0.4
糠麸类（kg）	0.6	0.6	0.6	0.6	0.5	0.5～0.6	0.6	0.6
酒糟类（kg）	0.5	0.5～0	—	0～1.0	0.5	0.5～0	—	0～1.0
食盐（g）	15	20	20	25	15	20	20	25
碳酸钙（g）	15	15	20	25	15	15	20	25

2. 育成鹿的管理

(1) 根据性别和体况分成小群。公、母仔鹿合群饲养时间以 3～4 月龄为限，以后由于公、母鹿发育速度、生理变化、营养需要、生产目的和饲养管理条件等不同，必须分开饲养。育成鹿的性成熟有早有晚，按性别分群可以防止早熟鹿混交滥配而影响发育。育成公鹿在配种期也有互相爬跨现象，体力消耗大，有时还会穿肛甚至死亡。气候骤变、雨后初晴时表现更为强烈，因此应注意看管。

(2) 育成母鹿初配期确定。根据育成鹿的月龄和发情情况确定，参加配种前必须提高日粮营养水平，保证正常发情排卵，使其在配种前达到合适的繁殖体况。

(3) 防寒保温。处于越冬期的育成鹿，体躯小，抗寒能力较差，应采取必要的防寒措施并提供良好的饲养管理，尤其北方地区，应堵住鹿舍墙壁上的风洞，尽量使鹿群栖息处避开风口和风雪袭击以减少体热的散失，降低死亡率。

(4) 加强运动。育成鹿尚处于生长发育阶段，可塑性大，应加强运动以增强体质。圈养舍饲鹿群每天必须保证哄赶运动 2～3h，夜间最好也哄赶 1 次。

(5) 搞好鹿舍内卫生。育成鹿舍内应保持清洁干燥，及时清除粪便，冬季要有足够垫草，鹿舍和料槽、水槽要定期消毒，防止疾病发生。

发育较好的育成鹿，于 3 月份即可长出锥角。当锥角茸长到 3～5cm 时，应锯一次茸，这样不但在秋季可以再锯一次锥角再生茸，还可以使角基部增粗，有利于次年鹿茸增产。

【拓展知识】

鹿　场　建　设

(一) 场址选择

鹿场的地理位置要求避风、向阳，排水良好，交通便利，通常以离公路 1km 左右和离铁路 5～10km 为好。场地土壤要求干净无污染，地形要求比较平坦，稍有坡度（5%），并倾向于棚舍外，利于排水。

饲料资源充足，不仅要考虑不同季节饲料的供给能力，而且也要考虑为长远发展饲料的提供能力。通常，每头鹿每年平均需要精料 500kg 左右；粗料地每头至少保证 0.1～0.2hm²。

水资源要求充足，水质要洁净良好。一般情况下，鹿场采用的水多为地下水。根据经验，圈养条件下每头鹿每天需水量为 10kg 左右。

鹿场要远离工矿区和居民区内，更不能建在疫区内。

（二）鹿场区划分与布局

1. 鹿场区划分 为了保证鹿场生产管理的高效和合理，在建设鹿场前，要依据鹿场经营的目的和发展规划，利用选好地区的地质条件和卫生要求，对鹿场进行区划。鹿场在区域划分上，要保证鹿场的整体安全，防止偷盗和鹿只逃逸；同时，要避免疫病的传入和内部交叉传播。各区域的划分必须保证鹿场各功能的高效和顺利实现，并且各区规划间联系紧凑、便捷和整齐。要求因地制宜的利用本地的资源和地理优势，进行鹿场的区划，做到节约能源。鹿场的区域划分必须考虑环保，避免给环境带来污染，尤其是鹿场的粪便和废水的处理，需要特别的考虑。同时在区域划分上必须做到长远发展和当前需求量不耽误。

依据上述的原则和鹿场管理的需要，一般将鹿场划分为生产区、辅助生产区、经营管理区和生活区。生产区的建筑包括：鹿舍、饲料加工室、鹿产品加工室、精料库、粗料库、青贮窖等。经营管理区中包括办公室、职工物资库和兽医室等，生活区包括职工宿舍、休息室以及食堂等。在实际生产中，不同鹿场可依据自己的需要对鹿场进行不同的划分。

2. 鹿场布局 通常鹿场布局最好由西到东依次排列生活区、管理区、辅助生产区和生产区，其中管理区要在生产区的上风向。管理区与生产区要保证200m左右的距离。整个鹿场以封闭形式为主，与外界隔离。鹿场布局要以生产区为中心，其他各区要围绕它进行布局，并且生产区不能离外部通道太近，最好管理区与外界直接相通。生产区中的鹿舍要保证坐北朝南，以获得充足的阳光和避开寒风的侵袭。饲料库和调料室要安排近一些，便于生产。另外，在布局上必须考虑电力、水利和其他设施的合理配置布局。

（三）鹿场建筑

1. 鹿舍

（1）鹿舍的规格。鹿舍主要由棚舍与运动场组成，它们的建筑面积，通常是随着鹿的种类、性别和饲养方式而有所不同。通常马鹿需要较大的空间，梅花鹿则较小。幼鹿需要的空间较成年小。在实际生产上，人们通常建设相同规格的鹿舍，容纳不同数量的不同鹿群。目前，鹿舍多建成：梅花鹿鹿舍宽10.5m，棚舍宽6m，运动场长30m。这样的鹿舍可容纳公梅花鹿25～30头，母梅花鹿20～25头，育成梅花鹿35～40头。马鹿鹿舍宽17.5 m，棚舍宽6m，运动场长30m，可养公鹿25头，母鹿20头，育成鹿35头。

（2）建筑要求。房檐距地面2.1～2.2m，利于通风和遮阳。鹿舍的墙壁采用砖石为主，经济适用且坚固耐用。墙壁地基一般深1.5～1.6m，宽0.6m，墙厚度为37～40cm，后墙留窗便于通风。棚舍大多没有前墙，由墙柱支撑。鹿舍的地面包括寝床和运动场，坚实、平坦、不滑和耐用，从后墙到前檐要有缓坡，并且最低处要比运动场略高3～5cm，以利于排水。同时，在鹿舍外走廊等处设有排水沟，将整个鹿场的水通过此处排到统一的地点。一般都排到蓄粪池。

在鹿场内，为了保护产出的仔鹿，多在鹿舍角处内设有一个面积为10m^{2}的小圈，小圈高2.0～2.1m，大多在棚内一角。该圈可设有棚盖，并分别开有一个小门和大门，由仔鹿通行和饲养员进入。圈舍的前墙设有一门，宽1.5～1.7m，高1.8～2.0m。圈棚之间最好不要设门。通道：鹿舍之间设有通道5～6m宽，并设有3m宽的铁门。

在所有鹿舍的外围设有围墙，墙高度为2.0～2.1m，可由砖石砌成。

料槽：它可以是石槽、水泥槽或木槽，通常以水泥槽最为适用。料槽长为5～8m，上口宽 70～75cm，底宽 50～55cm，深 24cm。槽底距地面高为 30～35cm，可饲喂 15～20 头鹿。料槽通常纵向安放在鹿场的中间偏向侧墙的位置上。

水槽：水槽通常是用大锅，安放在砖混结构的灶台上。灶台建在圈内前墙的边上。在水槽的上方设有水管能够注水。

2. 鹿场其他设施　包括饲料加工调制室、精料库、粗料棚、青贮窖、蓄粪池。

饲料加工调制室：包括饲料加工粉碎室和饲料调制室两部分。饲料加工粉碎室应设在精料室和调制室之间。要求配有饲料的粉碎设备，如粉碎机。饲料调制室要求保温良好，内部地面为水泥地面，保持清洁卫生。同时，内部要配备有料箱、泡料槽、锅炉、水槽等。

精料库：是储存豆饼和玉米等精料的房间，内部要求干燥、通风并防鼠。它的容量要保证全鹿场使用 2～4 个月为宜。

粗料棚：主要用于存放树叶等粗饲料。该棚要建在干燥、通风的地方。为防雨淋，棚上要设有棚。粗料棚通常依据鹿场鹿的数量而建。一般长为 30m、宽 8m、高 3m 的粗料棚可存树叶 50t 左右。同时，粗料棚内要安放粉碎机用于粗料的粉碎。

青贮窖：可建成圆形、方形和长形等混凝土结构。青贮窖要求内壁光滑，不透水，并且窖口高于地面。一个鹿场可以建多个，以保证全场的需要。一般青贮窖 $1m^2$ 可贮 600kg 的饲料。

蓄粪池：大小依据鹿场的规模而规划。

鹿场要完成正常的生产工作，还需要一系列机械设备：水泵、真空泵、鼓风机、鹿茸切片机、烘箱等。

项目 17-3　鹿茸加工及产品质量鉴定

【知识准备】

鹿茸生长发育的规律

鹿茸是公鹿额顶生长的嫩角。末端钝圆，外面被有绒状的茸毛，内部是结缔组织和软骨组织，其间遍布血管，茸皮脱去后骨化而形成实心的骨质角，俗称鹿角。

1. 草桩（角柄）的发生　草桩是茸用鹿额骨上终生不脱落的骨质突，是茸角赖以形成和再生的基础，鹿在茸角生发之前，先生发草桩。青年鹿草桩长 6～8cm，随着年龄增长，茸角每年的脱落而逐年缩短，年龄越大草桩越短。

2. 初角茸的发生与锥形角的形成　初生仔鹿的额顶两侧有色泽较深、皮肤稍有皱褶及旋毛的角痕，雄性的更为明显。随个体发育到一定年龄（梅花鹿为 8～10 个月龄），公鹿在该处渐渐长出呈笔杆状的嫩角，上有细密的绒毛，称为初生茸。该茸角生长到一定时间（约至秋后），茸角表皮经摩擦而剥落，露出一锥形硬角。直到次年，角的基部（俗称草桩）由于血液循环及组织学上的变化，硬角自然脱落（俗称脱盘），新茸又重新开始长出来，然后又重复上述的生长过程。

3. 成年鹿茸角的生长发育　梅花鹿每年 4 月、马鹿 3 月以后开始脱角，伤口愈合需 7～10d。脱角后、伤口愈合前尚有凝固的血迹，此时称老虎眼；伤口愈合，中部处于凹陷的碗状称灯碗子。

梅花鹿脱角后15d生长出两个突起，鹿茸生长高度1.5～2cm时称磨脐，继续生长至3～4cm称茄包。梅花鹿20d分生第一分枝，初期称小鞍，当主干生长高于眉枝时称鞍，再继续生长一定高度称小二杠。梅花鹿30～50d，平均45d，开始分生第二分枝，此时至第三分枝分生前称三杈茸。梅花鹿51～75d，平均70d开始分生第三分枝，分生后的鹿茸骨化程度很高，茸皮脱落后便成为鹿角，梅花鹿茸角最多可生长4～5杈，有“花不过五”之说。

马鹿15d（13～17d）分生第一分枝，分支较早，称为坐地分枝；25d（23～30d）分生第二分枝，此时的鹿茸称马莲花茸；51～75d，平均55d开始分生第三分枝，此时至第四分枝分生之前称为马三杈茸；75～85d，平均80d，开始分生第四分枝，此时至第五分枝分生之前称马四杈茸；85～90d分生第五分枝，分生后鹿茸骨化程度很高，因此马鹿五杈茸也已失去了固有的药用价值，茸皮脱落后便成为鹿角。

正常情况下，成年鹿每年脱角生茸一次，每增长一岁，可增加一个分支。梅花鹿、马鹿春季脱角生茸，春、夏是鹿茸快速生长期，秋季8月左右开始骨化成角，以后进入硬角期。骨化的角称为毛杠，脱皮后称清枝。

茸用鹿在同一地区脱角生茸时间，3～8岁之间随年龄增加逐年提前，鹿茸生长期逐年延长，产茸量随之增加。优良个体产茸高峰可维持至10岁以后。

【岗位技能】

（一）鹿茸的采收

合理地掌握鹿茸的收获时期，对提高鹿茸产量和质量都有重要意义。

1. 采收鹿茸的种类

初生茸：1岁公鹿所长出的茸角（即鹿的第一对茸角）为初生茸。

二杠茸：对3～4岁（出生后第3～4年）的公梅花鹿或茸干较小的茸角，宜收二杠茸（即二杈茸）。

三杈茸：5岁以上的公梅花鹿，茸干粗大、丰满，宜收三杈茸。

马鹿一般分为三杈茸、四杈茸两种进行采收。

2. 收茸时期 根据鹿的种类确定拟收茸的类型后，应每天观察茸角的生长情况，并确定采收日期。初生茸长成杆状，15～20cm时就可以采收，一般为6月中旬前后，8月中下旬再分期分批收初角茸的再生茸。二杠茸以第二侧枝刚要长出，茸角顶部膨大裂开时采收为宜，一般在脱盘后的44～50d进行；三杈茸以第三侧枝将开始长出，茸角顶部刚裂开时采收为宜，一般在脱盘后的70～75d进行。成年梅花鹿和马鹿鹿茸一般在7月上旬前采收，到8月20日前后，大部分都能长出不同高度的再生茸，在配种前及时采收。

3. 收茸方法

（1）保定。鹿的保定方法有机械法和化学法两种。

化学保定法在动物园和大部分鹿场使用。目前所有药物有氯化琥珀酰胆碱、静松灵（2，4-二甲基苯胺噻唑）、眠乃宁等注射药品，其中眠乃宁注射液最为确实、易于使用，并有解药苏醒灵。用法：使用国产I7212型手枪式麻醉枪或吹针，选用眠乃宁注射液，对梅花鹿有效剂量为每100kg体重1.5～2.0mL，马鹿每100kg体重1.5～2.0mL，年轻体壮者可适当多加，年老体弱者可适当减量，如给药15min达不到理想效果，可追加首次用量的1/2至全量。本药配有特效拮抗药苏醒灵3号和苏醒灵4号注射液，前者按眠乃宁的倍量使用，后者按等量注射。

(2) 锯茸。因钢锯片易折断，故近年来有的鹿场改用竹锯，效果较好。操作前锯片消毒，锯茸时锯口应在角盘上约 2cm 处，拉锯时用力要均匀，以防掰裂茸皮，使鹿茸的等级降低。为防止出血过多，锯前应在茸角基部扎上止血带。锯茸结束后，立即在创面上撒布止血粉，经过一定时间后，将止血带解除。

(二) 鹿茸加工

鹿茸的加工是养鹿生产最后环节，其目的是要保持鹿茸的外形完整和易于贮存。目前主要有两种加工方法：排血加工和带血加工。梅花鹿茸多排血加工，马鹿茸多带血加工，近年来，梅花鹿茸也试行带血加工。排血鹿茸皮色鲜红，带血鹿茸皮色暗红，一般认为带血茸的有效成分高于排血茸。

鹿茸加工的基本原理：利用热胀冷缩的物理现象来排出鹿茸组织与血管中的血液或水分，加速干燥过程，防止腐败变质，便于长期保存。

1. 排血茸加工

(1) 登记。将采收的鲜茸进行编号、称重、测尺、拴标、登记。

(2) 排血。指鹿茸在水煮前机械性地排除鹿茸内血液的过程。方法是：用真空泵连接胶管、胶碗，将胶碗扣在锯口上把茸内血液吸出。也可用打气筒连接 14～16 号针头，将针头插入鹿茸尖部，通过空气压缩作用，使茸血从锯口排出。

(3) 洗刷去污。用 40℃左右的温水或碱水浸泡鹿茸（锯口勿进入），并洗掉茸皮上的污物。在洗刷同时，用手指沿血管由上向下挤压，排出部分血液。

(4) 煮炸、烘烤与风干。第 1 次煮炸（即第 1 天煮炸）时，先将茸放在沸水中煮 15～20s（锯口应露出水面），然后取出检查，茸皮有损伤时，可在损伤处涂蛋清面（鸡蛋清与面粉调成糊状）加以保护。以后反复多次进行水煮。根据鹿茸的大小、老嫩和茸皮抗水能力不同决定下水的次数和时间。二杠锯茸第 1 次煮炸的下水次数为 8～10 次，每次下水 25～50s（水煮时间以 50g 鲜茸煮 2s 为参考依据），每次冷凉时间 50～100s（冷凉时间为水煮时间的 2 倍）；三杈锯茸 1 次煮炸的下水次数为 7～10 次，每次下水煮炸时间 30～50s（每 50g 鲜茸煮 1s），间歇冷凉时间 60～100s。煮炸到锯口排粉红色血沫，茸毛矗立，沟棱清晰，嗅之有蛋黄气味时停止煮炸。擦干冷凉后放入 70～75℃烘箱或烘房内烘烤 2～3h，然后取出于通风干燥处平放风干。

第 2 次煮炸（即第 2 天煮炸）加工时，操作程序、操作方法与第 1 次相同，下水次数与煮炸时间较第 1 次减少 10%～15%，煮至茸尖有弹性为止。然后取出擦干、烘烤、风干。

第 3 次煮炸（即第 3 天煮炸）时，入水深度可为全茸的 2/3，下水次数和煮炸时间较第 2 次略减一些，煮炸至茸尖由软变硬，又由硬变软，变为有弹性时为止。然后擦干、烘烤、风干。

第 4 次煮炸（第 4 天煮炸）时，入水深度为全茸的 1/2～1/3，下水次数与煮炸时间较第 3 次略减一些，煮炸至茸尖富有弹性时为止。擦干、烘烤后上挂风干。

(5) 煮头。从第 6 天开始，隔日煮头到全干为止。第 5 次只煮茸尖部 4～6cm 处，时间以煮透为宜。所谓煮透即指把茸尖煮软，再煮硬，有弹性时为止。每次回水煮头后，不用烘烤，上挂风干即可。

(6) 顶头。因二杠茸嫩含水分大，茸头易瘪，顶头加工能起美化作用。方法是：当二杠茸干燥至 80%时，将茸头煮软后，在光滑平整的物体上顶压茸头，使之向前呈半圆形握拳状。三杈梅花鹿茸和马鹿茸不用进行顶头加工。

2. 带血茸加工

（1）锯后鲜茸的处理。

封锯口：收茸后锯口向上立放，勿使血流失，送到加工室后，立即在锯口上撒布一层面粉。面粉被血水浸湿后，再用热烙铁烙锯口，堵住血眼，然后称重、测尺、拴标、登记。

洗刷茸皮：先用温肥皂水或碱水洗刷茸体，彻底洗净茸皮上的油脂污物，再用清水冲洗一遍擦干。在洗刷茸体时，已封闭好的锯口不要沾水。

（2）煮炸与烘烤。从收茸当天到第 4 天，每天都要煮炸 1 次，连续烘烤 2 次。从第 5 天开始连日或隔日回水煮头和烘烤各一次。待鹿茸有八成干时，就不用定期煮头和烘烤了。各次煮炸、烘烤时间、温度等可根据鹿茸种类、枝头大小灵活掌握。

（3）煮头风干。带茸煮头风干的操作过程和管理，基本相同于排血茸加工后期的管理方法。

微波及远红外线辐射加工鹿茸技术，是在我国传统加工鹿茸方法的基础上，应用现代电子的先进技术发展起来的。此法加热快，效率高，干燥均匀，节约能源，烘干质量好。这种新兴的加工方法必将很快在鹿茸加工生产中推广应用。

（三）鹿茸质量鉴定

鹿茸质量鉴定与收茸时期、加工技术密切相关，成品茸质量包括固有质量、加工质量和重量 3 个方面。鹿茸固有质量指枝头大小、茸毛长短、主干圆扁、茸质老嫩等固有品质；加工质量指鲜茸加工成干品茸后的品质特征：如茸的皮色、茸型的完整性、茸头的饱满程度、排血茸的排血情况、带血茸的血液分布等，加工质量取决于加工技术的高低。

1. 鹿茸规格标准　是参照东北梅花鹿和东北马鹿产品标准（国标，1986 年 10 月 3 日发布），结合现在的规格标准而编写的（表 17－17、表 17－18）。随着养鹿业的发展和国内外鹿茸市场的需求形势的变化，鹿茸的质量标准也会不断变化，应从实际出发，灵活掌握。

表 17－17　花二杠茸等级规格标准

茸别	等级	固有质量	加工质量	重（g/支）
花二杠排血茸	一等	有正常典型分枝，锯口有正常带孔骨结构，主干与眉枝结构匀称，锯口无骨化圈，主干茸头不拉钩，无怪角（虎口以下稍有包棱除外）	干品含水量不超过 18%，不臭，无虫蛀，加工不乌皮，主干不存折，眉枝存折不超过一处，不破皮（虎口未封严处及破伤不露茸除外），纵断面上 2/3 为淡白色，以下呈浅红色或淡红色	不小于 82.5
	二等	有典型正常分枝，锯口有正常带孔骨结构，主干与眉枝结构匀称，顶端不拉沟，不怪角（包棱、奶子除外）	含水量不超过 18%，加工不乌皮不臭，无虫蛀，主干无存折，眉枝不折断，顶端不拧嘴，锯口有正常色调。纵断面有 2/3 为类白色，以下呈浅红色或淡红色	不小于 62.5
	三等	锯口有正常带孔骨结构，大挺不怪角，顶端不扭嘴，有独挺茸	含水量不超过 18%，不臭，无虫蛀，主干无存折，顶端不拧嘴，有破皮不露茸	45
	等外	干品含水量不超过 18%，不臭，无虫蛀，不合乎一、二、三等规格者均为等外		
花二杠带血茸	固有质量同排血茸一、二、三、四		皮色稍乌暗，横断面为红色，纵断面顶部为红色，其他与排血茸相同	同各等级排血茸

表 17－18　花三杈茸等级规格标准

茸别	等级	固有质量	加工质量	重（g/支）
花三杈排血茸	一等	有正常典型分枝和匀称结构，质地嫩，嘴头丰满，不拉钩，无怪角，锯口有蜂窝状结构（虎口以下稍有包棱除外）	干品含水量不超过 18%，不臭，无虫蛀，加工不乌皮，主干不存折，眉枝存折不超过一处，不破皮（虎口未封严处及破伤不露茸除外），纵断面上 1/3 为淡白色，以下呈浅红色或淡红色	不小于 250
	二等	有典型正常分枝，嘴头较丰满，大挺嘴头，不怪角，支头粗壮，锯口有蜂窝状结构（包棱、奶子除外）	含水量不超过 18%，加工不乌皮、不臭，无虫蛀，主干无存折，眉枝不折断，顶端不拧嘴，锯口有正常色调。纵断面有 2/3 为类白色，以下呈浅红色或淡红色	不小于 200
	三等	锯口有正常带孔骨结构，大挺不怪角，顶端不扭嘴，有独挺茸	含水量不超过 18%，不臭，无虫蛀，主干无存折，顶端不拧嘴，有破皮不露茸	不小于 150
	等外	干品含水量不超过 18%，不臭，无虫蛀，不合乎一、二、三等规格者均为等外		
花三杈带血茸	固有质量同排血茸一、二、三、四		皮色稍乌暗，横断面为红色，纵断面顶部为红色，其他与排血茸相同	同各等级排血茸

2. 鹿茸质量鉴定

（1）感官鉴定。眼看：就是用眼睛直接观察鹿茸的形状、色泽等，如砍茸左、右枝是否对称，各枝长短、粗细是否协调，茸皮是否完整，色泽是否鲜艳。手摸：是凭触觉鉴定鹿茸，不占主要地位，主要是感觉鹿茸的干燥程度，估测其含水量，掂量其大概重量。耳听：听鹿茸加工后相撞击的声音，如清脆，则说明含水量少，干燥程度高；如声音发闷，说明其干燥程度差。鼻嗅：靠嗅觉鉴定鹿茸是否腐败，如有臭味，说明腐败。

（2）仪器鉴定。目前用来测定鹿茸含水量的仪器是用木材测水仪，但鹿茸和木材两种物质的质量完全不同，测出的数据只能用作参考。

【思与练】

1. 鹿的生活习性有哪些？生产中如何应用这些习性科学饲养管理？
2. 如何对鹿进行发情鉴定？
3. 鹿的配种方式有几种？各有哪些特点？
4. 各个时期鹿的饲养管理要点有哪些？
5. 如何根据鹿茸生长发育规律进行适时收茸？
6. 排血茸加工工艺包括哪些操作过程？如何对排血茸进行质量鉴定？

【技能培训】

梅花鹿的人工授精技术

【目的要求】　掌握梅花鹿人工授精各环节的技术要求。

【材料与用具】 种公鹿、种母鹿、保定器材、开膣器及药品、电刺激采精器、水浴锅、集精杯、试管。

【方法与步骤】

1. 采精 目前采精主要假阴道法和电刺激法两种方法。

假阴道采精法是采用安置假阴道的假台兽，对驯化过的种公鹿进行采集精液。采精时要求假阴道保持一定的温度（39～40℃），涂上凡士林润滑，并使其口倾斜15°～25°。用该方法采精比较安全可靠，采的精液含精子数较多，其他分泌物较少；每次采精能够制造冻精100支左右。

电刺激采精法是采用电刺激器对麻醉下的公鹿进行采精的方法；通常采用的采精器要求电压为0～12V，频率为50Hz，电流为0～1A。采精过程中，将电极棒插入到公鹿直肠25cm，进行有低到高的电压刺激，每次5s，间隔2～3s，直到射精。该方法采得的精子量相对前法较少，并且其他分泌物较多；每次采精能够制造冻精60支左右。

2. 精液品质检查 精液检验主要在射精量、色泽、气味、精子密度、精子活力、精子畸形率、精子死活率和精子顶体异常等方面进行检验。

假阴道采得精液，花鹿为0.6～1mL，马鹿为1～2mL；电刺激采得精液，花鹿为1～2mL，马鹿为2～5mL。鹿精液的色泽为乳白色或乳黄色，无腥味或微腥。

精子密度通常在8亿/mL以上为密，4亿～8亿/mL为中，4亿/mL以下为稀。

精子活力在假阴道采精应为0.8～0.9，电刺激采精应为0.6～0.8。做鲜精输精时，精子活力要保证在0.6以上；冻精的要求为0.3以上。

3. 冷冻精液制备 检验合格的精液在制备冻精前，要进行一定的稀释。稀释的配方见表17-19。

表17-19 冻精稀释液配方

配方种类	药品名	用量
配方一	12%的蔗糖溶液	75mL
	鲜卵黄	20mL
	甘油	5mL
	青霉素、链霉素	各10万U
配方二	乳糖	10g
	双蒸馏水	80mL
	鲜脱脂牛奶	20mL
	鲜卵黄	20mL
	取上清液45mL+葡萄糖3g+甘油5mL+青霉素、链霉素各5万U	
配方三	蒸馏水	100mL
	柠檬酸汁	2.9g
	取上清液75mL+卵黄20mL+甘油5mL（用于安瓿）	

采得的精液按上述配方配的稀释液进行稀释，通常要求稀释倍数为1～5倍，并保证有效精子数不少于1 500万。

稀释后的精液在 2～5℃条件下进行平衡，然后制备成冻精。目前，冻精主要方法是细管冻精。细管冻精是将精液分装在细管中，经过液氮冷冻进行保存，这种方法能保存冻精至少 10 年以上。

4. 母鹿发情鉴定及输精　用试情公鹿试情，确认母鹿发情后 8～10h 内一次输精，或 1～12h 两次输精。先用医疗保定器保定或用眠乃宁麻醉保定母鹿，再用开膛器撑开阴道，将吸入精液的输精枪，输到发情母鹿的子宫体内 2～3m。现多采用直径 4cm，长约 30cm、前端内壁装有光源的聚乙烯管代替开膛器实施输精，效果很好。在输精前，必须对精液进行检查，冷冻精液只有活力在 0.3 以上才可以输精。

在输精过程中要做到输精到位，必须使得输精枪通过有着 3 个左右皱褶的子宫颈。另外，输精过程中消毒是十分重要的。

【实训报告】　按程序写出鹿人工授精的技术要点及注意事项。

学习情景 18 中国林蛙生产技术

【知识准备】

我国现有 4 种林蛙，即中国林蛙、黑龙江林蛙、日本林蛙和昭觉林蛙，其中最常见、养殖最广泛的种类是中国林蛙，这里重点介绍中国林蛙。中国林蛙，属脊索动物门、两栖纲、无尾目、蛙科、蛙属，俗称哈士蟆、红肚田鸡、黄蛤蟆或油蛤蟆。中国林蛙在我国分布较广，但以东北地区为蛤蟆油的正宗产地。林蛙油富含 18 种氨基酸、矿物质和多种维生素，其所含营养物质足以满足人体对各种营养成分的需求，因此具有极高的营养及滋补作用。

(一) 形态特征

雌蛙头部背面呈三角形，扁而宽。雄蛙吻端较尖，向前突出，略长于下颌。林蛙的躯干部皮肤比较光滑，身体背面侧褶呈细线状，起始于头侧后缘。前肢短而细，趾较细，趾端略尖，趾关节下突明显，指间无蹼。后肢发达，其长度为前肢的 3 倍左右，蹠部内侧有一个明显的内蹠突起，趾间蹼呈薄膜状，蹼间有浅凹。雄蛙体长 43～72mm，雌蛙体长 55～81mm，大的可达 90mm。雄蛙后肢比雌蛙发达，雄蛙躯干部与雌蛙相比显得短而匀称，雄蛙的前肢粗壮有力，4 趾中第 1 趾有明显的灰白色突起肉瘤，肉瘤分为 4 块，呈圆形，肉瘤在生殖季节显著膨大。

中国林蛙的体色随着季节的不同有明显的变化。典型体色为体背和体侧为黑褐色，有不规则黑斑。体背上肩胛骨稍后部位的皮肤上有一个类似八字形的黑斑。腹部典型的体色为黄色并夹杂橙红色斑纹。林蛙前肢基部内侧有一长形黑斑，后肢背侧有环形黑斑。雄蛙与雌蛙的体色在背部与四肢基本相似，没有明显差别，但腹部体色却有明显差别。雄蛙为灰白色带褐斑；雌蛙腹面呈黄白色夹杂橙红色斑纹。腹部颜色是中国林蛙性别鉴定的重要依据之一（表 18-1)。

表 18-1 林蛙雌、雄鉴别

区分部位	雄	雌
体　型	稍小	较大
腹部颜色斑	灰白带褐斑	多为带白色夹杂橙红色斑
躯干大小	较小	较大
前　肢	较粗	较细
婚　垫	有	无
内生囊	有	无

(二) 生活习性

中国林蛙是两栖动物，在自然条件下，生活于江河、湖泊、沼泽、池塘、水库等静水水域及其附近的陆地环境，特别喜欢活动在水边植物繁茂的地区。蝌蚪期只在水中活动取食，成蛙则在水陆间活动。白天林蛙常将身体悬浮于水中，或栖息在水旁潮湿阴凉的草丛、洞穴内，遇到惊扰便潜入水中，晚间出来活动捕食。

中国林蛙为杂食性动物，但不同的发育阶段有所差异。蝌蚪的食性变化尤为明显，孵化后 5～20d 的小蝌蚪以植物性食物为主，如甲藻、绿藻、蓝藻、黄藻等浮游植物。此后逐渐转为杂食性，取食多种水生浮游生物。后肢出现后，因蝌蚪的运动量增加，生长发育速度加快，食性也转变为肉食性，取食各种水蚤等浮游甲壳生物，以及水蚯蚓和孑孓等水生虫类。变态为幼蛙后，主要捕食森林内的昆虫，如叶蝉、蜡蝉、蝗虫、蟋蟀、蝼蛄、金龟子、蝇蚊等，有时食物缺乏时也吃一些植物的种子。

中国林蛙在夏季生殖之后经过短暂的生殖休眠，5 月初开始进入夏季森林生活期，完全陆栖生活，生活的主要林型是阔叶林和针阔叶混交林。中国林蛙在山林里活动有一定范围和一定的规律，其活动范围是以其冬眠和繁殖的水域为中心，在其四周相对固定的范围内活动。

蛙的发育要经过变态过程。从卵孵化出蝌蚪到发育成幼蛙，外部形态要发生一系列变化，与此同时内部构造及其生理功能也随之变化。通常情况下，受精卵经 4～7d 的胚胎发育可孵化出蝌蚪。刚孵化的蝌蚪其胚胎发育尚未完成，外鳃长有鳃丝，口裂分化，眼角膜透明。蝌蚪用吸盘吸附在水草上不取食，靠卵黄维持正常代谢，这一阶段需 2～3d 时间。此后吸盘逐渐退化，牙出现并开始取食藻类。之后鳃盖逐渐形成并将鳃丝包围，在鳃盖内形成内鳃。同时外鳃随之退化，内鳃腔形成一个出水孔与外界相通。蝌蚪生长到 20～30d 时，尾的基部会出现后肢芽，并随蝌蚪的生长逐渐长大形成关节结构。在后肢发育的这段时期，是蝌蚪生长最快的时期，因而这一阶段的蝌蚪采食量大，食性较杂。蝌蚪生长约 70d 后，左前肢从出水孔中伸出，接着右前肢穿过鳃盖壁露出体外。至此蝌蚪停止采食，尾内的贮存物成了提供营养的主要来源。随着尾逐渐被吸收萎缩以至消失，口部等结构也发生变化，口裂加深，鼓膜形成，采食方式也由杂食性转变为肉食性。同时鳃开始退化，肺发育形成，呼吸方式也由鳃呼吸转变为肺呼吸，进而转变为两栖生活。

【岗位技能】

一、种蛙的选择

1. 年龄的选择　种蛙应选择 3 龄或 4 龄的林蛙，此阶段的林蛙生命力旺盛，怀卵量大，繁殖力强，适宜作种蛙。一般 2 龄林蛙可达性成熟，排卵量一般为 1 000～1 200 粒，3 龄林蛙可达 1 500～2 000 粒，4 龄林蛙可达 2 000 粒以上。4 龄以上的林蛙不宜做种蛙。

2. 体质的选择　选择个体较大，体质健壮，无损伤，跳跃灵活的林蛙。按林蛙形态选择标准体色，背上有八字斑，黑褐色为佳。作种蛙的 2 龄蛙体重应在 27g 以上，3 龄蛙体重应在 40g 以上，4 龄蛙体重应在 56g 以上。林蛙在繁殖期内不摄食，性腺发育主要依靠体内积累的脂肪供给营养，所以在挑选种蛙时要选择膘肥体壮、活泼好动的蛙。

3. 性别比例　选择种蛙时要注意雌、雄比例的合理搭配。雌、雄比例以 1∶1 为宜。多雌少雄或多雄少雌均会引起相互争斗，影响发情产卵。

二、种蛙的培育

种蛙培育要从秋季开始，从当年孵化出的幼蛙中选取生长速度快、体格大、体质壮的幼蛙，加强饲养使其体内贮存丰富的营养，以确保安全越冬。主要应从以下几方面做起：

1. 创造适宜的环境 在种蛙性腺发育期间，要保证蛙场环境安静，无外来干扰，温、湿度合适。杜绝闲杂人员进入蛙场，减少噪音，避免发出强烈的音响，创造安静的场所。

2. 供给充足的优质饲料 每天应投喂占种蛙体重5%以上、适口性好的动物性饵料，饵料的种类要丰富，以保证种蛙对微量元素与维生素的需求。每天可投喂两次，上午8～9时，下午16～18时。不要喂得过饱，以投喂后种蛙在2h内将饵料吃光为标准。每次投喂前要清除残饵，防止种蛙食入腐败饵料而发生疾病。

3. 加强日常管理 种蛙培育要精心管理，早、晚要巡池检查，如发现问题要及时解决，特别要加强防逃逸、防病害、防偷盗等工作。

三、中国林蛙的发情产卵

林蛙的发情产卵包括出河、抱对、产卵3个既相互联系又互相独立的阶段。在正常情况下，出河之后多数林蛙在5h左右开始抱对，抱对后6h开始产卵。但少数林蛙出河之后并不立即抱对，或抱对之后不产卵，需数天之后才能产卵。遇有特殊条件，如突然降温、降雪情况，正在出河的林蛙能立即停止出河，出河之后停止抱对产卵，待到温度上升出现适宜温度时才抱对产卵。林蛙不能在其越冬河流中产卵，成蛙在生殖期间，必须从越冬河流里出来，转入静水区产卵，此过程为出河阶段。

随着春季温度升高，河流解冻，林蛙由冬眠状态苏醒过来，雌、雄个体分别从各自的冬眠场出来，靠岸登陆并奔向产卵场。最先出河多数为雄蛙，开始时出河数量较少，随气温升高数量也增加。林蛙出河时间，因地而异，一般是4月初至4月中旬。

林蛙没有外生殖器，其产卵、抱对只是起异性刺激作用，引起雌蛙排卵、雄蛙排精，精、卵在体外结合，完成受精过程，抱对是产卵的准备活动。

林蛙产卵选择在静水区，一般在产卵场的边缘浅水处，水深10～15cm，最深不超过25cm。林蛙产卵最低水温是2℃，适宜水温为8℃。

林蛙产卵后，潜入土壤中休眠，时间10～15d，产后雌蛙必须进行生殖休眠，否则种蛙死亡率高。

四、卵的孵化

林蛙产卵后应及时将卵捞出放入孵化池中。蛙卵分为动物极与植物极两个半球。动物极半球内分布大量的黑色素，呈现深黑色；植物极半球因黑色素少，呈现乳白色，蛙卵刚产出时，动、植物极尚不明显，受精后30min，动、植物极变化十分明显，黑白分明，并有自我转动，调整动、植物极的能力。凡受精卵其动物极在上，植物级在下，即使人为逆转，在几分钟内又会自动恢复到原来位置。如果产卵后1h还是植物级朝上，即看到白色卵粒，则表明此卵未受精。卵的外层包有胶质薄膜，吸水膨胀，使卵粒周围出现均匀的间隙，连片漂浮于水面上。也有因伸展不开而成团的卵球悬浮在水中。受精卵细胞经过无数次分裂发育形成胚胎，直至脱膜成为蝌蚪。

（一）卵

在人工繁殖的情况下，种蛙产卵后当蛙卵直径达5mm时就应及时将其捞出放入孵化箱中。蛙卵发育到一定程度，其胶膜逐渐软化，发育至芽胚期时卵带因浮力降低而沉入水底。

为防止胚胎沉入池底被泥沙埋没，此时应将蛙卵及时置于孵化网箱中，让卵块伸展均匀分布于水表面，任其自然孵化。

（二）孵化

孵化蛙卵的常用工具有孵化箱、孵化池、大木盆、水缸等。其中以孵化箱操作简单、方便，效果最佳。其具体工作应从以下几方面着手：

1. 清池灌水　放卵孵化之前，应将孵化池和孵化器具严格消毒。孵化池用生石灰或者漂白粉全池泼洒，将水中的敌害、病菌全部杀死，器具可用漂白粉浸洗 30min。然后池内灌进清洁无污染的水，池水要求溶氧量要高，浮游动物少，水温恒定，水深 30cm。

2. 放卵　先在池水表层放上一层薄薄的水草，然后再将卵块放在水草上，并用光滑的棍棒轻轻拨动，帮助卵块均匀分布，避免卵块下沉堆积。

3. 孵化密度　若采用专门的孵化器孵化，一般在孵化后不久就可移入蝌蚪池培育，由于孵化时间短，因此孵化密度可以大些，一般每平方米放置 5～6 团。孵化网箱应透水性良好，使箱内外水体可以交换。若采用土池孵化，一般可在同池中直接转入蝌蚪培育，放卵密度不宜过大，平均每平方米 2 000 粒左右。孵化密度与孵化率一般成反比，密度越大，孵化率越低；相反，密度越稀，孵化率越高。蛙卵数量的计算多数采用方格计算法：将平铺水面的卵块用尺丈量其总面积，然后取方正的 $100cm^2$ 范围卵块，计算其内卵粒数量，最后推算总量。

4. 孵化时间　蛙卵的孵化时间与水温成正比，水温 19～22℃时，3～4d 即可脱膜成蝌蚪。水温 25～31℃时 2d 就可以孵出蝌蚪。但温度高对卵的孵化质量不利，易出现畸形蝌蚪。蛙卵对低温有很强的抵抗力，在 2℃时可正常发育，但发育速度缓慢，在发育初期将水温控制在 5～7℃为宜，中期在 12℃为宜，末期保持在 14℃为好。

在自然条件下蛙卵的孵化是在静水区，此处泥沙含量低，适合卵的孵化。而人工养殖依靠灌水，孵化池是流动而不平静的，不可避免带来泥沙易形成沉水卵，降低孵化率。所以在孵化期间必须保证水质清洁，泥沙含量低，尽量保持静水条件，以减少泥沙对卵块的污染。

在自然条件下林蛙胚胎发育的条件是中性的，pH 为 6～7，蛙卵不能在碱性条件下发育，水体碱性或酸性过大，能破坏蝌蚪体液内环境的平衡，导致蝌蚪中毒死亡。

5. 日常管理　将同一天产的蛙卵放入同一个孵化箱或池中，不宜把不同时期所产的卵并入一个孵化箱或池中，以免先期孵化的蝌蚪吸吮后期未出膜的卵粒，降低孵化率。

在孵化期间，应避免搅动水体。加灌新水时应控制流量尽可能小一些，不要冲动卵块。清网除杂时要小心细致，防止胚体或刚出膜的蝌蚪受到损伤，及时预防卵块或蝌蚪堆积死亡。

调控水的深度，初期孵化池的水深可浅些，这样能增加水温，利于孵化。蝌蚪出膜后应逐渐加深水位，增加水体，恒定的水温有利于蝌蚪发育。

蛙卵孵化期间应及时在孵化池上架设遮阴网；应勤检查，若发现问题应及时处理。孵化箱应及时清除青苔，疏通淤泥，防止网眼被封堵影响水体交换。孵化池应加强防渗、防敌害。

五、中国林蛙的饲养管理

（一）种蛙的饲养管理

种蛙是选留作繁殖育种用的优质成年蛙。种蛙饲养管理的好坏，决定着产卵量、孵化率和蝌蚪的长势，从而最终决定养殖经济效益的高低。因此良好的种蛙饲养管理是养殖林蛙成功的重要一关。

种蛙的摄食量大，摄取的营养要能充分满足生长繁殖的需要。一般每只种蛙每日的投饵量为其体重的10%。饵料种类要丰富，营养要全面，其中动物性饵料不得少于60%。种蛙在发情时摄食量减少，抱对、产卵、排精时基本不摄食，繁殖后摄食量增加，要根据这种情况酌情增减投饵量。投食时间一般是每天傍晚投饵1次，要定点、定时。注意经常清理投饵台，以保持水的清洁。

种蛙的放养要特别注意繁殖后的雌蛙和雄蛙。雌蛙产卵后立即进入产后休眠，所以在产卵后数小时内，一定要将雌蛙从产卵场移出，立即送往放养场，使其能及时休眠。雌蛙休眠宜采用埋藏法，因为有些雌蛙体弱不易钻入土中。雄蛙的休眠地点要远离繁殖场，以防止雄蛙再次寻找雌蛙配对。

种蛙的放养密度为：每100m^2 50～100只，最多不超过200只。

种蛙繁殖后往往发生死亡现象，因此要特别注意加强管理。特别是雌蛙，甚至有少数雌蛙在产卵过程就死亡，但多数都发生在生殖休眠期。最有效的防范措施是产卵后尽快将雌蛙送往条件适宜的生殖休眠场。

种蛙池不仅是种蛙摄食、生活的场所，更重要的还是产卵、排精的场所，若不进行人工孵化，这里还是蛙卵自然孵化的场所。因此种蛙池周围的环境条件既要适合于种蛙生存，还要适合于蛙卵的受精和孵化。因此要做到以下几点：

1. 控制水温 水温控制在种蛙生活繁殖的适宜温度。

2. 控制噪音 保持安静、切忌嘈杂。

3. 控制水位 池水水位应保持在15～40cm，其深度与保持适宜的水温有关。要经常调节水质，使其溶氧量、盐度、pH、生物组成等因素都适于蛙卵受精和孵化。由于池水浅，水温易发生变化，因此要特别注意水温过高或过低而对蛙卵造成危害。

4. 控制密度 种蛙的养殖密度一般为1～2只/m^2，密度过大对其生殖不利。

5. 精心养护 种蛙产卵后，要及时进行强化饲养，同时也要精心护理。

6. 谨防敌害 要谨防各种敌害捕食抱对的种蛙及其产下的卵。由于抱对种蛙正处于生殖兴奋状态，对敌害入侵反应不灵敏，行动不敏捷，御敌能力较差，故而很容易受到敌害的伤害；而蛙卵则更容易被鱼类及其他蛙类所吞食。

7. 安全越冬 要特别做好种蛙的越冬工作。

8. 防范气候突变 要防范天气的突变，如冰雹、寒流袭击、大风降温等突发情况，针对这些情况要采取相应的预防措施，如加盖塑料薄膜、及时灌水保温等。

（二）蝌蚪的饲养管理

1. 蝌蚪饵料的投喂 草料要用漂白粉消毒，动物性饵料应清洗干净。腐烂、变质的饵料一定不能饲喂，以免蝌蚪患肠胃炎和污染水体。由于各种饵料的营养成分及其含量各不相同，因此蝌蚪对不同饵料的喜好也不同。经常更换饵料可使蝌蚪食欲增加，提高饵料的利用率。蝌蚪若长期吃单一的饵料，不仅生长发育不良，而且也极易患病。有雷阵雨时要少投或不投；早晨蝌蚪浮头时或出现个别个体死亡时，要控制投饵。

(1) 投饵的方式。可在蝌蚪池中设立若干个饵料台，其规格和数量决定于池面积及养殖密度等因素。将人工饵料捣碎浸泡，然后放到饵料台上。这样有利于观察食饵量，便于清除残余饵料。也可采用全池匀撒，将培养的浮游生物或制作的豆浆，匀洒全池，这样可使全池蝌蚪都能就近吃到饵料，但其缺点是难以掌握蝌蚪的实际食饵量，若投喂过量下沉的残饵腐败后常影响水质。

（2）投饵量。一般与水温、蝌蚪的日龄以及体重呈正比。但若水温高于 35℃或蝌蚪正处在变态的高峰期时，投饵量则要减少。蝌蚪初期的开口饵料最好投入培养的浮游生物。中、后期则可投喂配合饵料，动物饵料与植物饵料的比例为1∶1 或 2∶3。蝌蚪有饥后暴食的习性，所以要经常检查上次投饵料的吃食情况，以此决定下次的投饵量，如上次有剩余，下次则适当减量，如短时间内能吃光，则应酌量增加，但以 80%的饱食量为最佳投饵量。3～5 日龄的蝌蚪就有摄食的需求。投饵的次数一般为每天 1～2 次，上午 9～10 时，下午 16～17 时。

2. 蝌蚪的日常管理

（1）定期巡池。每天早晨和傍晚巡视养殖池，及时记录气温、水温、水质、蝌蚪的活动情况，发现问题及时处理。对于刚孵出的蝌蚪以及变态高峰期的蝌蚪，要格外注意。

（2）控制水温和水位。蝌蚪比较娇嫩，对温度很敏感。当水温升到 30℃以上时蝌蚪就会停止生长，甚至导致死亡。水温降到 8℃以下就停止进食。瞬时温差超过 2～3℃会使刚出膜的蝌蚪死亡。因此早春池水宜浅，有利于太阳照射升温。孵化期控制温度为 10～12℃，蝌蚪期为 20～22℃。前者水深 30cm，后者水深 40～50cm，高温季节则应加深水位，或搭设凉棚并放置水草，防止水温升得过高。若水温过高则要及时换水。将原池水排出 1/4～1/2，注入水温较低的清洁水。养殖小蝌蚪或水温较低时，水位宜低些，相反则应高些。蝌蚪入池或转池时，要调对好水体的温度才能放蝌蚪入池。

（3）控制水质。蝌蚪池的水质应清洁，水中溶氧量应高于 3mg/L，盐度小于 2‰，pH 在 6.6～8.2。水质的好坏一般可看水色来估测。水色发红并带棕色混浊，说明水中含有大量藻类，蝌蚪吃后不消化，严重时可使蝌蚪中毒。抢救的办法是及时移走蝌蚪，然后清理池塘。

有时因水过肥，绿藻大量繁殖而形成“乌云水”，这种水最易缺氧。水质的恶化，除因某些浮游生物过度繁殖引起外，还可由有机物发酵、食物残渣腐烂、水中缺氧、水源被工业及生活用水污染所引起。水质污染变质一经发现，就要及时换水，换水时要注意不要使水温温差短时间内变化太大，一般换水量为 1/4～1/2，并注意掌握换水时间和速度。

（4）检查维修设施。所有用于蝌蚪养殖的设施要经常维修，使其始终处于良好的状态。控制蝌蚪的流失是饲养管理上一项不可忽视的工作。在排水口安装拦网是防止蝌蚪流失的有效措施。

（5）及时处理蝌蚪的浮头现象。蝌蚪在水中上下垂直活动，或在水面吞食浮性饵料，为正常现象；如果长期在水面漂浮露头，或处于不活动状态，则为缺氧浮头或病态。

水温较高时（7～9 月）黎明前后蝌蚪常在水面上浮头，说明水中溶氧不足。如日出后（上午 7～8 时）不再浮头，则问题不大；如果天气异常闷热，蝌蚪在前半夜，甚至傍晚就浮头，说明水中缺氧严重，水质恶化，必须立即换水或开增氧机增加水的溶氧量。并找出缺氧的原因，采取相应的措施。

（6）保持适宜的放养密度。一般情况下，刚刚孵出至 10 日龄的蝌蚪养殖密度以每平方米 1 000～2 000 尾为宜；11～30 日龄以 300～1 000 尾为宜；30 日龄至变态为幼蛙之前的放养密度以100～300尾为宜。密度的确定与蝌蚪的生育期、体型大小、供饵状况、管理水平等因素有关，可根据具体条件而做相应的调整。

放养密度通常是由密到疏逐渐改变，此过程常常通过扩池来实现。当蝌蚪由一个养殖池迁移至另一个养殖池时，注意不要使蝌蚪的生态环境发生突变，以免蝌蚪产生疾病或不适应环境而造成损失。环境条件的变化宜在蝌蚪可以生存的范围内逐渐改变，尤其是在密集状态经长期运输的蝌蚪，其刚投放养殖池时更需注意这一点。

（三）幼蛙的饲养管理

1. 幼蛙的饲喂 蝌蚪变成幼蛙不仅形态和内部构造发生巨大变化，而且生活习性随之发生了根本变化。从水栖变成水、陆两栖；从素食性转变为肉食性，因此在培育幼蛙时必须充分照顾到这些特点，才能保证幼蛙的成活率。

变态幼蛙刚刚从水栖变成水陆两栖，身体十分娇嫩，体力有限，对环境要求十分严格，对食物也比较苛刻，这个时期是养殖林蛙过程中最关键阶段。

幼蛙生长发育较快，适应环境能力较强，但对寒冷的抵抗能力不如蝌蚪。林蛙幼蛙以肉食为主，如饵料供给不足或缺少动物性饵料，就会出现幼蛙蚕食蝌蚪的现象。

刚变态的幼蛙只吃活的食物，因此必须投入活饵料，并逐渐训练其吃死饵。变态后1个月的幼蛙投喂活饵与死饵之比为2∶1，5月龄幼蛙为1∶1，8月龄时可全部投喂死饵。死饵的大小根据蛙的大小而定，以一口能吞下为宜。若饵料太大，幼蛙一口难以吞下就会导致幼蛙之间相互争夺饵料，这样就耗费吃饵的时间和能量，对幼蛙生长发育不利。

脱尾1周以后的幼蛙由于基本上都吃了一部分食物，捕食能力增强，这时在网箱或土池内要设置料盘，培养幼蛙定点采食的习惯。每天投喂两次，投喂量以其体重的4%～8%或以投食后2h吃净为投喂原则。饵料中要加入适量的林蛙用生长添加剂；同时对林蛙要定期驱虫；网箱、土池每5d要消毒1次，防止腐败物及有害微生物的繁殖而传播疾病，并在池内设隐蔽物。

随着幼蛙身体的增长，口裂增大，逐渐可以捕食更大的昆虫，食量也随之增加，投喂量也要随之增加。此时幼蛙经过一段时间养殖后，个体差异也日渐明显，有的个体甚至相差1～3倍。为了避免这种现象的发生，投饵料时应少投、多次，加大投喂频率。

投喂活饵与死饵的种类，要根据各地养殖饵料的状况、饵料资源情况及季节而定。做到饵料既要多样化，营养丰富，能满足幼蛙生长发育的需要，又要价格低廉。从目前情况来看，能供应大批量的幼蛙饵料，而又比较可靠的方法是大力开展黄粉虫、蚯蚓、蝇蛆、蜗牛等的人工养殖；就近购买屠宰场、食品厂的下脚料；生产、购买人工配合饵料；用黑光灯诱集昆虫等。蚯蚓是幼蛙的好饵料，无论在室内还是在室外养殖林蛙，蚯蚓均能满足需要。

林蛙在自然条件下是不吃死饵料的，若要使其吃人工配合饵料，必须从幼蛙起坚持驯食。驯食的方法很多，常采用的方法有蚕蛹驯食法和动物内脏驯食法。

（1）蚕蛹驯食幼蛙。将蚕蛹放在温水中浸泡至柔软，再在围墙顶至幼蛙池边放置一个斜板，板上端放置蚕蛹。当蚕蛹沿斜板滚入水中时，幼蛙开始会感到恐惧，不敢摄食，但坚持在固定地点以同样方法继续投喂，就能使幼蛙逐渐适应并开始捕食。等到幼蛙习惯后可将蚕蛹放在斜板下端，幼蛙也能跃至板上吞食。

（2）动物内脏驯食幼蛙。使用钓竿并在前端绑上动物内脏（动物内脏切成片段）每天在池边固定地点，使钓饵在水面15cm处上下移动，起初幼蛙不敢接近，但久之则被诱惑而自动吞食，习惯之后会群起抢食。除此以外也可将动物内脏切成小块置于饵料台上，每次定时放在池边某地点，饵料台一半沉入水中，一半露出水面。同时将几条泥鳅（或小鱼）置于饵料台上。泥鳅在饵料台搅动动物内脏，致使幼蛙误认为是活饵前来抢食。吃惯之后就可不放泥鳅，幼蛙也会自动从饵料台摄取配合饵料。另外还可在饵料台上安装一条水管，使水逐滴滴到饵料台上。水的振动使台上死饵波动使幼蛙误认为是活饵而去摄食，从而逐渐养成吃死饵的习惯。还可在开始时使用膨化饵料，将其与泥鳅、小鱼虾等一起放在 3～5cm 水深的槽形饵料台上，训练幼蛙进槽吃漂动的膨化饵料。

在幼蛙的整个驯食过程中都必须注意“四定”，即定时、定位、定质和定量。

在投饵中，如发现幼蛙迁入新环境后不摄食则要及时检查原因。若非病虫害或环境不适宜而引起的，则要采取强迫进食的办法。即扒开上下颌，将饵料强行放入蛙口使其咽下，当蛙尝到饵料后便可以逐渐自动摄食。

投饵中，不宜以其他种类的幼蛙作饵料，否则将养成幼蛙之间的相互蚕食的习惯。

2. 幼蛙的日常管理 幼蛙的日常管理工作很多与蝌蚪的管理类似，除强调要为幼蛙创造良好的环境条件外还要注意以下几点：

（1）控制水温。幼蛙生活的最宜水温为 23～30℃，如果水温高于 30℃，则必须采取降温措施。如部分换水或加盖遮阴棚等。

（2）控制水质。幼蛙池水最适的 pH 为 6～8。要经常清除剩余饵料，捞出死蛙及腐败植物、落叶、浮膜等异物。如水质被污染则要消毒并换水以保持清洁。由于幼蛙主要用肺进行呼吸，虽对水中氧气含量的要求不像蝌蚪那样严格，但仍不能忽视。

（3）控制温度。要经常保持陆地潮湿，种植作物或建棚以避免阳光直接照射。

（4）及时分级分池管理。幼蛙因摄食能力强弱不同，生长速度各异，造成大小差异较大。蛙又有同类相残食的本性，特别是在饵料缺乏的情况下，常常会发生大蛙吃小蛙的现象。因此，为了提高幼蛙的育成率，每养殖一段时间后，都要按幼蛙的大小将其分成不同等级，在幼蛙阶段至少要分 2～3 次。进行分池管理养殖密度要适宜，一般 40 日龄内的幼蛙 100～150 只/m^2，40 日龄后的幼蛙 20～100 只/m^2。

（5）做好病虫害和天敌的防治工作。对养殖池要经常消毒，一般每隔 15～20d 用生石灰（30～40g/m^3）全池泼洒 1 次。要特别注意老鼠、水蛇和野蛙对幼蛙的残食和破坏。

3. 幼蛙的放养 幼蛙生活力较强，其大部分能发育成商品蛙，其回捕率在 50%～80%，因此要精心保护幼蛙，选择好放养场地，实行集中放养。

（1）放养场地的选择。选择幼蛙的放养场地主要根据有两条：一是土壤中动物及地表动物群丰富，能为幼蛙提供丰富的饵料。幼蛙在 7～8 月生长最快，这段时间保持充足的饵料非常重要。一般植被覆盖好、枯枝落叶层厚、土壤松软的地段作为放养场地是比较合适的。二是考虑场地之中有合适的水源作为幼蛙活动的控制中心，将幼蛙控制在放养场里生长发育，秋季又能引导到指定水域集中捕捞。如果在河流中放养，要注意河流的捕捞条件。

（2）幼蛙放养。幼蛙计划放养的前提条件是：幼蛙必须集中越冬，春季集中出库。放养的方法可分为春眠前放养和春眠后放养。

春眠前放养：幼蛙在放养场里进行春眠，当积雪融化、土层解冻后实行放养。这样可省去保管幼蛙春眠的麻烦，节省工时。

幼蛙出库时，进行清理计数，用麻袋或塑料编织袋盛装，并清理树叶、树枝等杂物。然后将幼蛙放入水中，冲洗蛙体分泌的黏液并放养到预定的地方。放养方法有分散放法和埋藏放法两种。

分散放法是将幼蛙分散撒放在预定的地方。放养时，将幼蛙装在麻袋里或水桶里，然后散放在树下枯枝落叶上，让幼蛙自己寻找场所潜伏进行春眠。撒放时不要将幼蛙抛得过高或过远，避免幼蛙受伤。撒放要均匀，不要成堆放置。撒放一定数量后要检查 1 次，将没有潜入落叶层下的幼蛙埋入落叶层里，不要暴露在外面，避免受天敌伤害。

埋藏法是直接将幼蛙埋藏在枯枝落叶层下的土壤里。用锹或耙子扒开枯枝落叶层，挖 10cm 深、直径 20～30cm 的穴坑，亦可挖成长 50cm、宽 10cm 的条状沟。每穴内放蛙 60～100 只，条状沟中每沟放幼蛙 100～200 只，边放边埋上树叶。幼蛙在穴沟内可以靠在一起，但不能堆压在一起。用树叶和土混合覆盖 3～4cm，外层再用树叶盖上，但不要压实，保持蓬松状态，以利空气进入。春眠期间幼蛙经常活动，当降雨或温度上升时，蛙便从土壤中钻出来，多数另寻新场所潜入枯枝下继续春眠。

幼蛙的放养时间是土层解冻后。放养时要选择气候温暖的白天，气温在 7～10℃时。如气候条件不好，温度低，天气寒冷，可延缓放养。

春眠前放养的幼蛙经过 10～15d 的春眠期，当土壤温度上升到 10℃时，即从 5 月开始，陆续解除休眠，从土壤中钻出，到森林里活动。

春眠后放养：幼蛙集中在繁殖场度过春眠之后再送往放养场。当春季气候条件不适宜，如有寒潮低温等，在不能实行春眠前放养的情况下，可采用春眠后放养。

这种放养的关键是加强春眠管理，使幼蛙安全度过春眠期。集中春眠的办法是挖春眠坑，深 30cm，长和宽依据幼蛙的数量而定，100cm×50cm 的坑穴，可容纳 5～8kg 幼蛙。挖好坑穴之后，先铺垫 5cm 厚松软的壤土，在土上加 20cm 厚的枯树叶。在坑四周设立塑料薄膜围墙，防止幼蛙逃散。将幼蛙放进穴中便自行钻进枯叶中，多数蛙在 30min 左右先后进入树叶之中，少数蛙可能在外面停留的时间稍长些。待幼蛙全部进入树叶层中之后要用喷壶往树叶上洒水，使幼蛙保持湿润的春眠环境。树叶层内温度 5℃时，幼蛙比较安静，当温度升到 10℃时，幼蛙就会解除春眠。这时必须将幼蛙从春眠穴中全部取出，送到森林放养场里放养。放养的方法同春眠前放养法。

(四) 成蛙的饲养管理

幼蛙饲养 1 年后即达到性成熟，即为成蛙。成蛙饲养一段时间后，有的选留为种蛙，剩余的则可作为商品蛙出售或加工处理。因此，成蛙的饲养好坏，对于种蛙和商品蛙质量的优劣有重要影响。

成蛙的个体大，摄食量多。保证供给充足的优质适口饵料，控制适宜的环境温度，其体重增长仍较快，每月个体的增重可达 30～50g。

成蛙的饲料类似幼蛙。对于已驯食成功，习惯于吃死饵的成蛙，除自行捕食少量黑光灯下诱集的活昆虫外，基本上吃的都是死饵。对于新引进的野外放养的种蛙，则要像幼蛙那样，起初供应活饵，同时逐步训练吃人工饵料。

投饵要定时、定点。投饵量依据成蛙实际食饵量而定，通常每天黄昏前投喂 1 次。饵料台上吃剩的饵料要及时清理，以防腐烂，污染水质，同时认真做好疾病的防治工作。

成蛙的日常管理与幼蛙基本相同。但由于成蛙活动能力强，善跳跃，故应特别注意防逃设备的维修，以防外逃和敌害。

成蛙生存最适宜的水温是 23～30℃，要注意盛夏时的遮阴，预防高温和强光的直接照射。在其活动的陆地上要常洒水，以保持潮湿。

成蛙摄食量大，排泄物也多，要经常保持水质不被污染，一般在炎热的夏季，最好每天换水 1 次，换水量为全池水体的 1/2，新、旧水的温差不要超过 2℃，要避免水温的急剧变化。

成蛙的养殖密度一般为 20～50 只/m^2，密度可随成蛙体型大小及养殖管理水平、水温、水质等因素酌情调整。

成蛙在生长发育过程中，个体大小差异较大，为避免大蛙吞食小蛙，在适当的时期最好将不同大小的成蛙分池养殖，同时调整养殖密度。

（五）越冬期管理

1. 幼蛙越冬期死亡的原因　每年 10 月以后外界气温降至 15℃以下，林蛙纷纷下山。其间除了商品蛙被采收之外，剩下的种蛙和幼蛙均进入越冬场进行冬眠。漫长的冬季给林蛙养殖带来很多困难，特别是当年生的个体小的幼蛙，常发生大批死亡现象，故应采取积极措施不断提高越冬林蛙的成活率。幼蛙与成蛙的越冬管理方法基本相同，但幼蛙个体小，活动量又大，因此越冬期间管理不善易引起死亡。幼蛙越冬期死亡的原因主要有：

（1）冬季水温过低。在水温较低的情况下，特别是在结冰后，由于幼蛙新陈代谢不和谐而导致生理失调。

（2）越冬前饲养管理不善。幼蛙没有积累充分的营养，蛙体过小、瘦弱，脂肪贮存量小，抗寒能力较弱而导致死亡。

（3）敌害侵入。幼蛙的活动能力弱，再加上冬季鼠类等食物稀少，因此幼蛙就成了鼠类重点的捕食对象。

2. 越冬期的管理　为了使幼蛙和种蛙安全过冬，无论采用哪种越冬法越冬都要安排专人定期巡视，若有意外情况要及时解决和处理。越冬期的管理要点如下：

（1）调整水位。在林蛙入池冬眠之后，要始终保持足够的水位（一般不低于 1.5m），特别要防止严冬断水。越冬期水位必须保证冰层下有 1m 深水层，并且要处于流动状态。

在河道冬眠的，还要注意检查河道的淹冰状况。发现淹冰要及时设法疏通河道，以防干涸断流，冻死林蛙。

（2）防止和减少人为干扰。林蛙在冬眠期间，尤其是在水面结冰之后，要禁止敲击冰面，防止人为破冰捕鱼。

（3）预防天敌侵害。林蛙在冬眠期间的主要敌害为鼠类及肉食性鱼类。预防方法是投放鼠夹或鼠药，秋季捕捉场内肉食性鱼类。

【拓展知识】

蛙场建设

1. 场地选址　养殖场的环境要符合林蛙的生活习性，选择自然环境僻静，植物丛生，接近水域的地带。凡是有工厂、汽车往来、人类活动频繁的环境都不宜做养蛙场所。特别是饲养种蛙的场地更要周密考虑这些因素。选择空旷地带作养殖场必须对其生态环境进行必要的人工改造，通过种草植树或种植瓜果等经济作物增加植被。养殖场所最好是冬暖夏凉的地方，若地面能稍向东南方向倾斜更好，这种地形阳光照射面积大，地温、水温上升较快，在夏季还可以受东南季风的影响，波动水面增加水中溶氧量，对蛙及其水中饵料的繁殖和生长都有利。

养殖场必须有水源保证且排灌方便，方便的水源可有效地控制水温、水的溶氧量及病虫害，有利于蛙的生长和越冬。

饵料丰富的地方，能够提供大量的自然食物源，可降低饲料成本。或在该地区有丰富而廉价的生产饵料的原料及土地，如附近有家畜家禽养殖场，有大量的动物粪便供应，或有食品加工厂出售下脚料。若附近有蛙的人工合成饵料生产出售，则更为方便。

由于林蛙善于跳、钻、爬，这就需要建设防逃围墙。防逃围墙既能防止林蛙外逃，又能防止野蛙、鼠类等外来敌害的入侵，破坏蛙卵和蝌蚪。

2. 蛙场建造 一个规模化的养蛙场应包括种蛙池、孵化池、蝌蚪池、幼蛙池、商品蛙池和越冬场6种类型的养殖场地，各类场地所需数量、大小以及建造模式主要依据养殖方式、养殖规模大小而定。

(1) 种蛙池。池水以20～30cm深为宜，陆地占全池面积的1/3，陆地靠水处筑成斜坡，以便种蛙登陆栖息。产卵池的面积要适中，为了便于观察产卵情况和采卵，面积以15～30m^{2}为宜。也可利用原有成蛙池作产卵池，不专门建产卵池。若池水较深时，应有1/3深度为15～20cm的地方。产卵池的环境要近似自然环境，要求安静、阴凉，夏季注意遮阴，水中要有水草，以便产卵。

(2) 孵化池。孵化池要求能防止敌害的侵入，以免敌害破坏和吞食蛙卵。孵化池不必很大，2～3m^{2}即可，水深20～40cm。孵化池不宜用泥土池，最好用砖石、水泥砌筑，池底铺6cm厚的沙子。如没有条件也可用蝌蚪池来代替或在产卵池中放置网箱原地产卵孵化。

(3) 蝌蚪池。蝌蚪池最好使用水泥池，也可建土池，蝌蚪在孵化池中稍大后移入。蝌蚪池的面积稍大些，通常20～30m^2，水深30～80cm。这样容易控制水质和便于管理，池过小水质容易变坏，过大管理不方便。蝌蚪池的池壁坡度宜小些，一般斜坡起止点的高度与水平距离的比是3∶10，以便蝌蚪附着休息，同时也便于变态后幼蛙登陆栖息。

池中可种植漂浮性水生植物，水面下10cm处设置饵料台。若场地较小，则尽可能增加水的面积，池周围也最好有少量陆地。池坑是饲养池的主要部分，应建成中间深、边缘浅的锅底形，或者平底形。锅底形池坑可分为深水区和浅水区，以便对应蝌蚪有时浅水活动，有时深水活动的生活习性。在修建池子时，要注意建好防渗层，以减少渗漏。

在蝌蚪池中可设有安全坑。安全坑的位置通常在池中央，亦可修在一侧，总的来说安全坑要修在池坑的水深之处。安全坑的主要作用是防止池水中断干涸，尤其防止夜间断水导致蝌蚪死亡。安全坑的另一个作用是当水温较低或较高时，蝌蚪可躲在安全坑内，安全坑内水较深，水温变化较慢，这对蝌蚪的生存很有好处。

(4) 幼蛙池。幼蛙池是专门饲养变态后2个月内的幼蛙。此时幼蛙的捕食能力较差，需要加强护理，也是驯化采食人工合成饵料的关键时期。蛙池的面积不宜过大，按养蛙的数量、管理水平、水深情况等灵活决定。陆地面积占1/4，水深15～40cm，池堤坡度为3∶10。在蛙池四周应做好绿化工作，为幼蛙创造良好的生活环境。

(5) 商品蛙池。商品蛙池主要用于大规模生产、饲养生长两个月以上的幼蛙，商品蛙池的大小和规格可根据养殖数量和养殖方式而定。野外粗养不需要专门设置商品蛙池，只要将水库、沼泽、江河、湖泊、稻田等稍加改造即可。集约化精养则需要专门建设商品蛙池，且数量要满足生产的需要，使大小不同规格的蛙能够分养。商品蛙池的大小可灵活确定，只要水深能保持在 20～40cm，冬季达到 80～100cm，进出水方便，能够防逃即可。通常水陆面积比例以 3∶2 为宜，若为流水池，陆地面积可适当增加。池壁应有一定的坡度，池四周或中间应有洞穴，以便林蛙登陆栖息。野外的养殖池既要注意陆地的绿化，又要注意夏季搭棚遮阴。

(6) 越冬场。越冬场是林蛙冬眠的场所，林蛙基本的越冬方式是水下集群冬眠。东北冬季严寒，河流水量剧减，小河及山涧溪流常出现断流现象。在这种情况下，如果没有越冬设施和正确的技术管理，就会发生幼蛙和成蛙冻死的现象，给养殖者造成重大损失。因此，林蛙安全过冬是人工养殖林蛙的一项重要工作。有天然越冬场和人工越冬场两种。

天然越冬场。适合林蛙冬眠的越冬场的条件：一是距夏季放养场不能太远，而且是林蛙在冬眠前能够到达的河流。一般情况下，陆地距离应在 1 000～1 500m；二是应当具有一定的水量。人工养殖林蛙密度大，要有较大的水量才能安全越冬。水量小林蛙容易在越冬过程中死亡，同时还易受到敌害的侵袭。严冬枯水期的最低水流量不应低于 0.02～0.03m^2/s，最好能达到 0.05～0.1m^2/s 的流量。林蛙只能在深水湾越冬；三是河床既要适合林蛙越冬，又要适合捕捞；四是河床的坡度不要过大，如果河床坡度大、流速快，林蛙难以在此越冬。比较好的越冬场应有比较多的稳水区和深水湾。稳水区的水深应在 1m 左右，深水湾的水深应在 1.5m 以上。

人工越冬场。人工修建的小型水库。这种水库适合建在小溪及小河沿岸的一侧，面积一般为 100～200m^2，水容量在 200～500m^3。水库位置要在林蛙比较集中的分布区内，依靠林蛙对深水区的特殊感受性，自动集中进入水库越冬。根据林蛙的运动规律，沿河流应每隔 500～800m 就修一座水库。水库的位置要修在河畔沿岸的一侧，以便引水入库。距离主河道要有 10m 长的距离，并且要在洪水冲击范围之外。注意水库不要修在主河道上，也不要修在洪水泛滥区内。修建水库一般采用人工挖掘。从地面向下深挖 2m，将泥沙石块运出即修成人工水库。水库的形状可以是任何形状。库底一般修成平底形，也可中央部分加深，深度 2.5～3m 即可。库壁要修成斜坡形，防止水浸塌方。水库上游设入水口，入水口要高出库底 2m 以上。下游设出水口，出水口距库底亦需 2m 以上，这样可使蓄水深度达 2m。出水口要用铁网封好，防止林蛙出逃。在入水前挖一条通向河流的引水渠，以引河水入库，使河水在水库通过，库水不断更新，保持流动状态。水库出水口下方挖排水渠，末端排入河流。在引水渠上游与河流相接处设闸门控制入水量。

【思与练】

1. 中国林蛙具有哪些生活习性？
2. 林蛙是怎样繁殖的？
3. 林蛙建场应注意哪些因素？
4. 如何选择种蛙？
5. 蝌蚪死亡有哪些因素？
6. 林蛙越冬的方法有哪几种？
7. 林蛙不同时期的管理注意事项有哪些？

学习情景 19　药用蛇生产技术

蛇属于爬行纲、蛇目。目前，全世界现存蛇类约有 3 200 种，分别隶属于 13 科。我国的蛇类约 218 种，其中毒蛇有 66 种（及亚种），分布于高山、平原、森林、草地、湖泊及近海区域中。许多蛇类具有较高的药用价值。目前，除蛇身体入药外，蛇毒、蛇脱、蛇皮、蛇胆、蛇油、蛇血等均可入药。

蛇的观赏价值很高，根据观赏角度不同，蛇类可用于生态观赏、艺术观赏和工艺观赏等。近年来食用蛇肉比较普遍，研究表明蛇肉不仅质地细滑、味美，而且有较高的营养价值。蛇皮制成腰带、钱包等是国际市场上受人欢迎的名贵商品。蛇类在地震预测研究、仿生学研究方面均具有较大的经济价值。蛇在维持自然界的生态平衡中的地位和作用不容忽视。蛇类通过大量捕食鼠类、鸟类而有益于农牧业生产，同时许多蛇类又是猛禽和食肉兽的食物之一，因此蛇类对维持陆地生态系统的稳定方面具有不可忽视的作用。

一、蛇的外部形态

蛇身体细长，圆筒形，全身覆盖鳞片，四肢退化。全身分为头部、躯干部和尾部。头后至肛门前属躯干部，肛门以后属尾部。头部扁平，躯干较长，尾部细长或侧扁或呈短柱状。头部有鼻孔一对，位于吻端两侧，有呼吸作用。眼一对，无上下眼睑和瞬膜。无耳孔和鼓膜，但有发达的内耳及听骨，对地表震动声极为敏感。舌已经没有味觉功能，但靠频繁的收缩能把空气中的各种化学分子黏附在舌面上，送进位于口腔顶部的犁鼻器，从而产生嗅觉。此外，尖吻蝮和蝮蛇还有颊窝（又称热感受器），它能对环境温度的微弱变化产生灵敏反应，这对夜间捕食有重要作用。

蛇牙有毒牙和无毒牙之分。无毒牙呈锯齿状，稍向内侧弯曲。毒牙呈锥状，有管牙和沟牙两种，管牙稍长，一对，能活动，内有管道流通毒液；沟牙较短小，2～4 枚，不能活动，不易看清，在牙的前面有流通毒液的纵沟。沟牙类毒蛇根据其沟牙生长在上颌的前后位置不同，分为前沟牙类毒蛇和后沟牙类毒蛇。毒牙的上端与毒腺相连，下端与外界相通。毒腺由唾液腺演变而成，位于头部两侧，口角上方，其形状大小因蛇种类而异。

蛇有毒蛇和无毒蛇之分，两者最主要的区别在于毒蛇有毒腺和毒牙，无毒蛇则无此特征。此外，还有下列特点可供识别毒蛇和无毒蛇（表 19－1）。

表 19－1　毒蛇和无毒蛇的区别

特征	毒　蛇	无毒蛇
体形	较粗短	较细长
头形	较大，多呈三角形	较小，多呈椭圆形
毒牙	有	无
眼间鳞	两眼之间有大型和小型鳞片	两眼之间只有大型鳞片

（续）

特征	毒　蛇	无毒蛇
颊窝	蝮蛇和尖吻蝮有	无
瞳孔	直立或椭圆	圆形
尾巴	短，自泄殖腔后突变细长	长，自泄殖腔后逐渐细长
肛鳞	多为一片	多为两片
生殖方式	多卵胎生	多卵生
动态	栖息时多盘团，爬行时较蹒跚，一般较凶猛	栖息时不盘团，爬行时较敏捷，多数不凶猛

二、蛇的生活习性

（一）栖息环境

蛇的栖息环境，因种类的不同而各不相同。蛇的栖息环境由海拔高度、植被状况、水域条件、食物对象等多种因素决定。各种蛇的栖息环境以及它们长期适应一定环境而获得的形态特征都是相对稳定的。

1. 穴居生活　穴居生活的蛇，一般是一些比较原始的低等的中、小型蛇类。穴居生活的蛇白天居于洞穴中，仅在晚上或阴暗天气时才到地面活动觅食，如盲蛇。它们在泥土中以昆虫和蚯蚓为食。

2. 地面生活　地面生活的蛇，也栖居在洞穴里。但它们在地面上行动迅速，觅食活动不仅仅限于晚上，白天也到地面上活动，如蝮蛇、烙铁头、紫沙蛇、白唇竹叶青、金环蛇等，它们一般分布较广，平原、山区、丘陵地带及沙漠中都有分布。蛇类中大多数蛇都为地面生活。

3. 树栖生活　树栖生活的蛇，大部分时间都栖居于乔木或灌木上，如竹叶青、金花蛇、翠青蛇等。

4. 水栖生活　水栖生活的蛇类，依其生活水域不同，又有淡水生活蛇类和海水生活蛇类之分。大部分时间在稻田、池塘、溪流等淡水水域生活觅食的蛇类，称为淡水生活蛇类，如中国水蛇、铅色水蛇等。终生生活在海水中的蛇，称为海水生活蛇类，如海蛇科的青环海蛇。

（二）蛇的活动规律

蛇是变温动物，其活动规律与它们的体温有关。一般来说，蛇类活动的适宜温度范围是13～30℃，气温过高或过低时，蛇就不大活动。这种对温度条件的适应，形成了蛇的季节性活动的规律。此外，由于取食及温度等因素的影响，不同蛇种在每天的活动中又分别表现出不同的昼夜活动规律。

1. 季节性活动　一般来说，我国大部分地区，从夏初到冬初是蛇的活动时期。其中春末或夏初，蛇出蛰后的一段时间并不摄食，到处寻偶交配。7、8、9三个月是蛇最为活跃的时期，此时，蛇四处活动，频繁觅食或繁殖。当秋末冬初，气温降低到10℃以下时，蛇类便逐渐转入高燥地方的洞穴、树洞、草堆或岩石缝隙中，准备进入冬眠。据测定，当外界温度下降到6～8℃时，蛇就停止活动，气温降到2～3℃时，蛇就处于麻痹状态，如果蛇体温度下降至－6～－4℃时就会死亡。在冬眠期间，蛇处于昏迷状态，代谢水平非常低，主要靠蓄积的营养来供给自身有限的消耗，维持生命活动。在自然条件下，蛇冬眠期间死亡率高达34%～50%，人工越冬则不然。

生活在热带、亚热带的蛇，在高温干燥的季节则进入夏眠。尤其在干燥的沙漠中的蛇。夏眠与冬眠一样，也是蛇类的一种对环境适应的遗传特性。

2. 昼夜性活动 蛇昼夜活动的规律与觅食和环境温度等条件直接相关。一般可以分为三类：第一类是白天活动的蛇，主要在白天活动觅食，如眼镜蛇、眼镜王蛇等，此类蛇称为昼行性蛇类，其特点是视网膜的视细胞以大单视锥细胞和双视锥细胞为主，适应白天视物；第二类是夜晚活动的蛇，主要在夜间外出活动觅食，如银环蛇、金环蛇等，称为夜行性蛇类，其视网膜的视细胞以视杆细胞为主，适应夜间活动；第三类是晨昏活动的蛇，这类蛇多在早晨和傍晚时外出活动觅食，如尖吻蝮、竹叶青、蝮蛇等，称为晨昏性蛇类，其视网膜的视细胞二者兼有。决定蛇昼夜活动规律的因素是相当复杂的，气温、光照的强弱、饵料、湿度等都可以对其规律产生明显的影响。例如，昼行性的眼镜蛇，虽能耐受40℃的高温，但在盛夏季节也常于傍晚出来活动。天气闷热的雷阵雨前后或阴雨连绵后骤晴，以及湿度较大的天气，蛇外出活动频繁。

（三）蛇的食性和摄食方式

1. 蛇的食性 一般来说，蛇主要以活的动物为食。蛇类食物的范围很广，包括低等的无脊椎动物（如蚯蚓、昆虫）和各类脊椎动物（如鱼、蛙、蛇、鼠、鸟类及小型兽类等）。但每种蛇的食性又不完全相同，有的专食一种或几种食物，如翠青蛇吃蚯蚓，眼镜王蛇专吃蛇或蜥蜴，称为狭食性蛇；有的则嗜食多种类型的食物，如白花锦蛇和黑眉锦蛇食蛙、蜥蜴、鼠、昆虫等，称为广食性蛇。

2. 蛇的摄食方法 蛇主要借助于视觉和嗅觉捕食。通常情况下，视力强的陆栖和树栖蛇类，在觅食中视觉比嗅觉起了更重要的作用；而视觉不发达的穴居和半水栖蛇类，却是嗅觉起了更主要的作用。

蛇一般以被动捕食方式来猎取食物。当蛇看到或嗅到猎物时，往往是隐藏在猎物附近，待猎物进入其可猎取的范围之内时，才突然袭击而捕之。但尖吻蝮在可捕食的动物稀少时，往往会采用跟踪追击法捕食猎物。

无毒蛇在捕捉猎物时先将其咬住，如果部位得当，一般便直接吞食。如果猎物体型较大，或捕食时所咬的部位不当，无毒蛇往往用自己的身体紧紧地缠绕在猎物上，使其窒息后再慢慢吞食。毒蛇咬住猎物后立即注入毒液，然后衔住或扔下，待猎物中毒死亡后再咬住将其慢慢地吞食。吞食时，一般先从头部吞入，也有从尾部或身体中部吞入的。

3. 蛇的摄食频率 蛇的摄食频率与消化的速度、食物需求量有着直接的关系。在自然条件下，蛇的忍饥耐饿能力很强，常常可以几个月，甚至1年以上不食。但是，在人工饲养条件下，依据饲养目的的差异，可每1～3周投喂1次。

（四）蛇的运动与感觉

1. 蛇的运动 蛇类没有四肢，是靠其特化的一些器官相互配合，以直线、伸缩、侧向、跳跃等方式运动。

（1）直线运动。躯体较大的蟒蛇、蝮蛇、水律蛇等，常常采取直线运动。这类蛇的特点是腹鳞与磷下的组织之间较疏松，当肋骨与腹鳞间的肌肉有节奏地收缩时，使宽大的腹鳞能依次竖立起来支持于地面或物体上，于是蛇体就不停顿地呈一直线向前运动。一般来说，体躯粗大的蟒蛇及蝰科蛇呈直线运动。

（2）伸缩运动。腹鳞与其下方组织之间较紧密的银环蛇、蝮蛇等躯体较小的蛇类，若遇到地面较光滑或在狭窄空间内，则以伸缩的方式运动，即先将躯体的前半部抬起尽力前伸，接触到某一物体作为支持后，躯体的后半部随之收缩上去；然后又重新抬起前部，取得支持后，躯体后半部再缩上去，交替伸缩，不断前进。

（3）侧向运动。在疏松沙地上前进的蛇呈侧向运动。蛇体在侧向运动的每一瞬间，仅有两部分与地面接触，因而在其前行的地面上留下一条条长度与蛇相等、彼此平行的J形痕迹。

（4）跳跃运动。水栖生活的蛇在陆地上前行时呈跳跃运动。水栖蛇类的身体结构不适宜在陆地上爬行，在陆地上爬行一般行动缓慢，如果受到严重的危险时，常将身体连续快速弯曲，形成了类似于弹跳的动作，可大大加快前行的速度。

2. 蛇的感觉 蛇的感觉是指蛇的视觉、听觉、嗅觉和热感觉等。蛇类眼没有能活动的上、下眼睑，蛇的眼球被由上、下眼睑在眼球前方愈合而成的一层透明的皮膜罩盖，在蛇蜕皮的时候，透明膜表面的角质层同时蜕去。盲蛇科蛇的眼隐藏在鳞片之下，只能感觉到光亮或黑暗。蛇眼的晶状体呈球形，不能改变曲率，也没有视凹结构，视觉不敏锐，只对较近距离的、运动着的物体较为敏锐。蛇类听觉发达，其中耳腔、耳咽管、鼓膜均已退化，仅有听骨和内耳。因此，蛇不能接受通过空气传来的任何声音，但能敏锐地听到地面震动传来的声波，从而产生听觉。据测定，蛇类能接受的声波的频率是很低的，一般在 100～700Hz（人的听觉范围是 15～20 000Hz）。蛇类的嗅觉器官是由鼻腔、舌和犁鼻器三部分组成，而主要的是依赖犁鼻器和舌产生嗅觉。犁鼻器是鼻腔前面的一对盲囊，开口于口腔顶壁，内壁布满嗅黏膜，通过嗅神经与脑相连，是一种化学感受器。蛇的舌头有细而分叉的舌尖，舌尖经常从吻鳞的缺口伸出，搜集空气中的各种化学物质。当舌尖缩回口腔后，进入犁鼻器的两个囊内，从而使蛇产生嗅觉。蝮亚科蛇类的鼻孔和眼之间各有一个陷窝，位置相对于颊部，故称为颊窝。颊窝对于波长为 0.01～0.015mm 的红外线最为敏感，这种波长的红外线相当于一般恒温动物身体向外界发射的红外线。蝮亚科蛇类具有极其敏锐的，能感知人与动物身体发出的、极其微量的红外线的功能。

（五）蛇的生长、蜕皮与寿命

蛇类一生都在间断性的、分阶段的生长。不同生长期、不同性别、不同个体的蛇生长速度不同，一般来说，幼蛇生长速度较快，老年蛇生长速度稍慢。幼蛇经 2～3 年就可以达到性成熟。食物、温度、光照、水分等是影响蛇类生长的主要因素。

蛇类的全身被有由表皮细胞角质化形成的鳞片，鳞片与鳞片之间以薄的角质层相连。角质层不具生命，因此，当蛇的身体长到一定时期，皮肤就阻止了蛇体的继续生长，此时开始蜕皮，蛇体便随之长大一次。据观察，幼蛇出生后 7 或 8d 开始蜕皮，13d 左右第二次蜕皮。蛇依种类和大小的不同，每年蜕皮 5～10 次。

大部分蛇可以存活 10～25 年，一般较大型种类的寿命长于较小型的种类。蛇在野生状态下，由于栖息环境、食物不稳定，加之天敌的存在和疾病的危害等，寿命要比人工饲养的短。

【知识准备】

一、我国常见蛇品种及分布

（一）有毒蛇

1. 眼镜蛇 眼镜蛇又名膨颈蛇、吹风蛇、五毒蛇、蝙蝠蛇、琵琶蛇、犁头蛇、饭铲头、扁头蛇等。在我国分布于安徽、浙江、江西、贵州、云南、福建、台湾、湖南、广东、海南等地。

眼镜蛇体长一般在97～200cm，体重1kg左右。属于中大型毒蛇，体色为黄褐色至深灰黑色，头部为椭圆形，当其兴奋或发怒时，头会昂起且颈部扩张呈扁平状，状似饭勺。又因其颈部扩张时，背部会呈现一对美丽的黑白斑，看似眼镜状花纹，故名眼镜蛇。

眼镜蛇生活在海拔30～1 250m的平原、丘陵、山地的灌木丛或竹林中，也常在溪沟、鱼塘边、坟堆、稻田、公路、住宅附近活动，是典型的昼行性活动的蛇类。天气闷热时，多在黄昏出洞活动。

眼镜蛇喜食鼠类、鸟类和鸟蛋、蜥蜴、蛇类、蛙类和鱼等。在人工饲养条件下饲喂小鼠，平均每条蛇1周吃鼠2～3只。

眼镜蛇有剧毒，性较凶猛，但一般不主动袭击人。当其受到惊扰而激怒时，体前部1/4～1/3能竖起，略向后仰，颈部膨扁，头平直向前，随竖起的身体前部摆动，并发出“呼呼”声，攻击人、畜。

眼镜蛇为卵生，每次产卵8～18枚，一般5～6月进行交配，6～8月产卵，经47～57d孵出小蛇。初出壳的仔蛇体长21cm左右。

2. 眼镜王蛇 眼镜王蛇又名山万蛇、过山风、大吹风蛇、英雄蛇、麻骨乌、蛇王、大眼镜蛇、大扁颈蛇等。分布于浙江、江西、湖南、福建、广东、海南、广西、四川、贵州、云南和西藏等地。

眼镜王蛇有沟牙，头部呈椭圆形，颈部能膨大，但无眼镜状斑纹；其与眼镜蛇的明显区别是头部顶鳞后面有一对大枕鳞。眼镜王蛇体色乌黑色或黑褐色，具有40～54条较窄而色淡的横带，喉部为土黄色，腹部灰褐色，有黑色线状斑纹。眼镜王蛇是剧毒蛇类，体长120～400cm，体重2～8kg。

眼镜王蛇生活在平原至高山树林中，常在山区溪流附近出现，林区村落附近也时有发现。眼镜王蛇昼夜均活动。

眼镜王蛇喜食蛇类，尤其是灰鼠蛇，也吃蜥蜴、鸟蛋和鼠类。若食物匮乏时，有相互吞食的现象。

眼镜王蛇是我国性情最凶猛的一种毒蛇。当它受惊发怒时，颈部膨扁，能将身体前部的1/3竖立起来，突然攻击人或畜。毒性为混合毒。一条成年蛇一次排毒量为300mg以上，对人、畜危害较大。

眼镜王蛇为卵生，一般在6月产卵，经常将卵产在枯腐的树叶里。每次产卵数为21～40枚，多者可达50多枚。母蛇有护卵的习性，盘伏在上层的落叶堆上，有时雄蛇也参与护卵。护卵期是眼镜王蛇最凶猛的时期，如受到侵扰，它将主动攻击。初出壳仔蛇长46～64cm。

3. 金环蛇　金环蛇又名金脚带、铁包金、黄金甲、黄节蛇、金蛇、玄南鞭、国公棍等，是分布在我国南方湿热地带的一种剧毒蛇。分布于云南、福建、广东、海南和广西等地。

金环蛇体表具有黑色和黄色相间的环纹，黑色横带较黄色横带为宽，腹面颜色略淡。金环蛇体长 100～180cm，体重一般在 750g 左右。

生活在湿热地带的平原或山地丘陵的丛林中，常在水边和田间活动，有时在岩穴中或住宅附近也可见。一般多在黄昏出洞，是较为典型的夜行性蛇。

金环蛇嗜食蛇类，有时也食蜥蜴、蛙类、鱼类、鼠类和蛇卵。在人工饲养条件下，当食饵不足时，常有互相吞食的现象。

金环蛇有剧毒，为神经性毒。每条蛇咬物一次的毒液为 90mg 左右，可以致人死亡。但一般来说，成蛇性情温和，动作较迟缓，不主动袭击人。受到惊扰时，蛇体做不规则盘曲状，将头隐埋在体下；或将身体做扁平扩展，急剧摆动体后段和尾部，挣脱而逃。但其幼蛇性凶猛，活跃。

金环蛇为卵生，一般 4 月出洞，6～7 月产卵，产卵 8～12 枚，靠自然温度孵化，50d 左右幼蛇出壳。雌蛇具有护卵行为。

4. 银环蛇　银环蛇又名白带蛇、白节蛇、吹箫蛇、寸白蛇、洞箫蛇、金钱白花蛇、雨伞蛇、竹节蛇等。在我国分布于四川、云南、贵州、湖北、福建、台湾、广东、广西和海南等地。

银环蛇体表具有黑白相间的环纹，体背面黑色、腹面白色，头部较小且圆。银环蛇体长一般在 100～140cm，体重 350g 左右。

银环蛇生活在平原、山区、丘陵地带多水之处，常栖息在稀疏树木或山坡草丛、坟堆、石头堆下、路边、树下、溪涧、河滨渔场旁、倒塌较多的土房子下、菜地及农家住宅附近。典型的夜行性蛇类，尤其是闷热天气、雷雨前活动更为频繁，偶尔可见白天出洞活动。

银环蛇嗜食蛇类与鱼类、蛙类、蜥蜴、蛇卵、鼠类等。在人工饲养条件下，银环蛇最喜食红点锦蛇类的小蛇。

银环蛇性情怯弱、胆小，很少主动袭击人。但与金环蛇相比较敏感，人稍接近，也会采取袭击动作，并易张口咬人。银环蛇属于沟牙类神经毒的毒蛇，排毒量一般 4～5mg，但毒性极强。人被咬伤后，只有类似于蚂蚁叮咬的麻木感或微痒感觉，伤口不红、不肿、不痛，常被误认为是无毒蛇咬伤。一般在被咬 1～4h 后，即引起全身中毒反应，一旦发现症状，后果严重，常因呼吸麻痹而致死。

银环蛇为卵生，每年 4～11 月为活动季节，5～8 月产卵，每次产 8～16 枚卵，孵化期在 40d 左右。出壳后的仔蛇体长 25cm 左右。仔蛇出壳后，经 7～10d 即开始蜕皮。在人工饲养条件下，常见成蛇 8～9 月交配。

5. 蝮蛇　蝮蛇又名草上飞、七寸子、土公蛇、烂肚蛇等。分布于我国的蝮蛇有两个亚种，即短尾亚种和乌苏里亚种。短尾亚种分布于辽宁、河北、陕西、甘肃、四川、贵州、湖北、安徽、江苏、浙江、江西、福建、台湾等地；乌苏里亚种仅分布在辽宁、黑龙江、吉林和内蒙古。

体长 54～80cm，头呈三角形，头顶有大型对称的鳞片，有颊窝。体色主要有棕色和棕红色，多随环境干燥或湿润而有浅淡或深暗的变化，有的背中线上有一条红棕色背线。

多生活在平原、丘陵及山区，栖息在石堆、荒草丛、水沟、坟丘、灌木丛及田野中，喜捕食小鸟。多栖息在向阳斜坡的洞穴之中，深者可达1m左右。蝮蛇有剧毒，性情凶猛，但平时行动迟缓，从不主动袭击人畜。小蛇活跃，喜咬人。

蝮蛇为卵胎生，一般4～5月结束冬眠，6～8月产仔，每胎4～14条。刚出生的仔蛇就具毒牙，且很灵活，性喜咬人。

6. 尖吻蝮 尖吻蝮又名五步蛇、蕲蛇、百花蛇、棋盘蛇、祁蛇、翘鼻蛇、犁头蛇、聋婆蛇等，在我国分布于四川、贵州、湖北、安徽、浙江、江西、湖南、福建、台湾、广东、广西等地。

体长120～200cm，体重可达1.5kg左右。尖吻蝮头大，三角形，吻尖细向上翘起，背部有灰白色的方形块斑，两侧有“∧”形暗色的大斑纹。头背棕黑色，头侧土黄色，体色与环境较为和谐。

生活在山区树林及溪涧岩石或落叶下、杂草地、沟边、路边、村子住宅附近、柴草堆或住宅内或厕所附近。尖吻蝮昼夜均出来活动，但夜间活动更为频繁，阴天也比较活跃，在大热天有太阳时，常隐藏在阴暗的地方，很少活动。

尖吻蝮嗜食蛙类、鼠类、蜥蜴和鸟类，也食蛇类。人工饲养时主要饲喂小鼠和蟾蜍。

尖吻蝮常盘蜷不动，头位于体中昂起，吻尖向上，颤动其尾。当人、畜迫近时，往往会突然袭击。

尖吻蝮为卵生，一般在6～8月产卵，每次产15～16枚，多时可达26枚。雌蛇产卵后经常盘绕在卵旁，有护卵习性。孵化期20～30d。幼蛇出壳后长约20cm，行动灵活，即能咬人。

（二）我国常见的无毒蛇

1. 蟒蛇 蟒蛇又名蚺蛇、琴蛇、南蛇、金花大蟒等。本属在全球已知有7种，产于我国的仅蟒蛇1种。分布于云南、福建、广东、广西、贵州和海南等地。

蟒蛇是我国最大的蛇，一般体长5～6m，体重在10kg以上。蟒蛇躯体粗大，斑纹美丽，体背和两侧有2条或3条金黄色或褐色纵纹和由30～40多条金黄色横纹转成的许多呈云豹纹斑状的大斑块。肛孔两侧有1对退化的爬状后肢，长约1cm，雄性较雌性发达，雄蟒在交配时还用它握持雌蟒。

蟒蛇属于树栖性或水栖性蛇类，生活在热带雨林和亚热带潮湿的森林中，为广食性蛇类，主要以鸟类、鼠类、小野兽及爬行动物和两栖动物为食，其牙齿尖锐，猎食动作迅速准确，有时亦进入村庄农舍捕食家禽和家畜；有时雄蟒也伤害人。

该蛇卵生。每年4月出蛰，6～7月开始产卵，每胎产卵8～30枚，多者可达40～100枚。卵大，每枚一般70～100g，壳软而韧。有护卵性，孵化期在60d左右。

2. 赤链蛇 赤链蛇又名火赤链、红四十八节、红长虫、红斑蛇、红花子、燥地火链、红百节蛇、血三更、链子蛇。在我国除宁夏、甘肃、青海、新疆、西藏外，其他各省（自治区）均有分布，属广布性蛇类。

赤链蛇头部鳞片黑色，具明显的红色边缘，背部具黑色和红色相间的横带。体长可达1～1.8m，体重达0.4～1.4kg。赤链蛇一般生活于田野、丘陵地带，常出现于住宅周围，能攀爬上树，多在傍晚和夜间活动。当其受到惊扰时，常盘曲成团。当无路可退时，也能昂首做攻击状。冬眠时常与蝮蛇、黑眉锦蛇、乌梢蛇等杂居。食性较广，鱼类、蛙类、蟾蜍、蜥蜴、蛇类、雏鸡、幼鸟、鼠类均可食用。在人工饲养状态下较易驯养，常以多种饵料为食。

该蛇卵生，每年的7～8月间产卵，每胎产卵3～16枚，孵化期30～45d。初出壳仔蛇长23～24cm，颜色、形状和行动与成蛇完全相同。

3. 王锦蛇 王锦蛇又名棱锦蛇、松花蛇、王字头、菜花蛇、麻蛇、棱鳞锦蛇、锦蛇、王蛇、油菜花、黄蟒蛇、臭黄颌等。分布于河南、陕西、甘肃、四川、云南、贵州、湖北、安徽、江苏、浙江、江西、湖南、福建、台湾、广东和广西等省（自治区）。

王锦蛇头部及体背鳞片的四周黑色，中央黄色，头部前端具呈王字形的黑色花纹；体前半部具30条左右较明显的黄色斜斑纹，至体后半部消失，仅在鳞片中央具油菜花瓣状的黄斑，腹面黄色。一般来说，王锦蛇的幼蛇色斑与成体差别很大。幼体头部无王字形斑纹，往往使人误以为是其他蛇种。王锦蛇体形较大，体长一般为1.0～1.9m，体重1～1.5kg。

王锦蛇生活在山地、平原及丘陵地区，活动于河边、水塘旁、玉米地或干河沟内，偶尔可在树上发现它们的踪迹。王锦蛇行动迅速，性较凶猛。

王锦蛇为广食性蛇。嗜食蛙类、鸟类与鸟蛋、蜥蜴、鼠类和蛇类。食物匮乏时，王锦蛇甚至吃食自己的幼蛇，因此，在养殖中尤其要加以注意。

王锦蛇卵生，每年7月左右产卵，每次产卵8～14枚。卵较大，靠自然温度孵化，孵化期为30d左右。据观察，王锦蛇产卵后盘伏在卵上，似有护卵行为。王锦蛇肛腺能发出一种奇臭味，故有臭黄颌之称。

4. 百花锦蛇 百花锦蛇又名白花蛇、百花蛇、菊花蛇或花蛇，是两广地区的大型无毒蛇。分布于我国的广西和广东。

百花锦蛇体色美丽，头背赭红色，唇部灰色，体背部灰绿色，具3行略呈三角形的深色大斑块，两侧的斑块较小。因其部分鳞片边缘是黄白色或白色，使整体略呈白花状，故有白花蛇或花蛇之称。百花锦蛇体长一般为1.6～1.9m。

生活在海拔50～300m的石山脚下、岩石缝穴之中，有时水沟或小河边的乱石草丛中也有见，甚至也可以在居室内发现它们的踪迹。此种蛇昼夜均较活跃，但以晚间20～22时最为活跃。百花锦蛇嗜食鼠类，也食昆虫、蜥蜴、鸟类和蛙类。百花锦蛇为卵生，每年7月中下旬产卵，每次产卵6～14枚。

5. 黑眉锦蛇 黑眉锦蛇又名菜花蛇、枸皮蛇、黄颔蛇、秤星蛇等。我国绝大部分地区均有分布。

黑眉锦蛇体背呈棕灰色或土灰色，具横行的黑色梯状纹，前段较明显，到体后逐渐不明显；体后具四条黑色长纹延至尾端；腹部为灰白色，尾部及体侧为黄色。眼后具一明显眉状黑纹延至颈部，故而得名。黑眉锦蛇体长128cm左右，体重1～1.5kg。

生活在高山、平原、丘陵、草地、田园及村舍附近，也常在稻田、玉米地、河边及草丛中活动，在居室内、屋檐及屋顶也能见到。黑眉锦蛇是无毒蛇，但性较凶暴。当受到惊扰时，即能竖起头颈，使身体呈S状，做攻击之势。

黑眉锦蛇嗜食鼠类、鸟类和蛙类，也吃食昆虫。人工饲养条件下，一般喂以老鼠，每周投喂一次，每次投喂4或5只。

黑眉锦蛇卵生，每年5月左右交配，6～7月产卵，每次产卵6～12枚，孵化期为30d左右，但卵的孵化期受温度影响很大，最长者可达72d。

6. 乌梢蛇 乌梢蛇又名乌蛇、乌风蛇。分布于河北、四川、贵州、湖北、安徽、江苏、浙江、台湾、广东和广西等省（自治区）。

乌梢蛇体背青灰褐色，各鳞片的边缘黑褐色。背中央的两行鳞片黄色或黄褐色，外侧的两行鳞片黑色，纵贯至尾。身体背方后半部黑色，腹面白色。乌梢蛇体长 1.5～2.5 m，体重 0.5～1.5 kg。乌梢蛇生活在平原、山区和丘陵的田野间，常常在路边、农田附近或近水旁的草丛中活动。乌梢蛇是无毒蛇，性较温和，行动敏捷，一般不主动袭击人。乌梢蛇嗜食蛙类，也食鱼类和蜥蜴。卵生，每年 7～8 月产卵，每次产卵 6～14 枚，自然温度孵化，孵化期为 30d 左右。幼蛇出壳后，性情凶猛，爱咬人。

二、蛇生殖类型

蛇是雌、雄异体动物，一般生长发育到 2～3 年以后的个体达到性成熟。在外部形态上，两性差异不大。一般雄蛇头部较大，尾部较长，肛门前后粗细变化不明显。雌蛇头部相对较小，尾部较粗，肛门之后突然变细。用手紧捏蛇的肛门孔后端，雌蛇肛门孔显得平凹，而雄蛇的肛门孔中会露出一对交接器——两个“半阴茎”。

蛇的种类不同，繁殖行为和生殖类型也不同。大多数蛇类是产卵繁殖，称为卵生，也有一部分是产仔繁殖，称卵胎生。

【岗位技能】

一、蛇的发情与交配

1. 蛇的交配季节 蛇类在春季或秋季发情交配，为季节性发情动物。其发情交配期因蛇的种类而异，大多数蛇类在出蛰后不久交配，而在夏天产卵或产仔（表 19－2）。

表 19－2 几种蛇的交配、产卵时间

蛇 种	交配时间	产卵（仔）时间	蛇 种	交配时间	产卵（仔）时间
眼镜蛇	5～6 月	6～8 月	黑眉锦蛇	5～6 月	7 月
银环蛇	5～6 月	6～8 月	乌梢蛇	5～6 月	7～9 月
金环蛇	4～5 月	5 月	王锦蛇	5～6 月	7 月
蝮 蛇	5～6 月	6～8 月	赤链蛇	5～6 月	7～8 月

2. 发情表现 到了交配季节，雌蛇常会从皮肤和尾基部腺体发出一种特有的气味，雄蛇便靠敏锐的嗅觉找到同类的雌蛇。不同种的蛇所分泌的气味是有差异的。有些蛇在交配前有求偶表现，如眼镜蛇在交配前把头抬离地面很高，进行一连串的舞蹈动作，这种舞蹈动作可持续 1h 以上。以此来刺激异性，达到性兴奋。

3. 交配 交配时，雄蛇只从泄殖孔伸出一侧交接器（半阴茎）伸入雌蛇泄殖腔内，并用尾部缠绕雌蛇，如缠绳状，射精时尾部抖动不停，雌蛇则伏地不动。射精后雄蛇尾部下垂，使交接处分开，两蛇仍有一段时间静伏不动，以后雌、雄再分开，雄蛇先爬走，雌蛇恢复活动较晚。

在繁殖季节，一条雄蛇可与几条雌蛇交配，而雌蛇只交配 1 次，且交配后，精子在雌蛇泄殖腔中能维持 3 年的受精能力，因此，人工饲养条件下，雄、雌比例以1∶8～10为宜。

二、蛇的产卵（仔）与孵化

（一）产卵（仔）

1. 产卵 蛇一般在 6 月下旬至 9 月下旬产卵，每年 1 窝。蛇卵为椭圆形，大多数蛇卵为白色或灰白色。卵壳厚，质地坚硬，富于弹性，不易破碎。刚产的卵，表面有黏液，常常几个卵黏在一处。蛇卵的大小差别万千，小的如花生米大小，如盲蛇卵；大的比鹅蛋还大，如蟒蛇卵。产卵时间的长短与蛇的体质强弱和有无环境干扰有关。正在产卵的蛇如受到惊扰均会延长产程或停止产卵，停产后蛇体内剩余的卵，两周后会慢慢被吸收。

2. 产仔 卵胎生的蛇，大多生活在高山、树上、水中或寒冷地区，它们的受精卵在母体内生长发育，产仔前几天，雌蛇多不吃不喝，选择阴凉安静处，身体伸展呈假死状，腹部蠕动，尾部翘起，泄殖腔孔张大，流出少量稀薄黏液，有时带血色。当包在透明膜（退化的卵壳）中的仔蛇产出约一半时，膜内仔蛇清晰可见，到大部分产出时，膜即破裂，仔蛇突然弹伸而出，头部扬起，慢慢摇动，做向外挣扎状。同时，雌蛇腹部继续收缩，仔蛇很快产出。也有的在完全产出后胎膜才破裂。仔蛇钻出膜外便能自由活动，5min 后即可向远处爬行，脐带脱落。

3. 产卵（仔）数 蛇产卵（仔）数个体之间差异较大，少的如蝮蛇只有 2～6 枚，多的如蝰蛇，每次能产 30～63 条幼蛇。产卵（仔）数因品种、年龄、体型大小和健康状态不同而有差别。一般同一种蛇体型大而健康的个体，产卵或产仔数要多于体小、老弱的个体。

（二）孵化

大多数蛇产卵后就弃卵而去，让卵在自然环境中自生自灭，也有一些蛇有护卵现象，如眼镜王蛇能利用落叶做成窝穴，产卵后再盖上落叶，雌蛇伏在上面不动，雄蛇则在附近活动；蟒蛇、银环蛇、蕲蛇产卵后，亦有护卵习性，终日盘伏在卵上不动。蟒蛇伏在卵堆上，可使卵的温度增高 4～9℃，显然，这有利于卵的孵化。

1. 孵化期 蛇的种类不同，卵的孵化期相差很悬殊，短则几天，长的可达几个月之久。同一种蛇，孵化期的长短与温度、湿度密切相关。在适温范围内，温度越高，孵化期越短。一般孵化温度以 20～25℃为宜，孵化湿度为 50%～90%，孵化时间为 40～50d。如果孵化温度低于 20℃，相对湿度高于 90%，孵化的时间就要延长，并有部分孵不出来；如果孵化温度高于 27℃，相对湿度低于 40%时，蛇卵因失水变得干瘪而又坚硬。

2. 人工孵化 蛇卵人工孵化的方法有缸孵法、箱孵法、坑孵法和机器孵化法。选择缸孵时，将干净无破洞的大水缸洗刷干净，消毒、晾干，放在阴凉、干燥而通风的房间内，缸内装入半缸厚的沙土。沙土的湿度以用手握成团，松开手后沙土就散开为宜。沙土上摆放三层蛇卵（横放），缸内放一支干湿温度计，随时读取并调整孵化温、湿度，以确保高孵化率。缸上盖竹筛或铁丝网，以防鼠类吃蛋或小蛇孵出后逃逸，用适量新鲜干燥的稻草（麦秸或羊草）浸水 1h，湿透后拧干水放在卵面上，经 3～5d 再将草湿透拧干放上，以此法调节湿度，每隔 10d 将卵翻动 1 次。整个孵化期，室温控制在 20～25℃，相对湿度以 50%～90%为宜，经 25～30d 孵化，便可从卵壳外看到胚胎发育情况。若卵胚中的网状脉管逐渐变粗，逐步扩散，说明胚胎发育良好，能孵出小蛇。若胚胎没有脉管或脉管呈斑点状且不扩散，说明胚胎已经夭折，需及时剔除。

3. 仔蛇出壳 仔蛇出壳时，是利用卵齿划破卵壳，呈 2～4 条长 1cm 的破口，头部先伸出壳外，身躯慢慢爬出，经 20～23h 完成出壳。刚出壳的仔蛇外形与成蛇一样，活动轻盈敏捷，但往往不能主动摄食和饮水，必须人工辅助喂以饵料。

三、蛇的饲养管理

由于蛇的种类不同，其生活习性各有差异，所需求的饲养管理技术也各不相同。同时，由于养殖目的不同、最终产品不同，饲养管理的环节也就有所不同。依据蛇的种类、性别、年龄和个体大小不同进行不同的饲养管理非常必要。

（一）幼蛇的饲养管理

蛇自卵中出壳或自母体产出至第一次冬眠出蛰前为幼蛇期。一般来说，1～3 日龄的幼蛇是以吸收卵黄囊的卵黄为营养，不需投喂食饵，但需要供给清洁的饮水。幼蛇自 4 日龄起开始主动进食，4 日龄称为开食期。

1. 开食　4 日龄的幼蛇活动能力不强，主动进食能力较差，因此需要采取人工诱导开食。人工诱导开食的方法是：在幼蛇活动区投放幼蛇数量 2～3 倍的动物幼体饵料，造成幼蛇易于捕捉到食饵的环境，诱其主动捕食。此时确保每条幼蛇都能捕食到饵料动物是开食时期最重要的。对于体弱不能主动进食的幼蛇要分隔开来。同时，可利用吸耳球等工具给幼蛇强制灌喂一些鸡蛋或牛奶等流体饲料。强制灌喂时，除了需要注意不要被幼蛇咬伤外，还要注意灌喂所用的工具既要有良好的刚性，且又不能伤及幼蛇。

开食时，投喂蛇类喜食的动物幼体饵料，要求饵料体小、有一定的活动能力。例如，为银环蛇提供小泥鳅、小鳝鱼等，为尖吻蝮或日本蝮提供小蛙、幼鼠或 3 日龄内的雏鸡等。

2. 幼蛇管理　幼蛇的饲养管理方法与饲养目的直接相关。一般来说，幼蛇管理主要包括饲养密度、温度、湿度、投饵与蜕皮期管理等。

（1）饲养密度。刚出生或刚出壳的幼蛇个体较小，活动能力差，因而其密度可略大一些。例如，作为药材而饲养的银环蛇，其 17 日龄前的幼蛇便是成品，因而在饲养密度上可以略高一些，为 100 条/m^2 左右，但若作为种蛇，则为 40～60 条/m^2。由于蛇的种类不同，幼蛇大小各不相同，饲养者要依据所养蛇的种类、幼蛇个体的状况，调整密度。调整密度的原则是：蛇体的总面积约占养殖场地面积的 1/3，以使蛇有活动和捕食的场所。以银环蛇为例，可以采取在饲养初期 100 条/m^2 的高密度，而在 10～17 日龄时捡出 40～60 条作为商品蛇，余下的继续饲养，这样可以省掉转群环节。

（2）温度。同种蛇的温度适应范围基本上相差不多，但幼蛇对温度的适应范围略宽一些。在幼蛇产出或出壳时，若环境温度低于 20℃时，应采取保暖和升温措施；而环境温度若高于 35℃或连续数日高于 32℃时，应采取遮阴或降温措施。一般来说，养殖蛇类的最适温度为 23～28℃。

（3）湿度。蛇类对于湿度的要求依种类、生长发育时期、环境温度状况等的不同而不同。一般来说，环境相对湿度保持在 30％～50％对于蛇类来说较为适宜。当蛇进入蜕皮阶段，对环境相对湿度的需求要高一些，为 50％～70％。湿度过低、气候干燥不利于蛇的蜕皮，而蛇类往往由于蜕不下皮而造成死亡。但无论何种状况，湿度都不宜过大，一般不能超过 75％。

（4）投饵。幼蛇开食后，在 3d 内不需投饵，而在第 4 天至第 7 天时开始开食后的第一次投饵。7～20 日龄的幼蛇，饵料采用饵料动物的幼体，每隔 3～5d 投饵 1 次。每次投入的幼鼠或雏鸡等较大型动物的数量为幼蛇数量的1.5倍。21日龄以后，投饵周期与数量不变，但饵料个体可以逐渐加大。对于喜食鳝鱼、泥鳅之类的蛇来说，投饵数量一般为幼蛇数量的4～7倍。自开食起，每次投饵量均以幼蛇在1d内吃完为准。

对于半散养等形式饲养的幼蛇来说，也需要采用集中在运动场或某个固定场所定时投饵为宜。尤其是投喂鼠类，更应注意投喂地点，并及时清除未食的活鼠和死鼠，以防止鼠类蔓延至周围环境中造成鼠害。

(5) 蜕皮。蛇自产出或出壳后7～10d即开始蜕皮。蛇类蜕皮与湿度关系密切。若环境过分干燥，蜕皮就较困难，此时可见有的蛇自行游入水中湿润皮肤，再行蜕皮。因此，蜕皮期环境相对湿度宜保持在50%～70%。

(二) 育成蛇的饲养管理

育成蛇又称为中蛇，是指度过第一次冬眠出蛰后至第二次冬眠未出蛰之间的蛇。这个阶段大约1年整。育成蛇的饲养管理可以相对较为粗放，重点在于使蛇体健壮，为蛇的肥育或繁殖打下坚实的基础。

1. 管理方式　育成蛇的管理方式一般采用较为粗放的半散养与散养之间的方式，也可以采用在蛇箱内饲养。首要的是为育成蛇提供较为宽松的活动场所，以使蛇在此阶段获得健壮的体魄。

2. 饲养密度　育成蛇饲养密度依饲养方式不同略有差异，一般情况下是10～15条/m^2。集约化养殖状况下为15～25条/m^2。

3. 转群　对于采用半散养方式即养蛇房内设蛇池饲养的蛇类来说，将池内的育成蛇留够密度，余下的捡入另一个空的池内，即完成了转群工作，转群时注意尽量保持不拆散原来的蛇群。

4. 投饵　育成蛇的投饵周期与幼蛇相比，可以适当延长些。一般每5～7d投喂1次。投饵量每次控制在30～70g，并且随着蛇体的逐渐长大，逐渐加大投饵量。如果蛇的运动场是设置在蛇场的天然环境中，要注意鼠类饵料。投饵后2d内未食的活饵或被咬死的动物，要求全部捡出，使蛇在投饵后的第3天至下一次投饵之间充分地消化食物和运动。这样既易于控制投饵时间和投饵量，也可确保蛇类对食饵的捕食兴趣。

育成蛇的饵料必须注意质量，做好搭配。无论是广食性蛇，还是狭食性蛇，均不宜长期用某一种动物作为饵料，要适当改变饵料的种类，这样可以使蛇获得比较全面的营养。

5. 其他管理　育成蛇在温度、湿度及蜕皮期的管理与幼蛇管理相差无几，管理方法上基本相同。

(三) 成蛇的饲养管理

经过第二次冬眠出蛰后的蛇称为成蛇。成蛇期开始后，蛇类开始逐渐成熟，逐步进入繁衍后代的时期。由于蛇的种类、饲养目的不同，此期管理又分为主动进食、强制进食和种蛇管理等。

1. 主动进食育肥　进入成蛇期的蛇，蛇体较大，体型与体重在迅速增长。因此，此期蛇的密度应适当小一些，为7～10条/m^2，组合箱高密度养殖，10～15条/m^2，个别体形较大者，可以缩减到2～5条/m^2。此期主要以育肥为目的，以便使蛇尽早形成产品。因此投饵频率加大，一般每3d投饵一次，每次投饵量为蛇体重的1/5。投饵在1d内使蛇主动捕食，第2天清除未被捕食的活饵和被咬死的食饵。经过1.5～3个月的育肥，成蛇便可以作为食用和药用产品。

2. 强制进食管理 强制进食所采取的方法常为填饲。采用填饲方法，蛇体活动量小，密度可以适当加大一些。一般半散养于蛇房内蛇池中，为 10～15 条/m^2。集约化组合箱饲养，密度可以加大到 20 条/m^2 左右。

蛇自第二次冬眠出蛰后的第 1、2 次投饵采用蛇类主动进食的方式，在第 2 次投饵后的第 4 天开始采用填饲的方式进行饲喂，或在成品蛇出场前，或初加工前 2～4 周开始填饲。

成蛇转入填饲的时间往往很短，此时期蛇的食道较窄，一次容纳不了很多饲料，必须采用稀料逐渐将食道撑大。一般来说，撑大食道的时间往往需要 5～7d。方法是，在开始填饲时，混合饲料中另外加 5%～10%的水，混合并搅拌成糊状；然后隔日填饲 1 次，每次填湿料 100g 左右。填饲 2 或 3 次后，混合饲料开始不额外加水，每次填饲饲料量湿重为 100～150g，每日 1 次。连续填饲 15～20d 即可上市或进行初加工。请注意，填饲时间不宜过长。此外，填饲阶段必须注意给蛇充足的饮水供应，并保持箱池的清洁卫生。填饲只适宜于无毒蛇的育肥，不适于毒蛇与种蛇的饲喂。填饲用的饲料，一般可以采用多种动物的下脚料和易于采到的动物，如鸡头、兔头、鸡鸭、鱼类的内脏、昆虫与蚯蚓等。其次，还可以适当配上 5%～10%的植物性饲料。将所有配料用绞肉机绞碎，并将植物性粉料均匀搅拌进配料之中。这样可以充分利用各种原本蛇类并不一定嗜食的动物，也可以根据蛇类营养的需求充分利用蛇类不能主动进食的静止饲料。有一点必须注意：绞碎动物下脚料时，下脚料中的骨骼一定要充分绞碎，尤其不要有尖锐的碎骨存在，以防止划破蛇的食道。

3. 种蛇管理 种蛇一般宜在蛇房中进行饲养，但进入交配期时，宜放入种蛇箱中进行饲养，这样便于观察与管理。一般来说，一个种蛇箱内放入 10 条种雌蛇和 2 条种雄蛇。随着交配期完成，只需将种雄蛇取出即可。种成蛇只能采取主动进食方式进行饲养，不能进行填饲。种成蛇进入第 2 年或第 3 年的时候，逐渐成熟，开始进入交配繁殖期，在进入交配期前 2～3 周，应将种雄蛇按比例放入饲养种雌蛇的种蛇箱内，随时观察种蛇交配情况，待种蛇箱内的种雌蛇全部交配完毕，及时取出种雄蛇，防止种雄蛇吞食种雌蛇。

种雌蛇在交配后 2 个月左右开始产卵，而卵胎生蛇类则在交配后 3～4 个月开始产仔。为了提高蛇卵的孵化率，要随时将卵收集起来，及时进行人工孵化。

种雌蛇在交配后，雄蛇精子在雌蛇输卵管内可以存活 3～5 年之久。存留在输卵管内的精子与卵的受精作用可以随着时间的推移，在雌蛇排卵后依次产生。因此，往往雌蛇在一次交配之后，可以连续 3 年不再进行交配，仍能产生受精卵。但是，也有人观察到，有些种类的蛇，如尖吻蝮，连续 2 年均产卵者比较少见。

(四) 蛇的越冬管理

在我国北方，蛇类进入冬眠期要略早一些，约在 10 月中下旬；而在南方，则在 11 月，甚至 12 月蛇才进入冬眠。

每年秋末冬初时节，当气温逐渐下降时，蛇类便转入逐渐不甚活跃的状态。当气温降至 10℃左右时，蛇类便进入了冬眠。对于某些产于北方的蛇，耐寒能力较强，进入冬眠时的气温比 10℃还要低。无论何种养殖方式，越冬室的蛇窝均应设置在高燥的地方。蛇冬眠的时候，蛇窝内的温度宜保持在 5～10℃，上、下偏差不宜超过 1℃。温度过高，增加了蛇体的消耗，对蛇类冬眠不利；温度过低，往往会使蛇冻死。冬眠期间，蛇窝内的湿度也是十分重要的，一般保持在 50%以下，但是也不宜过干。

在蛇的冬眠期内，除了监测温度、湿度外，还要定期检查蛇洞或蛇窝内蛇类敌害的状况，注意消灭蛇洞或蛇窝内的老鼠、蝎子等，同时注意，要尽量不去干扰蛇的冬眠。

四、蛇产品的综合加工利用

蛇有危害人类的一面，但更重要的是蛇对人类的贡献，它能捕食老鼠、为人类提供药材资源及成为餐桌上的佳肴，也是皮革、乐器、化工的原料，还是气象、军事、科研的实验动物，特别是蛇毒的开发利用，在生物工程、医学领域有着广阔的应用前景。

（一）蛇酒

现代药理学证明蛇酒不但具有抗炎镇痛、镇静的作用，还可以增强人体的免疫力，对类风湿性关节炎有明显疗效，而且蛇酒具有很强的疏风通络之功效，是名副其实的百药之长。浸泡蛇酒却很讲究，制作蛇酒的酒剂应为50°以上的纯粮白酒，可以是蒸馏酒或配制酒。

浸泡蛇酒最常用的是鲜蛇浸泡，对鲜蛇的处理有3种方法：

1. 活蛇浸泡　将蛇清洗后1周左右不喂食，浸酒前从蛇的胃部开始用拇指勒住，自上而下捋至肛门，将肠内食物排尽冲洗干净后浸泡。

2. 熟蛇肉浸泡　浸酒前先将新鲜蛇肉蒸熟、晾干，再用酒浸泡。浸泡后的酒除去了蛇腥味，并产生一种特殊的香气，口味纯正，色泽较清。

3. 制成蛇干浸酒　蛇身晒干、清洗后浸酒。

浸制蛇酒时，蛇质量与白酒用量的比例为1∶5～10，蛇酒要封口存放3～6个月，并定期搅拌或摇动，同时注意其容器、场地人员必须符合卫生要求。

在制备蛇酒的过程中，可加一定量的甜味剂、着色剂，缓和药性，提高蛇酒质量，以方便患者服用。目前使用的甜味剂主要有红糖、白糖、冰糖、甜叶菊糖、蜂蜜。着色剂有竹黄、鸡血藤等。

（二）蛇胆

蛇胆具有行气祛痰、益肝明目、搜风祛湿、清热散寒之功效。蛇胆可以制成蛇胆干、蛇胆酒、蛇胆丸或加工成蛇胆川贝散等，广泛应用于临床。

1. 蛇胆的采取　将蛇从笼中取出后，以两脚分别踩住蛇头和尾。在蛇腹从吻端到肛门之间的中点开始由上至下轻轻滑动触摸，若摸到一个花生米大小的、滚动的椭圆形物体，硬度似人的鼻尖，便是蛇胆，用剪刀剪开一个2～3cm的小口，用两手指挤出蛇胆。取蛇胆时，应连同分离出的胆管一起剪下，剪至胆管的最长处，并用细线将胆管系好，以防胆汁外溢。

2. 蛇胆的加工方法

（1）酒泡鲜蛇胆。杀蛇后取出的蛇胆，装入50°以上的纯粮白酒，一瓶500mL的白酒中一般放2～5枚蛇胆即可。三蛇胆酒应放种类各异的3枚蛇胆，五蛇胆酒则放5枚不同种类的蛇胆，3个月后方可饮服。

（2）蛇胆干。用细线扎住蛇胆的胆囊后晾干即可。

（3）蛇胆粉。将鲜胆汁放入真空干燥器中进行干燥，即可得到绿黄色的结晶粉末，将粉末装瓶或装袋备用。

（三）蛇毒的采集与加工

收集蛇毒的季节在我国南方和北方大致相同，只是南方采毒时间较长。一般在北方为

6～9月，南方可延长到10月，采毒高峰期为7～8月，每间隔20～30d采毒1次。

1. 采毒方法 采集蛇毒一般用咬皿法，即用1只60mL的烧杯，或用瓷碟作为接毒器皿，使毒蛇咬住器皿边缘，毒牙位于器皿内缘部；这时，用手指在毒腺部位轻轻挤压，即可采出毒液。此项工作要由两人协同操作：一人将蛇从笼中取出，用右手握住蛇的颈部，使蛇张口咬住器皿内缘；另一人手持接毒器皿，并用另一手的手指挤毒。采完毒后，放蛇时应先放蛇身后放蛇头。蛇毒分神经毒、血循毒和混合毒等类型。不同的蛇毒的成分、生理活性和药理作用以及主治疾病有所不同，所以，采集的不同种类毒蛇的蛇毒不能混合。

2. 蛇毒加工与保存 新鲜的蛇毒在常温条件下极易变质，在普通冰箱内也只能保存10～15d。保存蛇毒的常用方法为真空干燥法，其操作步骤为：先将采集的新鲜蛇毒用离心机离心去掉杂质，然后放入冰箱内冰冻，冻后的蛇毒再移入真空干燥器内，在干燥器的底部放入一些硅胶或氯化钙作为干燥剂，上面覆盖几层纱布，将盛蛇毒的器皿放在纱布上，接着用真空泵抽气。在抽气过程中如发现大量气泡在蛇毒表面出现，需暂停片刻再抽，直到抽干时，再静置一昼夜。通过真空干燥的蛇毒变成大小不等的结晶块或颗粒，即为粗制蛇毒。刮下这些干制品按重量分装在专用的小瓶中，用蜡熔封，外包黑纸，注明毒蛇种类、重量、制备日期等，然后放置在冰箱或阴凉处保存。干制的蛇毒吸水性强，不耐热，在潮湿、高温和光照等影响下易降低毒性，贮藏时应注意。

（四）蛇皮

蛇皮是活蛇剖杀后剥离下来的皮，沿腹中线剖开的称剖肚蛇皮，沿背中线剖开的称剖背蛇皮。蛇皮主要用于制革，由生皮鞣制成革，制成包、袋、带、衣、鞋等，也可制作胡琴类的乐器，其次是食用和药用。蛇皮加工过程是鞣制之前对蛇皮称重，用大量水彻底洗净污物，然后浸水、浸灰、去肉、脱灰、浸酸、鞣制、加脂、固定、涂底等。

【拓展知识】

蛇场的建设

蛇场建设要根据养殖规模和蛇的种类综合考虑，可因地制宜，因陋就简。场址要选在土质致密、地势高燥、背风向阳的山坡或平地，地面要有一定的坡度，以利于排水。蛇场要坐北朝南，远离交通要道和居民区，附近要有水源或有流水通过。蛇场建筑要坚固耐用，安全实用，既能防天敌，又能防蛇逃跑。要尽可能依据蛇的生活习性，模拟蛇的生活环境，使蛇类在园中活动、觅食、繁殖、栖息和冬眠等，如同在自然界中一样，为其生长发育和繁衍创造良好的环境条件。此外，还要根据人工养蛇的要求，修建人行道路、取毒室、蛇产品加工室、饲养动物室、办公室、饲养员休息室及观测园内小气候变化的有关设备。

1. 蛇场的建造要点 为防止所养的蛇逃逸，周围应砌2.0～2.5m高的墙，墙基应挖入地下0.8～1.5m深处，用水泥灌注，防止鼠类打洞，蛇从鼠洞外逃。蛇场内壁的四角应做圆弧形，并用水泥的原色将表面处理得光滑无裂痕。蛇场可不做门而用梯子进出，当需有门时应设计为双层门，外层向外开，内层向里开，以确保安全。

蛇场内每一栋蛇舍都应该分隔成一个个小单元，不同大小、不同品种的蛇养在不同的单元中。每一小单元内应北高南低，北面砌蛇窝，最南面开一条浅水池，池深30～40cm即可，水源从场外引入，尽可能使水能流动不息。进水口和出水口要加铁丝网，网孔以1.0cm×1.0cm以内的规格为宜。场内中央栽种矮生灌木，注意分布均匀。地面种植草皮，选择株壮、耐踏、耐旱的草种为好，并适当放一些石块和断砖供蛇蜕皮。

2. 蛇窝（蛇房）　蛇窝应设在地势高、干燥平坦的地方，以防雨水灌入，可建成坟堆式或地洞式，四壁用砖或瓦、缸做成，外面堆以泥土。蛇窝内宽约 50cm，高 50cm，长 2m 左右，顶上加活动盖，以便观察和收蛇。底面应有部分深入地下，窝内铺上沙土、稻草，注意防水、通气、保温，每个窝至少有 2 个洞口与蛇园相通，每个蛇窝可容纳中等大小蛇 10～20 条。例如，一个 $30m^2$ 蛇园，建 5 个蛇窝，可饲养尖吻蝮 30 条或蝮蛇 100 条。

蛇场也可建造蛇房，蛇房宜坐北朝南，建在地势较高处，其长度视饲养量而定，可建成地上式、半地下式或地下式，其形状可为圆拱形、方窖形和长沟形等。例如，建一个 5m×4m×1.2m 的蛇房，四周墙壁厚 20cm，用砖砌成，上盖 10cm 厚的水泥板，水泥板上覆盖 1m 厚的泥土，除蛇房门外，其他三面墙外也要堆集 0.5m 厚的泥土，使外表呈墓状，房内中央留一条通道，通道出入口一端设门，用以挡风遮雨和保温散湿。通道两侧用砖分隔成许多 20cm×20cm×15cm 的小格。小格间前后左右相通，通道两侧还各有一条相连通的水沟，水沟两头分别通向水池和饲料池。晚上，蛇可自由地顺着水沟到水池饮水、洗澡或到饲料池捕食。蛇房还要有孔道与蛇园相通，供蛇自由出入。房内也可用木板或石板叠架成有空隙的栖息架，蛇可在空隙中栖息。

也可用蛇箱、蛇缸等小型饲养设施养蛇，其占地面积小，室内外均可建造，简单易做，容易普及，但由于与野外自然环境相差太远，蛇类不易适应，所以只适于暂养，或者利用它们产卵、越冬以及饲养幼蛇。

越冬室由走廊、观察室、冬眠间、蛇洞组成，每个部分由门或窗隔离开。室顶有 20cm 厚珍珠岩粉的保温层，再覆盖 1.6m 的土层。走廊与观察室呈直角，设有三道门，以防止冷空气侵入，起到调节和缓冲室内温度的作用。观察室内有照明灯和通风孔，室两侧排列多个 $1m^3$ 的冬眠间，每间有 70cm×50cm 的金属网门隔离开，以便观察和取蛇。冬眠间墙上留有通风孔，外侧底部有 12cm×12cm 的蛇洞通往土丘外。洞口有铁丝网活动门，防止野鼠进入吃蛇。蛇洞长约 2.5m，弯曲呈 S 形，可防止冷空气直接进入。外洞口有活动挡板，可调节室内温度。

【思与练】

1. 简述蛇的生物学特性。
2. 我国常见的有经济价值的毒蛇和无毒蛇品种有哪些？各有什么样的外貌特征？
3. 蛇有哪些生殖特点？怎样进行蛇卵的人工孵化？
4. 阐述新建蛇场的设计与施工。
5. 怎样加强幼蛇、育成蛇和成蛇的饲养管理？
6. 如何进行蛇胆和蛇毒的采收和初步加工处理？

【技能培训】

蛇产品的采收与加工

【目的要求】　通过学习掌握蛇肉、蛇皮、蛇胆、蛇酒采收与加工方法。

【材料与用具】　供实习用的无毒蛇、手术刀、手术剪、电炉、锅、5mL 注射器、50°以上的纯粮白酒。

【方法与步骤】

1. 抓蛇的方法 抓蛇时可用些简单的工具，如蛇叉、蛇网兜、蛇钩和棍子等，也可徒手操作，关键在于训练眼睛和手脚的紧密配合，动作的稳和准。

在捕捉蛇时，要学会胆大心细，做到眼尖、脚轻、手快，切忌用力过猛或临阵畏缩。群众在捕蛇时有句口诀：一顿二叉三踏尾，扬手七寸莫迟疑，顺手松动脊椎骨，捆成缆把挑着回。可参照应用。

抓蛇时，用一手的拇指和食指掐住蛇的靠近枕部的颈部，另一手握住蛇的尾部，并将蛇拉直。俗话说"鳝紧蛇松"，即掐住时应适当宽松而又让蛇无法移动位置。

2. 蛇的宰杀 宰杀活蛇的方法一般有两种，一种是将蛇直接摔死；另一种是将活蛇投入盛有白酒的较大容器中，以酒将蛇浸死。

3. 蛇皮的采收与加工 蛇剥皮的方法有筒状剥法和条片状剥法。

（1）筒状剥法。蛇处死后，固定好蛇的头部，用手术刀沿蛇的颈部环割蛇皮，用指甲或竹签沿环割处将蛇皮与蛇肉分开，然后将此处蛇皮向蛇体后部方向翻剥。当剥好此一圈后，双手捏住剥好的蛇皮部分，依次向蛇体后部拽剥蛇皮，边剥边拽，直至整个蛇皮被剥下来。

筒状蛇皮的内面朝外，干燥时可在筒内装入干燥的细沙，并均匀地拉伸，将蛇皮撑匀后再晾干。晾干后将细沙倒掉，即可收藏或出售。

（2）条片状剥法。先用手术刀沿蛇的颈部环割蛇皮，再用剪刀从蛇颈部环形切口开始顺蛇腹剪至肛门，越直越好。从肛门前约 2cm 处剪掉蛇尾，然后自上而下直接用力撕下整张蛇皮。注意金环蛇剥皮的方向是从尾部撕向头部。

剥下的蛇皮应立即展开铺平，钉于长条木板或墙壁上固定。固定时最好 2 人操作，钉蛇皮时应两边同时进行。每隔 1cm 一钉，将蛇皮钉得均匀对称，然后放置在通风处使其自然干燥。切忌在阳光下直接曝晒，不然皮张猛缩会挣脱钉子，致使蛇皮破裂卷边，影响出售的价格。干燥后蛇皮可卷起收藏或出售。

收藏蛇皮时要内放樟脑粉，以防虫蛀或霉变。

4. 蛇肉的采收与加工 宰杀剥皮去内脏后的蛇肉连着骨头，一般可采用生拆和熟拆两种方法去骨后得到净肉。

（1）生拆法。生拆法适用于个大而肥的大型蛇类。在宰杀剥皮去内脏后的蛇的肛门位置，用手术刀将左右肋骨连肉与椎骨纵形割开 3cm，在割开的位置，一手捏着椎骨，一手抓紧连着左右肋骨的蛇肉，用力撕向头部，再将肋骨外层肉分离即可得到净肉。

（2）熟拆法。熟拆法适用于小型或较瘦的活蛇。将宰杀并处理干净的蛇在沸水中煮20～25min，捞出控净水分后用手轻轻将蛇肉一丝丝从蛇骨上拆下来，操作时最好趁热动手，一旦冷却后蛇肉黏在骨架上则难以拆下，一般从头部拆向尾部。

5. 蛇胆的采收与加工 蛇胆的颜色大多以碧绿色、绿色为佳，一般冬季的蛇胆质量最好，取蛇胆前应把活蛇饿上 10～15d。取蛇胆的方法有活蛇取胆和活蛇穿刺取胆汁两种。

【实训报告】 按操作程序写出实训报告。

学习情景 20 蛤蚧生产技术

【知识准备】

蛤蚧又称大壁虎，在动物分类学上属于爬行纲、蜥蜴目、壁虎科、壁虎属。蛤蚧分布于亚洲南部各国，在我国主要分布在广东、广西和云南各省（区）。蛤蚧具有药用价值，《滇南本草》指出，蛤蚧性甘温，补脾，益肺气，具有补虚扶弱和扶正祛邪之功。既能增强机体活动能力，补充身体的亏损，又能增强人体抗病能力，驱散致病因素。此外，蛤蚧还有补益肺肾、平喘止咳的功效，用于治肾双虚、气喘咳嗽。

（一）形态特征

成蛤蚧形如壁虎，体长 30～35cm，体重 60～150g。头稍大，略呈扁三角形，吻端前突且圆，眼大，瞳孔呈线状，无活动眼睑，上、下颌有许多同型细小牙齿。颈部粗短，能转动。躯干部能向左、右两侧交替弯曲，两腹侧各有一条皮肤皱褶，躯干部与尾部交界处为泄殖腔孔，泄殖腔孔为横裂形。尾部有 6～7 条灰白色环，尾的长度与体长相等，易断，能再生。四肢短小，附肢发达，能吸附峭壁。体色变化大，基色有黑、褐、深灰、蓝褐等颜色的横条纹，多个成行或不成行的铁锈色、棕黄色、淡红色的圆形斑点，皮肤颜色与其栖息的环境密切相关。皮肤粗糙，全身披有粒状细鳞和颗粒状疣粒，缺乏皮肤腺，所以皮肤干燥（图 20－1）。

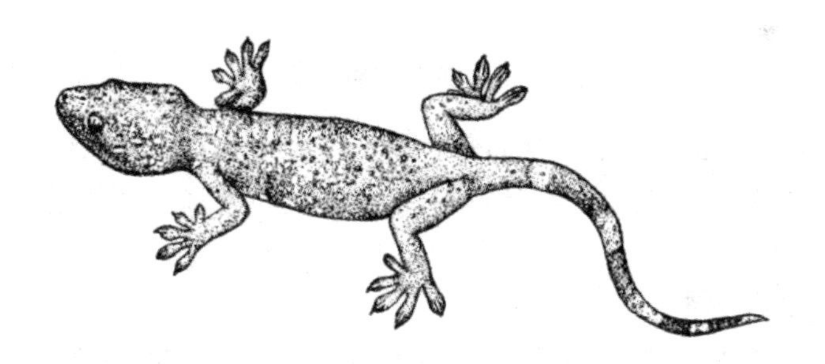

图 20－1 蛤蚧（大壁虎）

（二）生活习性

蛤蚧为陆栖爬行动物，在自然环境中，多栖息在石缝、树洞、房屋墙壁顶部避光处，常数条栖息一处，适宜于地势高和温热的环境。蛤蚧喜温怕寒，不喜水，但是能游泳，性机警，遇惊四处逃逸，嘴能自卫，若突遇异物则咬住不放。蛤蚧遇敌害时尾部肌肉剧烈收缩，其中受震动较大的中间很薄的未骨化尾椎断裂，从而尾巴离开身躯，掉下来的尾巴肌肉仍急剧收缩，转移了天敌的注意力，蛤蚧便趁机逃走。尾断后，一段时间之后会再生，但是再生尾较短，成锥状。蛤蚧体色随外界环境的光度、温度有所改变，一般在阳光下变成灰褐色，在阴暗条件下变成黑褐色，具有保护作用。蛤蚧脚底吸附力强，能在峭壁、侧壁或天花板上自如爬行。蛤蚧属昼伏夜出动物，白天视力极差，畏光，但有好的听力。瞳孔能随光线的强弱迅速作出放大或缩小的调节，在全黑的情况下，瞳孔全部放大成圆形，在白天，瞳孔完全关闭。

蛤蚧喜头向下栖息，鸣声高亢洪亮，呈间歇性，每次连续鸣叫的声数与年龄相关，不满1龄者，每次连续鸣叫2～3声，1～2龄者连续8～10声，3龄者13次左右，据此可判断蛤蚧大致年龄。蛤蚧每年4～6月份蜕皮1～2次，与生长有直接关系，蜕皮1次通常需要5～6d蜕净，体弱者脱皮时间长些，幼蛤蚧蜕皮较快。脱皮的顺序是从头、肢、背部先蜕，然后躯干、尾，脚趾脱完时间较长。与蛇类脱皮不同的是，蛤蚧非整张脱出，而是成块状脱落。

蛤蚧为变温动物。在冬季，当室内温度下降到8℃以下时，蛤蚧呈麻木或冬眠状态，当室温回升到18～22℃时，麻木或冬眠状态立即解除，即便是隆冬季节亦恢复活动。不同温度的活动强度具有显著差别，以22～32℃为最活跃，26～32℃为生长发育最适温度。蛤蚧虽喜温，但不耐高温，对低温特别敏感，且怕风雨。

蛤蚧以捕食活昆虫为主要食料，包括蟋蟀、蜚蠊、蚱蜢、蜘蛛、蟑螂、蚊虫、蚕蛹、土鳖虫等，但不食死的和有特殊气味的昆虫。蛤蚧天黑开始取食，日出停止活动，取食活动呈现出昼夜变化。蛤蚧耐饥饿，小蛤蚧孵出后可耐120～135d，大蛤蚧饱食后可耐140～145d，最多达200多天。

（三）繁殖特点

蛤蚧卵生，在正常情况下3～4龄性成熟，此时一般体长约13cm，体重约50g。自然状态下每年5～9月开始进行交配，6～7月为交配盛期，年产卵1次，每次产卵1～2枚。优越的饲养条件下，蛤蚧每年可产卵3～4次，每次产卵4～6枚，年产16～24只。

【岗位技能】

一、养殖场建造

饲养场地应选择在依山傍水、通风良好、冬暖夏凉、果林、灌木便于诱虫的林荫地。只要具备适合的的隐蔽场所和容易取得丰富饲料的环境均可建场。现一般以室内养殖和野外放养为主。

（一）室内养殖场养殖

1. 箱养 蛤蚧养殖箱一般用旧的包装小木箱改造而成，大小为50cm×40cm×30cm，箱面的一半用铁窗纱或塑料窗纱密封，另一半用木板装成活动箱盖，盖上开一个小孔供投放饲料用，养殖箱务求密实无缝隙，以免投入的活昆虫饵料逃跑。

2. 房养 选择虫源丰富的村旁、山边、石山上等环境隐蔽处建蛤蚧养殖房。其面积大小视养殖规模而定，一般长4m，宽2.5m、高2.2m，可放养蛤蚧400条左右。饲养房顶部或后面要建蛤蚧活动场；房顶活动场高1.2～1.5m，四周用铁丝网围好，养殖房与活动场相通，便于蛤蚧出入；若在养殖房后面建活动场所，与养殖房成套间形式即可。活动场所能使蛤蚧吃到露水，又不能被逃散。为防止雄蚧咬死小蛤蚧，应大小分开饲养，可建小蛤蚧室，将小蛤蚧养至手指大小时放入大蛤蚧房内饲养。活动场顶部安装20W的黑光灯，下设收集漏斗，点灯诱虫，经漏斗落入场内供蛤蚧食用。室内可放盐水及淡水，供蛤蚧饮水用，设小水池供蛤蚧洗澡。

3. 假山饲养 可用人工模拟石山的自然条件，建造假山并用铁丝网围成的养殖场所。

假山养殖场宜选在村旁、田边或山脚虫源较多的地方修建。在假山中，多用石灰岩垒成若干小室，室壁留有多处便于观察的缝隙、石洞，作为蛤蚧白天隐伏和冬季越冬场所；室内缝隙部分与假山外围的缝隙相通，便于蛤蚧进出。亦应设洗澡水池，安装黑光灯，并在假山上和周围种植花草。

（二）放养场放养

1. 独山放养　选择人为影响少、岩石多、草木繁茂、四周平坦的独个山头作为蛤蚧放养场地。在山脚的周围建立 150cm 高的围墙，并经常检查，防止蛤蚧逃跑。在石山上修建洞穴、周围建造游泳池，并按石山不同方向安装数盏黑光灯诱虫。其放养数量可视山的大小和虫源等而定。

2. 孤岛放养　选择四周环水的小孤岛，岛上应有草木和可供蛤蚧隐伏的石山洞穴与有关设施。

二、配种与产卵

人工饲养时，通常采用小群配种法，即在 1 个产卵室中放入 1 只雄蛤蚧和 4～6 只雌蛤蚧。蛤蚧在天黑之后交配，交配时雄性靠近雌性，并爬到雌性背面，雄尾根部绕到雌尾根部下面与之对合，几秒钟后各自离开。在野生条件下，蛤蚧卵产在洞内伸手不及处。在饲养室中，蛤蚧喜将卵集中产在天花板、墙角、墙壁暗角处，卵大多重叠堆积，互相粘连不可分开。铁丝笼内的蛤蚧大多将卵产在笼壁上，也有产在笼顶的，但极少产在笼底，这与保护卵的安全，使卵免遭敌害有直接关系。蛤蚧产卵时，头部朝下，尾部朝上，四肢平行伸展，卵刚产出时，卵壳柔软具有黏性，蛤蚧用后肢不停地将卵往墙壁或笼壁上挤压，约经几分钟，卵就黏于壁上。软壳卵暴露约 30min 后则会变成硬壳卵，在壳硬化之前，雌蛤蚧始终守护着，任何敌害接近软卵都要遭到雌蛤蚧的攻击，卵壳变硬之后，蛤蚧自动离开，不再守护。蛤蚧卵大小为 26mm×24mm×20mm，卵重 5～7g。

小蛤蚧经过多次蜕皮后长大，蜕皮后体呈黑色，有鲜明的白色小斑点，尾部白环清晰，幼小蛤蚧蜕皮较成年蛤蚧速度快，一般 4～5d 蜕净，在食物丰富，生长速度较快的季节里，蜕皮次数也多，蛤蚧有吃下蜕皮的习惯。

三、一般管理

1. 控制温湿度　蛤蚧养殖场所应保持适宜温湿度。冬季温度不低于 20℃；夏季不超过 32℃，超过 32℃可泼水降温或者通风。冬季最好保持在 25℃左右，冬季可采用暖气或电热加温，若用煤炉子加热，要严防蛤蚧中毒。室内相对湿度保持在 70%～90%为宜。游泳池内要经常加满水，以便蛤蚧入池降温。此外，养殖室内应保持空气新鲜，绝不能混有炊烟味和农药味，空气稍有污染，蛤蚧则会乱蹦乱跳、鸣叫、逃逸等。

2. 合理饲喂　人工养殖蛤蚧，食料充足合理是促进生长发育的关键。蛤蚧活动期，除雨天外，每天傍晚都要打开黑光灯诱虫提供食料，一般来说，一夜诱捕的昆虫基本能满足其食用，若天然昆虫不足时，应补饲人工饲养的昆虫。箱养时，由于晚间无法用黑光灯诱虫，则需每天投喂食料 1 次，7～9 月摄食盛期，上、下午需各投 1 次。人工饲料还可适量投喂含盐的米粥、煮熟的南瓜和甘薯等，若营养不足，还可投玉米粉、面粉，以及蛋炒饭、熟肉屑等。往往一开始蛤蚧不习惯人工饲料，可先进行投饵训练，其方法是：将上述人工饲料作成糊状，涂在蛤蚧活动的壁缝上，每隔 2～3d 投放食饵 1 次，但不投昆虫，不给饮水，待蛤蚧饥饿时则开始少量食取，以后便逐渐适应成为习惯。投喂时间以傍晚为宜，先投人工饲料，后投昆虫饲料。冬眠前的成体蛤蚧和小蛤蚧，更要注意喂足饲料，使其健壮，保障安全过冬。惊蛰后，蛤蚧刚刚经过冬眠，体内营养消耗大，加上很快则进入繁殖期，也要精心喂食，宜选高质量饵料喂食，及时补充营养。夏、秋季要保证有清洁的淡水和盐水供给。另外，蛤蚧的饮用水和泳池水要经常更换，保持干净。工作时动作要轻，以免惊扰蛤蚧。

3. 搞好环境卫生 蛤蚧养殖场地应经常打扫干净，使其在一个清洁卫生的环境条件下生长和繁殖，以减少疾病的发生。蛤蚧排出的粪便和剩余饲料应及时清除，同时更要注意对环境中蚂蚁、毒蛇等敌害的清除。

四、繁殖管理

首先要注意雌、雄蛤蚧的鉴别，如从尾部看，雄蛤蚧尾基较粗大；从腹面看，雄体在横裂的泄殖孔外下方两侧有稍明显的 2 个小突起，用指轻压肛后囊孔的稍后方，若见有 1 对赤色的半阴茎从泄殖孔两侧出现，则可确认为雄性，否则为雌蛤蚧。

1. 交配期 应有效控制雄蛤蚧，不能过多，否则会出现争雌争食，咬断尾巴等现象，而且雄蛤蚧有吃卵和咬死小蛤蚧恶习，故在养殖群体中雄蛤蚧数量要严加控制。一般认为以雌、雄比例 10～15∶1 为宜，多余的应在入冬前或出蛰后淘汰，可供加工药用。

2. 产卵期 产卵期应将待产的雌蚧养在特制笼箱内，并用纸格分开，纸格内贴 1 层薄纸，雌蚧产卵于纸上，以便扯下薄纸取卵。笼外用布遮光，以使蛤蚧能于笼内安静产卵。产卵期，要及时检查护卵，发现有产出卵块，应及时用铁纱网罩住加以保护。若发现有卵壳不变硬，则属畸形卵，或者出现破损卵，都不能孵化，应从入春起就注意在饲料中添加钙、碘、蛋白质、盐类等物质。

3. 孵化期 孵化期宜将卵集中在适宜笼箱中，控制温度在 30～32℃，经 90d 左右即可孵出小蛤蚧。由于孵化期较长，为保证成活率，可采取适当的措施，春、夏产的卵，当气温低于 30℃时，应人工加温以缩短孵化期，以增长小蛤蚧在当年的生活时间，减少入冬死亡率；秋、冬产的卵在低温下妥善保存，延迟到翌年孵出，这样亦可提高成活率，若于秋、冬用加温法孵出，则需加温饲养，保持湿度在 70%～80%，使小蛤蚧安全越冬。初生的小蛤蚧应集中在小笼箱内单独饲养，可放在蚊子等昆虫多的地方任其自由取食或辅以精料，待养到小指头粗时，再开笼进行大群饲养。

【思与练】

1. 蛤蚧的生活习性有哪些？
2. 蛤蚧是怎样进行繁殖的？影响蛤蚧卵的孵化因素有哪些？
3. 如何对成年蛤蚧进行饲养管理？

【技能培训】

蛤 蚧 的 加 工

【目的要求】 要求学生掌握蛤蚧的加工工艺程序及具体操作方法。

【材料与用具】　锤子、解剖刀、竹片、纱布、烘炉、草木灰、薄铁皮、疏孔网、60°白酒和米酒。

【方法与步骤】

1. 干蛤蚧　商品蛤蚧以雌、雄一对为单位，以体大肥厚、撑面平整、色鲜明、无短尾、无烘焦、无破裂、不碎、干爽为佳。蛤蚧加工一般分撑腹、烘干、扎对3道工序。

撑腹：捕收的蛤蚧，用锤击毙，剖腹除去内脏，用纱布抹干血痕，切开眼睛，放出汁液，再以竹片将其四肢、头、腹撑开，并用纱布条将尾部系在竹条上，以防断尾。

烘干：在室内用砖砌一个长×宽×高为150cm×100cm×60cm的烘炉，内壁离地面25～30cm处，每隔20cm横架一条钢筋。炉的一面开一个宽18～20cm，高60cm的炉门（炉门不封顶）。烘烤时，在炉腔内点燃两堆炭火，待炭火烧红没有烟时，用草木灰盖住火面，在钢筋上铺放一块薄铁皮，铁皮上再铺一块用铁丝编织成的疏孔网，把蛤蚧头部向下，一只只倒立摆在疏铁丝网上，数十只一行，排列数行进行烘烤。烘烤过程中不宜翻动，炉温保持在50～60℃，待烘烤至蛤蚧体全干（检查蛤蚧干，如果成灰色，眼睛全陷入，尾瘪，用手指击头部有响声，表示已经全干），便可待凉取出。

扎对：蛤蚧烘干后，把2只规格相同的蛤蚧以腹面（撑面）相对合，即头、身、尾对合好，用纱布条在颈部和尾部扎成对，然后每10对交接相连扎成一排即可。

2. 酒蛤蚧的炮制　取净蛤蚧，用60°白酒浸润后，微火焙干。

3. 蛤蚧酒　取干品或鲜品除去内脏洗净，浸泡于60°的米酒中，贮藏100d以上即成。

【实训报告】　根据实际操作，写出实训过程和结果并分析。

学习情景 21　蝎子生产技术

【知识准备】

蝎子属于节肢动物门、蛛形纲、蝎目、钳形科。是传统名贵的中药材，其味辛、性平、有毒，能镇疼、息风止痉、通经活络、消肿止痛、攻毒散结，可广泛应用于中风、半身不遂、口眼歪斜、癫痫；抽搐、风湿痹痛、偏头痛、破伤风及瘰疬、疮疡、肺结核、破伤风、顽固性湿疹、皮炎、淋巴结核等病症的治疗，效果非常显著。目前用全蝎配成的中成药有150余种，如大活络丹、再造丸、牵正散、中风回春丸等均以全蝎为主要成分。另外，现在人们在饮食上不断追求营养保健，蝎子成为美味佳肴，深受宾客的青睐。此外，还有蝎酒、蝎罐头、蝎精口服液、蝎粉、蝎精胶囊、中华蝎补膏等保健品被开发出来，颇受人们的喜爱。

蝎子在全世界约有1 000种，我国大约有15种，中国盛产的东亚钳蝎是优良品种，分布在温暖地区，热带最多，亚热带次之，温带较少，在北纬45°以北地区很少有蝎。

（一）形态特征

蝎子身体可分为头胸部、前腹部和后腹部三部分。头胸部背甲坚硬，前窄后宽，呈三角形。头部的中央有1对中眼，两个前侧角各有3个单眼。有胸脚4对，头前长有1对钳肢。前腹部背板分7节，在腹面胸板后有生殖厣，由两片半圆形甲片组成，打开后，可见1个多褶的生殖孔。后腹部分5节，尾节内有1对白色毒腺，外面包一层肌肉。毒针末端的上部两

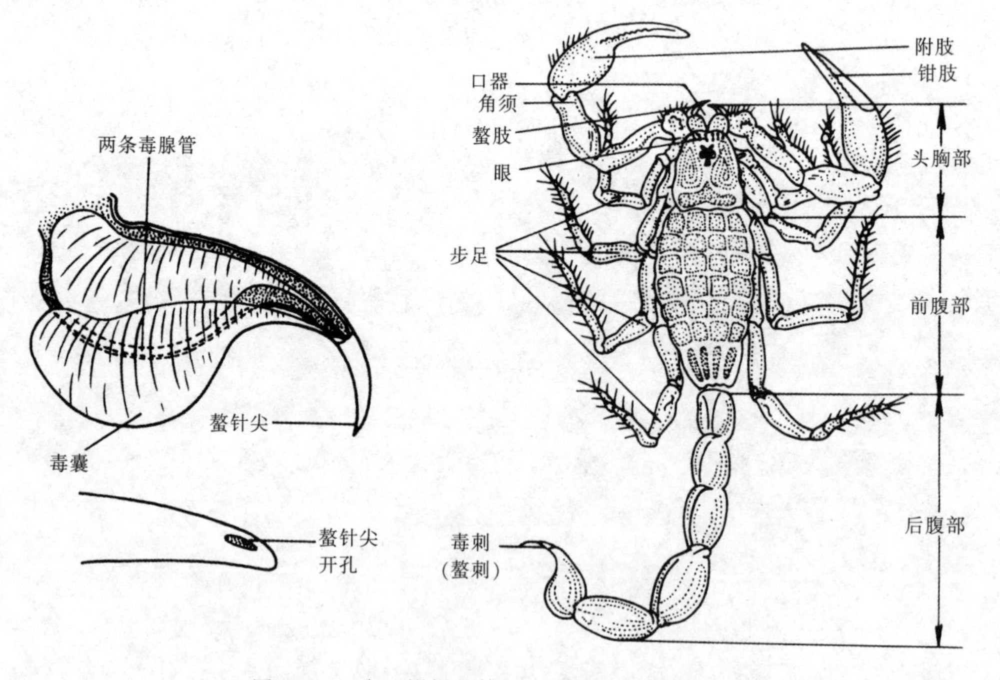

图21-1　东亚钳蝎的外形示意图（左图示毒针）

侧，各有1针眼状开口，与毒腺通出的细管相连。肛门开口于第5节腹面后缘的节间膜。头胸部和前腹部合称躯干部，呈扁平长椭圆形。后腹部分节，尾状，又称尾部。

东亚钳蝎雌蝎全长约5.2cm，雄蝎全长约4.8cm，躯干背面紫褐色，腹面、附肢及尾部淡黄色（图21-1）。

（二）生活习性

蝎子多栖息在山坡石砾中、近地面的洞穴和墙隙等处。尤其是片状岩石杂以泥土，周围环境湿度适宜（空气相对湿度60%左右），有些草和灌木，植被稀疏的地方。

蝎子喜群居（每窝几只至几十只不等），喜温热、喜昏暗，怕强光、怕水。全年活动期6个多月（4月中旬～11月上旬），昼伏夜出，多在温暖无风、地面干燥的夜晚出来回活动。

蝎子生长发育最适宜的温度为25～30℃，低于10℃进入冬眠，降至0℃以下会冻死，超过41℃蝎子体内水分被蒸发极易脱水而死。

蝎子视觉迟钝，胆小，同时还具有互相残杀的特性，因此在人工饲养时，尽量做到大、小蝎分开饲养，且养殖密度合理，食物充足。

蝎子喜食动物性食物，喜欢吃软体多汁昆虫，如黄粉虫、地鳖虫、蝗虫的若虫和蟋蟀。人工喂养中，黄粉虫是较好的饵料。取食时，用触肢将捕获物夹住举起，用毒针螯刺。毒液无色透明，内含蝎毒素，对大多数昆虫来说是致命的，但对人无生命危险，只引起灼烧似的剧烈疼痛。蝎子用螯肢将食物慢慢撕开，先吸食捕获物的体液，再吐出消化液，将其组织先在体外消化后，再慢慢吸入，所以吃食的速度很慢。

蝎有冬眠的习性，当地表温度降至10℃以下时，它便沿着石缝钻至20～50cm深处进行冬眠，冬眠历时5个多月，从立冬前后（11月上旬）至翌年谷雨前后（4月中旬）。

蝎子冬眠适宜的条件是：虫体健壮无损伤；土壤湿度在15%以下，温度为2～5℃，所以人工饲养准备的冬眠洞穴不可过深。

蝎子寿命可达8～9年。

（三）繁殖特性

东亚钳蝎为卵胎生，在自然界，雌、雄蝎的数量大约为3∶1。多在6～7月进行交配，在自然温度下一般1年繁殖1次，但在人工控温条件下1年可繁殖2次。雌蝎交配1次，可连续3～5年产仔。

1. 交配行为　雄蝎交配前烦躁不安，到外寻找配偶，一旦找到，雄蝎以触肢拉着雌蝎到僻静处，雄蝎两触肢夹住雌蝎两触肢，两者头对头，舞步轻盈地拖来拖去。稍后，雄蝎从生殖孔排出精荚黏于石块上，随后，雄蝎把雌蝎拉过来，使精荚另一端有锐刺的部分与雌蝎生殖孔相接触，精子随即从精荚中逸出进入雌蝎生殖孔。交配后雄蝎卧地休息片刻，而雌蝎照常活动，并还可以与其他雄蝎进行交配，但雌蝎交配次数过多会引起死亡。

2. 妊娠与产仔　母蝎怀孕后雌、雄分开饲养，尤其临产前，孕期在自然条件下需200d，但在控温条件下只需120～150d，产仔期在每年的7～8月。

临产前3～5d母蝎不进食，也不愿活动，呆在石块或瓦片等安静的黑暗场所。孕蝎产仔时收缩有力，此时带有黏液的仔蝎便从生殖孔中陆续产出，每胎产仔20～40只，少则几只，多的达60只。刚产下的仔蝎会顺着母蝎的附肢爬到母蝎的背上，密集地拥挤成一团。母蝎在负仔期间不吃不动，以便保护幼蝎（避敌害及不利气候）。

初生仔蝎在出生后第5～7天在母蝎背上蜕第1次皮，成为2龄仔蝎，此时呈乳白色，体长 1cm，出生后 12d 左右逐渐离开母蝎背而独立生活。出生 40d 后第 2 次蜕皮，翌年 6 月份第 3 次，8 月份第 4 次，第 3 年 6 月份第 5 次，8、9 月份最后一次蜕皮。每蜕皮 1 次长 1 龄。从仔蝎生长发育到成蝎需要蜕皮 6 次。蜕皮与环境温度关系密切，在 35～38℃只需 2h，30～35 ℃需要 3h，25 ℃以下时蜕皮困难，甚至死亡。

【岗位技能】

人工养蝎的方式很多，有盆养、缸养、箱养、房养、池养、炕养及温室养等。养殖户可根据具体情况，因地制宜选择使用。少量可用盆、缸、箱等饲养，大量养殖宜用房、池养，要提高养殖效益，必须采用加温饲养的方法（如炕养、温室养和花房型无冬眠饲养等）。养蝎房高为 2～2.8m，养蝎池的大小为高 0.5m×宽 1m×长 1.5m。加温饲养的热源可用煤炉、电炉、柴灶等，有条件的可通暖气，升温效果更好。不论采取哪种养殖方式，都要在盆、缸、房、池内建造蝎窝。

（一）蝎窝建造

蝎窝用瓦片、土坯或石板垒成，上、下层应留 1～1.5cm 缝隙，可垫小瓦片或以少量泥浆粘接而成，作为蝎子栖息的场所。层数愈多，蝎子栖息的空间愈大。在蝎房的围墙或蝎池内壁四周贴上 15～30cm 高的玻璃或塑料薄膜，以防蝎子逃跑。饲养密度，一般房养每平方米面积可养成龄蝎 500 只，中龄蝎 1 000 只，2～3 龄小蝎 10 000 只。

（二）饲养管理

1. 饲料与投喂 蝎子是肉食性动物，应以动物性饲料为主，如黄粉虫和地鳖虫及配合料等，配合饲料为辅。配合饲料用肉泥、麸皮、面粉、青菜渣按 3∶3∶3∶1 配合而成。喂蝎时间以傍晚为好。软体昆虫喂量为：成龄蝎 30mg、中龄蝎 30mg、幼龄蝎 10mg，1 周投喂 1 次。根据剩食情况，再作下一次喂量调整。

保证充足供水，一般将海绵、布条、玉米芯等用水浸透，置于塑料薄膜上，供蝎吸吮。春秋季 10～15d 供水 1 次，炎夏 2～3d 供水 1 次。

2. 种蝎的管理 4～9 月为蝎子的交配繁殖时间，刚进入成年的青年雌蝎和雄蝎按 3∶1 混养。场所要清洁安静，投喂新鲜多汁、富有营养食物，温度与湿度适宜。繁殖期间，蝎窝要压平、压实，保持干燥，饲养密度不宜过大，以免漏配。母蝎经交配受孕以后，要单独分开饲养，可用罐头瓶作产房，内装 1cm 厚含水量为 20%的带沙黄泥，用圆木柄夯实泥土，然后把孕蝎捉到瓶内，投放 1 只地鳖虫，如被吃掉，应再放食料，让孕蝎吃饱喝足。孕蝎临产时，前腹上翘，须肢合抱弯曲于地面，仔蝎从生殖孔内依次产出，如遇到干扰与惊吓，母蝎会甩掉或吃掉部分仔蝎。产仔后要给产蝎及时供水、供食。

3. 仔蝎的饲养管理 仔蝎的饲料应以肉类为主，植物性饲料占饲料总量的 15%，其中青菜约占 5%，在肉类饲料中加入少量的复合维生素。喂食时间为每天下午 17 时。

仔蝎出生后 12d 左右，第 2 次爬下母蝎背，此时已能独立生活，可以实行母子分养。其方法是先用夹子夹出母蝎，然后用鸡毛或鹅毛将仔蝎扫入汤匙内，再移入仔蝎盆中饲养。2 龄仔蝎食欲大增，离开母体 48h 内便可吃掉 20mg 重的小虫，大约 1 个月体可吃掉 6 只小虫（每只重 8～10mg），仔蝎体重可增加 24mg。

仔蝎进入 3 龄，应进行第 1 次分群。长到 3～4 龄，体格增大，可转入池养。如冬季在蝎房内接上暖气，夏季可在周围洒水等办法控温调湿，可以加快生长。每天早晨打扫卫生，清理剩下的食物。

如果蝎房过于干燥，易患枯瘦病，要及时在室内洒水，并供给充足饮水。如蝎房过于潮湿，易患斑霉病，要设法使蝎窝干燥一些，如给蝎子喂腐败变质饲料或不清洁的饮水，极易患黑腹病，要注意预防。如2龄仔蝎受到空气污染，则易患萎缩病仔蝎不生长，自动脱离母背而死亡，要切实注意环境空气新鲜。

4. 商品蝎的饲养管理　不留种的仔蝎，长到6龄以上的成蝎，即可做商品蝎。由于商品蝎已长大，食量增加，活动范围大，因此投食量也要加大，单位面积上饲养密度要减小，每平方米不超过500只。一般产仔3年以上的雌蝎、交配过的公蝎及有残肢、瘦弱的公蝎，都可作商品蝎。

（三）产品采收与加工

1. 商品蝎的捕收　在深秋时节捕捉蝎子易于晾干。收捕者要做好防护工作，穿好鞋袜，戴好手套，扎紧袖口和裤管，谨防被蝎子刺伤。准备好盛蝎子的盆、桶及扫帚、刷子、夹子等工具。根据不同饲养方式，采用不同的收捕方法，刷扫或夹捕。

在养房蝎收捕时，可用喷雾器将30°米酒置于蝎房部内，关好窝门，仅留脚基两个出气孔不堵塞，约经30min，酒气味可使蝎受不了，蝎子便从出气孔逃窜出来，这时在出口处放一个大型塑料盆，蝎子出逃时便掉入盆内。

如遭蝎螫出血，应立即在所螫部位挤出血液及毒汁，然后用肥皂水或氨水擦洗即可。

2. 商品蝎加工

（1）咸蝎加工法。先配好盐水，1kg活蝎，用2.5～3kg水溶解100～200g食盐，再把活蝎放到盐水中洗去体表泥土脏物，并让蝎子喝进盐水，促使腹中泥土吐出；然后再放到盐水里浸泡12h左右。捞出放入浓盐水（1kg蝎子加食盐300g）的锅中用文火煮沸，边煮边翻，煮至蝎背显出凹沟，全身僵硬挺直即可捞出摊在筛或席上阴干，出售供药用。

（2）淡蝎加工法。先把蝎子放入冷水中洗泡，去掉泥土和体内粪便，然后捞出来，放到淡盐水（1kg蝎子加食盐30～100g）锅里煮，煮至全身挺直。蝎体不含盐粒和泥沙杂质，体内杂质少，虫体完整，大小均匀。

3. 商品蝎贮存　经过加工的咸蝎或淡蝎，把缺肢断尾的和体小的捡出来，然后分级包装贮存。包装用防潮纸，每500g全蝎包一个包。贮存在干燥的缸内，加盖。贮存过程要防止受潮、虫蛀及老鼠等危害。运输时要放在箱内，以防压碎。

优质药用全蝎应为：虫体干，颜色黄白色且有光泽，虫体完整，大小均匀，不返卤，不含盐粒和泥沙等杂物，体内杂质少。

4. 蝎毒的提取

（1）杀蝎取毒。即杀死蝎，切下并破碎尾节，用蒸馏水或生理盐水浸取有毒组织成分。取出的毒液应尽快真空干燥或冷冻制成灰白色粉末状的干毒。

（2）电刺激取毒。将YSD-4药理实验多用仪定位到连续感应电刺激档，调频率到128Hz，电压为6～10V后，用一电极夹夹住蝎一前螯，用一金属镊夹住蝎尾第2节处，用另一电极不断接触金属夹（若有不反应者，可用生理盐水将电极与蝎体接触处润湿），然后用50mL小烧杯收集尾刺所排出的毒液。

（3）人工机械刺激取毒。用一金属夹紧紧夹住蝎的2个前螯肢中的任意1个（切勿夹得过紧，防止夹破螯肢），此时蝎的尾刺会有毒液排出。

刚取出的蝎毒为无色透明的液体，略带黏性，在常温下2～3h即干，在日光照射和高温影响下，很易变质，甚至会破坏原有毒性，因此取出的蝎毒应尽快分装于深色安瓿瓶内，抽去空气，密封后采取低温真空干燥法处理蝎毒，使其变为白色粉末状，再放入深色玻璃瓶中，放入－5～－10℃低温冰箱中保存。

【拓展知识】

（一）引种

蝎种的来源有两个途径：一是捕捉野蝎，二是向养蝎场（户）购买。野蝎多为近亲繁殖，其质量不如购买经过杂交培育的良种蝎。购买蝎种数量不能过少，至少百条以上，否则效益不佳。

购买或捕捉来的种蝎，可用罐头瓶运输。事先按计划备足空罐头瓶，到达目的地后，瓶内放入2～3cm厚的湿土，每瓶可装种蝎25～30条，公、母要分开装，避免互相残杀。也可用洁净无破损的编织袋，每袋可装1 500只左右。运输过程中要具备良好的通风条件，避免剧烈震动，防高温和防寒。为防止逃跑和死亡，到目的地后应立即放入窝内。

投放种蝎时，每个池子最好一次投足，否则，由于蝎子的认群性，先放与后放的种蝎之间会发生争斗，造成伤亡。刚投入池子的蝎子在2～3d内会有一部分不进食，是适应新环境的过程，要注意观察并及时采取相应措施。

（二）选种

无论是捕捉的野蝎或购买的良种蝎，都要重视选种。种蝎要选择体大、健壮、敏捷、腹大发亮、后腹卷曲、周身有光泽无异常表现者为好，尾部伸直者多为老弱病态。从年龄上讲，选成龄母蝎或孕蝎更好，中龄蝎虽成本低，但当年不能产仔。

种蝎公母比例为1∶3～5为宜。成蝎公母的区别是：公蝎身体细长而窄，呈条形，腹部较小，钳肢较短粗，背部隆起，尾部较粗，发黄发亮；而母蝎相反。

【思与练】

1. 蝎子有哪些生活特性？
2. 如何选择蝎种？
3. 简述种蝎、仔蝎、商品蝎饲养管理要点。

学习情景22　蜈蚣生产技术

【知识准备】

蜈蚣，又名天龙、百足虫。属于节肢动物门，多足纲、唇足目、整形目、蜈蚣属、蜈蚣种。该种又分为少棘蜈蚣和多棘蜈蚣两个近似的地方亚种。人工饲养的品种多为少棘蜈蚣，多分布在河南、湖北、浙江、江苏境内，多棘蜈蚣主要分布在广西壮族自治区境内。蜈蚣味辛，性温，有毒。能祛风镇痉，杀虫解毒，消肿散结，具有抗菌、抗厥、止痉、抗肿瘤作用。

（一）形态特征

少棘蜈蚣体长11～14cm，宽0.5～1.1cm，背腹略扁。头部和第1背板金黄色（故又称金头蜈蚣）。自第2背板起，呈黑绿色或暗绿色。头部为感觉和摄食中心，腹面有摄食的口器和1对丝状触角，口器包括1片上唇、1对上颚和2对下颚，其中第2对下颚呈足状，是蜈蚣的摄食器官。头后有1对颚肢，颚肢有发达的爪和毒腺（图22-1）。腹板和步足21对，最后1对步足最长，伸向后方。蜈蚣雌、雄在外形上不易区分，轻压后体节，雄性泄殖孔会突出两个泡形结构，其内侧各有两枚细小的棘刺，而雌体没有。

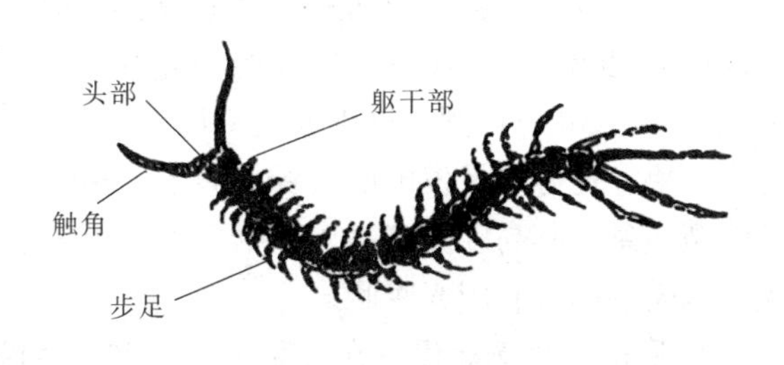

图22-1　蜈　蚣

（二）生活习性

蜈蚣为肉食性动物。食物范围广，主要捕食各种昆虫，有时也吃蚯蚓、蜗牛等小动物。怕日光，昼伏夜出。

蜈蚣喜欢栖息于阴暗潮湿的环境，如腐木石隙下和荒芜阴湿的杂草中。蜈蚣有群居性；胆小怕惊；舔舐的特性，将触角和窝穴舔舐得干干净净。

温度的变化对蜈蚣的活动影响很大，蜈蚣生长发育的温度为25～32℃。温度在11～15℃时觅食减少，并停止交配和产卵。温度在10℃以下时开始冬眠，当温度降至−5℃时蜈蚣会被冻死。在炎热的天气33～35℃时，由于体内水分的散失，蜈蚣也会暂停活动，当温度升到36℃以上时，因蜈蚣体内水分散失太多而引起身体干枯死亡。

蜈蚣会潜伏在土下、石下10～50cm深处的向阳，避风处冬眠。

蜈蚣对环境土壤湿度要求为春、秋含水量20%左右，夏季为22%～25%，一般大蜈蚣比小蜈蚣要求土壤湿度大些。

（三）繁殖特性

1. 交配　蜈蚣3～4年性腺发育成熟，可以交配繁殖。交配期每年5～9月，大多在夜间交配，也有在清晨、傍晚时进行的。交配时雄蜈蚣爬到雌蜈蚣的侧面，一侧步足全部翘起，此时雌性侧仰，一侧步足也翘起。少时，雌、雄体从生殖孔内排出一鞭状精包，送入雌体生殖孔内，交配即可完成。历时 2～5min。雌、雄蜈蚣交配后可连续几年内产出受精卵。

2. 产卵与孵化 6～8 月为产卵期，产卵前自行挖好浅穴；产卵时蜈蚣躯体曲成 S 形，后面几节步足撑起，尾足上翘，触角向前伸张，接着成串的卵粒就从生殖孔一粒一粒地排出。每次产卵 30～60 枚，一般 40 粒，黏成 1 团。一般产完卵需经 2～3h。母蜈蚣产卵后用步足把卵粒托聚成团抱在怀中孵化，蜈蚣孵化期可达 43～50d，在此期间母蜈蚣一直守卫着卵或幼体。蜈蚣产卵、孵化期要求环境安静，否则雌蜈蚣会吃掉卵粒，甚至吃掉幼虫。

【岗位技能】

（一）饲养场建设

人工饲养蜈蚣的方式主要有池养、缸养和箱养等。

1. 室外池养场建设 大量养殖蜈蚣可在室外建池饲养，选择通风向阳、排水条件好，阴湿、僻静的地方。用砖或石块等材料砌成，水泥抹面，池高为 80～100cm，养殖池面积一般 $10m^2$ 左右（池的面积大小可按养殖数量多少及场地条件而定）。池的内壁面用光滑材料围住或食品用的塑料薄膜粘贴，池口四周用玻璃片镶一圈（15cm 宽）与池壁成直角的内檐，小池可加细孔铅网盖，以防蜈蚣外逃或有害动物侵害。此外，在池内靠墙壁的四周挖 1 条宽 10cm、深 4cm 的水沟，并在沟的一角留 1 个排水口，在靠近水沟的里侧，再挖 1 条宽 30cm、深 3cm 的料槽，供投放饲料用。待养殖池建好后在水沟中放入适量的水，池中堆放一些石块、瓦砾以及发酵的畜粪、鸡毛、杂骨和混土等混合物，造成许多缝隙和洞穴，供蜈蚣隐蔽栖息，其高度要略高于料槽。池的上方搭盖遮阴棚，增加池周围的湿度，同时可以避免池内受到雨淋和阳光曝晒。

2. 庭院饲养场建设 在庭院内用砖砌一圈院墙，高约 50cm，面积视引种多少确定。院围墙内壁用水泥或其他黏合剂贴上约 30cm 高的玻璃，以防蜈蚣顺墙爬逃。围墙内地面预制 5cm 厚的混凝土地面。围墙内周留有水沟排水，出水口用细铁纱网拦住，防止蜈蚣爬出或天敌侵害。围墙内中间可堆一些土块、瓦砾等并留一些缝隙，也可种一些花草灌木等，可供蜈蚣栖息。

3. 室内饲养场建设 饲养少量蜈蚣可采取室内建造养殖池、箱养或架养等饲养方式。

（1）室内建池。室内蜈蚣养殖池的面积一般为 1～2 m^2，其面积大小视室内面积和饲养量大小而定。池呈长方形，池用砖和水泥砌成，池高约 50cm，内壁粘贴塑料布或池口粘贴玻璃条，以防蜈蚣爬出或天敌侵害。池底垫上一层约 10cm 厚的饲养土（菜园沙壤土）。在饲养土的上面堆放 5 层瓦片或在池四周的饲养土上面，用 2 片小瓦片合起来平放，瓦的两端垫上海绵条，起平稳和吸水保湿作用。其余均放单瓦片，1 片叠 1 片做成蜈蚣窝。池口加细铁纱网或细塑料纱网盖，防止蜈蚣爬出和有害动物入池侵害蜈蚣。

（2）箱养法。饲养少量蜈蚣也可利用废旧的干净木箱饲养，最好选用箱长 100cm、宽 50cm、高 40cm 的木箱容积。每平方米可养蜈蚣 200～300 条，大蜈蚣 100～150 条。如果木箱太小饲养量不多，箱太大则不易搬动。箱内粘贴 1 层食品用的塑料薄膜，以增加箱壁光滑。箱底垫上 10cm 左右厚的饲养土，箱的四周土面上堆放洗净吸水的 20 片瓦片，每 5 片 1 叠，每叠瓦片中间保持 2cm 左右的空隙，供蜈蚣栖息。箱的中间饲养土上面不放瓦片，供蜈蚣活动和觅食。

（3）架养法。多层架可用任何木材或角铁作框架，每层高 50 cm。饲养盒长宽不限，面积以 $1m^2$ 为宜，高 25cm，盒底及四周用塑料膜围住，盒底覆潮土捣实，摞上瓦片。能充分利用有限的空间，饲养管理比较方便，加温经济。

（二）引种与投放

1. 引种　繁殖引种宜在3月下旬气温转暖之时，成活率高。种蜈蚣也可在野生捕捉，在蜈蚣经常活动的阴暗潮湿地方挖一条小沟，沟内放些鸡骨头、鸡毛、鸡血或鱼肠、猪骨、猪皮等动物残渣，上面覆以少量湿润松土和碎石，蜈蚣闻到动物残渣散发出来的腥味引诱，爬进沟内，半月到1个月翻捕1次。捕到的蜈蚣选用个体大、身长体表有光泽，性温和、无伤残、行动活跃的作为种用。在饲养场选种时应挑选生长快，繁殖率高的蜈蚣作种用。种蜈蚣不宜过多装入一个容器内，以防发生互相残杀。

2. 投放　种用蜈蚣运回后先让其休息1h，然后，将桶一缘靠贴在池内砖垛或瓦片中，桶底慢慢提起，使桶内蜈蚣慢慢向下滑，接触砖垛或瓦片堆，渐渐爬进缝隙中。每平方米引种蜈蚣1 000～1 500条为宜，雌、雄比例为3∶1。

（三）饲养管理

1. 幼小蜈蚣的饲养管理　刚孵出的小蜈蚣，在普通的新搪瓷盆内饲养一定时期再转入池内饲养。先在盆底内放2cm厚潮土，小蜈蚣入盆后，在盆底放入几块吸足水分的瓦片，盆上盖上1块钻有许多小孔的薄膜。饲喂方法是：用几块清洁的、钻有小洞的海绵，放在奶粉、葡萄糖配成的溶液中浸泡片刻，在傍晚小心地放入搪瓷盆中，小蜈蚣就爬向海绵，吃饱后钻入海绵的小洞中休息。第2天将海绵块夹到另一个准备好有饲养土搪瓷盆中轻轻拍，小蜈蚣就会跌落下来。这种方法饲养7～10d后，可改为蝇蛆、小蚯蚓、肉末，再放入少许奶粉和葡萄糖，喂饲时将饲料放在玻璃板上，晚上放入搪瓷盆，早上取出。1个搪瓷盆可饲养600条左右。对小蜈蚣应特别精心，饲养土新、软、干净、潮湿。

2. 产卵前种蜈蚣的饲养管理　产卵前加强喂养，增加营养。蜈蚣孵化时不进食，不饮水，依靠本身营养维持活动。产卵前，雌体大量进食积蓄营养，此时应增加喂养量，并注意调节食物种类，以促使雌体多进食，增加孵化前的营养储备。

饲料可参考下列配方：动物性饲料70％、熟马铃薯20％、碎粒米、青菜或面包碎片10％；也可用各种禽畜类或其他动物的肉泥70％、血粉或蚕蛹粉20％、青菜碎片10％；或取昆虫类动物饲料70％、熟马铃薯碎粒20％、青菜或面包碎片10％混合饲料。

3. 抱卵孵化期雌体的管理　孵化期间不需喂食、喂水。投食盘与饮水盘保持清洁，以防蜈蚣生病。

（四）产品采收与初加工

1. 采收　人工饲养的蜈蚣，一般在7、8月份采收，主要收捕雄体和老龄雌体。在夜间或在天气闷热进行捕捉，要下暴雨前后捕捉蜈蚣是最好机会。

野生蜈蚣在清明到立夏捕获，根据栖息环境翻土扒石寻捕，用镊子等夹住，放入布袋中。捕捉蜈蚣容易被螫，如果不慎被螫，在一时无药治疗情况下，可把螫伤处用手挤压，使毒液不致大量扩散到皮下组织；急性治疗可局部5％～10％的苏打水，或用新鲜桑叶、蒲公英叶捣烂外敷，剧烈疼痛时应用止疼药物。全身治疗应视其病情酌情处理，一般及时使用抗菌消炎药。

2. 加工　用镊子夹住蜈蚣中间，用削尖的长竹片（其长宽与蜈蚣相等）插入头尾两端，借助竹片的弹力使其伸直，晒干即得。也可用沸水烫死，晒干或烘干后，按大小分级交售。若需贮存时，可用硫黄熏蒸，或加些樟脑、花椒，置于干燥处，以防虫蛀和腐烂。

【思与练】

1. 蜈蚣的生活习性有哪些?
2. 饲喂蜈蚣的饲料有哪些?
3. 不同阶段蜈蚣的饲养管理技术有哪些?
4. 简述蜈蚣的加工方法。

学习情景 23　蜜蜂生产技术

【知识准备】

蜜蜂属节肢动物门、昆虫纲、膜翅目、蜜蜂科、蜜蜂属，是一种群居生活的社会性昆虫。我国是世界第一养蜂大国，蜂群数量和蜂产品均名列世界第一位。蜂蜜、蜂王浆、蜂蜡、蜂毒、花粉、蜂胶等多种产品不仅为人类提供食品及营养保健品，又为食品和医药工业提供重要原料，更重要的是通过蜜蜂采蜜传授花粉可大幅度提高果树和农作物的产量。养蜂是一项投资少、见效快、效益高的产业。

一、蜂群的组成

蜜蜂是一种社会性昆虫，蜂群是其赖以生存的基本单位，任何个体都离不开群体而单独生活。蜂群由一只蜂王、少数雄蜂和成千上万只工蜂组成，它们具有不同形态、分工与职能，同时相互依赖。自然状态下，蜂群之间有明显的群界，工蜂具有排斥它群工蜂和蜂王的特性，巢内互不来往，巢外和平共处，但雄蜂可任意出入别的蜂群。蜂群的大小主要取决于工蜂的数量、蜂种、蜂王的品质以及季节、外界气温和蜜粉源植物等。一只优良的意大利蜂王，在强盛季节可维持蜂群工蜂数量高达 6 万只以上。而在恢复繁殖时，较差蜂群的工蜂数量可少至数千只。中华蜜蜂的蜂群在强盛季节、较好的蜂王也只能维持 3 万～4 万只蜂的群势。

1. 蜂王　蜂群中由受精卵发育而成的唯一生殖器官发育完全的雌性蜂，又称母蜂。其职能是产卵和控制蜂群的部分活动和分蜂性。蜂王的卵巢高度发育，其产卵能力对蜂群的强弱及遗传性具有决定作用，1 只优良的蜂王在产卵盛期，每天可产卵 1 500～2 000 粒。蜂王已不再具有抚育后代、建造蜂房等功能，其生存完全依赖于工蜂。蜂王产的卵有两种，受精卵演变为工蜂或蜂王，未受精卵演变为雄蜂。蜂王交配时，一次接受其终生所需要的精子，将其储存在腹腔内，排卵时释放精子并与卵子受精。

2. 雄蜂　由未受精卵发育的单倍体，其职能是与新蜂王交配。雄蜂品质的优劣，直接影响新蜂群的后代遗传性状和品质优劣。

3. 工蜂　雌性器官发育不全的个体，一般不能产卵。其职能是采集花蜜和花粉、酿制蜂蜜、哺育幼蜂和雄峰、饲喂蜂王、修造巢房、守卫蜂巢、调解蜂群内的温度和湿度。由于蜂群的采集力决定于工蜂的品种和数量，因此，只有培育强壮的工蜂方可生产出品质优良的蜂蜜和其他蜂产品。

二、蜜蜂的形态构造

1. 蜂王　在蜂群中个体最大，翅短小，腹部特长，口器退化，生殖器发达，足上无贮花粉的构造，腹下无蜡板和蜡腺。意蜂蜂王体长 23mm 左右，体重 250mg 左右，是工蜂的 2 倍多。中蜂蜂王体长 20mm 左右，体重 200mg。

2. 工蜂　是蜂群中个体最多、体形最小的一型蜂。体暗褐色，头、胸、背面密生灰黄色刚毛；头略呈三角形，有1对复眼，3个单眼，1对呈藤状弯曲触角，口器发达，适于咀嚼和吮吸；3对足的股节、胫节、跗节均有采集花粉的构造；腹部呈圆锥状，1～4节有呈黑色球带，末端尖锐，有毒腺和螯针；腹下有4对蜡板，内有蜡腺。意蜂工蜂成蜂平均体重100mg，体长12～14mm。中蜂成蜂体重80mg，体长10～13mm。

3. 雄蜂 雄蜂较工蜂稍大、头呈球状，口器退化，复眼很大，尾端圆形，无毒腺和螯针，足上无采贮花粉的构造，腹下无蜡板和蜡腺。意蜂体重220mg，体长15～17mm。中蜂体重150mg，体长12～15mm。

三、三型蜂的个体发育及生活史

（一）三型蜂的个体发育

蜜蜂属于完全变态昆虫，个体发育需经历卵、幼虫、蛹和成蜂四个时期。每个发育时期皆要求有适合个体发育的巢房，充足的营养，适宜的温度（34～35℃）、湿度（75%～90%），充足的空气以及工蜂的哺育等。若温度超过36℃，蜜蜂的发育将会提早，造成发育不良或中途死亡；低于34℃时，则可引起发育迟缓，且幼虫易受冻而死。正常情况下，同型蜜蜂由卵到成蜂的发育时间基本一致（表23-1）。

表23-1 中华蜂和意大利蜂各发育阶段

单位：d

型别	蜂种	卵期	未封盖幼虫期	封盖期	整个发育历期
蜂王	中华蜜蜂	3	5	8	16
	意大利蜂	3	5	8	16
工蜂	中华蜜蜂	3	6	11	20
	意大利蜂	3	6	12	21
雄峰	中华蜜蜂	3	7	13	23
	意大利蜂	3	7	14	24

1. 卵 蜂王可产两种卵，一种为受精卵，可发育为蜂王或工蜂，另一种为未受精卵，发育为雄蜂。卵形似香蕉，呈乳白色，略透明，头部稍粗，腹末稍细，表面附有黏液。产入巢房内的卵以细的一端黏在巢底中央，第1天直立，第2天稍倾斜，第3天侧伏于房底，工蜂分泌一些王浆在卵的周围，使卵壳湿润软化，幼虫则破壳而出。有时个别卵不能发育为成蜂，在卵期干枯死亡。

2. 幼虫 蜜蜂的幼虫呈白色，体表有横纹的分节，头、胸、腹三者不易区分，缺少行动附肢。孵化后3d内的小幼虫均由工蜂饲喂王浆，3d之后工蜂和雄蜂幼虫改食蜂蜜和花粉的混合物，而蜂王幼虫则一直食用王浆。幼虫约在产卵后的第11天末，蜕皮5次，即化蛹。幼虫期发生的疾病主要有细菌幼虫病、真菌幼虫病、病毒引起的囊状幼虫病以及由寄生螨和毒物引起的幼虫死亡。

3. 蛹 蜜蜂的蛹是裸蛹，属不完全蛹，附肢与蛹体分离。幼虫蛹化后，不食，不动，旧器官解体，新器官形成。蛹初呈白色，渐变成淡黄色至黄褐色，表皮也逐渐变得坚硬，外形上逐渐显现出头、胸和腹三部分，触角、复眼、口器、翅和足等附肢显露出来。后期分泌一种蜕皮液，蜕下蛹壳，羽化为成蜂。蜜蜂蛹期发生的疾病主要有病毒引起的蜜蜂蛹病、细菌引起的美洲幼虫腐臭病以及蜂螨危害造成蜂蛹死亡。

4. 成蜂 幼蜂羽化后，咬破房盖而出。初羽化的蜜蜂外骨骼较软，翅皱曲，躯体绒毛十分柔嫩，体色较淡，以花粉和蜂蜜为食，继续完成内部器官的进一步发育。发育成熟的工蜂和雄蜂以蜂蜜为主食，蜂王则终身食用蜂王浆。成年蜂发生的疾病主要有细菌病、病毒病、原生动物病、螺原体病、寄生虫病，以及非传染性疾病和敌害。

（二）三型蜂的生活史

在自然环境下，蜂王的寿命可长达数年，少数蜂王生活 4～6 年仍具有产卵能力，生产证明 2～18 个月龄的蜂王产卵能力最强。人工饲养的蜂群，蜂王一般只使用 1 年。工蜂的寿命很短暂，生产繁殖期的工蜂，羽化出房后只能活 40d 左右，最长不超过 60d；越冬期的工蜂，活动量小，能活 120～180d，甚至更长。雄蜂寿命长达 3～4 个月，因多数中途夭折，平均寿命仅 20 多天。繁殖期的雄蜂寿命一般在 54d 左右，长的可活 100 多天，个别处女王越冬的蜂群，雄蜂可伴处女王越冬。

蜂群在每年都会发生相似的周期性变化，根据这种变化，可将蜂群在一年中的生活分为 5 个时期。

1. 恢复期 蜂群越冬后，随着气温的上升，蜂巢中心的温度也上升到 32℃以上，此时蜂王开始产卵，工蜂开始哺育蜂子。产卵初期，蜂王每昼夜只产 100～200 粒卵，随着工蜂将蜂巢中心增温面积扩大，产卵量逐渐增加，蜂群稳定增长，在蜂群中新工蜂增加的同时，越冬后工蜂逐渐死亡，经 30～40d，蜂群的工蜂几乎全部更新，更新后的蜂群质量及哺育蜂子的能力都有大幅度的提高，为蜂群的迅速扩大提供了条件。此期要加强蜂箱内、外保温，及时补饲，以提高蜂王的产卵能力和工蜂的哺育能力。

2. 增殖期和分蜂期 蜂群增殖期是指蜂群的增长和繁殖时期，一般从蜂群进入稳定增长开始，到大流蜜期到来之前。随着蜂群的迅速增长和壮大，蜂群内剩余劳动力的积累，蜂群中开始建造雄蜂房，培育雄蜂，建造台基培育蜂王，进入分群期，该阶段一般发生于春末、夏初。此时应注意解除包装，加脾扩巢，用人工分蜂代替自然分蜂，实现群体的增加。

3. 生产期 生产期又称为采蜜期，主要包括蜂蜜、花粉和王浆的生产。从早春到晚秋整个生产期，只要外界有蜜粉源植物开花，工蜂就会去采集花蜜和花粉，一般只能满足蜂群自身的消耗。当外界的主要蜜粉源植物大量开花流蜜时，蜂群每天能采到几千克到数十千克花蜜。此时蜂群从哺育幼虫转入到采集花蜜和酿蜜、贮备饲料阶段，工作量的增长，易致工蜂衰老死亡。采蜜后期，随着蜂群内工蜂死亡率的增长，蜂群会迅速削减。但因蜂群里尚有大量的子脾，主要采蜜期过后，蜂群的群势又能得以恢复。

4. 更新期 当最后一个主要采蜜期结束以后，工蜂逐渐死亡，新出房的秋工蜂，因未参加或很少参加蜂群里的哺育工作，其寿命更长，王浆腺一直保持发育状态，越冬后，仍有哺育能力。此时蜂王停止产卵，蜂群准备进入越冬期。此时，应注意调整群势，治螨防盗，准备越冬饲料。

5. 越冬期 当气温降到 10℃以下时，蜂群进入越冬期。蜜蜂生活在蜂巢里，在贮存有蜂蜜的巢脾上逐渐紧缩形成越冬蜂团，蜂王位于越冬蜂团的中央。蜜蜂以蜂蜜为饲料，依靠蜂群产生的热量来维持温度。只要越冬蜂群内具有优质的饲料、适宜的保温和安静的越冬环境条件，越冬工蜂的寿命就会延长，第 2 年蜂群发展也快。因此，应适时越冬，分期包装或移入室内。

【岗位技能】

一、蜂场建设

(一) 场地选择

养蜂场址的优劣直接影响到蜂群的群势、产量以及蜂产品的品质。场址有固定场址和转地饲养的临时场地。无论固定场址或转地场地，均需要现场勘察和周密调查之后确定。理想的放蜂场地应具备丰富的蜜源，有水源、电源，交通便利，小气候适宜等方面的条件。

1. 蜜粉源丰富 在蜂群繁殖和生产季节，养蜂场要选择在周围 2km 范围内有两种以上大面积的主要蜜源植物，并有多种花期交错开放的辅助蜜粉源植物。蜂场离蜜粉源植物越近越好，蜜粉源植物面积越大对蜂场的收获越有利。选择时，既要注重蜜粉源长势，还要了解蜜粉源地的土质、雨量、风向以及泌蜜规律、泌蜜量；了解施用农药情况；同时要及时与农业部门、植保人员及蜜粉源作物的主人取得联系，需要施杀虫农药的蜜源植物，蜂场要设在离蜜源植物 50～100m 以外的地方，以防或减少蜜蜂农药中毒。蜂场与蜂场之间至少相隔 2km，以保证蜂群有充足的蜜源，也可减少蜜蜂疾病的传播。

2. 水源良好 蜜蜂的繁殖、生产和饲养人员的生活均离不开水。养蜂场地应有充足的、卫生条件达标的水源。理想的水源是常年流水的且未受到污染的小溪或小河。避开污染的水源以及水库、湖泊、大河等开阔的水域，以免蜜蜂落水溺死。

3. 气候与环境 蜂场要选在地势高燥、平坦、宽敞，背风向阳，便于排水，且春暖、夏凉、冬安静的地方。

山区林场放蜂，海拔高，气温往往偏低，不宜在山顶设场，可选在山脚或半山腰南坡地，背面有挡风屏障，前面地势开阔，阳光充足的地方做放蜂场地。狭谷地带易产生强大气流，低洼沼泽地容易积水，故应避开溪边谷地做放蜂场地。同时注意防除胡蜂等敌害。

开阔的田野场地放蜂，应当有背风的屏障；炎热的夏、秋季，应当避开干燥的泥土、裸露的岩石和沙丘，选择草坪和绿荫的地方为宜。

家庭养蜂，适宜选房前的一端及墙角处，注意避免人行通道，严防有毒、有害等危害物和污染源。

所有的养蜂场不得建在铁路、工矿企业、畜禽养殖场和垃圾场附近，以免蜂群受震动、干扰、中毒和蜂产品被污染；不要在农药厂、药库或糖厂、糖库附近建场放蜂，以免引起不必要的伤亡。对于固定蜂场，需在预选的地方试养 2～3 年，确认符合条件以后，再进行基本建设。

4. 交通方便 选择距离公路干线不远并能通车的地方建场，利于蜂群的运输和蜂产品的鲜运，利于获得信息和新技术的引进，以及逐步实行规模化、产业化养殖。

(二) 蜂场建设

建设养蜂场必须经当地规划部门及卫生监督机关的批准。养蜂场既不污染周围环境，又不被周围环境污染。规模化养殖的大型蜂场，必须按规划建场。场地周围应设置围墙、栅栏或篱笆，以防畜禽和野生动物进入。养蜂场总体设计要符合科学管理、方便生产和清洁卫生的原则；严格执行生活区和生产区相隔离的原则；划出建筑用地、道路和蜂群放置地方，各区布局合理，以防污染。生产区内应设置工作室、实验室、采蜜车间、加工车间，蜂具、巢脾、蜂产品贮藏间、蜂群越冬室等，重要生产部门必须配备必要的卫生设施。

二、蜂群排列

蜂群排列基本原则是：蜂箱架高10～20cm，夏季和多雨季节应再高一点。蜂箱前低后高，左右平衡，以便清理箱底和防止雨水侵入。巢门朝南或略偏东南方向，便于蜜蜂出勤。巢门前不得有障碍物，且要避开路灯和诱虫灯，并涂以黄、红、蓝、白等颜色，以便蜜蜂识别。蜂群一旦排列，不得随意移动位置。

蜂群的排列没有固定模式，一般应根据场地大小、地形地貌、饲养方式、群势情况，结合生产目的和检查等方面而定。

1. 单箱排列　蜂箱与蜂箱之间距离为1～2m，行间距为2～4m，前后排交错排列。适合于场地大、蜂群少的蜂场。

2. 单箱并列　蜂箱与蜂箱之间距离不得小于0.4m，以不影响揭开箱盖为宜。适于场地小、蜂群大的蜂场。

3. 双箱并列　两箱蜂为一组紧靠在一起，每组间距为2m。这种排列方式无论场地大小、蜂群多少均可适用。

4. 方形排列　将蜂箱围成一圈排列成方形，巢门向内。适于蜂群转地时，在场地狭小、蜂场密集的车站、码头临时建立的蜂场。

5. 其他类型　此外，还有圆形、U形、矩形和三箱排列等方式。三箱排列是以三群为一组，呈品字形排列，适于临时转地的蜂场，越冬和春繁低温季节，以便蜂群保温取暖。

三、蜂群检查

蜂群检查是为了了解蜂群的内部情况，以便采用相应的管理措施。蜂群检查包括全面检查、局部检查和箱外观察三种。

1. 全面检查　全面检查是打开箱盖，将箱内巢脾逐个提出检查，以了解箱内的全面情况。主要检查蜂王的健康状况、产卵面积大小、幼虫哺育情况、蜜蜂和子脾增减幅度、巢脾是否拥挤、饲料是否短缺、有无病害，分蜂季节是否出现自然王台等。全面检查通常在蜂群出室、分蜂季节、长途转地前后、组织采蜜群、培养越冬蜂和越冬定群时进行。一般每半月检查一次，分蜂季节每5～7d检查1次。

检查蜂群最好在气温14℃以上的无风无雨天进行，提脾检查时要轻、快、稳，以减少对蜜蜂的干扰。检查时要站在蜂群的一侧或后方，不要堵挡巢门。打开蜂箱盖，启开副箱盖，撬动隔板和巢框，垂直向上提出巢脾。提脾检查必须在蜂箱上方进行，以防蜂王掉落。如发现蜜蜂有震怒情绪，可用喷烟器轻喷，蜜蜂受熏后，相对老实一些。以朗氏箱内放8个脾以上的蜂群为例，可从里壁第2框查起，查后放于隔板或箱外，再依1、3、4、5……依次检查，查到最后一框时应先放回最先检查的原第2箱后再检查，其他需要调整脾位的应在检查中随时进行。

2. 局部检查　局部检查是在不需要或不允许进行全面检查的情况下，从蜂群中抽出有代表性的少数巢脾察看，大体推测蜂群的整体情况。

检查蜂群是否需要加脾或抽脾应抽检第2巢脾。春季蜂群处于上升时期，应脾多于蜂，若第2脾蜂数达6～7成，蜂王无房产卵时要加脾。秋季蜂群处于下降时期，第2脾蜂数少于5成，且无卵虫，可抽脾；若仅有少量封盖子，可提到隔板外，等封盖子出房后抽出。

检查蜂王健康和产卵情况应抽检蜂巢中央1～2个巢脾，若没发现蜂王，但有卵虫，表明蜂王在；若无蜂王无卵虫，蜂群惊慌，说明失王；若脾上有空房，出现一房数卵，说明工蜂产卵；若脾上无空房，出现一房数卵，说明蜂王产卵力旺盛，无房可产，需加巢脾。

3. 箱外观察 受低温、盗蜂等因素的影响，不便开箱检查蜂群时，通过箱外蜜蜂的活动情况可以大致了解蜂群的内部状况。

在阴冷或不利于活动的季节，个别工蜂仍忙乱地出巢活动，或在箱底及周围无力爬动，并有弃出的幼虫，用手提蜂箱后头，感到较轻，说明蜂群饲料短缺或耗尽。

繁殖季节，工蜂积极出勤，秩序井然地采回大量花粉，表明蜂群进入繁殖旺盛；如其他蜂群巢门口都进出繁忙，独有个别蜂群无蜂进出，且巢门口有一些工蜂在惊慌地爬动，此蜂群很可能失王。工蜂空腹出巢，腹大回巢，说明蜜粉源进入大流蜜期。

蜂群巢门口附近发现有发育不全的残翅幼蜂爬行，表示蜂群可能已有螨害。若发现门口有白色或黑色的小半个黄豆粒大小的异样小石子状物，说明蜂群患了白垩病。如在巢门口发现许多巢脾碎渣和肢体残缺的死蜂，说明箱内有鼠害。如在天气温暖的中午，发现巢门前有稀薄恶臭的蜜蜂粪便，说明蜂群患了下痢病。

巢门口突然出现许多死蜂，并且死蜂腹部小，翅上翘，吻伸长，有些后足上还带着花粉团，蜂群守卫蜂凶暴，易激怒，说明蜂群发生了农药中毒。

外界蜜粉源稀少，蜂箱周围有蜂绕飞寻机侵入，巢门前有工蜂撕咬，出巢的工蜂腹部饱满，说明已发生盗蜂。

天气晴朗，下午3时左右，很多蜜蜂在巢门前有秩序地上下翻飞，头若礼拜，飞翔高度较低，热闹非凡，这是幼蜂试飞现象。

四、蜂群饲喂

因自然环境、气候以及其他因素影响蜜蜂从外界获得足够的蜜、粉、水源，而巢内蜜粉贮备不足的情况下，需要给蜂群饲喂营养物质。常饲喂糖、蜜、花粉、水、盐等。

喂糖或蜜又分奖励饲喂和补充饲喂。奖励饲喂是在蜂群繁殖期，蜂群储蜜尚足的情况下，为了刺激蜂王多产卵和工蜂积极育虫而采取的给蜂群饲喂稀糖水或稀蜜水的饲喂方式。一般糖或蜜与水的比例为1∶1.2，每天或隔天饲喂一次，强群每次0.5kg左右，较弱群喂量适当减少，奖励饲喂可每日少量，延续多日。补充饲喂是在蜂群贮蜜不足时，短时期内给蜂群补充大量饲料的饲喂方式，补充饲喂最好补给蜜脾，无蜜脾时，可补喂4∶1.5的浓糖（蜜）水。每次强群饲喂2kg左右，3～5d补喂足。将蜜汁盛入饲喂器或饲喂盒内，傍晚放入巢内隔板外侧供蜜蜂自由采食。

花粉是蜜蜂幼虫的主要饲料，若粉源不足，幼虫发育不良，蜜蜂寿命缩短，严重时出现"拖子"现象，影响蜂群发展。喂花粉是在外界粉源不足或早春无粉时，常采用的给蜂群补喂花粉或花粉代用品的方法。饲喂花粉时，将天然花粉碾成细粉，可直接加入蜜汁代喂，也可拌入25%的清水或蜜水，盛入托盘或小盒内，放在蜂场明显处，任蜜蜂自由采取，直喂到有自然蜜粉源为止。

水是生命之源，一个正常的蜂群每天采水在250g左右。喂水是在蜂群采水不便时，为减少蜜蜂工作负担，人工设置喂水器或其他设施，提高蜜蜂采水效率的方法。喂水分箱内喂水和箱外喂水两种。常用喂水方法有瓶式饲喂器、自动饲喂器、框式饲喂器、用水瓶加棉条放在巢门喂水等。繁殖期喂水时，可在水中加入0.05%的食盐，这样有利于蜜蜂泌浆育虫。饲喂时，必须在饲喂器里放上浮板、草秆、海绵，以防蜜蜂采食时淹死。

五、蜂群合并

合并是将两群或多群蜜蜂合成1个蜂群。早春合并可加速繁殖；晚秋合并则利于越冬；流蜜期合并利于采蜜；断蜜期合并则利于防止盗蜂。无论何季节，当蜂群失去蜂王，王台难以成熟补充和无力单独繁殖时；蜂群群势较弱，难以发展壮大时，必须进行蜂群合并。

合并前必须设法消除或削弱不同蜂群的群味。合并通常在傍晚蜜蜂大部已经回巢时进行。对于丧失蜂王的时间过长、老蜂多、子脾少的蜂群，可以将其分成几部分，合并到几个蜂群。

合并前1d，杀死被并蜂群的蜂王，毁除王台；合并前1h对合并群和被并群喷洒食用酒精、香料、烟等，以改变和统一蜂群的蜂味。合并无王、老蜂多的蜂群时，应先补子后合并，可在前1d换进虫和卵脾；合并工蜂产卵群时，可将蜂箱搬走，把蜂抖在蜂场上，让蜜蜂任意飞入他群。合并有直接合并和间接合并两种。

1. 直接合并 直接合并就是把不同蜜蜂群直接并放在一起，仅保留一只健壮蜂王。一种方法是先将合并群的蜜蜂巢脾放在箱内一侧，再将被合并群的蜜蜂放在另一侧，两群蜜蜂巢脾之间相隔一框的距离或用隔板隔开，1～2d后将两群的巢脾靠拢，即可合并成功。另一种方法是先将合并群的部分巢脾提起，抖下蜜蜂，巢脾放回原位，然后将被合并群的蜜蜂抖入箱内，放好巢脾，使两群蜜蜂在混乱之中达到混合群味的目的，操作简单，一次可获成功。直接合并适合于流蜜期、早春晚秋气温较低以及长途运输后初到场地的蜂群。

2. 间接合并 间接合并就是把不同群的蜜蜂间接地放一起，使蜜蜂逐渐接触，待群味混合后再并为一群。一种方法是取下合并群的箱盖、副盖和覆布，将合并群移至箱内一侧，边脾用穿有许多小孔或撕有许多裂缝的清洁纸隔开，再将被合并群的蜂脾提入，紧靠纸的另一侧排列，1～2d后蜜蜂将纸咬穿，达到互通群味的目的，取出纸屑，整理蜂巢，即可合并成功；另一种方法是在合并群与被并群之间加铁纱隔板（单箱）或铁纱副盖（继箱）隔开，1～3d后两群群味混合，取出铁纱隔板或副盖，调整蜂巢，蜂群合并成功。间接合并适合于非大流蜜期蜂群。

六、巢脾修造与保存

蜜蜂在空巢框内修造巢脾，不仅消耗大量体力和蜂蜜，而且修造的巢脾常大小不一，并夹杂有较多的雄蜂房。因此，人工养蜂通常将人工巢础镶在标准巢框里，让蜜蜂筑造成巢房大小一致、质量优良的巢脾。市场上出售的巢础有普通巢础、深房巢础、雄蜂巢础和中蜂巢础等，以蜂蜡质量好、熔点高、巢房整齐、房壁深的深房巢础最好。

1. 镶装巢础 在巢础框的两边条上左右对称各钻4个孔，横穿4条24～26号细铅丝，拉紧、固定。把巢础从巢框的中间插入，使巢础的上部和下部各有2条铅丝，将巢础的上边插入上框梁的沟槽内，用蜡汁牢固地粘在槽内，然后平放于巢础板，用埋线器把巢础上面的铅丝分别压入巢础内。巢础一定要安装平整、牢固、无断裂现象，巢础的边缘与下梁保持

5～10mm 距离，与边条保持 2～3mm。

2. 后修造巢脾 修脾是对老巢脾的再利用，用割蜜刀将老巢脾的巢房部分或全部割除，清理干净喷洒少许蜜水加入蜂群，由蜜蜂二次造脾。造脾是用新巢础、巢框筑造新巢脾。筑造巢脾适宜于繁殖旺盛、无分群热的中等群势，如在人工分蜂或发生自然分蜂时，在新分群内加入巢础框，能造成极规则的工蜂房巢脾，从春末到秋初外界有蜜源时都可以造脾。为了充分发挥强群造脾快的优点，可先把巢础框加到中小群，经过 1～2d 全部巢房已经加高 2～3mm 时，提出置于强群内完成造脾。

3. 保存巢脾 闲置的巢脾容易发霉、积尘，被巢虫破坏、招引盗蜂或被老鼠咬毁，因此要妥善管理。在蜜蜂活动季节，将闲置的巢脾加在强群箱内，让蜜蜂保管。在越冬前，将多余的巢脾从蜂群撤出，刮除巢框上的蜂胶和蜂蜡，剔除 3 年以上的老巢脾和雄蜂房多的巢脾。为了防霉防虫，在巢脾贮藏前可用硫黄、二硫化碳、甲醛熏蒸消毒，也可用紫外线消毒；然后将蜜脾、花粉脾和空脾分别放置在继箱内，贮藏于严密、干燥、清洁、无鼠害和药物污染的清洁仓库。

七、逃蜂收捕

养殖蜜蜂，有时因管理不善、蜜源缺乏、敌害干扰、天气闷热、蜂种不良、中青年蜂大量积累与情绪发生变化等原因，导致蜜蜂逃离原蜂群。蜜蜂飞逃有两种情况，一种是部分蜜蜂自行离巢分居，出现自然分蜂，另一种是整群飞逃。

自然分蜂或飞逃多发生于久阴初晴或晴暖天气的上午 10 时至下午 16 时。开始时，少量蜂出巢探路，继而大批蜜蜂涌出蜂箱，在蜂场上空盘旋飞翔，待蜂王被簇拥着飞出巢后便形成一股强劲的蜂流，绕蜂场上空飞行片刻，便集结在蜂场附近的树枝或建筑物上，形成一个松散的蜂团，不久再改迁所选中的场所。中蜂较意蜂飞逃现象严重，且有远飞的特点，应引起重视。通常从以下几个方面控制蜜蜂分逃。

（一）关闭巢门

蜂场蜂群发生自然分蜂或飞逃，在蜂王尚未出巢前必须迅速关闭巢门。

（二）降低巢温

用洒水等方法降低蜂巢温度，使蜂群趋于安静，然后再做相应处理。

（三）收捕逃蜂

发生自然分群和飞逃的蜂群通常要进行两次迁飞，第 1 次迁飞多在蜂场附件的树枝上结团，1～2h 后进行第 2 次迁飞。因此，收捕逃蜂时必须在第 1 次迁飞结团后进行，可视其结团物及位置采用下列方法。

1. 剪断树枝法 分群蜂在较矮小的树枝、篱笆、能活动或可以折取的物体上结团时，可在其下放置空蜂箱，内放 1～2 张蜜脾、1～2 张空脾或子脾，1～2 张巢础框，然后将树枝剪断或篱笆竿折断，放入蜂箱，盖好覆布和箱盖。

2. 震落法 飞出蜂结团在树枝、篱笆上而又无法用第一种方法采取时，可在蜂团下放置蜂箱（同前），猛力摇动树干，将蜂团抖落于蜂箱内。

3. 巢脾引诱法 蜜蜂结团在墙角、高树杆或不易活动的物体上，可将灌有少量蜜汁的巢脾悬挂在竿顶或木棒上，将蜜脾轻轻地伸向蜂团附近，引诱蜜蜂上脾。待蜂王上脾后，用蜂王诱入器罩住蜂王，其他蜜蜂即可自行回巢。

4. 收捕后管理　根据蜂场需要及原群情况，应及时处理收捕回巢的蜜蜂，或组成新分蜂群或对原群处理后并入原群。

八、蜂群迁移

蜜蜂经过认巢试飞后，对本群的位设、巢门方向有了牢固的印象，如果将蜂群迁移到其飞翔范围内的任何一个地方，在一段时间内不少蜜蜂仍要飞回原来的位置。因此，在近距离迁移蜂群时，要采取适当的措施。

1. 逐渐迁移法　逐渐迁移法是每天上、下午各移动 1 次，每次向前或向后移位 50～80cm，向左或向右移位 20～30cm。此法适合蜂群少、迁移距离短（20～30m）的蜂群。

2. 直接迁移法　直接迁移法是指直接将蜂群迁移至离原址 3～4km 范围内的目的地。用直接迁移法，到达新址后不能立即开启巢门，先幽闭一日，在巢门周围放草把等标记物，傍晚再打开巢门，这样蜂群就容易接受新址。同时在原址放只空箱收集飞回的散蜂，几天后将收到的散蜂搬至 5km 以外的地方养殖 20d，再移向新址。

3. 越冬期迁移法　越冬期迁移法是在蜂群结成稳定的越冬蜂团后将蜂群移出 2～3km。蜜蜂经过漫长的越冬期，对原位置印象模糊，第 2 年早春出巢活动时则不会再飞回原址。

九、蜂群的阶段管理

蜂群的阶段管理，就是根据一年四季不同的气候情况、蜜源和蜂群状况，按照蜜蜂的生物学特性和增殖规律，采取科学的管理措施，使蜂群保持强大的群势和充足的饲料，以适应蜂群高产的需要。

（一）春季管理

春季是蜜蜂复苏乃至蜂群发展壮大的繁殖季节，蜂群处于恢复期和增殖期，蜂王产卵力旺盛，群势由弱到强，发展很快。此期的管理中心是提高蜂王产卵力，在大流蜜前组织好生产群。

1. 适时放王产卵　根据工蜂的发育日龄 21d，出房后外勤采集活动 12～17d 及蜂王产满 8～10 个巢框的卵需 20～25d；结合本地大流蜜时间，计算出当地开始春繁，从王笼中放出蜂王的时间，双王同箱饲养且群势较强的蜂场，放王的时间可适当推迟。放王要选择晴好天气，且放王后要连续 3d 奖励饲喂，每天晚上饲喂 1∶1 的糖浆 300mL，待蜜蜂兴奋散团，钻进巢房内的蜜蜂出房后，进行抖蜂换脾。箱内有 3 框左右蜜蜂的蜂群紧脾后仅留 1 框，4～5 框蜂的群留两框边角上有蜜的空脾放在箱内作为繁殖区，用立式隔王板将蜂王控制在繁殖区，隔板外放置 1 张蜜粉脾，如是双王的，繁殖区则设在中隔板两边，迫使蜜蜂在脾上密集，换脾后蜂王在密集的巢脾上得到充分的饲喂，第 2 天即开始产卵。到第 3 天，子脾面积达七成以上时将箱内的蜜粉脾提入繁殖区，隔板外再加上 1 张蜜粉脾，双王群则一边加 1 张，这样做既可满足蜜蜂幼虫的发育对蜜粉的需要，又起到加脾扩巢的作用。在加第 2、3 张脾时须慎重，要做到一看天气，天气要正常，晴天多；二看花，外界有少量蜜粉采进；三看蜂数，加第一张脾后，每脾应有工蜂 3 000 只以上，蜂多于脾，加 2 张脾后每脾应有2 500 只以上工蜂；四看蜂王，蜂王产卵要整齐，子圈、粉圈、蜜圈分明；五看子，加第 3 张脾时要待已加入的第 2 张脾上的子脾面积达 7 成以上，原留在箱内的第 1 张脾上的子脾全部或大部分封盖，幼虫发育正常；六看饲料，角蜜是否已装满，花粉是否有贮存，如果条件不具备，可暂缓加脾，如果近期有低温寒潮，而巢内有新蜂出房，可加蜜粉脾，当天气转暖，气温回升，蜜粉采入增多，幼蜂大量出房，哺育蜂快速增加时，加脾的速度可以加快，群势发展到5～6框蜂后，过2～5d即可加1张脾。

2. 促蜂排泄 蜜蜂在越冬期间，一般不飞出排泄，粪便聚集在大肠内，蜂群放王后，为了给蜂王产卵、幼虫的生长创造条件，工蜂大量吃蜜，增强活动，从而使腹中的积粪进一步增多。实践表明，当天气晴好无风，阳处气温15℃以上，阴处气温达到4～6℃时，可将蜂群移出越冬室排泄；若阴处气温8℃时才出室排泄，为时已晚，会导致越冬蜜蜂因不能及时排泄而死亡。比较合适的时间是当地最早蜜粉源始花前20d为宜。若早春繁蜂遇到连续阴雨，工蜂不能出巢时应采取措施催蜂出巢。

3. 全面检查 蜂群经过出巢排泄之后，进行首次全面检查，清除巢内死蜂，掌握蜂群情况，做出促进春繁的合理方案，促使蜂群更好地进行早春繁殖。全面检查要在晴暖无风天的中午进行，对每群的蜂数定框，抽出多余巢脾，做到蜂多于脾，对丧失繁殖能力的蜂群及时合并或将弱群组成双王群；同时应检查蜂群是否发生病害，尤其是寄生螨，以利早春健康繁殖。根据各群蜂数的多少，留足或加入蜜脾、花粉脾，保证蜂群饲料充足。在早繁阶段，尽可能少开箱检查，必须检查时要目的明确，行动敏捷，以防脾受凉而损伤。

4. 蜂巢保温 蜜蜂有调节巢内温度的本能，巢温过低，蜜蜂一方面结成球状，另一方面通过吃蜜和加强群体的活动产生热量来维持巢温，但在早春外界气温较低的情况下，要保持巢内适宜的繁殖温度，单靠蜜蜂自身保温，不仅限制蜂王产卵圈的扩大，还会使蜜蜂大量吃蜜产热，加速新陈代谢过程，严重影响工蜂本身的寿命，而且不利于蜂儿发育和幼蜂正常出房。最好的保温方法是巢内保温和巢外保温有机结合。巢内保温，除缩小蜂路、缩紧巢脾、加强巢门管理外，还要将蜂群放在箱中间，两边隔板用钉子固定，空隙处用干净柔软的棉花、羊毛、稻草、麦草等保温物塞实，框梁上部加盖棉盖垫，大盖要盖严，堵塞缝隙，将巢门缩小到不影响蜜蜂进出，使蜂巢始终保持34～35℃的温度。巢外保温，可将箱底用草垫起，蜂箱后、左和右方用于草塞实，箱盖上加盖两层草帘和一层塑料布以防雨、防潮。蜂箱前面用草帘遮盖，蜜蜂活动时将草帘掀起，阴雨寒冷天及夜间放下草帘保温，但必须保证巢门畅通。随着蜂群的发展和外界气温渐热，后期需撤除保温物。

5. 早春饲喂 早春蜂群出室后，气温较低，气候干燥，蜜粉源十分缺乏，应进行奖励喂饲，激励蜂王多产卵和提高工蜂的育虫积极性，加速蜂群繁殖，使蜂群尽快度过恢复期。

（1）喂糖。蜂群包装保温时，留在箱内的粉蜜脾，每脾应保持贮蜜在0.5kg以上，不够此数的要及时补足。天气好，糖浆的糖水比例为1∶1，阴雨天气，糖水比例为1.5～2∶1；喂糖浆的数量每次在250～500mL，要根据子脾的数量及天气的变化而调整，子脾多，需要量大多喂，天气好，外界有粉蜜进时少喂或不喂。通常在隔板外放置饲料盒、碗，内放小木棍做踏板，或用巢门饲喂器饲喂。饲喂要在晚上进行，以免蜜蜂吃蜜后兴奋，飞出巢外；不要开箱饲喂，以免巢内气温散失；蜜汁不要滴在地上、箱上，以防盗蜂发生。

（2）补喂花粉。花粉是蜜蜂生长发育所需蛋白质、维生素和矿物质等营养物质的主要来源，春繁期蜂群补喂花粉是保证幼蜂健康发育的关键措施。喂粉的途径有，一是将采收的花粉团加25%的水密封2～4h，用手搓散放入容器内，置巢内饲喂，或置于框梁上面供蜜蜂自食；二是将花粉用蜜水或蜂蜜浸湿发开后，拌入空巢房内，装满半脾后，用蜂刷将花粉捣实即成粉脾，结合加脾喂饲；三是用蜜将花粉浸湿后，揉成花粉饼，放在箱内框架上，任蜂采食。

(3) 喂水。蜜蜂采水主要是用来饲喂幼虫，稀释浓度过高的蜂蜜和使蜂巢内保持一定的湿度。早春由于天气冷，人工喂水，可减少蜜蜂远出采水所造成的损失。春季喂水可采用巢门喂水，一般可用瓶子灌满水，瓶子倒立蜂箱前搭板上，瓶口用布条堵塞，长布条从巢门通入箱内，蜜蜂可随时在浸湿的布条上吸水，条件许可下最好采用瓶式喂水器。喂水时可加入1%的食盐，以补充蜜蜂繁殖对矿物质的需求。

6. 治疗蜂螨　春季应趁巢内无子脾时，彻底杀灭越冬过来的蜂螨，以免后患。用药时要严格控制剂量，不得使用对蜜蜂有害或污染蜂产品的药物。对于秋季治螨不彻底的蜂群，可割除封盖子治螨，此法较彻底可靠。治螨可用杀螨1、2号喷治；可用硫黄烟熏，每箱用25g硫黄熏3～5min，然后通风10～20min；也可用萘每隔3～4d熏一次，连续熏3～4次，每次将4～6g萘撒于纸上放入箱底部，熏治一夜。

7. 组织生产群　放王产卵40d后，外界气温逐渐升高，油菜花全面开放，新蜂也源源不断地出房，进入新老蜜蜂的交替时期，此时单王群已达6框以上，双王群已达10框，待外界流蜜正常，箱内充满蜜蜂时，可把继箱加上。单王群可将巢箱内封盖子脾、大龄幼虫脾各1张提入继箱，另从副群调入2张封盖子脾进继箱，两边各加1张粉蜜脾，巢箱内加入1张空脾供蜂王产卵。双王群则将4框封盖子脾提到继箱，两外侧各加1框粉蜜脾，巢箱内保留6框巢脾，在巢箱和继箱之间加上隔王板，把蜂王控制在巢箱内产卵，在继箱开始蜂王浆的生产，待油菜大流蜜时，同时生产蜂蜜。在大流蜜前15d，单王群尚未达到6框的，则应把蜂场分为主群和副群，也称生产群和繁殖群，主群进行生产，副群进行繁殖。具体办法是副群中的封盖子脾调入主群，使主群的巢箱保持5框以上，继箱保持5～6框，及时投入生产。

(二) 夏季管理

夏季正值各种植物生长季节，蜜源旺盛，蜜质甜润。此时华北及以北地区是蜂群生产旺季，刺槐、枣树、荆条、椴树等主要蜜粉源相继开花，摇蜜、取浆、集粉、收蜡均可进行，抓好此期蜜蜂的管理，关系到全年的蜂产品产量。但南方大部分地区夏季气温高，日照长，蜜粉源较少，敌害活动猖狂，蜂群强壮，饲料消耗大，繁殖与生产矛盾突出，如饲养管理不善即会造成群势削弱，影响秋季生产。因此，在南方地区必须做好越夏管理，重点是保持强盛群势，积极开展蜂王浆等蜂产品生产，为秋季蜜粉源采收打好基础。

1. 更换蜂王，培养适龄采集蜂　度夏后的隔年老蜂王产卵力衰退明显，故要用春季培育的健壮多产的新蜂王更换老蜂王，为蜂群越夏培育适龄蜂。培养适龄采集蜂的时间依各地主要蜜源而定。通常培育采集蜂应在大流蜜期前50～55d开始，直至大流蜜结束前36d为宜。

2. 加继强群，组织生产　夏季，刺槐、柿树、枣树、荆条等花期紧接相连，陆续盛开，蜂群往往因劳累过度，群势会有所下降，此时保持强群是夺取丰收的基础，要保证每群不少于15框足蜂。在缺乏蜜源的地方，单王群的群势调整到5框蜂左右，群势过强，饲料消耗大；群势过弱，不利于调节巢温和防御敌害，影响蜂群的生产。

3. 留足饲料，适时取蜜　除每群巢内保留2框蜜脾、1框粉脾外，另外为每群贮备2～3框蜜脾和1～2框粉脾，以便随时补充饲料。蜜蜂夏季的工作时间为上午8：30～12：00，下午16：00至天黑。取蜜时间应掌握在早上8：30之前，此时取的蜜水分少，浓度高；一般情况不在下午和采蜜时间内取蜜，一是刚采来的蜜水分大，二是影响蜜蜂工作。可根据脾子发白，有1/3房眼封盖来确定存蜜的多少。

4. 遮阴喂水，防虫防敌 近年来气温偏高，雨少，越夏蜂场应首选遮阴好、水源充足的树林边缘。干旱无雨的天气，可在箱盖上放置些树枝叶，每天中午往上泼些水降温，并在附近设置饮水器皿。为避免敌害入侵，巢门一般仅1cm高，宽度每框足蜂约为1.5cm，如发现巢门工蜂扇风激烈，应酌量放宽，但切忌打开纱窗，要使巢内常处于黑暗环境，确保幼虫、蛹的正常发育。经常清理蜂箱底，避免巢虫滋生；随时杀灭大胡蜂、蜂螨等敌害。

（三）秋季管理

入秋后，天气逐渐转凉，蜂群的生产转入渐衰阶段，当气温下降到10℃以下，蜂群开始结团，并不停地采食、运动，靠群体的新陈代谢维持一定的温度，以便安全越冬。此阶段的主要任务是准备充足的优质饲料，保存实力，培育数量多、质量好的越冬蜂，防治蜂病，为蜂群安全越冬创造适宜的条件。

1. 秋季生产管理 初秋，葵花、荞麦等相继开花泌蜜，应集中力量搞好生产，秋季蜜粉源流密涌、昼夜温差大、蜜蜂劳动强度较大，应缩紧巢脾，保持蜂脾相称。巢门的管理要根据群势灵活掌握，上午10时开启大巢门，以利蜜蜂采集；傍晚缩小，以利蜜蜂保温酿蜜。巢内繁殖区与生产区分别管理，繁殖区以繁殖为主，虫、卵、子脾集中，如有蜂蜜压子现象，要及时摇取，保证蜂王有充足的空巢房产卵。生产区基本是空巢脾，专供蜜蜂采集或摇取蜂蜜。秋季蜜粉源前期采用以副群补主群的方法，保持主群的生产优势，并可抓紧时机培育部分新蜂王，以备换王和来春提早分蜂用。

2. 培育越冬适龄蜂 越冬适龄蜂是指那些在秋季羽化出房后未参加哺育工作和巢外采集而又经过试飞、排泄飞行的青年蜂。这类蜜蜂的舌腺、上腭腺、唾液腺等腺体保持着初期发育状态，经过越冬以后仍有生产幼虫饲料及哺育幼虫的能力，是来年春季蜂群恢复生产的基础。幼蜂越多，越有利蜂群的越冬及来年春季的发展。培育越冬适龄蜂的时间，应从秋季主要蜜粉源后期开始。在巢内首先扩大产卵圈，被蜜蜂酿蜜压缩蜂王产卵圈的，要及时将蜜取出，扩大蜂王产卵面积。蜜源不足时，实行奖励饲养。为防引起盗蜂，要在晚上饲喂，每隔2～3d饲喂一次，促进蜂王产卵积极性。对蜂群密集的，待蜜期将要结束时，抽出箱中多余巢脾。群势下降的蜂群，带继箱的要撤除，要保持蜂、脾相称。进入晚秋，日夜温差增大，要注意适当保温，蜂箱副盖上要加保温垫，晚上缩小巢门，白天再扩大，增加巢温，使蜜蜂正常发展。

3. 贮备越冬饲料 越冬饲料是蜂群越冬时期赖以生存的物质基础，其优劣可影响到蜂群的越冬成败。饲料的储备最好在夏季选留不易结晶的成熟蜂蜜，在冬季定群时加入蜂群。也可在秋季繁殖越冬后，饲喂优质无污染的蜂蜜。一般蜂群从秋季蜜源断绝到来年春季有早期蜜源流蜜时，要消耗蜂蜜20～30kg，花粉2～3框，这些饲料需要在流蜜期贮备。

对饲料贮存不足的蜂群，在晚秋要进行补助饲喂。严禁饲喂甘露蜜、带病菌及劣质蜂蜜，此类蜜消化少，剩下渣子多，粪便在肠内容纳不下，易形成大肚病，下痢严重，轻者部分病死，重者全群死亡。饲喂蜂蜜可加1%水，加湿溶解后，晚上饲喂，以防盗蜂。饲喂时放在箱内，量要大，使每个外勤和饲喂蜂都能吃到，但时间不要太长，力争3～4d喂足，以备安全越冬。

4. 适时断子 晚秋临冬时期培育出的幼蜂，因天冷而不能出箱飞行排泄，是无饲养价值的蜜蜂，为了减少不必要的饲料消耗，要适时限制蜂王断子。对晚秋临冬蜂王所产的卵应用糖浆浇灌处理，对副盖上的保温垫应撤除，将蜂路扩大到15～20mm；也可把蜂群移放到阴冷处，降低巢温，促使蜂王停止产卵；也可用蜂王笼将蜂王圈起挂在蜂团中间，限制蜂王产卵。这样不仅节省了饲料，保持了适龄越冬蜂的寿命，也给来年春繁打下基础。

5. 保温与散温 秋季昼夜温差大，秋风凉爽，培育适龄蜂期间应注意巢内、外保温。主要措施是糊严蜂箱缝隙，箱外加盖草帘，箱内以双层覆布换下副盖，缩小蜂路，以加强蜂群的自身御寒能力。

6. 防治蜂螨 根据蜂螨的生长规律，进入秋季，随着气温的下降，蜂王产卵力下降，蜂子的数量减少，而蜂螨在蜂体上的寄生率却相应增强。因此，要彻底治螨。一般分两次进行，第一次应在培养适龄蜂以前，第二次在蜂群进入越冬、自然断子初期。用药前要喂蜂，以增强其对药物的抵抗力。

(四) 冬季管理

为了安全度过寒冷的冬季，处于休眠状态，生命力降低的蜜蜂在巢脾上形成蜂团，消耗蜂巢内贮存的饲料，产生热量，使蜂团内部温度升高到14～30℃。为了保持蜂团稳定，防止前期伤热，后期受冻，减少死亡，生产中要千方百计加强管理，把越冬蜂损耗降到最低限度，为次年丰产奠定基础。在我国，除东北、西北少数地区实行室内越冬外，大部分地区实行室外越冬。

1. 室外越冬管理

(1) 蜂群的保温包装。

箱外包装：东北地区在10月底至11月上旬，华北地区在11月中旬进行越冬包装。地面铺砖成平台，上铺10～20cm厚的干草。把蜂箱按5～7群为一排，集中并列置于平台的干草上，各箱间的空隙塞上干草；箱后、箱上及两外侧用编制的草帘包裹。华北地区，在蜂箱前壁可斜搭草帘遮阴，防止晴暖天气蜜蜂飞出。东北严寒地区，蜂箱前壁也用草帘包裹，但需留出巢门。为了防避雨雪，可在草帘外面盖上一层塑料薄膜，用砖石压住。一排的蜂群不宜超过10群。蜂群的外包装，最好随着气温的下降逐步完成，先将蜂群安排集中，几天后在箱间塞草，最后包上草帘。如果场地不背风，可用砖砌成三面围墙，放入蜂箱，在箱底、箱间及两侧塞上干草，上面盖草帘及塑料薄膜。

箱内保温：长江中下游地区，冬季气温较高，蜂群越冬时间短，可只做蜂箱内保温，不需箱外的外包装。白天最高气温降到10℃左右时，调整越冬蜂巢，缩小巢门；蜂箱如有纱窗，可用草纸堵住，盖上盖板，蜂箱上加覆布及草纸，或在副盖上盖小草帘，再盖上大盖。气温降到0℃时，在蜂巢两侧的空隙填满保温物。越冬的蜜蜂处于－2℃以下气温中，活动量会加大。主要是加大食量，不停地摆腹，靠活动产生热能，抵御严寒。这样既消耗大量饲料，又使工蜂老化，缩短寿命。防寒的方法是小群蜂应在白天多晒太阳，夜晚尽量把巢门关小，填补箱缝和孔洞。

(2) 室外越冬管理。越冬包装1个月以后，每半个月左右掏除1次箱底的死蜂。如果发现碎蜂尸及许多蜡屑，表明有小鼠钻入了蜂箱，要利用毒饵、器械及时捕杀。经常巡视蜂场，防止畜禽干扰，及时清扫雨雪，特别要注意防火。东北严寒地区，几十厘米厚的积雪有利于蜂箱保温，但需注意蜂箱巢门不要被冰雪堵住，以防闷死蜂群。

2. 室内越冬管理

(1) 北方蜂群的室内越冬。东北、西北严寒地区的蜂场大多采取蜂群室内越冬。越冬室分地上式、半地下式和地下式3种。在地下水位较高的地方，适合采用地上式越冬室；在地下水位不太高又比较寒冷的地方，适合修建半地下式越冬室；在地下水位低、气候寒冷的地方，适合采用保温能力强的地下式越冬室。蜂群入室前，将越冬室清扫干净，进行消毒和灭鼠。入室当天应将越冬室门窗及进出气孔全部打开，使室内外温度不致相差太大，在室内设置陈列架。蜂群应适时入室，入室后要分期进行观察。越冬前期每月掏一次死蜂，中期半月一次，后期10d一次。越冬室的相对湿度以75%～80%为宜。在长期无雪雨的干燥冬季，要防蜜蜂口渴干燥，在蜂场内适当喷水、增加湿度，防止蜜蜂燥渴。

(2) 南方蜂群的室内越冬。近年来，在长江中下游地区的一些蜂场也采取蜂群室内越冬的方式，既可节省饲料，又可保持蜜蜂精力。蜂群越冬室要专用，不得存放农药、化肥或其他物质，无异味。南方宜采用地上式越冬室，门窗严密，保持室内黑暗，通风良好。入室时间分早、晚两种，早入室在10月下旬至11月中旬，晚入室在11月下旬至12月上旬。

十、蜂产品生产

(一) 蜂蜜

蜂蜜的生产状况取决于蜜源和气候，生产水平取决于蜂群的强弱。

1. 采蜜前的准备工作 采蜜前应根据本地的条件，主要蜜源开始流蜜的时间和各个蜜源花期衔接的情况，有计划地饲养强群，培育适龄采集蜂，修造足够的巢脾，调整好蜂巢。

2. 组织采蜜蜂群 在大流蜜到来之际，如果蜂群本身很强壮，已加继箱，花期不超过1个月，只需调整蜂巢，把子脾调入巢箱，限制繁殖，继箱为空脾，储蜜即可。若花期超过1个月以上，采蜜的同时，要定期给巢箱调入空脾，兼顾繁殖后期采集蜂。若大流蜜到来之际，大部分蜂群尚很弱，不能加继箱，花期且不长，应将相邻的2～3群搭配成组，非采蜜群搬走，采蜜群留在这几群蜂的中间，加上继箱，继箱中加入空脾，这几群蜂的采集蜂都会集中到这一群，成为一个理想的采蜜群。还可采用主副群的组织方法，即在大流蜜期前20d左右，抽掉副群的老子脾给主群，使主群在流蜜期强群取蜜；同时，抽主群的卵虫脾给副群，减轻主群的哺育工作，充分利用副群的哺育力，实现取蜜、繁殖双丰收。

3. 采收蜂蜜用具 摇蜜机、蜂扫、割蜜刀、喷烟器、滤蜜器、蜜桶、空继箱、脸盆等。工作人员要戴好面网，扎紧袖口、裤脚，以防止蜂螫。

4. 蜂蜜采收 摇蜜开始前，先清扫场地、消毒工具，再从巢箱开始，抽出贮满蜜的蜜脾，抖落脾上的蜜蜂，个别未抖落的蜜蜂用蜂扫扫净，放于周转继箱套中，然后再抽取继箱的蜜脾脱蜂。脱蜂后将蜜脾送到取蜜工作室，封盖的蜜脾，要用割蜜刀割去蜜盖，割蜜盖时，要放在事先准备好的脸盆上，以盛接外流的蜂蜜，蜜盖不要割太深，以免伤脾。割去蜜盖的蜜脾便可放入摇蜜机内，匀速转动摇蜜机，将蜜从脾中分离出来。摇完一面后，翻转巢脾，摇另一面。同一群蜂的蜜脾摇完后，用割蜜刀将巢脾上加高的巢房、赘脾、赘蜡及雄蜂蛹割掉，然后将这些巢脾返还原群。巢脾摆放，要根据本花期及下个花期的时间，决定蜂群的管理，如蜂群需要大量繁蜂，则继箱中要多放置新旧适宜的空脾，供蜂王产卵；若本花期仍需集中力量取蜜，则巢箱中尽量放置花粉脾和子脾，继箱中则尽量放置空脾。摇蜜机的机底贮满蜜后，可将其倒入放有过滤器的蜜桶中，若摇蜜机有出蜜口自动流出，待承接的小蜜桶满后，过滤掉蜡渣和死蜂，倒入大的贮蜜桶。采收蜂蜜，最好在洁净的室内进行，这样比较卫生，花期末，还可有效防止盗蜂。

（二）花粉

花粉是蜜蜂采集被子植物雄蕊花药或裸子植物小包子囊内花粉细胞，形成的团粒状物。

1. 生产条件 选择粉源植物开花面积大，粉源质量好。蜂群健康无病，群势在8框蜂以上，并有大量适龄采集蜂的蜂群。在生产花粉15d前进入蜜粉源场地前后。

2. 生产工具 根据工蜂的多少及不同季节的温度和湿度、蜜源以及蜂种间个体大小的差异选用不同孔径的脱粉器。10框以下的蜂群选用2排的脱粉器，10框以上的蜂群选用3排的脱粉器。意蜂一般选用孔径4.8mm的脱粉器，干旱年景使用4.6mm、4.7mm的，早春与晚秋温度低、湿度大时用4.8mm、4.9mm的脱粉器。

3. 花粉生产 蜂箱垫成前低后高，取下巢门挡，清理、冲洗巢门及其周围的箱壁（板），然后把钢木脱粉器紧靠蜂箱前壁巢门放置，堵住除脱粉孔以外的所有空隙，并与箱底垂直；在脱粉器下安置簸箕形的塑料集粉盒，脱下的花粉团自动滚落盒内，积累到一定量时，及时倒出。

（三）蜂王浆

蜂王浆是工蜂的舌腺（王浆腺）和上腭腺等腺体的混合分泌物，是3日龄以内的工蜂、雄蜂幼虫和蜂王的终生食物。又称蜂皇浆、王浆、蜂乳、王乳等。

1. 生产条件 蜂群应健康无病，各龄子脾齐全蜂群群势在7框以上；温度15℃以上，无连续寒潮；蜜粉源丰富且有连续性，特别是花粉充足，处于辅助蜜源时期或主要蜜粉源时期，15d内不会出现蜜粉源短缺现象。要求生产期间禁用一切蜂药。

2. 生产工具 采浆框、台基条、移虫针、刮取王浆的器械、利刀、镊子和贮浆瓶等。

3. 王浆生产 用隔王板将蜂隔成繁殖区和生产区，生产区内放1～2张蜜粉脾，1～2张幼虫脾，其余为新封盖子脾，采浆框插在幼虫脾与蜜粉脾或大幼虫脾之间，繁殖区放卵虫脾、空脾、即将或开始出房的蛹脾、蜜粉脾，使生产群蜂脾相称或蜂略多于脾。

将无污染全塑台基条用无锈细铁丝捆绑或粘到采浆框上。然后在每个台基内点少许蜂蜜，置于蜂群内让工蜂清扫24h以上，当台基上出现白色或黄色新蜡时，即可移虫。移虫用承托盘承托幼虫脾，用移虫针把12～24h的幼虫从巢房中移出，放在台基底的中央，每个台基放1只幼虫。移虫要快速、准确，虫龄均衡，无针伤，同时注意虫脾的保温和使用时间，每张虫脾在群外不超过1h，用完的虫脾及时送回原群。在移虫后3～4h可将浆框提出，给未接受的台基重新补移和其他台基内日龄一致的幼虫。

取浆在移虫后68～72h进行，盛期可提前几小时。将采浆框从蜂群中提出时，先把浆框两侧巢脾稍加活动，向外推移，保证提框时不挤蜜蜂，不碰王台。附在浆框上的工蜂用蜂刷轻轻扫去，不可用力抖动，防止抖掉王浆或使虫体陷入浆内，减少王浆产量。取出浆框后，用利刀割去台基口加高部分的蜂蜡，要割得平、齐，露出原台基的形状，然后用镊子夹出台基内的幼虫。最后用取浆笔或刮浆铲沿着台基内壁轻轻刷刮，将王浆取出，刮入浆瓶内。1次刮不净的可重复刮取，接着再刮下一个。整框王浆取完后，用刀割去未接受台基内及周围的蜂蜡，用取浆笔从接受台基里蘸少许残浆抹入未接受台基内，然后移虫，重新放入生产群内。王浆采收后，应及时冷冻贮存。产品应按生产日期、花种、产地分别存放。产品不得与有异味、有毒、有腐蚀性和可能产生污染的物品同库存放。

(四) 蜂蜡和蜂胶

1. 蜂蜡 蜂蜡又称为黄蜡、蜜蜡。是由蜂群内12～18日龄的工蜂腹部蜡腺分泌出来的一种脂类物质。蜜蜂用来筑巢，给巢房封盖。

蜂蜡生产一般在5月1日前后，巢内蜂数逐渐增多，外界蜜、粉源丰富，蜂群有强烈的扩巢需求，蜂群由恢复期过渡到增殖期以后即可开始生产蜂蜡。

巢脾更新法：增殖期开始后，利用蜂群扩巢的需求，适时加巢础框，促其造新脾，既促进蜂群繁殖，又增加了蜂蜡的产量。多造一张新脾就等于生产60～70g蜂蜡。因此说，修新脾淘汰老脾化蜡是增产蜂蜡的主要途径。

下采蜡框法：将采蜡框下到蜂群内边脾里侧，流蜜期每群下2～3个，正常繁殖期每群下1～2个。采蜡框上造满自然脾时即提出，用利刀割下蜡原料，再重新下框。日常检查蜂群时，随时收集巢内的赘脾、蜡屑、雄蜂房盖及不用的王台壳，雄蜂房连片割下保存。

将所收集的赘脾、蜜盖、雄蜂房等放入熔蜡锅内，加适当清水进行煎熬。待蜡全部熔化后，用60目铁纱过滤，滤液倒入盛冷水的盆内，冷却凝固后可获得蜂蜡。

2. 蜂胶生产 蜂胶又名蜂巢腊胶，蜂胶是蜜蜂从植物的芽苞、树皮或茎干伤口上采集来的黏性分泌物——树脂，与部分蜂蜡、花粉等的混合物。蜜蜂用它来填补蜂箱裂缝，加固巢脾，缩小巢门，磨光巢房，杀菌消毒，以及包埋较大入侵物的尸体等。蜂胶呈褐色或灰褐色，有的带青绿色，其颜色、品质与蜜蜂所采集的植物种类有关。

蜂胶采集的方法有直接收刮、盖布取胶、网栅取胶、巢框集胶器取胶等。生产中多采用在覆布下加一片与覆布几乎相等的无色尼龙纱，使覆布离开框梁，形成空间。尼龙纱细而密布方孔，是蜂胶较为理想的附着物。蜜蜂本能地加固巢脾，填充空隙，大量采集蜂胶。待尼龙纱两面都黏满蜂胶后，便可采收。采收时，从箱前或箱后用左手提尼龙纱，右手拿起刮刀，刀与框梁成锐角，边刮边揭，要使框梁上的蜂胶尽量带到尼龙纱上，直到揭掉。然后把覆布翻铺到箱盖上，用起刮刀轻轻刮取。尼龙纱要两角对叠，平平压一遍，让其相互黏结，再一面一面将尼龙纱揭开，蜂胶便可取下。尼龙纱上剩余蜂胶，可用胶团在上面来回滚几遍，胶屑便全都黏在团上。最后仍将尼龙纱和覆布按原样放回箱中，继续采胶。

(五) 蜂毒

蜂毒是工蜂毒腺和副腺分泌出的具有芳香气味的透明的分泌物，防卫蜂螫刺敌体时从螫针排出。

蜂毒生产应选择春末、夏季外界气温在20℃以上，有较丰富蜜粉源时，自卫性能强的强壮蜂群。18日龄后的工蜂毒囊里的存毒量较多，每只工蜂存毒约0.3mg。

直接刺激取毒法是将工蜂激怒，让其螫刺滤纸或纱布，使毒液留在滤纸或纱布上，然后用少许蒸馏水洗涤留有毒液的滤纸或纱布，文火蒸发掉毒液中的水分，得到的粉状物即为粗蜂毒。

电取蜂毒法是在低压电流刺激下，壮年工蜂将毒囊中的毒液排在玻璃板承接物上，毒液迅速干燥，用不锈钢刀等工具把凝结的晶体刮下集中，便是蜂毒粗品。电取蜂毒是目前最理想的取毒方法，所取蜂毒纯净、质量好，且对蜜蜂伤害轻。电取蜂毒所用的电取毒器种类较多，但都是由电源、产生脉冲间歇电流的电路、电网、取毒托盘、平板玻璃等几部分构成。

电取蜂毒每群排毒蜜蜂为1 500～2 000只，每次7～10min，每群每次可收干蜂毒约达0.1g，定地饲养的蜂群隔1周可再次取毒；转地饲养的蜂群，在取毒后休息3～4d转地才安全。注意不要在大流蜜期取毒，此时电击蜜蜂会引起吐蜜，使蜂毒污染，降低蜂毒质量。

取毒时，禁止吸烟以防污染蜂毒；取毒人员要穿洁净的工作服、戴面网，同时避免其他人员及家畜进入蜂场以防蜂蛰。

【思与练】

1. 蜂群是由哪些蜂组成的？各有什么特点？
2. 简述蜜蜂的个体发育及生活史。
3. 如何选择养蜂场场址？
4. 怎样进行蜂群的全面检查和局部检查？
5. 简述蜂群的饲喂技术。
6. 如何进行蜂群合并工作？
7. 简述蜂群四季饲养管理要点。
8. 了解蜜蜂的主要产品及生产过程。

学习情景24 黄粉虫生产技术

【知识准备】

黄粉虫俗称面包虫。在昆虫分类学上隶属于鞘翅目、拟步行虫科、粉虫甲属。

黄粉虫幼虫含粗蛋白51%，脂肪29%，被誉为蛋白质饲料之王。它是养殖蜈蚣、蝎子、林蛙、蛇、黄鳝、珍禽、观赏动物以及家禽家畜的最佳蛋白饲料。

（一）外形特征

黄粉虫为全变态昆虫，一生中经历卵、幼虫、蛹、成虫四个阶段。

1. 卵 乳白色，很小，长1～1.5mm，呈长椭圆形。卵外表有卵壳，薄而软，外有黏液，产下后与麸皮黏接，形成保护作用。

2. 幼虫 黄色有光泽，长约27mm，呈圆筒形。有13节，各节连接处有黄褐色环纹，腹面淡黄色。头胸所占虫体的比例较短，约为身体的1/5。身体直，皮肤坚，中间较粗，腹部末端一节较小。头缝呈U字形，嘴扁平。尾突尖，向上弯曲。

3. 蛹 长15～20mm。刚由老龄幼虫变成的蛹为乳白色，渐变褐色后变硬，是典型的裸蛹，背中有淡色纵条，背中腹面有乳头突，胸节大。侧面有雏形翅和附肢。

4. 成虫 成虫刚刚蜕皮出来为乳白色，甲壳很薄，10多小时后变为黄褐色，黑褐色，有光泽，呈椭圆形，长12～20mm，甲壳变得又厚又硬。虫体分为头、胸、腹三部分。成虫头部比幼虫头部多长出1对触须，并且是幼虫面的5倍长。足3对，1对长在前胸部，2对长在腹部，足长比幼虫长8～10倍。每个足尖2个钩爪，足趾上有毛刺。背部翅膀上有竖纹若干条。成虫虽然有1对漂亮的翅膀，但已退化，翅膀一方面保护身躯，另一方面还有助于爬行。

（二）生活习性

黄粉虫成虫具有生殖力，繁殖最佳温度为25～30℃，此温度下是排卵高峰期。黄粉虫生长期为50～60d，寿命20～180d，羽化后4～5d开始交配产卵，产卵期22～130d，80%的卵在1个月内产出。产卵量平均276粒，成虫品质、饲料质量及管理水平影响产卵量。雌虫一般夜间在饲料上面产卵，常数十粒黏在一起，表面黏有食料碎屑物，卵壳薄而软，8～10d后卵孵化为幼虫。黄粉虫幼虫生长要脱皮，经过一次次蜕皮才能长大。幼虫期要蜕7次皮，每蜕1次皮，虫体长大，幼虫长1龄。平均7～10d蜕1次皮，所脱落的皮称为皮蜕。幼虫蜕皮时，表皮先从胸背缝裂开，头、胸、足部，然后腹、尾渐渐蜕出。幼虫蜕皮一般都在饲料表层，蜕皮后又钻进饲料中，刚蜕皮的幼虫是乳白色，表皮细嫩。老龄幼虫虫体呈黄色，表皮较硬。幼虫期约80d变为蛹，蛹期脆弱，应为重视。蛹经过7～10d变为成虫。羽化了的成虫翅退化，不会飞，与幼虫一样只能爬行。但极活泼，为防止逃逸，饲养盒内壁保持光滑。

黄粉虫系群居，便于高密度饲养；但具有互相残杀习性，成虫吃卵、咬伤幼虫和蛹；高龄幼虫咬伤低龄幼虫或蛹，从而影响产虫量。饲养密度过高，虫态重叠情况下易发生。特别是成虫与幼虫不同虫龄期混养更为严重，其次，饲料缺乏也易发生蚕食。

黄粉虫性喜暗光，且夜间活动较多，因此可在暗环境下饲养，也可采用多层分盘立体饲养。

【岗位技能】

（一）养殖场建设

1. 场地要求　黄粉虫对养殖场地要求不高，一般闲置房子、简易棚舍均可作为养殖黄粉虫的场所。饲养房的大小可视养殖规模而定，一般每 20m^2 能养殖 300～500 盘，但要防止阳光直射，保证通风良好。有恒温条件的房子最为理想，房舍内夏季温度控制在 30℃以下，冬季保持 20℃以上。相对湿度以 60%～70%为宜。

2. 饲养用具　养殖盘、产卵盘、虫筛、饲养架等，养殖盘最好统一规格，为内壁光滑、养殖盘长×宽×高为 80cm×40cm×8cm 的广口盒，内壁无缝隙、无钉眼、无虫蛀痕迹，四周可镶装饰板条或胶带纸固定。产卵盘长×宽×高为 75cm×35cm×7cm，底壁装 12 目铁丝网，铁丝网下接略大些接卵盘。虫筛是用于分离不同龄期的虫粪、分离虫子，筛网一般 16 目、20 目、50 目普通铁窗纱制成。网盘大小依虫量多少而定，最大长×宽×高为 80cm×40cm×8cm。饲养架，根据养殖盘数量而定，养殖盘一般交错而放。

（二）周期饲养

1. 成虫期　蛹羽化成虫的过程为 3～7d，头、胸、足、翅先羽出，腹、尾后羽出。刚羽化的成虫很稚嫩，不大活动，约 5d 后体色变深，鞘翅变硬。在上面盖上报纸，当有成虫向外钻时，可将雌、雄成虫放在产卵盘中，羽化后 4d，黄粉虫开始自由交配。

雄、雌成虫群交尾时一般都在暗处，交尾时间较长，产卵时雌虫尾部插在筛孔中产出，这个时期最好不要随意搅动。发现筛盘底部附着一层卵粒时，就可以换盘。这时将成虫筛卵后放在盛有饲料的另一盘中，拨出死虫。5～7d 换一次卵盘。产卵期的成虫需要大量的营养和水分，所以必须及时添加麦麸子和菜，也可增加点鱼粉。若营养不足，成虫间会互相咬杀，造成损失。

成虫期饲料配方：麦麸 45%、玉米粉 35%、豆饼 18%、食盐 1.5%、复合维生素 0.5%。

成虫产卵期饲料配方：麦麸 75%、玉米粉 15%、鱼粉 5%、食糖 3%、食盐 1.2%、复合维生素 0.8%。

2. 卵期　成虫将卵产在卵纸上，把卵纸集中放到养殖盘中，最多放 6 层纸卵，待其孵化。要注意观察，不宜翻动，防止损伤卵粒或伤害正在孵化中的幼虫。1 周后取出，将报纸中的卵抖入盛有麸皮的养殖盘中。

3. 幼虫期　卵孵化到幼虫，化蛹前这段时间称为幼虫期，而各龄幼虫都是中国林蛙最好饲料。

当养殖盘中出现幼虫皮屑时，1 龄虫已产生，再添加麦麸子和鲜菜。每个木盘中放幼虫 1kg，密度不宜过大，防止因饲料不足，虫体活动挤压而相互咬杀，要随着幼虫的逐渐长大，及时分盘。

麦麸子是幼虫的主要饲料，同时也是栖身之地。因此饲料要保持自然温度。在正常情况下，当温度较高时，幼虫多在饲料表层活动，温度较低时，则钻进下层栖身。木盘中饲料的厚度在 5cm 以内，当饲料逐渐减少时，再用筛子筛掉虫粪，添加新饲料（麦麸、瓜、果、蔬菜等）。1～2 龄幼虫筛粪，要选用 60 目筛网，防止幼虫从筛孔漏掉。要先准备好盛放新饲料的木盘，边筛边将筛好的净幼虫放入木盘上架。新饲料要洗去泥土，晾干后喂，不要将过多水分带入盘内，以防饲料发霉。饲养人员经常检查虫期情况，如发现死虫应及时清除，防止病菌感染，然后再喂饲料。幼虫3～4龄时生长发育速度增快，饲料消耗增多，排粪也增多，此时体重为0.07～0.15g，饲料投喂量为幼虫体重10%左右。要经常清理麸皮和虫粪，防止影响幼虫生长。每隔3～5d用30目的筛子清除粪便1次，冬季注意保温，夏季注意通风降温。

1～6龄幼虫饲料配比为麦麸85%、玉米粉15%，饲喂过程需投放菜叶、萝卜片、西瓜皮等，以补充水分，但要适量。6龄后幼虫麦麸80%、玉米粉20%。

2～3个月的管理成为大龄幼虫，此时摄食多，排粪快，当幼虫体长达22～32mm时体重为最大值，体重为0.15～0.20g，即7～8龄虫是的活饵料最佳时期。一般1kg 8龄虫需要2.5kg饲料。

9～10龄幼虫中挑选留种。

4. 蛹期 幼虫在饲料表层化蛹，在化蛹前幼虫爬到饲料表层，静卧后虫体慢慢伸缩，在蜕最后一次皮过程中完成化蛹。化蛹可在几秒钟之内结束。刚化成的蛹为白黄色，蛹体稍长，腹节蠕动，逐渐蛹体缩短，变成暗黄色。

幼虫个体间均有差异，表现在化蛹时间的先后，个体能力的强弱。刚化成蛹与幼虫混在一个木盘中生活蛹容易被幼虫在胸、腹部咬伤，吃掉内脏而成为空壳；有的蛹在化蛹过程中受病毒感染，化蛹后成为死蛹，这需要经常检查，同时将死蛹及时挑出处理掉。

（三）精心管理

在黄粉虫的生活史中，四变态是重要的环节，掌握好每个环节变态的时间、形体、特征，就能把握养殖的技术。在幼虫期，每蜕一次皮，更换饲料，及时筛粪，添加新饲料。在成虫期饲料底部有卵粒和虫粪，容易发霉，要及时换盘。为了加快繁殖生长，对幼虫，羽化后的成虫，在饲料中适当添加葡萄糖粉或维生素粉、鱼粉。每天都要喂鲜菜。饲料要新鲜，糠麸不变质，青菜不腐烂。

黄粉虫的养殖要按计划进行。使各龄的幼虫数量都要有完整的记录，才能保证黄粉虫养殖的成功。禁止非饲养人员进入饲养房。如非进入室内不可的人员，必须在门外用生石灰消毒。饲养人员每天都要察看各虫期情况，如发现病虫、死虫应及时清除，防止病菌感染。

【思与练】

1. 不同时期黄粉虫的形态特点有哪些？
2. 简述黄粉虫成虫饲养管理技术。
3. 简述黄粉虫幼虫饲养管理技术。

主要参考文献

白庆余，金梅．2001. 蛇类养殖与蛇产品加工［M］．北京：中国农业大学出版社．
白庆余．1988. 药用动物养殖学［M］．北京：中国林业出版社．
白秀娟．2002. 简明养狐手册［M］．北京：中国农业出版社．
陈德牛等．2003. 实用养蝎大全［M］．北京：中国农业出版社．
程德君等．2004. 珍禽养殖与疫病防治［M］．北京：化学工业出版社．
崔松元．1988. 特种药用动物养殖学［M］．北京：中国林业大学出版社．
单永利. 2004. 现代养兔新技术［M］. 北京：中国农业出版社．
杜洪，高文玉．2008. 珍贵毛皮动物养殖技术［M］．北京：中国三峡出版社．
高文玉．2008. 经济动物学［M］．北京：中国农业科技出版社．
高本刚，陈习中．2004. 特种禽类养殖与疾病防治［M］．北京：化学工业出版社．
戈朗等．1993. 养蝎技术［M］．北京：金盾出版社．
郭书普．2000. 特种动物养殖新技术［M］．北京：中国致公出版社．
韩俊彦．1995. 经济动物养殖［M］．北京：高等教育出版社．
何艳丽等．2004. 野鸭・野鹅［M］．北京：科学技术文献出版社．
李家瑞．2002. 特种经济动物养殖［M］．北京：中国农业出版社．
李忠宽等．2007. 科学养貂200问［M］．北京：中国农业出版社．
刘晓颖等．2009. 水貂养殖新技术［M］．北京：中国农业出版社．
马丽娟．1999. 经济动物生产学［M］．长春：吉林科学技术出版社．
马丽娟．2007. 特种动物生产［M］．北京：中国农业出版社．
马丽娟等．2003. 鹿生产与疾病学［M］．2版．长春：吉林科学技术出版社．
马连科，徐芹．1998. 蛇类养殖技术［M］．北京：中国农业出版社．
毛皮工艺学编写组．1990. 毛皮工艺学［M］．北京：中国轻工业出版社．
倪弘．2004. 貉养殖［M］．北京：科学技术文献出版社．
朴厚坤．1986. 毛皮动物的饲养与管理［M］．北京：农业出版社．
任国栋．2009. 特种经济动物养殖技术［M］．北京：化学工业出版社．
佟煜人等．1990. 中国毛皮动物饲养技术大全［M］．北京：中国农业科技出版社．
佟煜人等．2001. 麝鼠养殖和取香技术［M］．北京：金盾出版社．
王宝维．2004. 特禽生产学［M］．北京：中国农业出版社．
卫功庆．2004. 特种动物养殖［M］．北京：高等教育出版社．
魏艳等．1985. 养兔学［M］．北京：中国农业出版社．
吴杰等．2002. 养蜂技术问答［M］．北京：中国农业版社．
向前．2002. 蜈蚣高效饲养指南［M］．郑州：中原农民出版社．
熊家军．2009. 特种经济动物生产学［M］．北京：科学出版社．
徐立德，蔡流灵．2002. 养兔法［M］．北京：中国农业出版社．
薛慧文等．2003. 蜜蜂无公害饲养综合技术［M］．北京：中国农业出版社．
杨嘉实．1999. 特种经济动物饲料配方［M］．北京：中国农业出版社．
叶俊华．2002. 犬繁育技术大全［M］．沈阳：辽宁科学技术出版社．

于晓明．2004. 养貉新技术［M］．成都：成都科学技术文献出版社．
余四九．2003. 特种经济动物养殖学［M］．北京：中国农业出版社．
曾昭光，周伯超．2002. 犬的营养与饲料［M］．北京：科学技术文献出版社．
张复兴．1998. 现代养蜂生产［M］．北京：中国农业出版社．
张立波．2003. 实用养犬大全［M］．北京：中国农业出版社．
郑文波．2000. 特种动物养殖与疫病防治大全［M］．北京：中国农业出版社．
周新民．2002. 鸭高效益生产技术手册［M］．上海：上海科技出版社．

图书在版编目（CIP）数据

经济动物生产 / 张淑娟，高文玉主编．—北京：中国农业出版社，2011.1（2018.12 重印）
高等职业教育农业部“十二五”规划教材
ISBN 978-7-109-15146-8

Ⅰ.①经… Ⅱ.①张… ②高… Ⅲ.①经济动物-饲养管理-高等学校：技术学校-教材 Ⅳ.①S865

中国版本图书馆 CIP 数据核字（2010）第 264516 号

中国农业出版社出版
（北京市朝阳区农展馆北路 2 号）
（邮政编码 100125）
责任编辑　徐　芳

北京万友印刷有限公司印刷　新华书店北京发行所发行
2011 年 1 月第 1 版　2018 年 12 月北京第 6 次印刷

开本：787mm×1092mm　1/16　印张：18.5　插页：2
字数：443 千字
定价：40.00 元